普通高等教育农业农村部"十三五"规划教材
全国高等农林院校"十三五"规划教材
新农科基础课系列教材

高 等 数 学

李 健 常 晶 周 晶 主编

中国农业出版社
北京

内 容 简 介

本教材是根据高等农林院校高等数学教学大纲，按照当前新农科教学改革精神编写而成的。

本教材的主要内容有：函数与连续、一元函数微分学及其应用、不定积分、一元函数积分学及其应用、向量代数与空间解析几何、多元函数微积分学及其应用、微分方程、无穷级数等。书末附有习题参考答案和积分表。

本教材在文字表述上尽量做到叙述详尽，通俗易懂。本教材体系完整、结构严谨、由浅入深、循序渐进、紧密联系实际应用，可作为高等院校农林类、经管类及相关各专业高等数学课程的适用教材或教学参考书，亦可作为高职高专和成人教育相关专业的自学书或参考书，还可作为科技人员参考书。

系列教材编委会

主　任　于合龙
副主任　李　健　常　晶　于秀玲
委　员　周　晶　温长吉　曹丽英
　　　　梁雪梅

编写人员名单

主　编　李　健　常　晶　周　晶
副主编　张　宇　蒋慧杰　曲慧雁
　　　　　连兴业　高来斌
参　编　王淑玲　闫　丽　胡雅婷

序　　言

随着农业现代化的迅速发展，我国农业在生产方式和产业结构等方面都发生了重大变革，这些变革也给高等农林院校的教育教学改革带来了前所未有的挑战。因此，为适应现代农业对高等农林院校新农科人才培养的迫切需要，我们依据《新农科研究与改革实践项目指南》对新农科课程改革和教材建设的指导意见，创建了本套适合高等农林院校基础课程教育教学改革需要的系列教材，即"新农科基础课系列教材"。

本系列教材主要面向高等农林院校各专业的学生及相关专业领域的教师和科研工作者使用。该系列教材共5本，分别是《高等数学》、《线性代数》、《概率论与数理统计》、《大学物理》、《大学物理实验》。教材内容丰富，知识结构严谨，条理清晰，可读性和实用性都较强。在系列教材的编写中，我们主要做了以下几个方面的努力：

（1）在教材编写的指导思想上，以培养学生的基本素养和创新创造能力为主要目标，力求做到符合高等农林院校教育教学改革所需要的创新型、复合型、应用型等新型农林人才的培养目标，努力使之成为具有先进性、创新性、适用性和系统性的特色品牌教材。

（2）在教材内容的选择上，参照了最新制定的大学基础课系列课程的教学基本要求以及全国硕士研究生入学统一考试大纲，力求做到教材内容的全面性和实用性，而且特别注重基础课知识和农科专业知识的有机融合，力求为各个专业领域的学生学习提供更有力的支撑。

本系列教材由吉林农业大学数理科学系的部分教师编写。同时，编委会成员对教材的编写和出版做了大量的工作，在此编者一并表示感谢。

诚挚地希望阅读本系列教材的专家、读者对教材中的不妥和错误之处予以批评指正。

编　委
2021年3月

前　言

本教材根据教育部高等学校数学基础课程教学指导分委员会制定的"工科类本科数学基础课程教学基本要求"及教育部高等农林院校理科基础课程教学指导分委员会制定的"高等农林院校理科基础课程教学基本要求"，并参考教育部考试中心制定的"全国硕士研究生入学统一考试数学考试大纲"，在我校王增辉，赵昕两位教授主编的《微积分（第四版）》的基础上，集吉林农业大学20余年的教学实践基础上编写而成。其目的是作为高等农林院校理工、农医、经济、金融、管理等各专业有关高等数学课程的教材或实际工作者的参考书，也可作为其他相关本科专业及非数学类硕士研究生入学考试的复习参考用书。

作为一门基础课，高等数学内容基本定型，体系也很完整。我们这套教材力求深入浅出，紧密联系实际，注重数学思想的渗透、科学抽象能力和空间想象能力的构建、逻辑推理能力以及数值计算能力的培养，编者在教材内容的选取上，既充分考虑21世纪农林人才所应具备的高等数学素养，也充分考虑农林院校学生学习高等数学的实际困难，在基本概念、基本理论的描述上力求通俗易懂，例题、习题配置更符合农林院校学生特点，学生接受起来更容易，对提高学生的逻辑思维能力以及计算能力有所改进。本教材在取材上，在如下三个方面做了努力：

（1）重实际应用轻理论证明，避免过于数学化的论证，但保持叙述的严谨性；

（2）重视基本概念应用上的解释，以便帮助读者正确领会概念的内涵；

（3）考虑到高等数学所涉及知识应用的广泛性，我们特别注重举例的多样性，教材中给出了贴近生活、贴近时代的例子，既提高读者解决实际问题的兴趣，也便于读者从不同的侧面理解概念，掌握方法。

本教材共9章，内容包括函数与连续、一元函数微分学及其应用、不定积分、一元函数积分学及其应用、向量代数与空间解析几何、多元函数微积分学及其应用、微分方程、无穷级数等，各章节配有适量习题，书末附有习题参考答案和积分表。

参加本教材编写工作的有李健、常晶、周晶、张宇、蒋慧杰、曲慧雁、迮兴业、高来斌、王淑玲，闫丽、胡雅婷，他们都为本教材的出版付出了很多心血，在此谨向他们表示衷心的感谢。

由于编者水平有限，虽然对稿件进行了认真的审阅，教材中一定还存在不妥之处，希望广大读者批评指正。

编　者

2021年4月

目 录

序言
前言

第一章 函数与极限 ·· 1

  第一节 函数 ·· 1
    一、函数的概念和特性 ·· 1
    二、反函数与复合函数 ·· 3
    三、基本初等函数和初等函数 ·· 4
    习题 1-1 ··· 7
  第二节 函数极限 ·· 8
    一、数列的极限 ·· 8
    二、函数的极限 ·· 9
    三、无穷小与无穷大 ··· 13
    四、函数极限的计算 ··· 14
    习题 1-2 ·· 20
  第三节 函数的连续性 ··· 21
    一、函数的连续性 ·· 21
    二、函数的间断点 ·· 22
    三、连续函数的运算 ··· 23
    四、闭区间上连续函数的性质 ·· 24
    习题 1-3 ·· 25
  复习题一 ··· 26

第二章 一元函数微分学及其应用 ·· 28

  第一节 导数概念 ··· 28
    一、导数概念 ··· 28
    二、函数在一点处的可导性与连续性的关系 ·· 30
    三、求导举例 ··· 30
    习题 2-1 ·· 31
  第二节 导数的计算 ·· 32
    一、函数的求导法则与基本初等函数的求导公式 ···································· 32

二、高阶导数 ··· 35
　　三、隐函数的导数 ·· 36
　　四、参数方程所确定的函数的导数 ··· 38
　　习题 2-2 ··· 39
第三节　微分及其在近似计算中的应用 ··· 40
　　一、微分概念 ·· 40
　　二、基本初等函数的微分公式及函数微分运算法则 ·································· 42
　　三、微分在近似计算中的应用 ·· 43
　　习题 2-3 ··· 43
第四节　微分中值定理 ·· 44
　　一、罗尔定理 ·· 44
　　二、拉格朗日中值定理 ··· 45
　　三、柯西中值定理 ·· 46
　　习题 2-4 ··· 46
第五节　洛必达法则 ··· 46
　　一、"$\dfrac{0}{0}$"型未定式 ·· 47
　　二、"$\dfrac{\infty}{\infty}$"型未定式 ··· 48
　　三、其他形式未定式 ··· 48
　　习题 2-5 ··· 50
第六节　泰勒公式 ·· 50
　　习题 2-6 ··· 53
第七节　导数的应用 ··· 53
　　一、函数的单调性 ·· 53
　　二、函数的极值 ··· 54
　　三、函数的最大值和最小值 ··· 56
　　四、曲线的凹凸性 ·· 58
　　习题 2-7 ··· 59
第八节　函数图像的作法 ··· 60
　　一、曲线的渐近线 ·· 60
　　二、函数图像的作法 ·· 61
　　习题 2-8 ··· 62
复习题二 ·· 62

第三章　不定积分 ·· 65
第一节　不定积分的概念与性质 ·· 65
　　一、原函数与不定积分的概念 ·· 65

二、基本积分表 ……………………………………………………………… 67
三、不定积分的性质 ………………………………………………………… 68
四、直接积分法 ……………………………………………………………… 69
习题 3-1 …………………………………………………………………… 70

第二节 不定积分的换元积分法 …………………………………………… 70
一、第一类换元法 …………………………………………………………… 71
二、第二类换元法 …………………………………………………………… 73
习题 3-2 …………………………………………………………………… 77

第三节 不定积分的分部积分法 …………………………………………… 78
习题 3-3 …………………………………………………………………… 81

第四节 几种特殊初等函数的积分 ………………………………………… 81
一、有理函数的积分 ………………………………………………………… 81
二、三角函数有理式的积分 ………………………………………………… 83
三、简单无理函数的积分举例 ……………………………………………… 84
习题 3-4 …………………………………………………………………… 85

复习题三 ……………………………………………………………………… 86

第四章 定积分 ……………………………………………………………… 90

第一节 定积分的概念 ……………………………………………………… 90
一、引例 ……………………………………………………………………… 90
二、定积分的定义 …………………………………………………………… 92
习题 4-1 …………………………………………………………………… 94

第二节 定积分的性质 ……………………………………………………… 94
习题 4-2 …………………………………………………………………… 97

第三节 微积分基本公式 …………………………………………………… 97
一、积分上限函数及其导数 ………………………………………………… 98
二、微积分基本公式 ………………………………………………………… 100
习题 4-3 …………………………………………………………………… 102

第四节 定积分的换元法和分部积分法 …………………………………… 103
一、定积分的换元法 ………………………………………………………… 103
二、定积分的分部积分法 …………………………………………………… 106
习题 4-4 …………………………………………………………………… 107

第五节 广义积分 …………………………………………………………… 109
一、无穷区间上的广义积分 ………………………………………………… 109
二、无界函数的广义积分 …………………………………………………… 111
习题 4-5 …………………………………………………………………… 112

复习题四 ……………………………………………………………………… 113

第五章　定积分的应用 116

第一节　定积分的微元法 116
习题 5-1 117

第二节　平面图形的面积 117
一、直角坐标情形 118
二、极坐标情形 120
习题 5-2 121

第三节　体积 122
一、旋转体的体积 122
二、平行截面面积已知的立体的体积 124
习题 5-3 125

第四节　平面曲线的弧长 125
一、弧长的概念 126
二、弧长的计算公式 126
习题 5-4 128

第五节　定积分在物理学上的应用 129
一、变力做功 129
二、水压力 130
习题 5-5 131

复习题五 132

第六章　向量代数与空间解析几何 134

第一节　空间直角坐标系 134
一、空间直角坐标系 134
二、空间点的坐标 135
三、两点间的距离公式 135
习题 6-1 136

第二节　向量的基本概念及其运算 136
一、向量的基本概念 136
二、向量的线性运算 137
三、向量的坐标表示 138
四、向量的模　方向角与方向余弦　投影 139
五、向量的数量积 140
六、向量的向量积 142
习题 6-2 144

第三节　平面及其方程 145

  一、平面的点法式方程 ·· 145
  二、平面的一般方程 ·· 146
  三、两平面的夹角 ··· 146
 习题 6-3 ··· 148
 第四节 空间直线及其方程 ··· 148
  一、空间直线的一般方程 ·· 148
  二、空间直线的对称式方程与参数方程 ··· 149
  三、两直线的夹角 ··· 150
  四、直线与平面的夹角 ·· 151
 习题 6-4 ··· 152
 第五节 曲面与空间曲线及其方程 ··· 153
  一、曲面及其方程 ··· 153
  二、空间曲线及其方程 ·· 156
 习题 6-5 ··· 157
 复习题六 ··· 158

第七章 多元函数微积分学及其应用 ·· 159

 第一节 多元函数的基本概念 ··· 159
  一、平面点集 ·· 159
  二、多元函数的定义 ·· 160
  三、多元函数的极限 ·· 162
  四、多元函数的连续性 ·· 164
 习题 7-1 ··· 164
 第二节 偏导数 ··· 165
  一、偏导数的概念 ··· 165
  二、偏导数的几何意义 ·· 166
  三、高阶偏导数 ··· 166
 习题 7-2 ··· 168
 第三节 全微分及其应用 ··· 169
  一、全微分 ·· 169
  二、全微分在近似计算中的应用 ·· 171
 习题 7-3 ··· 172
 第四节 多元复合函数与隐函数的求导法则 ·· 173
  一、多元复合函数的求导法则 ··· 173
  二、隐函数的求导公式 ·· 175
 习题 7-4 ··· 177
 第五节 多元函数的极值及其应用 ··· 178

一、多元函数的极值 ……………………………………………………… 178
　　二、多元函数的最大值、最小值及其应用 …………………………… 180
　　三、条件极值——拉格朗日乘数法 …………………………………… 181
　　习题 7-5 ………………………………………………………………… 183

第六节　二重积分的概念与性质 …………………………………………… 183
　　一、曲顶柱体的体积 …………………………………………………… 183
　　二、二重积分的定义 …………………………………………………… 185
　　三、二重积分的性质 …………………………………………………… 186
　　习题 7-6 ………………………………………………………………… 187

第七节　二重积分的计算 …………………………………………………… 187
　　一、直角坐标系下二重积分的计算 …………………………………… 187
　　二、极坐标系下二重积分的计算 ……………………………………… 192
　　习题 7-7 ………………………………………………………………… 195

第八节　二重积分的应用 …………………………………………………… 196
　　一、二重积分的微元法 ………………………………………………… 196
　　二、体积的计算 ………………………………………………………… 196
　*三、平面匀质薄板的质心 ……………………………………………… 198
　　习题 7-8 ………………………………………………………………… 199

复习题七 ……………………………………………………………………… 199

第八章　微分方程 …………………………………………………………… 202

第一节　微分方程的基本概念 ……………………………………………… 202
　　习题 8-1 ………………………………………………………………… 204

第二节　可分离变量的微分方程 …………………………………………… 205
　　习题 8-2 ………………………………………………………………… 208

第三节　齐次方程 …………………………………………………………… 209
　　一、齐次方程 …………………………………………………………… 209
　　二、经过适当的代换可化为齐次方程的方程 ………………………… 211
　　习题 8-3 ………………………………………………………………… 214

第四节　一阶线性微分方程 ………………………………………………… 214
　　习题 8-4 ………………………………………………………………… 218

第五节　可降阶的高阶微分方程 …………………………………………… 219
　　一、$y^{(n)}=f(x)$ 型的微分方程 ……………………………………… 219
　　二、$y''=f(x,y')$ 型的微分方程 ……………………………………… 220
　　三、$y''=f(y,y')$ 型的微分方程 ……………………………………… 221
　　四、其他类型微分方程 ………………………………………………… 222
　　习题 8-5 ………………………………………………………………… 223

第六节 二阶线性微分方程解的结构 ……………………………………………… 224
  一、二阶齐次线性微分方程解的结构 ……………………………………… 224
  二、二阶非齐次线性微分方程解的结构 …………………………………… 225
  习题 8-6 ……………………………………………………………………… 225

第七节 二阶常系数齐次线性微分方程 ………………………………………… 226
  习题 8-7 ……………………………………………………………………… 228

第八节 二阶常系数非齐次线性微分方程 ……………………………………… 229
  一、自由项 $f(x)=P_m(x)\mathrm{e}^{\lambda x}$，$P_m(x)$ 是一个 m 次多项式 …………… 230
  二、自由项 $f(x)=\mathrm{e}^{\lambda x}[P_m(x)\cos\omega x + R_n(x)\sin\omega x]$ 型 ……………… 232
  习题 8-8 ……………………………………………………………………… 234

第九节 数学建模——微分方程的应用举例 …………………………………… 235
  习题 8-9 ……………………………………………………………………… 237

复习题八 …………………………………………………………………………… 237

第九章 无穷级数 ………………………………………………………………… 239

第一节 无穷级数的概念和性质 ………………………………………………… 239
  一、无穷级数的概念 ………………………………………………………… 239
  二、无穷级数的基本性质 …………………………………………………… 241
  习题 9-1 ……………………………………………………………………… 243

第二节 正项级数 ………………………………………………………………… 243
  一、正项级数的概念 ………………………………………………………… 243
  二、正项级数的审敛法 ……………………………………………………… 243
  习题 9-2 ……………………………………………………………………… 247

第三节 任意项级数 ……………………………………………………………… 248
  一、交错级数的概念及其审敛法 …………………………………………… 248
  二、绝对收敛与条件收敛 …………………………………………………… 250
  习题 9-3 ……………………………………………………………………… 251

第四节 幂级数 …………………………………………………………………… 251
  一、函数项级数的一般概念 ………………………………………………… 251
  二、幂级数及其敛散性 ……………………………………………………… 252
  三、幂级数的运算性质 ……………………………………………………… 256
  习题 9-4 ……………………………………………………………………… 257

第五节 函数展开成幂级数 ……………………………………………………… 258
  一、泰勒级数 ………………………………………………………………… 258
  二、函数展开成幂级数 ……………………………………………………… 259
  习题 9-5 ……………………………………………………………………… 261

*第六节 傅里叶级数 …………………………………………………………… 261

一、三角级数　三角级数的正交性 ··· 261
　二、函数展开成傅里叶级数 ··· 262
　三、奇函数和偶函数的傅里叶级数 ··· 265
　四、函数展开成正弦级数或余弦级数 ·· 266
　习题 9-6 ··· 267
*第七节　周期为 2λ 的周期函数的傅里叶级数 ····································· 267
　习题 9-7 ··· 269
　复习题九 ·· 269

习题参考答案 ··· 270
附录　积分表 ··· 293

参考文献 ··· 299

第一章 函数与极限

微积分学是近代数学发展的里程碑，在多个科学分支上有着广泛的应用．微分、积分以及微分与积分的关系是微积分的重要内容，函数是它的研究对象，极限思想和方法是微积分学坚实的基石．

本章是在初等数学的基础上，讨论函数、函数极限及函数的连续性等基本概念．

第一节 函 数

函数是微积分的主要研究对象，是用数学术语来描述现实世界的工具．中学数学应用"集合"与"映射"已经给出了函数的概念，并在此基础上讨论了函数的一些简单性质．本节除了复习函数的概念和性质外，还将补充常出现在微积分中的若干函数类，如反函数、三角函数、反三角函数等．

一、函数的概念和特性

1. 函数的概念

函数是描述变量之间相互依赖关系的一种数学模型．在中学数学中，我们用"集合"的语言给出了函数的定义．

定义 1 设有两个变量 x 和 y，D 是一个非空的实数集，如果在 D 内所取的每一个值 x，按照某一种确定的对应规则，都有唯一确定的实数 y 与之对应，则称 y 是 x 的**函数**，记为

$$y = f(x), \quad x \in D,$$

其中 x 叫作**自变量**，y 叫作**因变量**，D 叫作该函数的**定义域**．取定一点 $x_0 \in D$，称 $y_0 = f(x_0)$ 为 x_0 的函数值，函数值的全体叫作该函数的**值域**，一般用 W 表示，即 $W = \{y \mid y = f(x), x \in D\}$．

函数的定义域和对应规则是确定函数关系的两个要素．如果两个函数的定义域和对应规则都相同，则称这两个函数相等．

表示函数的常用方法有三种：表格法、图像法、解析法(公式法)．在微积分学中一般是用解析式表示函数，并约定使解析式有意义的 x 的全体就作为函数的定义域．

例 1 绝对值函数

$$y = |x| = \begin{cases} x, & x \geq 0, \\ -x, & x < 0 \end{cases}$$

的定义域为 $D = (-\infty, +\infty)$，值域为 $W = [0, +\infty)$，函数图像如图 1-1 所示．

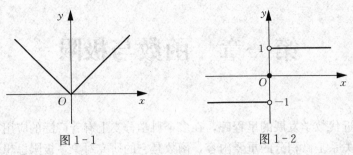

图 1-1   图 1-2

例 2 符号函数
$$y = \operatorname{sgn} x = \begin{cases} 1, & x > 0, \\ 0, & x = 0, \\ -1, & x < 0 \end{cases}$$

的定义域为 $D = (-\infty, +\infty)$，值域为 $W = \{-1, 0, 1\}$，函数图像如图 1-2 所示．

例 3 取整函数 $y = [x]$，其中 $[x]$ 表示不超过 x 的最大整数．例如，$\left[\dfrac{3}{4}\right] = 0$，$[\sqrt{2}] = 1$，$[-1] = -1$，$[-1.5] = -2$，它的定义域为 $D = (-\infty, +\infty)$，值域为 $W = \mathbf{Z}$，函数图像如图 1-3 所示．

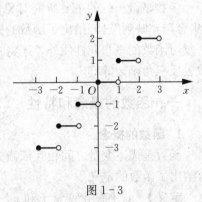

定义 2 当自变量在其定义域的不同范围内变化时，对应法则用不同代数式表示的函数，称为**分段函数**．

例 1 和例 2 中的函数都是分段函数．需要明确的是：分段函数并不是几个函数，而是一个函数．

2．函数的四种特性

图 1-3

（1）函数的有界性

定义 3 设函数 $f(x)$ 的定义域为 D，如果存在常数 M，对任意 $x \in D$ 有
$$f(x) \leqslant M \text{（或 } f(x) \geqslant M\text{）},$$
则称 $f(x)$ 在数集 D 上**有上界**（或**有下界**）．如果 $f(x)$ 在 D 上既有上界又有下界，则称 $f(x)$ 在 D 上**有界**，否则称为**无界**．

显然，函数 $f(x)$ 在 D 上有界，则存在常数 $M > 0$，对任意 $x \in D$，有 $|f(x)| \leqslant M$．例如，函数 $y = \sin x$ 在 $(-\infty, +\infty)$ 内有界，函数 $y = x^2$ 在 $(-\infty, +\infty)$ 内有下界而无上界，函数 $y = \ln x$ 在 $(0, +\infty)$ 内无界．

函数的有界性和区间有关．例如，$y = \dfrac{1}{x}$ 在 $[1, +\infty)$ 内有界，但在 $(0, 2)$ 内无界．

从函数图像上看，有界函数的图像位于直线 $y = \pm M$ 之间．

（2）函数的单调性

定义 4 设函数 $f(x)$ 的定义域为 D，对于 D 内任意两点 x_1, x_2，且 $x_1 < x_2$，若恒有 $f(x_1) < f(x_2)$，则称 $f(x)$ 在 D 上**单调增加**；若恒有 $f(x_1) > f(x_2)$，则称 $f(x)$ 在 D 上**单调减少**．

函数的单调性也和区间有关．例如，函数 $y = x^2$ 在 $[0, +\infty)$ 上是单调增加的，在 $(-\infty, 0]$ 上是单调减少的，在 $(-\infty, +\infty)$ 上不是单调的．

(3) 函数的奇偶性

定义 5 设函数 $f(x)$ 的定义域为 D，且对任意 $x\in D$，有 $-x\in D$，若对任意 $x\in D$，恒有
$$f(-x)=f(x),$$
则称函数 $f(x)$ 为**偶函数**；若恒有
$$f(-x)=-f(x),$$
则称函数 $f(x)$ 为**奇函数**.

例如，函数 $y=\cos x$，$y=x^2$ 都是偶函数，函数 $y=\sin x$，$y=x^3$ 都是奇函数，而函数 $y=\ln x$，$y=\sin x+\cos x$，$y=e^x$ 是非奇非偶函数.

注：偶函数的图像关于 y 轴对称，奇函数的图像关于坐标原点对称.

(4) 函数的周期性

定义 6 设函数 $f(x)$ 的定义域为 D，如果存在常数 $l\neq 0$，使得对任意 $x\in D$，有 $(x\pm l)\in D$，且
$$f(x+l)=f(x),$$
则称函数 $f(x)$ 为**周期函数**，l 为函数的**周期**.

从定义易知，若 l 是函数 $f(x)$ 的周期，则 nl 也是函数 $f(x)$ 的周期（其中 n 为非零的整数）. 通常所说的周期是指函数的最小正周期，如 $y=\sin x$，$y=\cos x$ 是以 2π 为周期的周期函数，$y=\tan x$，$y=\cot x$ 是以 π 为周期的周期函数.

并不是所有的周期函数都有最小正周期. 例如，常数函数 $f(x)=C$（C 为任意常数）就没有最小正周期.

二、反函数与复合函数

1. 反函数

定义 7 设函数 $f(x)$ 的定义域为 D，值域为 W，对于任意 $y\in W$，在定义域 D 上存在唯一的 x 与 y 对应，且满足关系式 $y=f(x)$，若把 y 作为自变量，x 作为函数，则上述关系可以记为
$$x=\varphi(y) \text{ 或 } x=f^{-1}(y),$$
则称其为原函数 $y=f(x)$ 的**反函数**，其定义域为 W，值域为 D.

从反函数的定义可知，反函数 f^{-1} 的对应法则由原函数 f 的对应法则来确定. 如果 $y=f(x)$，则 $x=f^{-1}(y)$. 由于函数关系中的自变量和因变量的表示与字母无关，我们习惯上总是用 x 来表示自变量，y 表示因变量. 因此，常把函数 $y=f(x)$ 的反函数 $x=f^{-1}(y)$ 记作 $y=f^{-1}(x)$. 例如，函数 $y=3x+1$ 有反函数 $x=\dfrac{y-1}{3}$，$y\in(-\infty,+\infty)$；互换自变量和因变量的符号后，这个反函数可以写成 $y=\dfrac{x-1}{3}$，$x\in(-\infty,+\infty)$.

注：函数 $y=f(x)$ 与其反函数 $x=f^{-1}(y)$ 是相同的曲线，函数 $y=f(x)$ 的图像与其反函数 $y=f^{-1}(x)$ 的图像关于直线 $y=x$ 对称. 例如，指数函数和对数函数互为反函数，它们的图像关于直线 $y=x$ 对称. 但并不是所有的函数都有反函数. 单调函数存在反函数，并且其反函数仍为单调函数. 例如，函数 $y=x^2$ 在 $(-\infty,+\infty)$ 上没有反函数，但在 $(-\infty,0]$ 上存在反函数.

例 4 求函数 $y=1+\ln x$ 的反函数.

解 函数 $y=1+\ln x$ 的定义域为 $D=(0, +\infty)$, 值域为 $W=(-\infty, +\infty)$, 由该式可解出 $x=e^{y-1}$, 将 x 与 y 互换得 $y=e^{x-1}$, 从而 $y=1+\ln x$ 的反函数为
$$y=e^{x-1}, \quad x\in(-\infty, +\infty).$$

2. 复合函数

定义 8 设函数 $y=f(u)$ 的定义域为 D, 函数 $u=\varphi(x)$ 的定义域为 X, 值域为 $W=\{u|u=\varphi(x), x\in X\}$, 且 $D\cap W\neq\varnothing$, 则称函数 $y=f(\varphi(x))$ 为 $y=f(u)$ 与 $u=\varphi(x)$ 所构成的复合函数, u 称为**中间变量**.

例如, 函数 $y=\sin^2 x$ 可视为 $y=u^2$ 与 $u=\sin x$ 复合而成; 函数 $y=\ln u$ 及 $u=-x^2$ 则不能构成一个复合函数, 因为函数 $u=-x^2$ 的值域与函数 $y=\ln u$ 的定义域的交集是空集.

三、基本初等函数和初等函数

1. 基本初等函数

在中学数学中, 我们曾学过常数函数、幂函数、指数函数、对数函数、三角函数和反三角函数, 这六类函数是常用的基本函数, 将它们统称为**基本初等函数**.

(1) 常数函数

$y=C$ 或 $f(x)=C, x\in\mathbf{R}$, 其中 C 是常数.

常数函数的图像是通过点 $(0, C)$, 且平行于 x 轴的直线.

常数函数是有界函数、周期函数(没有最小正周期)、偶函数.

(2) 幂函数

$y=x^\mu$, 其中 μ 为任意实数.

幂函数的定义域随 μ 而异, 但不论 μ 为何值, $y=x^\mu$ 在 $(0, +\infty)$ 内总有定义, 且图像都经过点 $(1, 1)$.

(3) 指数函数

$y=a^x (a>0, a\neq 1)$.

指数函数的定义域为 $(-\infty, +\infty)$, 值域为 $(0, +\infty)$, 图像通过点 $(0, 1)$. 当 $a>1$ 时, 函数单调增加; 当 $0<a<1$ 时, 函数单调减少.

(4) 对数函数

$y=\log_a x (a>0, a\neq 1)$.

对数函数的定义域为 $(0, +\infty)$, 图像通过点 $(1, 0)$, 且在 y 轴的右边. 当 $a>1$ 时, 函数单调增加, 当 $0<a<1$ 时, 函数单调减少.

指数函数 $y=a^x$ 与对数函数 $y=\log_a x$ 互为反函数.

(5) 三角函数

① 正弦函数 $y=\sin x$

正弦函数的定义域为 $(-\infty, +\infty)$, 值域为 $[-1, 1]$, 在每个闭区间 $\left[-\frac{\pi}{2}+2k\pi, \frac{\pi}{2}+2k\pi\right]$ 上单调增加, 在每个闭区间 $\left[\frac{\pi}{2}+2k\pi, \frac{3}{2}\pi+2k\pi\right]$ 上单调减少 $(k\in\mathbf{Z})$.

正弦函数是有界函数、周期函数(最小正周期为 2π)、奇函数.

② 余弦函数 $y=\cos x$

余弦函数的定义域为$(-\infty, +\infty)$，值域为$[-1, 1]$，在每个闭区间$[(2k-1)\pi, 2k\pi]$上单调增加，在每个闭区间$[2k\pi, (2k+1)\pi]$上单调减少$(k\in\mathbf{Z})$．

余弦函数是有界函数、周期函数(最小正周期为2π)、偶函数．

③正切函数 $y=\tan x$

正切函数的定义域为$\left(-\dfrac{\pi}{2}+k\pi, \dfrac{\pi}{2}+k\pi\right)$，值域为$(-\infty, +\infty)$，在每个闭区间$\left(-\dfrac{\pi}{2}+k\pi, \dfrac{\pi}{2}+k\pi\right)$上单调增加$(k\in\mathbf{Z})$．

正切函数是周期函数(最小正周期为π)、奇函数．

④余切函数 $y=\cot x$

余切函数的定义域为$(k\pi, (k+1)\pi)$，值域为$(-\infty, +\infty)$，在每个闭区间$(k\pi, (k+1)\pi)$上单调减少$(k\in\mathbf{Z})$．

余切函数是周期函数(最小正周期为π)、奇函数．

⑤正割函数 $y=\sec x$

$\sec x=\dfrac{1}{\cos x}$，且 $1+\tan^2 x=\sec^2 x$．

⑥余割函数 $y=\csc x$

$\csc x=\dfrac{1}{\sin x}$，且 $1+\cot^2 x=\csc^2 x$．

(6) 反三角函数

反三角函数有 $y=\arcsin x$，$y=\arccos x$，$y=\arctan x$，$y=\operatorname{arccot} x$．

三角函数 $y=\sin x$，$y=\cos x$，$y=\tan x$，$y=\cot x$ 都是周期函数，它们在各自的定义域上都不存在反函数．为了讨论它们的反函数，我们约定，如果存在以原点为中心的单调区间，就在这个单调区间上定义反三角函数的主值．例如，正弦函数 $y=\sin x$ 在$\left[-\dfrac{\pi}{2}, \dfrac{\pi}{2}\right]$上与正切函数 $y=\tan x$ 在$\left(-\dfrac{\pi}{2}, \dfrac{\pi}{2}\right)$上都是单调增加的，它们都存在单调增加的反函数．正弦函数 $y=\sin x$ 的反函数就是反正弦函数 $y=\arcsin x$，正切函数 $y=\tan x$ 的反函数就是反正切函数 $y=\arctan x$．如果不存在以原点为中心的单调区间，我们约定，在原点的右侧的单调区间(原点是区间的左端点)定义反三角函数的主值．例如，余弦函数 $y=\cos x$ 在$[0, \pi]$上与余切函数在$(0, \pi)$上都是单调减少的，它们都存在单调减少的反函数．余弦函数 $y=\cos x$ 的反函数就是反余弦函数 $y=\arccos x$，余切函数 $y=\cot x$ 的反函数就是反余切函数 $y=\operatorname{arccot} x$．

①反正弦函数 $y=\arcsin x$

反正弦函数的定义域为$[-1, 1]$，值域为$\left[-\dfrac{\pi}{2}, \dfrac{\pi}{2}\right]$．它是单调增加函数、奇函数．

②反余弦函数 $y=\arccos x$

反余弦函数的定义域为$[-1, 1]$，值域为$[0, \pi]$．它是单调减少函数．

③反正切函数 $y=\arctan x$

反正切函数的定义域为$(-\infty, +\infty)$，值域为$\left(-\dfrac{\pi}{2}, \dfrac{\pi}{2}\right)$．它是有界函数、单调增加

函数、奇函数.

④反余切函数 $y=\text{arccot}x$

反余切函数的定义域为$(-\infty,+\infty)$，值域为$(0,\pi)$．它是有界函数、单调减少函数．

为了便于复习和应用，我们将这六类基本初等函数的主要性质和图像集中列于表1-1中．

表1-1 基本初等函数的主要性质及图像

函数	幂函数 $y=x^\mu$			
	$\mu=1,3$	$\mu=2$	$\mu=\dfrac{1}{2}$	$\mu=-1$
图像	$y=x^3$, $y=x$ 图像	$y=x^2$ 图像	$y=\sqrt{x}$ 图像	$y=\dfrac{1}{x}$ 图像
性质	定义域：$(-\infty,+\infty)$；值域：$(-\infty,+\infty)$；奇函数；单调增加．	定义域：$(-\infty,+\infty)$；值域：$[0,+\infty)$；偶函数；在$[0,+\infty)$内单调增加；在$(-\infty,0]$内单调减少．	定义域：$[0,+\infty)$；值域：$[0,+\infty)$；非奇非偶；单调增加．	定义域、值域均是：$(-\infty,0)\cup(0,+\infty)$；奇函数；单调减少．

函数	指数函数 $y=a^x(a>0,a\neq 1)$		对数函数 $y=\log_a x(a>0,a\neq 1)$	
	$a>1$	$0<a<1$	$a>1$	$0<a<1$
图像	$y=a^x$ 图像	$y=a^x$ 图像	$y=\log_a x$ 图像	$y=\log_a x$ 图像
性质	定义域：$(-\infty,+\infty)$；值域：$(0,+\infty)$；单调增加．	定义域：$(-\infty,+\infty)$；值域：$(0,+\infty)$；单调减少．	定义域：$(0,+\infty)$；值域：$(-\infty,+\infty)$；单调增加．	定义域：$(0,+\infty)$；值域：$(-\infty,+\infty)$；单调减少．

函数	$y=\sin x$	$y=\cos x$	$y=\tan x$	$y=\cot x$
图像	$y=\sin x$ 图像	$y=\cos x$ 图像	$y=\tan x$ 图像	$y=\cot x$ 图像

(续)

函数	$y=\sin x$	$y=\cos x$	$y=\tan x$	$y=\cot x$
性质	定义域：$(-\infty, +\infty)$；值域：$[-1, 1]$；奇函数；周期为 2π 的周期函数．	定义域：$(-\infty, +\infty)$；值域：$[-1, 1]$；偶函数；周期为 2π 的周期函数．	定义域：$\left(k\pi-\dfrac{\pi}{2}, k\pi+\dfrac{\pi}{2}\right)$，$k\in \mathbf{Z}$；值域：$(-\infty, +\infty)$；奇函数；周期为 π 的周期函数；单调增加．	定义域：$(k\pi, (k+1)\pi)$，$k\in \mathbf{Z}$；值域：$(-\infty, +\infty)$；奇函数；周期为 π 的周期函数；单调减少．
函数	$y=\arcsin x$	$y=\arccos x$	$y=\arctan x$	$y=\operatorname{arccot} x$
图像				
性质	定义域：$[-1, 1]$；值域：$\left[-\dfrac{\pi}{2}, \dfrac{\pi}{2}\right]$；单调增加；$\arcsin(-x)=-\arcsin x$．	定义域：$[-1, 1]$；值域：$[0, \pi]$；单调减少；$\arccos(-x)=\pi-\arccos x$．	定义域：$(-\infty, +\infty)$；值域：$\left(-\dfrac{\pi}{2}, \dfrac{\pi}{2}\right)$；单调增加；$\arctan(-x)=-\arctan x$．	定义域：$(-\infty, +\infty)$；值域：$(0, \pi)$；单调减少；$\operatorname{arccot}(-x)=\pi-\operatorname{arccot} x$．

2. 初等函数

由基本初等函数经过有限次的基本运算（四则运算及复合运算）所生成的函数统称为**初等函数**．例如，$y=\cos^2 x+1$，$y=\sqrt{x^2-1}$，$y=\arccos\dfrac{1-x}{3}$ 等都是初等函数．

注：初等函数的基本特点是：在函数有定义的区间内，初等函数的图像是不间断的．我们之前遇到的符号函数 $y=\operatorname{sgn} x$ 和取整函数 $y=[x]$ 都不是初等函数．

习 题 1-1

1. 下列各题中的 $f(x)$ 与 $g(x)$ 是否相同？为什么？

(1) $f(x)=\dfrac{x}{x}$，$g(x)=1$；   (2) $f(x)=\ln x^2$，$g(x)=2\ln x$；

(3) $f(x)=(\sqrt{x})^2$，$g(x)=\sqrt{x^2}$；   (4) $f(x)=1$，$g(x)=\sin^2 x+\cos^2 x$．

2. 求下列函数的定义域．

(1) $y=\log_{(x-1)}(16-x^2)$；   (2) $y=\arccos\dfrac{1-x}{3}$；

(3) $y=\lg\dfrac{x}{x-2}+\arcsin\dfrac{x}{3}$；   (4) $y=\sqrt{2+x-x^2}$；

(5) $y=\sqrt{\dfrac{x-1}{x+1}}$；   (6) $y=\sqrt{6-x}+\dfrac{1}{\ln(x-2)}$．

3. 已知 $f(x-2)=x^2-2x+3$，求 $f(x)$．

第二节 函数极限

极限思想是微积分中一种重要的数学思想，它使人们能够从有限中认识无限，从近似中认识精确，从量变中认识质变．微积分中几乎所有的概念都离不开极限，本节将从函数极限的概念开始，逐步探讨函数极限的计算方法．

一、数列的极限

设函数 $x_n=f(n)$，$n\in \mathbf{N}^+$，当自变量 n 依次取 1，2，3，$\cdots$ 时，对应的函数值按相应的顺序排成一个有序列

$$x_1,\ x_2,\ x_3,\ \cdots,\ x_n,\ \cdots,$$

我们将它称为一个**无穷数列**，简称**数列**，记为 $\{x_n\}$．数列中的每一个数称为数列的**项**，第 n 项 x_n 叫作数列的**一般项**．

例如，数列

$$0,\ \frac{1}{2},\ \frac{2}{3},\ \cdots,\ \frac{n-1}{n},\ \cdots;$$

$$\frac{1}{3},\ \frac{1}{9},\ \frac{1}{27},\ \cdots,\ \frac{1}{3^n},\ \cdots;$$

$$1,\ -1,\ 1,\ \cdots,\ (-1)^{n-1},\ \cdots;$$

$$2,\ 4,\ 6,\ \cdots,\ 2n,\ \cdots;$$

$$\frac{1}{2},\ \frac{2}{3},\ \frac{3}{4},\ \cdots,\ \frac{n}{n+1},\ \cdots.$$

它们的一般项依次为

$$\frac{n-1}{n},\ \frac{1}{3^n},\ (-1)^{n-1},\ 2n,\ \frac{n}{n+1}.$$

研究一个数列，主要研究数列 $\{x_n\}$ 当 n 无限增大时（即 $n\to\infty$ 时），对应的项 x_n 是否能无限接近于某个确定的数值．如果能够无限接近某个确定的数值，那么这个数值是多少？

我们对数列 $0,\ \frac{1}{2},\ \frac{2}{3},\ \cdots,\ \frac{n-1}{n},\ \cdots$ 进行分析．

数列的一般项为

$$x_n=\frac{n-1}{n}=1-\frac{1}{n},$$

当 n 越来越大时，$\frac{1}{n}$ 越来越小，从而 x_n 越来越接近于 1．因为只要 n 足够大，$x_n=\frac{n-1}{n}$ 与 1 的距离 $|x_n-1|=\frac{1}{n}$ 可以小于任意给定的正数，即当 n 无限增大时，$x_n=\frac{n-1}{n}$ 无限接近于 1．

例如，给定 $\frac{1}{100}$，欲使 $|x_n-1|=\left|\frac{n-1}{n}-1\right|=\frac{1}{n}<\frac{1}{100}$，只要 $n>100$，即从数列 $\left\{\frac{n-1}{n}\right\}$ 的第 101 项起都能使不等式 $|x_n-1|<\frac{1}{100}$ 成立．

同样，给定 $\frac{3}{10000}$，欲使 $|x_n-1|=\left|\frac{n-1}{n}-1\right|=\frac{1}{n}<\frac{3}{10000}$，只要 $n>\frac{10000}{3}>3333.3$，

即从数列$\left\{\dfrac{n-1}{n}\right\}$的第 3334 项起都能使不等式$|x_n-1|=<\dfrac{3}{10000}$成立.

一般地,不论给定的正数 ε 多么小,总能找到一个正整数 N,使得当$n>N$时,不等式$|x_n-1|<\varepsilon$成立,这就是数列$\left\{\dfrac{n-1}{n}\right\}$当$n\to\infty$时无限接近于 1 的本质. 数 1 叫作数列$x_n=\dfrac{n-1}{n}(n=1,2,3,\cdots)$当$n\to\infty$时的极限.

定义 1 设有数列$\{x_n\}$和常数a,如果对任意给定的$\varepsilon>0$,总存在正整数 N,使得当$n>N$时,都有$|x_n-a|<\varepsilon$成立,那么称常数a是数列$\{x_n\}$的极限,或称数列收敛于a,记为$\lim\limits_{n\to\infty}x_n=a$或$x_n\to a(n\to\infty)$. 如果不存在这样的$a$,就说数列$\{x_n\}$没有极限,或者说数列$\{x_n\}$是发散的,也可以说极限$\lim\limits_{n\to\infty}x_n$不存在.

为方便,引入记号"$\forall$"表示"对任意给定的"或"对每一个",记号"$\exists$"表示"存在",于是"对任意给定的正数 ε"可写成"$\forall\varepsilon>0$","存在正整数 N"写成"$\exists$正整数 N",这样数列极限$\lim\limits_{n\to\infty}x_n=a$的定义可表示为:$\forall\varepsilon>0$,总$\exists$正整数 N,当$n>N$时,都有$|x_n-a|<\varepsilon$.

极限定义的几点说明:

(1)正数 ε 是任意给定的,这样不等式$|x_n-a|<\varepsilon$才能表示x_n与a是无限接近的.

(2)定义中的正整数 N 与正数 ε 有关,它随 ε 的给定而选定.

(3)在用数列极限定义来证明常数a是数列$\{x_n\}$的极限时,对$\forall\varepsilon>0$,只要说明正整数 N 确实存在即可,没必要求出最小的 N.

例 1 证明数列$x_n=\dfrac{n}{n+1}$的极限是 1.

证明 因为$|x_n-1|=\left|\dfrac{n}{n+1}-1\right|=\dfrac{1}{n+1}$,为了使$|x_n-1|$小于任意给定的正数 ε(设 ε<1),只要$\dfrac{1}{n+1}<\varepsilon$,即$n>\dfrac{1}{\varepsilon}-1$,所以$\forall\varepsilon>0$,取$N=\left[\dfrac{1}{\varepsilon}-1\right]$,则当$n>N$时,就有$\left|\dfrac{n}{n+1}-1\right|<\varepsilon$,即$\lim\limits_{n\to\infty}\dfrac{n}{n+1}=1$.

例 2 证明等比数列$x_n=\xi^{n-1}$当$|\xi|<1$时,极限是 0.

证明 $\forall\varepsilon>0$(不妨设 ε<1),因为$|x_n-0|=|\xi^{n-1}-0|=|\xi|^{n-1}$,要使$|x_n-0|<\varepsilon$,只要$|\xi|^{n-1}<\varepsilon$成立. 取自然对数,得$(n-1)\ln|\xi|<\ln\varepsilon$,因$|\xi|<1$,故$\ln|\xi|<0$,故有

$$n-1>\dfrac{\ln\varepsilon}{\ln|\xi|},\quad 即\ n>\dfrac{\ln\varepsilon}{\ln|\xi|}+1,$$

取$N=\left[\dfrac{\ln\varepsilon}{\ln|\xi|}+1\right]$,则当$n>N$时,就有$|x_n-0|=|\xi^{n-1}-0|<\varepsilon$,即$\lim\limits_{n\to\infty}\xi^{n-1}=0$.

二、函数的极限

1. 函数极限的定义

(1)自变量趋于无穷大时函数的极限

如果在$x\to\infty$的过程中,对应的函数值$f(x)$无限接近于确定的常数A,那么A叫作函数$f(x)$当$x\to\infty$时的极限. 精确地说,就是

定义 2 设函数$f(x)$当$|x|$大于某一正数a时有定义,存在实数A,如果对任意的

$\varepsilon>0$,总存在实数 $X>0$,对任意的 $|x|>X$,有
$$|f(x)-A|<\varepsilon,$$
则称函数 $f(x)$ 当 $x\to\infty$ 时**存在极限**(或**收敛**),且极限为 A(或收敛于 A),记为 $\lim\limits_{x\to\infty}f(x)=A$ 或 $f(x)\to A$ 当 $x\to\infty$. 若函数 $f(x)$ 当 $x\to\infty$ 时不存在极限,则称为**发散**.

$\lim\limits_{x\to\infty}f(x)=A$ 的几何意义:作直线 $y=A+\varepsilon$ 和 $y=A-\varepsilon$,则总存在一个正数 X,使得当 $|x|>X$ 时,函数 $y=f(x)$ 的图像位于这两条直线之间,如图 1-4 所示.

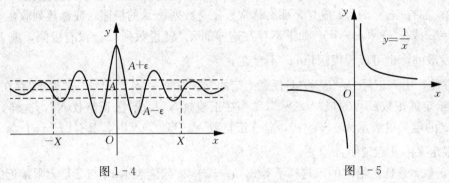

图 1-4   图 1-5

如果 $x>0$ 且无限增大(记作 $x\to+\infty$),那么只要把定义 2 中的 $|x|>X$ 改为 $x>X$,就可得 $\lim\limits_{x\to+\infty}f(x)=A$ 的定义. 同样,如果 $x<0$ 而 $|x|$ 无限增大(记作 $x\to-\infty$),那么只要把定义 2 中的 $|x|>X$ 改为 $x<-X$,就可得 $\lim\limits_{x\to-\infty}f(x)=A$ 的定义.

根据定义 2,可得
$$\lim_{x\to\infty}f(x)=A \Leftrightarrow \lim_{x\to-\infty}f(x)=\lim_{x\to+\infty}f(x)=A.$$

根据定义的几何意义,结合函数的图像,可知 $\lim\limits_{x\to\infty}\dfrac{1}{x}=0$(图 1-5),$\lim\limits_{x\to+\infty}\arctan x=\dfrac{\pi}{2}$ 和 $\lim\limits_{x\to-\infty}\arctan x=-\dfrac{\pi}{2}$(图 1-6). 当 $x\to\infty$ 时,函数 $f(x)=\sin x$ 不趋于某个确定的数,所以,当 $x\to\infty$ 时,函数 $f(x)=\sin x$ 不存在极限(图 1-7).

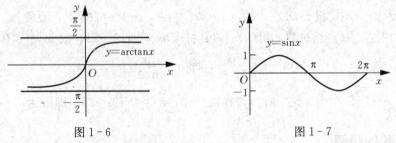

图 1-6   图 1-7

(2)自变量趋于有限值时函数的极限

如果在 $x\to x_0$ 的过程中,对应的函数值 $f(x)$ 无限接近于确定的常数 A,那么 A 叫作函数 $f(x)$ 当 $x\to x_0$ 时的极限.

在给出定义 3 之前,我们首先介绍一种常用的数集表示方法——邻域,设 a 与 δ 为两个实数,且 $\delta>0$,把以 a 为中心 δ 为半径的开区间 $(a-\delta, a+\delta)=\{x|a-\delta<x<a+\delta\}$ 叫作点 a 的 δ 邻域,记作 $U(a,\delta)$. 在邻域 $U(a,\delta)$ 中去掉中心 a 后的集合 $(a-\delta, a) \cup (a, a+\delta)$

叫作点 a 的去心 δ 邻域，记为 $\overset{\circ}{U}(a, \delta)$.

定义 3 设函数 $f(x)$ 在点 x_0 的某去心邻域内有定义，存在实数 A，如果对任意的 $\varepsilon > 0$，总存在 $\delta > 0$，对任意的 $x \in \overset{\circ}{U}(x_0, \delta)$，有
$$|f(x) - A| < \varepsilon,$$
则称函数 $f(x)$ 当 $x \to x_0$ **时存在极限**（或**收敛**），且极限为 A（或收敛于 A），记为 $\lim\limits_{x \to x_0} f(x) = A$ 或 $f(x) \to A$ 当 $x \to x_0$. 当 $x \to x_0$ 时，若函数 $f(x)$ 不存在极限，则称为**发散**.

$\lim\limits_{x \to x_0} f(x) = A$ 的几何意义：任意给定一正数 ε，作平行于 x 轴的两条直线 $y = A + \varepsilon$ 和 $y = A - \varepsilon$. 根据定义，对于任意给定的 ε，总存在着点 x_0 的一个 δ 邻域 $(x_0 - \delta, x_0 + \delta)$，当函数 $y = f(x)$ 的自变量 x 在邻域 $(x_0 - \delta, x_0 + \delta)$ 内变化，但 $x \neq x_0$ 时，对应的函数值 $f(x)$ 满足不等式 $|f(x) - A| < \varepsilon$，即函数值落在带形区域 $(A - \varepsilon, A + \varepsilon)$ 内，如图 1-8 所示.

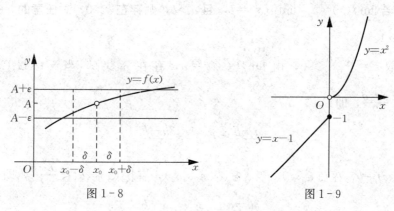

图 1-8　　　　　　　　图 1-9

在 $\lim\limits_{x \to x_0} f(x) = A$ 的定义中，如果把 $x \in \overset{\circ}{U}(x_0, \delta)$（或写成 $0 < |x - x_0| < \delta$）改为 $x \in (x_0 - \delta, x_0)$（或写成 $x_0 - \delta < x < x_0$），那么 A 就叫作函数当 $x \to x_0$ 时的**左极限**，记作 $\lim\limits_{x \to x_0^-} f(x) = A$ 或 $f(x_0 - 0) = A$；如果把 $x \in \overset{\circ}{U}(x_0, \delta)$（或写成 $0 < |x - x_0| < \delta$）改为 $x \in (x_0, x_0 + \delta)$（或写成 $x_0 < x < x_0 + \delta$），那么 A 就叫作函数当 $x \to x_0$ 时的**右极限**，记作 $\lim\limits_{x \to x_0^+} f(x) = A$ 或 $f(x_0 + 0) = A$.

根据定义 3，可得
$$\lim\limits_{x \to x_0} f(x) = A \Leftrightarrow \lim\limits_{x \to x_0^-} f(x) = \lim\limits_{x \to x_0^+} f(x) = A.$$

例 3 判断函数 $f(x) = \begin{cases} x - 1, & x \leqslant 0, \\ x^2, & x > 0 \end{cases}$ 当 $x \to 0$ 时极限是否存在？

解 $\lim\limits_{x \to 0^-} f(x) = \lim\limits_{x \to 0^-} (x - 1) = -1$，$\lim\limits_{x \to 0^+} f(x) = \lim\limits_{x \to 0^+} x^2 = 0$，因为 $\lim\limits_{x \to 0^-} f(x) \neq \lim\limits_{x \to 0^+} f(x)$，所以当 $x \to 0$ 时 $f(x)$ 的极限不存在（图 1-9）.

2. 函数极限的性质

定理 1 若函数 $f(x)$ 在点 x_0 处存在极限，则极限唯一.

证明（反证法） 设 $\lim\limits_{x \to x_0} f(x) = a$，$\lim\limits_{x \to x_0} g(x) = b$，且 $a > b$，取 $\varepsilon = \dfrac{a - b}{2} > 0$，由 $\lim\limits_{x \to x_0} f(x) = a$，

存在 $\delta_1>0$，当 $x\in \mathring{U}(x_0,\delta_1)$ 时，有 $|f(x)-a|<\dfrac{a-b}{2}$，即
$$\frac{a+b}{2}<f(x)<\frac{3a-b}{2}. \tag{1}$$

由 $\lim\limits_{x\to x_0}f(x)=b$，存在 $\delta_2>0$，当 $x\in \mathring{U}(x_0,\delta_2)$ 时，有 $|f(x)-b|<\dfrac{a-b}{2}$，即
$$\frac{3b-a}{2}<f(x)<\frac{a+b}{2}. \tag{2}$$

取 $\delta=\min\{\delta_1,\delta_2\}$，则当 $x\in \mathring{U}(x_0,\delta)$ 时，(1)、(2)两式同时成立，即导致矛盾：
$$\frac{a+b}{2}<f(x)<\frac{a+b}{2},$$

所以若函数 $f(x)$ 在点 x_0 处存在极限，则极限唯一．

定理 2 若 $\lim\limits_{x\to x_0}f(x)=a$，$\lim\limits_{x\to x_0}g(x)=b$，**且 $a>b$，则存在 $\delta>0$，对任意的 $x\in \mathring{U}(x_0,\delta)$，有 $f(x)>g(x)$．**

证明 取 $\varepsilon=\dfrac{a-b}{2}>0$，由 $\lim\limits_{x\to x_0}f(x)=a$，存在 $\delta_1>0$，当 $x\in \mathring{U}(x_0,\delta_1)$，有 $|f(x)-a|<\dfrac{a-b}{2}$，即
$$\frac{a+b}{2}<f(x)<\frac{3a-b}{2}. \tag{3}$$

由 $\lim\limits_{x\to x_0}g(x)=b$，存在 $\delta_2>0$，当 $x\in \mathring{U}(x_0,\delta_2)$，有 $|g(x)-b|<\dfrac{a-b}{2}$，即
$$\frac{3b-a}{2}<g(x)<\frac{a+b}{2}. \tag{4}$$

取 $\delta=\min\{\delta_1,\delta_2\}$，则当 $x\in \mathring{U}(x_0,\delta)$ 时，(3)、(4)两式同时成立，即
$$g(x)<\frac{a+b}{2}<f(x),$$

于是存在 $\delta=\min\{\delta_1,\delta_2\}$，当 $x\in \mathring{U}(x_0,\delta)$ 时，有 $f(x)>g(x)$．

推论 若 $\lim\limits_{x\to x_0}f(x)=a$，$\lim\limits_{x\to x_0}g(x)=b$，**且存在 $\delta>0$，对任意的 $x\in \mathring{U}(x_0,\delta)$，有 $f(x)>g(x)$，则 $a\geqslant b$．**

由定理 2，应用反证法即可证明此推论．

定理 3 $\lim\limits_{x\to x_0}f(x)=a$ **的充要条件是**：$\lim\limits_{x\to x_0^+}f(x)=\lim\limits_{x\to x_0^-}f(x)=a$．

证明 必要性的证明是显然的，下面给出充分性的证明．

对任意的 $\varepsilon>0$，由 $\lim\limits_{x\to x_0^+}f(x)=a$，存在 $\delta_1>0$，当 $x\in(x_0,x_0+\delta_1)$ 时，有
$$|f(x)-a|<\varepsilon. \tag{5}$$

由 $\lim\limits_{x\to x_0^-}f(x)=a$，存在 $\delta_2>0$，当 $x\in(x_0-\delta_2,x_0)$ 时，有
$$|f(x)-a|<\varepsilon. \tag{6}$$

取 $\delta=\min\{\delta_1,\delta_2\}$，则当 $x\in\mathring{U}(x_0,\delta)$ 时，(5)、(6) 两式同时成立.

于是对任意的 $\varepsilon>0$，存在 $\delta=\min\{\delta_1,\delta_2\}$，对任意的 $x\in\mathring{U}(x_0,\delta)$，有 $|f(x)-a|<\varepsilon$，所以 $\lim\limits_{x\to x_0}f(x)=a$.

三、无穷小与无穷大

1. 无穷小

函数 $f(x)$ 的自变量在某一变化过程中 ($x\to x_0$ 或 $x\to\infty$)，其极限为零 ($f(x)\to 0$)，这样的函数在很多时候具有重要意义，我们只讨论当 $x\to x_0$ 时，函数 $f(x)$ 极限的情形.

定义 4 如果 $\lim\limits_{x\to x_0}f(x)=0$，则称 $f(x)$ 当 $x\to x_0$ 时是**无穷小**.

例如，当 $x\to 0$ 时，x^2，$\sin x$，$\tan x$ 都是无穷小；当 $x\to+\infty$ 时，$\left(\dfrac{1}{2}\right)^x$，$\dfrac{\pi}{2}-\arctan x$ 都是无穷小.

无穷小不是针对某个量的大小而言的，它不是数，而是针对某个量的变化趋势而言的，因此无穷小是一个变量，但 "0" 是可以作为无穷小的唯一常数.

根据无穷小的定义，不难证明无穷小有如下性质：

性质 1 若函数 $f(x)$ 与 $g(x)$ 当 $x\to x_0$ 时都是无穷小，则函数 $f(x)\pm g(x)$ 与 $f(x)g(x)$ 当 $x\to x_0$ 时也都是无穷小.

性质 2 若函数 $f(x)$ 当 $x\to x_0$ 时是无穷小，函数 $g(x)$ 在 x_0 的某去心邻域内有界，则函数 $f(x)g(x)$ 当 $x\to x_0$ 时是无穷小.

推论 常数与无穷小的积是无穷小.

性质 3 函数 $f(x)$ 当 $x\to x_0$ 时极限为 a 的充要条件是：$f(x)$ 可表示为 a 与一个无穷小的和，即 $f(x)=a+\alpha(x)$，其中 $\alpha(x)$ 当 $x\to x_0$ 时是无穷小.

2. 无穷大

当 $x\to\dfrac{\pi}{2}$ 时，$f(x)=\tan x$ 的绝对值无限增大；当 $x\to 0$ 时，$f(x)=\dfrac{1}{x}$ 的绝对值无限增大，这时我们称 $f(x)$ 为某一变化过程中的无穷大.

定义 5 设函数 $f(x)$ 在 x_0 的某去心邻域内有定义，若对任意给定的 $M>0$，存在 $\delta>0$，当 $x\in\mathring{U}(x_0,\delta)$ 时，有 $|f(x)|>M$，则称函数 $f(x)$ 当 $x\to x_0$ 时为**无穷大**，记为
$$\lim_{x\to x_0}f(x)=\infty \text{ 或 } f(x)\to\infty\,(x\to x_0).$$

如果将定义中的 $|f(x)|>M$ 改为 $f(x)>M$ 或 $f(x)<-M$，就可得到**正无穷大**（$\lim\limits_{x\to x_0}f(x)=+\infty$）或**负无穷大**（$\lim\limits_{x\to x_0}f(x)=-\infty$）的定义.

注：无穷大也是一个变量. 无穷大是极限不存在的一种情况.

根据无穷大的定义，不难证明无穷大有如下性质：

性质 1 若函数 $f(x)$ 与 $g(x)$ 当 $x\to x_0$ 时都是无穷大，则函数 $f(x)g(x)$ 当 $x\to x_0$ 时也是无穷大.

需要说明的是：两个无穷大的代数和可能不是无穷大. 例如，指数函数 a^x 和 $-a^x$

$(x\to+\infty,a>1)$ 都是无穷大，但它们的和 $a^x+(-a^x)=0(x\to+\infty,a>1)$ 不是无穷大，而是无穷小．

性质 2 若函数 $f(x)$ 当 $x\to x_0$ 时是无穷大，函数 $g(x)$ 在 x_0 的某去心邻域内有界，则函数 $f(x)+g(x)$ 当 $x\to x_0$ 时也是无穷大．

3. 无穷小与无穷大的关系

下述定理揭示了无穷大与无穷小的关系．

定理 4 设函数 $f(x)$ 在 x_0 的某去心邻域内有定义，且 $f(x)\neq 0$，如果 $f(x)$ 是无穷小 $(x\to x_0)$，则 $\dfrac{1}{f(x)}$ 是无穷大 $(x\to x_0)$；如果 $f(x)$ 是无穷大 $(x\to x_0)$，则 $\dfrac{1}{f(x)}$ 是无穷小 $(x\to x_0)$．

证明 设 $\lim\limits_{x\to x_0}f(x)=\infty$，则对任意给定的 $\varepsilon>0\left(\text{取 }M=\dfrac{1}{\varepsilon}\right)$，总存在 $\delta>0$，使得当 $0<|x-x_0|<\delta$ 时，恒有 $|f(x)|>M=\dfrac{1}{\varepsilon}$，即 $\left|\dfrac{1}{f(x)}\right|<\varepsilon$，所以当 $x\to x_0$ 时，$\dfrac{1}{f(x)}$ 为无穷小．

反之，设 $\lim\limits_{x\to x_0}f(x)=0$，且 $f(x)\neq 0$，则对任意给定的 $M>0\left(\text{取 }\varepsilon=\dfrac{1}{M}\right)$，总存在 $\delta>0$，使得当 $0<|x-x_0|<\delta$ 时，恒有 $|f(x)|<\dfrac{1}{M}$，即 $\left|\dfrac{1}{f(x)}\right|>M$，所以当 $x\to x_0$ 时，$\dfrac{1}{f(x)}$ 为无穷大．

因此，对于无穷大的讨论可以转化为关于无穷小的讨论．

四、函数极限的计算

在微积分中，我们将要介绍四种计算函数极限的方法，分别是利用运算法则、两个重要极限、无穷小的比较和洛必达法则来进行计算．在本章中，我们主要介绍前三种计算方法，第四种——利用洛必达法则求函数极限的方法将在第二章里面详细介绍．

1. 极限的运算法则

在下面的讨论中，"lim"下面没有标明自变量的变化过程，是指对 $x\to x_0$ 和 $x\to\infty$ 以及单侧极限均成立．

定理 5 若 $\lim f(x)=a$，$\lim g(x)=b$，则

(1) $\lim[f(x)\pm g(x)]=\lim f(x)\pm\lim g(x)=a\pm b$；

(2) $\lim[f(x)g(x)]=\lim f(x)\cdot\lim g(x)=a\cdot b$；

(3) 若 $b\neq 0$，则 $\lim\dfrac{f(x)}{g(x)}=\dfrac{\lim f(x)}{\lim g(x)}=\dfrac{a}{b}$．

定理 5 说明：两个函数代数和的极限等于其极限的代数和；两个函数积的极限等于其极限的积；两个函数商的极限等于其极限的商（但分母的极限不为零）．另外，和与积的运算法则可以推广到有限个函数的情形．

推论 1 $\lim k\cdot f(x)=k\cdot\lim f(x)$，其中 k 为任意常数．

推论 2 $\lim[f(x)]^n=[\lim f(x)]^n$，其中 $n\in\mathbf{N}$．

定理 6 设函数 $y=f[\varphi(x)]$ 是 $y=f(u)$ 及 $u=\varphi(x)$ 复合而成的函数，如果 $\lim\limits_{x\to x_0}\varphi(x)=a$，且在点 x_0 的某去心邻域内 $\varphi(x)\neq a$，又 $\lim\limits_{u\to a}f(u)=A$，则 $\lim\limits_{x\to x_0}f[\varphi(x)]=A$．

证明略．

利用函数极限的运算法则，我们可以推导出多项式和有理分式极限的计算方法．

设多项式 $P(x) = a_0 x^n + a_1 x^{n-1} + \cdots + a_{n-1} x + a_n$，则有
$$\lim_{x \to x_0} P(x) = \lim_{x \to x_0} (a_0 x^n + a_1 x^{n-1} + \cdots + a_{n-1} x + a_n)$$
$$= a_0 \lim_{x \to x_0} x^n + a_1 \lim_{x \to x_0} x^{n-1} + \cdots + a_{n-1} \lim_{x \to x_0} x + a_n$$
$$= a_0 x_0^n + a_1 x_0^{n-1} + \cdots + a_{n-1} x_0 + a_n = P(x_0).$$

例 4 求极限 $\lim\limits_{x \to 2}(2x^2 + x - 6)$.

解 $\lim\limits_{x \to 2}(2x^2 + x - 6) = 2(\lim\limits_{x \to 2} x)^2 + \lim\limits_{x \to 2} x - \lim\limits_{x \to 2} 6 = 2 \times 2^2 + 2 - 6 = 4.$

设有理分式 $\dfrac{P(x)}{Q(x)}$，其中 $P(x)$，$Q(x)$ 均为多项式，则 $\lim\limits_{x \to x_0} \dfrac{P(x)}{Q(x)}$ 有以下几种情况：

(1) 若 $\lim\limits_{x \to x_0} Q(x) = Q(x_0) \neq 0$，则
$$\lim_{x \to x_0} \frac{P(x)}{Q(x)} = \frac{\lim\limits_{x \to x_0} P(x)}{\lim\limits_{x \to x_0} Q(x)} = \frac{P(x_0)}{Q(x_0)};$$

(2) 若 $\lim\limits_{x \to x_0} Q(x) = Q(x_0) = 0$，$\lim\limits_{x \to x_0} P(x) = P(x_0) \neq 0$，则有
$$\lim_{x \to x_0} \frac{Q(x)}{P(x)} = \frac{\lim\limits_{x \to x_0} Q(x)}{\lim\limits_{x \to x_0} P(x)} = \frac{Q(x_0)}{P(x_0)} = 0,$$

从而
$$\lim_{x \to x_0} \frac{P(x)}{Q(x)} = \lim_{x \to x_0} \frac{1}{\frac{Q(x)}{P(x)}} = \infty.$$

例 5 求下列极限：

(1) $\lim\limits_{x \to 2} \dfrac{2x^2 + x - 6}{x^3 - x + 2}$；   (2) $\lim\limits_{x \to 2} \dfrac{2x^2 + x - 6}{x^3 - 8}$；   (3) $\lim\limits_{x \to 2} \dfrac{x^2 + x - 6}{x^2 - 4}.$

解 (1) $\lim\limits_{x \to 2} \dfrac{2x^2 + x - 6}{x^3 - x + 2} = \dfrac{\lim\limits_{x \to 2}(2x^2 + x - 6)}{\lim\limits_{x \to 2}(x^3 - x + 2)} = \dfrac{1}{2};$

(2) 因为 $\lim\limits_{x \to 2} \dfrac{x^3 - 8}{2x^2 + x - 6} = \dfrac{\lim\limits_{x \to 2}(x^3 - 8)}{\lim\limits_{x \to 2}(2x^2 + x - 6)} = 0$，所以 $\lim\limits_{x \to 2} \dfrac{2x^2 + x - 6}{x^3 - 8} = \infty;$

(3) $\lim\limits_{x \to 2} \dfrac{x^2 + x - 6}{x^2 - 4} = \lim\limits_{x \to 2} \dfrac{(x+3)(x-2)}{(x+2)(x-2)} = \lim\limits_{x \to 2} \dfrac{x+3}{x+2} = \dfrac{5}{4}.$

以上是自变量趋于有限值时有理分式求极限的计算方法．当自变量趋于无穷大时，我们可以利用无穷大和无穷小的关系来计算有理分式的极限，具体的做法是构造无穷大的倒数．

例 6 求下列极限：

(1) $\lim\limits_{x \to \infty} \dfrac{2x^2 + 3x - 5}{x^3 - x + 2}$；   (2) $\lim\limits_{x \to \infty} \dfrac{x^3 + 2x - 6}{x^2 - 8}$；   (3) $\lim\limits_{x \to \infty} \dfrac{x^3 + x - 1}{2x^3 - 3}.$

解 (1) $\lim\limits_{x \to \infty} \dfrac{2x^2 + 3x - 5}{x^3 - x + 2} = \lim\limits_{x \to \infty} \dfrac{\dfrac{2x^2}{x^3} + \dfrac{3x}{x^3} - \dfrac{5}{x^3}}{1 - \dfrac{x}{x^3} + \dfrac{2}{x^3}} = 0;$

(2) 因为 $\lim\limits_{x \to \infty} \dfrac{x^2 - 8}{x^3 + 2x - 6} = \lim\limits_{x \to \infty} \dfrac{\dfrac{x^2}{x^3} - \dfrac{8}{x^3}}{1 + \dfrac{2x}{x^3} - \dfrac{6}{x^3}} = 0$，所以

$$\lim_{x\to\infty}\frac{x^3+2x-6}{x^2-8}=\infty;$$

(3) $\lim\limits_{x\to\infty}\dfrac{x^3+x-1}{2x^3-3}=\lim\limits_{x\to\infty}\dfrac{1+\dfrac{x}{x^3}-\dfrac{1}{x^3}}{2-\dfrac{3}{x^3}}=\dfrac{1}{2}.$

总结例 6 的结果可以得出如下规律：

$$\lim_{x\to\infty}\frac{a_0x^m+a_1x^{m-1}+\cdots+a_m}{b_0x^n+b_1x^{n-1}+\cdots+b_n}=\begin{cases}\dfrac{a_0}{b_0},&m=n,\\ 0,&m<n,\\ \infty,&m>n,\end{cases}$$

其中 $a_0\neq 0$，$b_0\neq 0$.

2. 两个重要极限：$\lim\limits_{x\to 0}\dfrac{\sin x}{x}=1$ 和 $\lim\limits_{x\to\infty}\left(1+\dfrac{1}{x}\right)^x=e.$

这两个重要极限在极限的运算中具有重要地位，可以用来解决两类常用极限的计算问题.

下面我们先介绍两个判别极限存在的准则，并应用准则给出两个重要极限.

准则 I 设数列 $\{x_n\}$，$\{y_n\}$，$\{z_n\}$ 满足：

(1) 存在正整数 N，当 $n>N$ 时，有 $y_n\leqslant x_n\leqslant z_n$；

(2) $\lim\limits_{n\to\infty}y_n=a$，$\lim\limits_{n\to\infty}z_n=a$,

则数列 $\{x_n\}$ 的极限存在，且 $\lim\limits_{n\to\infty}x_n=a$.

证明 因为 $\lim\limits_{n\to\infty}y_n=a$，$\lim\limits_{n\to\infty}z_n=a$，根据数列极限的定义，$\forall\varepsilon>0$，∃正整数 N_1，当 $n>N_1$ 时，有 $|y_n-a|<\varepsilon$；又∃正整数 N_2，当 $n>N_2$ 时，有 $|z_n-a|<\varepsilon$. 取 $N=\max\{N_1,N_2\}$，当 $n>N$ 时，有 $|y_n-a|<\varepsilon$ 与 $|z_n-a|<\varepsilon$ 同时成立，即

$$a-\varepsilon<y_n<a+\varepsilon,\ a-\varepsilon<z_n<a+\varepsilon$$

同时成立. 又因为当 $n>N$ 时，$y_n\leqslant x_n\leqslant z_n$，从而有

$$a-\varepsilon<y_n\leqslant x_n\leqslant z_n<a+\varepsilon,$$

即

$$|x_n-a|<\varepsilon$$

成立. 这就证明了 $\lim\limits_{n\to\infty}x_n=a$.

准则 I′ 设函数 $f(x)$，$g(x)$，$h(x)$ 满足：

(1) 当 $x\in\mathring{U}(x_0,\delta)$（或 $|x|>M$）时，有 $g(x)\leqslant f(x)\leqslant h(x)$；

(2) $\lim\limits_{\substack{x\to x_0\\(x\to\infty)}}g(x)=A$，$\lim\limits_{\substack{x\to x_0\\(x\to\infty)}}h(x)=A$,

则 $\lim\limits_{\substack{x\to x_0\\(x\to\infty)}}f(x)$ 存在，且等于 A.

准则 I 和准则 I′ 称为**夹逼准则**.

应用准则 I，证明**第一个重要极限** $\lim\limits_{x\to 0}\dfrac{\sin x}{x}=1.$

证明 作单位圆 ⊙O，如图 1-10 所示，令 $\angle AOB=x$（x 取弧度），先设 $0<x<\dfrac{\pi}{2}$，过

点 A 的切线与 OB 的延长线相交于点 D，又 $BC \perp OA$，则有 $\sin x = CB$，$x = \overset{\frown}{AB}$，$\tan x = AD$.

因为 $\triangle AOB$ 的面积 $<$ 扇形 AOB 的面积 $<\triangle AOD$ 的面积，

所以 $\dfrac{1}{2}\sin x < \dfrac{1}{2}x < \dfrac{1}{2}\tan x$，即 $\sin x < x < \tan x$.

不等号各边都除以 $\sin x$，得

$$1 < \dfrac{x}{\sin x} < \dfrac{1}{\cos x}, \quad 即 \cos x < \dfrac{\sin x}{x} < 1.$$

因为 $\cos x$，$\dfrac{\sin x}{x}$ 都是偶函数，所以 x 用 $-x$ 代替时，$\cos x$ 与 $\dfrac{\sin x}{x}$ 都不变，因此上式对于 $x \in \left(-\dfrac{\pi}{2}, 0\right)$ 内的一切 x 也都成立.

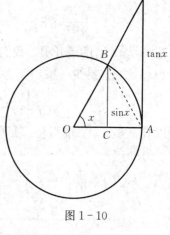

图 1-10

由于 $\lim\limits_{x\to 0}\cos x = 1$，且 $\lim\limits_{x\to 0} 1 = 1$，由准则 I 得

$$\lim_{x\to 0}\dfrac{\sin x}{x} = 1.$$

注：实际上，我们可以将此极限推广到更一般的情形，即若 $\lim\limits_{x\to x_0} f(x) = 0$，则有 $\lim\limits_{x\to x_0}\dfrac{\sin[f(x)]}{f(x)} = 1$.

下面介绍另一个准则.

准则 II（单调有界数列收敛准则） 单调有界数列必有极限.

如果数列 $\{x_n\}$ 满足 $x_1 \leqslant x_2 \leqslant \cdots \leqslant x_n \leqslant \cdots$，就称数列 $\{x_n\}$ 是单调增加的；如果数列 $\{x_n\}$ 满足 $x_1 \geqslant x_2 \geqslant \cdots \geqslant x_n \geqslant \cdots$，就称数列 $\{x_n\}$ 是单调减少的. 单调增加和单调减少数列统称为单调数列.

通过前面的学习我们知道，收敛数列必有界，但有界数列不一定收敛. 准则 II 表明：当有界数列满足单调的条件时，则必是收敛的（单调增加有上界，单调减少有下界的数列有极限）.

下面证明**第二个重要极限**：$\lim\limits_{x\to\infty}\left(1 + \dfrac{1}{x}\right)^x = e$.

下面考虑 x 取正整数 n 而趋于 $+\infty$ 的情形.

证明 设 $x_n = \left(1 + \dfrac{1}{n}\right)^n$，只需证明单调有界即可. 利用二项式展开

$$x_n = \left(1 + \dfrac{1}{n}\right)^n$$

$$= 1 + \dfrac{n}{1!}\cdot\dfrac{1}{n} + \dfrac{n(n-1)}{2!}\cdot\dfrac{1}{n^2} + \dfrac{n(n-1)(n-2)}{3!}\cdot\dfrac{1}{n^3} + \cdots + \dfrac{n(n-1)\cdots(n-n+1)}{n!}\cdot\dfrac{1}{n^n}$$

$$= 1 + 1 + \dfrac{1}{2!}\left(1-\dfrac{1}{n}\right) + \dfrac{1}{3!}\left(1-\dfrac{1}{n}\right)\left(1-\dfrac{2}{n}\right) + \cdots + \dfrac{1}{n!}\left(1-\dfrac{1}{n}\right)\left(1-\dfrac{2}{n}\right)\cdots\left(1-\dfrac{n-1}{n}\right),$$

同理有

$$x_{n+1} = \left(1 + \dfrac{1}{n+1}\right)^{n+1}$$

$$= 1 + 1 + \frac{1}{2!}\left(1 - \frac{1}{n+1}\right) + \frac{1}{3!}\left(1 - \frac{1}{n+1}\right)\left(1 - \frac{2}{n+1}\right) + \cdots + \frac{1}{n!}\left(1 - \frac{1}{n+1}\right)\left(1 - \frac{2}{n+1}\right)\cdots$$
$$\left(1 - \frac{n-1}{n+1}\right) + \frac{1}{(n+1)!}\left(1 - \frac{1}{n+1}\right)\left(1 - \frac{2}{n+1}\right)\cdots\left(1 - \frac{n}{n+1}\right),$$

比较 x_n 与 x_{n+1} 的展开项,我们发现除前两项之外,$\{x_n\}$ 的相应项都小于 $\{x_{n+1}\}$ 的相应项,且 $\{x_{n+1}\}$ 比 $\{x_n\}$ 多一项

$$\frac{1}{(n+1)!}\left(1 - \frac{1}{n+1}\right)\left(1 - \frac{2}{n+1}\right)\cdots\left(1 - \frac{n}{n+1}\right) > 0,$$

所以有 $x_n \leqslant x_{n+1}$. 说明 $\{x_n\}$ 是单调增加的数列.

另外,
$$x_n = 1 + 1 + \frac{1}{2!}\left(1 - \frac{1}{n}\right) + \frac{1}{3!}\left(1 - \frac{1}{n}\right)\left(1 - \frac{2}{n}\right) + \cdots + \frac{1}{n!}\left(1 - \frac{1}{n}\right)\left(1 - \frac{2}{n}\right)\cdots\left(1 - \frac{n-1}{n}\right)$$
$$< 1 + 1 + \frac{1}{2!} + \frac{1}{3!} + \cdots + \frac{1}{n!} < 1 + 1 + \frac{1}{2} + \frac{1}{2^2} + \cdots + \frac{1}{2^{n-1}}$$
$$= 1 + \frac{1 - \left(\frac{1}{2}\right)^n}{1 - \frac{1}{2}} = 3 - \frac{1}{2^{n-1}} < 3,$$

这说明 $\{x_n\}$ 是有界的. 由准则 II,数列 $\{x_n\}$ 有极限,其极限用字母 e 表示,e 是无理数 $2.71828\cdots$,即 $\lim\limits_{n \to \infty}\left(1 + \frac{1}{n}\right)^n = e$.

我们将此数列极限推广到一般的情形.

设实数 x 满足 $n < x < n+1$,则有 $1 + \frac{1}{n+1} < 1 + \frac{1}{x} < 1 + \frac{1}{n}$,则

$$\left(1 + \frac{1}{n+1}\right)^n < \left(1 + \frac{1}{x}\right)^x < \left(1 + \frac{1}{n}\right)^{n+1},$$

即
$$\lim_{n \to \infty}\left(1 + \frac{1}{n+1}\right)^n = \lim_{n \to \infty}\frac{\left(1 + \frac{1}{n+1}\right)^{n+1}}{1 + \frac{1}{n+1}} = \frac{e}{1} = e,$$

又因为
$$\lim_{n \to \infty}\left(1 + \frac{1}{n}\right)^{n+1} = \lim_{n \to \infty}\left(1 + \frac{1}{n}\right)^n \lim_{n \to \infty}\left(1 + \frac{1}{n}\right) = e,$$

由准则 I 有
$$\lim_{x \to \infty}\left(1 + \frac{1}{x}\right)^x = e.$$

注:上式经变量代换 $y = \frac{1}{x}$,得其等价形式:$\lim\limits_{y \to 0}(1 + y)^{\frac{1}{y}} = e$,即 $\lim\limits_{x \to 0}(1 + x)^{\frac{1}{x}} = e$. 此极限的一般情形:若 $\lim\limits_{x \to x_0} f(x) = 0$,则 $\lim\limits_{x \to x_0}(1 + f(x))^{\frac{1}{f(x)}} = e$.

这两个重要极限在极限的运算中具有重要地位,可以用来解决两类常用极限的计算问题.

例7 求 $\lim\limits_{x \to 0}\frac{\tan x}{x}$.

解 $\lim\limits_{x \to 0}\frac{\tan x}{x} = \lim\limits_{x \to 0}\left(\frac{\sin x}{x} \cdot \frac{1}{\cos x}\right) = \lim\limits_{x \to 0}\frac{\sin x}{x} \cdot \lim\limits_{x \to 0}\frac{1}{\cos x} = 1.$

例 8 求 $\lim\limits_{x \to 0} \dfrac{1-\cos x}{x^2}$.

解 $\lim\limits_{x \to 0} \dfrac{1-\cos x}{x^2} = \lim\limits_{x \to 0} \dfrac{2\sin^2 \dfrac{x}{2}}{x^2} = \lim\limits_{x \to 0} \dfrac{1}{2} \left(\dfrac{\sin \dfrac{x}{2}}{\dfrac{x}{2}} \right)^2 = \dfrac{1}{2}$.

例 9 求 $\lim\limits_{x \to 0} \dfrac{\arcsin x}{x}$.

解 $\lim\limits_{x \to 0} \dfrac{\arcsin x}{x} \xlongequal{u=\arcsin x} \lim\limits_{u \to 0} \dfrac{u}{\sin u} = 1$.

例 10 求 $\lim\limits_{x \to \infty} \left(1 - \dfrac{1}{x}\right)^x$.

解 $\lim\limits_{x \to \infty} \left(1 - \dfrac{1}{x}\right)^x = \lim\limits_{x \to \infty} \left[\left(1 + \dfrac{1}{-x}\right)^{-x} \right]^{-1} = e^{-1}$.

例 11 求 $\lim\limits_{x \to \infty} \left(\dfrac{1+x}{x}\right)^{2x}$.

解 $\lim\limits_{x \to \infty} \left(\dfrac{1+x}{x}\right)^{2x} = \lim\limits_{x \to \infty} \left[\left(1 + \dfrac{1}{x}\right)^x \right]^2 = e^2$.

例 12 求 $\lim\limits_{x \to 0} (1 + 3\tan^2 x)^{\cot^2 x}$.

解 $\lim\limits_{x \to 0} (1 + 3\tan^2 x)^{\cot^2 x} = \lim\limits_{x \to 0} \left[(1 + 3\tan^2 x)^{\frac{1}{3\tan^2 x}} \right]^3 = e^3$.

3. 无穷小的比较

根据无穷小的运算性质，两个无穷小的和、差、积仍是无穷小，但两个无穷小的商却会出现不同情况．例如，当 $x \to 0$ 时，函数 x，x^2，$\sin x$ 及 $1-\cos x$ 都是无穷小，而 $\lim\limits_{x \to 0} \dfrac{x^2}{x} = 0$，$\lim\limits_{x \to 0} \dfrac{x}{x^2} = \infty$，$\lim\limits_{x \to 0} \dfrac{\sin x}{x} = 1$，$\lim\limits_{x \to 0} \dfrac{1-\cos x}{x^2} = \dfrac{1}{2}$．

由此可知，两个无穷小之商的极限有各种不同的情况，在同一过程中的无穷小趋向于零的速度不同，只有通过比较才能反映速度的快慢．

定义 6 设 $\alpha(x)$ 与 $\beta(x)$ 是在自变量的同一变化过程中的两个无穷小，且 $\alpha(x) \neq 0$，则

(1) 若 $\lim \dfrac{\beta(x)}{\alpha(x)} = 0$，称 $\beta(x)$ 是比 $\alpha(x)$ **高阶的无穷小**，记为 $\beta = o(\alpha)$.

(2) 若 $\lim \dfrac{\beta(x)}{\alpha(x)} = \infty$，称 $\beta(x)$ 是比 $\alpha(x)$ **低阶的无穷小**.

(3) 若 $\lim \dfrac{\beta(x)}{\alpha(x)} = C$（$C$ 是不为零的常数），称 $\beta(x)$ 与 $\alpha(x)$ 是**同阶无穷小**.

(4) 若 $\lim \dfrac{\beta(x)}{\alpha(x)} = 1$，称 $\beta(x)$ 与 $\alpha(x)$ 是**等价无穷小**，记为 $\beta(x) \sim \alpha(x)$ 或 $\beta \sim \alpha$.

上述定义刻画了两个无穷小趋向于零的快慢程度．$\beta(x)$ 是 $\alpha(x)$ 的高阶无穷小，表明在同一极限变化过程中 $\beta(x)$ 趋向于零的速度快于 $\alpha(x)$；如果 $\beta(x)$ 与 $\alpha(x)$ 是同阶无穷小，则表示这两个无穷小在同一极限变化过程中趋向于零的速度相仿．

根据等价无穷小的定义，可以证明，当 $x \to 0$ 时，有下列常用的等价无穷小关系：

$$\sin x \sim x; \quad \tan x \sim x; \quad \arcsin x \sim x; \quad \arctan x \sim x; \quad 1-\cos x \sim \frac{1}{2}x^2; \quad \ln(1+x) \sim x;$$

$$e^x - 1 \sim x; \quad a^x - 1 \sim x \ln a (a > 0); \quad (1+x)^\alpha - 1 \sim \alpha x (\alpha \neq 0 \text{ 且为常数}).$$

等价无穷小是同阶无穷小的特殊情形，关于等价无穷小有下述有用的性质.

定理 7 设 α, β 是同一过程 ($x \to x_0$ 或 $x \to \infty$) 中的无穷小，且 $\alpha \sim \alpha'$, $\beta \sim \beta'$，如果 $\lim \dfrac{\alpha'}{\beta'}$ 存在，则 $\lim \dfrac{\alpha}{\beta}$ 也存在，且 $\lim \dfrac{\alpha}{\beta} = \lim \dfrac{\alpha'}{\beta'}$.

利用定理 7，将会给求无穷小商的极限带来极大的方便.

例 13 求下列极限：

(1) $\lim\limits_{x \to 0} \dfrac{\sin 5x}{\tan 3x}$；　　　　(2) $\lim\limits_{x \to 0} \dfrac{1-\cos x}{2x^2}$.

解 (1) 因为当 $x \to 0$ 时，$\sin 5x \sim 5x$，$\tan 3x \sim 3x$，所以

$$\lim_{x \to 0} \frac{\sin 5x}{\tan 3x} = \lim_{x \to 0} \frac{5x}{3x} = \frac{5}{3};$$

(2) 因为当 $x \to 0$ 时，$1 - \cos x \sim \dfrac{1}{2}x^2$，所以

$$\lim_{x \to 0} \frac{1-\cos x}{2x^2} = \lim_{x \to 0} \frac{\frac{1}{2}x^2}{2x^2} = \frac{1}{4}.$$

习 题 1-2

1. 求下列数列的极限.

(1) $\lim\limits_{n \to \infty} \dfrac{n + (-1)^{n-1}}{n}$；　　　　(2) $\lim\limits_{n \to \infty} \dfrac{3n^2 + 5n + 1}{3n^2 - n + 6}$；

(3) $\lim\limits_{n \to \infty} q^n \,(|q| < 1)$；　　　　(4) $\lim\limits_{n \to \infty} \dfrac{1}{\ln(n+1)}$.

2. 求下列极限.

(1) $\lim\limits_{x \to \infty} \left(3 + \dfrac{2}{x} - \dfrac{1}{x^2}\right)$；　　　　(2) $\lim\limits_{x \to 1} \dfrac{x^2 + 1}{x^3 + 1}$；

(3) $\lim\limits_{x \to 0} 2x \cos \dfrac{1}{x}$；　　　　(4) $\lim\limits_{n \to \infty} \dfrac{\cos \frac{n\pi}{2}}{n}$；

(5) $\lim\limits_{x \to 2}(x^2 + 3x - 9)$；　　　　(6) $\lim\limits_{x \to 2} \dfrac{x^3 + 2x^2 - x + 1}{x^2 - x + 10}$；

(7) $\lim\limits_{x \to \frac{\pi}{2}} \dfrac{\ln(e + \cos x)}{\sin x}$；　　　　(8) $\lim\limits_{x \to +\infty} \left(\sqrt{x^2 + x + 1} - \sqrt{x^2 - x + 1}\right)$.

3. 求下列极限.

(1) $\lim\limits_{x \to 5} \dfrac{x^2 - 6x + 5}{x - 5}$；　　　　(2) $\lim\limits_{x \to 1}\left(\dfrac{1}{1-x} - \dfrac{3}{1-x^3}\right)$；

(3) $\lim\limits_{x \to 2} \dfrac{x^3 - 8}{x^2 + x - 6}$；　　　　(4) $\lim\limits_{x \to 4} \dfrac{\sqrt{2x+1} - 3}{\sqrt{x-2} - \sqrt{2}}$；

(5) $\lim\limits_{x \to 1} \dfrac{x^2 - 1}{x - 1}$；　　　　(6) $\lim\limits_{x \to -1} \dfrac{x + 1}{\sqrt{2x + 3} - 1}$；

(7) $\lim\limits_{x\to 4}\dfrac{\sqrt{1+2x}-3}{x-4}$; (8) $\lim\limits_{x\to\infty}\dfrac{(2x-1)^{30}(3x-2)^{20}}{(2x+1)^{50}}$.

4. 求下列极限.

(1) $\lim\limits_{x\to 0}\left(x^2\sin\dfrac{1}{x^2}+\dfrac{\sin 3x}{x}\right)$; (2) $\lim\limits_{x\to 0}\dfrac{\tan 2x}{\sin 3x}$;

(3) $\lim\limits_{x\to 0}\dfrac{\sqrt{1+x}-\sqrt{1-x}}{\sin 3x}$; (4) $\lim\limits_{x\to\frac{\pi}{2}}(1+\cos x)^{\sec x}$;

(5) $\lim\limits_{x\to\infty}\left(\dfrac{1+x}{x}\right)^{3x}$; (6) $\lim\limits_{x\to\infty}\left(1+\dfrac{3}{x}\right)^{x}$;

(7) $\lim\limits_{x\to 0}\dfrac{\log_2(x+1)}{x}$; (8) $\lim\limits_{x\to 0}\left(\dfrac{1-x}{1+x}\right)^{\frac{2}{x}}$.

5. 判断函数 $f(x)=\begin{cases}x^2, & x\geqslant -1,\\ x+1, & x<-1\end{cases}$ 在点 $x_0=-1$ 处极限是否存在？如果存在，求出此极限；如果不存在，请说明理由.

6. 设函数 $f(x)=\begin{cases}x^2+2x-3, & x\leqslant 1,\\ x, & 1<x<2,\\ 2x-2, & x\geqslant 2,\end{cases}$ 试问函数在点 $x=1$ 和点 $x=2$ 处的极限是否存在？若存在将它求出来.

7. 讨论函数 $f(x)=\begin{cases}-x-1, & x<0,\\ x-\cos x, & x\geqslant 0\end{cases}$ 当 $x\to 0$ 时的极限.

第三节 函数的连续性

连续函数不仅是微积分的研究对象，而且微积分中的主要概念、定理、公式与法则等，往往都要求函数具有连续性.

一、函数的连续性

根据前面的知识，在极限式 $\lim\limits_{x\to x_0}f(x)=A$ 中，点 x_0 既可以属于函数的定义域，也可以不属于函数的定义域. 即使点 x_0 属于函数的定义域，它的极限值 A 也不一定等于函数在该点的函数值 $f(x_0)$. 但是，当 $A=f(x_0)$ 时，即 $\lim\limits_{x\to x_0}f(x)=f(x_0)$ 时，这样的函数就有着特殊的意义.

定义 1 设函数 $f(x)$ 在点 x_0 的某一邻域内有定义，如果当 $x\to x_0$ 时，$f(x)$ 极限存在，且极限值等于 $f(x_0)$，即

$$\lim_{x\to x_0}f(x)=f(x_0),$$

则称函数 $f(x)$ 在点 x_0 处**连续**，点 x_0 为**连续点**；否则，称函数 $f(x)$ 在点 x_0 处**间断**，点 x_0 为**间断点**.

如果函数 $y=f(x)$ 在点 x_0 的某一邻域内有定义，那么当自变量在该邻域内从 x_0 变化到 x 时，相应地，函数值从 $f(x_0)$ 变化到 $f(x)$. 我们把 $f(x)-f(x_0)$ 称为函数的**增量**，记为

$\Delta y = f(x) - f(x_0)$;把 $x - x_0$ 称为自变量的**增量**,记为 $\Delta x = x - x_0$,从而 $\Delta y = f(x) - f(x_0) = f(x_0 + \Delta x) - f(x_0)$. 这时,函数连续的定义就可以写成:

$$\lim_{x \to x_0} f(x) = f(x_0) \Leftrightarrow \lim_{\Delta x \to 0} f(x_0 + \Delta x) = f(x_0) \Leftrightarrow \lim_{\Delta x \to 0} [f(x_0 + \Delta x) - f(x_0)] = 0 \Leftrightarrow \lim_{\Delta x \to 0} \Delta y = 0,$$

即当自变量的增量趋于零时,函数值的增量也趋于零.

为了能全面地刻画函数的连续性,下面给出左连续与右连续的定义.

定义 2 如果 $x \to x_0^-$ 时,函数 $f(x)$ 在点 x_0 的极限存在,并且极限值等于 $f(x_0)$,即

$$\lim_{x \to x_0^-} f(x) = f(x_0 - 0) = f(x_0),$$

则称 $f(x)$ 在点 x_0 处**左连续**;如果 $x \to x_0^+$ 时,函数 $f(x)$ 在点 x_0 的极限存在,并且极限值等于 $f(x_0)$,即

$$\lim_{x \to x_0^+} f(x) = f(x_0 + 0) = f(x_0),$$

则称 $f(x)$ 在点 x_0 处**右连续**.

因此,函数 $f(x)$ 在点 x_0 处连续的充要条件是:$f(x)$ 在点 x_0 处既左连续又右连续,即

$$\lim_{x \to x_0} f(x) = f(x_0) \Leftrightarrow \lim_{x \to x_0^-} f(x) = \lim_{x \to x_0^+} f(x) = f(x_0).$$

一般地,若函数 $f(x)$ 在区间 I 上的每一点都连续(端点处的连续为右连续或左连续),则称函数 $f(x)$ 为区间 I 上的连续函数. 可以证明:基本初等函数在定义域上是连续函数.

例 1 判断函数 $f(x) = \begin{cases} x - 1, & x \leqslant 0, \\ x^2, & x > 0 \end{cases}$ 在 $x = 0$ 处是否连续.

解 因为 $\lim_{x \to 0^-} f(x) = \lim_{x \to 0^-} (x - 1) = -1$,$\lim_{x \to 0^+} f(x) = \lim_{x \to 0^+} x^2 = 0$,

显然 $\lim_{x \to 0^-} f(x) \neq \lim_{x \to 0^+} f(x)$,所以函数 $f(x)$ 在 $x = 0$ 处不连续.

例 2 设 $f(x) = \begin{cases} \dfrac{\sin 2x}{x}, & x < 0, \\ 3x^2 - 2x + k, & x \geqslant 0, \end{cases}$ 问 k 为何值时函数 $f(x)$ 在其定义域内连续?

解 根据函数连续的定义,有

$$\lim_{x \to 0} f(x) = f(0) \Leftrightarrow \lim_{x \to 0^-} f(x) = \lim_{x \to 0^+} f(x) = f(0),$$

从而 $\lim_{x \to 0^+} f(x) = \lim_{x \to 0^+} \dfrac{\sin 2x}{x} = 2 = f(0) = k$,即 $k = 2$.

二、函数的间断点

1. 间断点的定义

设函数 $f(x)$ 在点 x_0 的某去心邻域内有定义,如果函数 $f(x)$ 在点 x_0 处不满足连续定义的条件,则称 $f(x)$ 在点 x_0 处间断(或不连续),点 x_0 称为 $f(x)$ 的间断点(或不连续点).

具体来说,$f(x)$ 在点 x_0 处不满足连续定义的条件有三种情况:

(1) 函数 $f(x)$ 在点 x_0 没有意义,即 $x_0 \notin D$;

(2) 函数 $f(x)$ 在点 x_0 有意义,但当 $x \to x_0$ 时,$f(x)$ 不存在极限;

(3) 函数 $f(x)$ 在点 x_0 有意义,当 $x \to x_0$ 时,$f(x)$ 存在极限,但极限值不等于 $f(x_0)$.

因此,只要点 x_0 符合上述三种情况中的一种,它就是函数 $f(x)$ 的一个间断点.

2. 间断点的分类

假设 $x=x_0$ 是函数 $f(x)$ 的一个间断点．

(1) 如果 $f(x)$ 在点 x_0 的左、右极限都存在，则称点 x_0 是 $f(x)$ 的**第一类间断点**．其中，当 $f(x)$ 在点 x_0 的左、右极限相等时，称点 x_0 为**可去间断点**；当 $f(x)$ 在点 x_0 的左、右极限不相等时，称点 x_0 为**跳跃间断点**．

(2) 不是第一类间断点的间断点均称为 $f(x)$ 的**第二类间断点**．其中，若 $f(x)$ 在点 x_0 的左、右极限中至少有一个是 ∞，则称点 x_0 为**无穷间断点**．

例 3 求下列函数的间断点并判断其类型：

(1) $f(x)=\dfrac{x^2-1}{x^2-3x+2}$；　　(2) $g(x)=\begin{cases}\dfrac{1-x^2}{1+x}, & x\neq -1,\\ 0, & x=-1;\end{cases}$　　(3) $h(x)=\begin{cases}x-1, & x<0,\\ 0, & x=0,\\ x+1, & x>0.\end{cases}$

解 (1) $f(x)=\dfrac{x^2-1}{x^2-3x+2}=\dfrac{(x-1)(x+1)}{(x-1)(x-2)}$．

显然，当 $x=1$，$x=2$ 时，函数 $f(x)$ 没有意义，所以 $x=1$，$x=2$ 是函数的间断点．

因为 $\lim\limits_{x\to 1}f(x)=\lim\limits_{x\to 1}\dfrac{x^2-1}{x^2-3x+2}=\lim\limits_{x\to 1}\dfrac{(x-1)(x+1)}{(x-1)(x-2)}=\lim\limits_{x\to 1}\dfrac{x+1}{x-2}=-2$，

所以 $x=1$ 是 $f(x)$ 的第一类间断点中的可去间断点．

又因为 $\lim\limits_{x\to 2}f(x)=\lim\limits_{x\to 2}\dfrac{x^2-1}{x^2-3x+2}=\lim\limits_{x\to 2}\dfrac{(x-1)(x+1)}{(x-1)(x-2)}=\lim\limits_{x\to 2}\dfrac{x+1}{x-2}=\infty$，

所以 $x=2$ 是 $f(x)$ 的第二类间断点中的无穷间断点．

(2) 因为 $\lim\limits_{x\to -1}g(x)=\lim\limits_{x\to -1}\dfrac{1-x^2}{1+x}=\lim\limits_{x\to -1}\dfrac{(1-x)(1+x)}{1+x}=2$，$g(-1)=0$，

$\lim\limits_{x\to -1}g(x)\neq g(-1)$，所以 $x=-1$ 是 $g(x)$ 的第一类间断点中的可去间断点．

(3) 因为 $\lim\limits_{x\to 0^-}h(x)=\lim\limits_{x\to 0^-}(x-1)=-1$，$\lim\limits_{x\to 0^+}h(x)=\lim\limits_{x\to 0^+}(x+1)=1$，

$\lim\limits_{x\to 0^-}h(x)\neq\lim\limits_{x\to 0^+}h(x)$，所以 $x=0$ 是 $h(x)$ 的第一类间断点中的跳跃间断点．

三、连续函数的运算

1. 连续函数的和、差、积、商的连续性

定理 1 如果函数 $f(x)$ 与 $g(x)$ 在点 x_0 处连续，则它们的和(差) $f(x)\pm g(x)$、积 $f(x)\cdot g(x)$ 及商 $\dfrac{f(x)}{g(x)}(g(x_0)\neq 0)$ 都在点 x_0 处连续．

2. 复合函数的连续性

定理 2 若函数 $u=\varphi(x)$ 在点 x_0 处连续，而函数 $y=f(u)$ 在点 $u_0=\varphi(x_0)$ 处连续，则复合函数 $y=f(\varphi(x))$ 在点 x_0 处连续．

由上述两个定理及基本初等函数的连续性可得，初等函数在其定义域上是连续函数．应用这一结论，给初等函数计算极限带来了极大的方便．

例 4 求 $\lim\limits_{x\to 0}\ln\dfrac{\sin x}{x}$．

解 $y=\ln\dfrac{\sin x}{x}$ 可看作由 $y=\ln u$ 与 $u=\dfrac{\sin x}{x}$ 复合而成，因为 $\lim\limits_{x\to 0}\dfrac{\sin x}{x}=1$，而函数 $y=\ln u$

在点 $u=1$ 处连续,所以

$$\lim_{x\to 0}\ln\frac{\sin x}{x}=\ln\lim_{x\to 0}\frac{\sin x}{x}=\ln 1=0.$$

例 5 计算下列极限.

(1) $\lim\limits_{x\to 2}\sqrt{\dfrac{x-2}{x^2-4}}$;   (2) $\lim\limits_{x\to \frac{\pi}{2}}\dfrac{\ln(e+\cos x)}{\sin x}$;   (3) $\lim\limits_{x\to 0}(1+2x)^{\frac{2}{\sin x}}$.

解 (1) $\lim\limits_{x\to 2}\sqrt{\dfrac{x-2}{x^2-4}}=\sqrt{\lim\limits_{x\to 2}\dfrac{x-2}{x^2-4}}=\sqrt{\lim\limits_{x\to 2}\dfrac{1}{x+2}}=\sqrt{\dfrac{1}{4}}=\dfrac{1}{2}$.

(2) $\lim\limits_{x\to \frac{\pi}{2}}\dfrac{\ln(e+\cos x)}{\sin x}=\dfrac{\ln\left(e+\cos\dfrac{\pi}{2}\right)}{\sin\dfrac{\pi}{2}}=\dfrac{\ln e}{1}=1$.

(3) $\lim\limits_{x\to 0}(1+2x)^{\frac{2}{\sin x}}=e^{\lim\limits_{x\to 0}\left[4\cdot\frac{x}{\sin x}\cdot\ln(1+2x)^{\frac{1}{2x}}\right]}=e^4$.

3. 反函数的连续性

定理 3(反函数的连续性) 设函数 $y=f(x)$ 在区间 I_x 上单调增加(或单调减少)且连续,那么它的反函数 $x=f^{-1}(y)$ 在对应的区间 $I_y=\{y\mid y=f(x),x\in I_x\}$ 上单调增加(或单调减少)且连续.

例 6 由于 $y=\cos x$ 在 $[0,\pi]$ 上单调减少且连续,所以它的反函数 $y=\arccos x$ 在 $[-1,1]$ 上单调减少且连续.

同样 $y=\arcsin x$ 在 $[-1,1]$ 上单调增加且连续;$y=\arctan x$ 在 $(-\infty,+\infty)$ 内单调增加且连续;$y=\mathrm{arccot}\,x$ 在 $(-\infty,+\infty)$ 内单调减少且连续.

四、闭区间上连续函数的性质

下面介绍定义在闭区间上的连续函数的几个基本性质.

定理 4(最大值最小值定理) 闭区间上的连续函数必有最大值和最小值.

如果函数 $f(x)$ 在 $[a,b]$ 上连续,那么函数 $f(x)$ 在 $[a,b]$ 上能取到最大值 M 和最小值 m,即存在 $x_1,x_2\in[a,b]$,使 $f(x_1)=m$,$f(x_2)=M$,并且,对于任意的 $x\in[a,b]$,有 $m\leqslant f(x)\leqslant M$.

证明略.

如图 1-11 所示,函数 $f(x)$ 在 $[a,b]$ 上连续,在点 x_1 处取得最大值 $f(x_1)=M$,在点 x_2 处取得最小值 $f(x_2)=m$.

定理 5(有界性定理) 闭区间上的连续函数必有界.

如果函数 $f(x)$ 在闭区间 $[a,b]$ 上连续,那么 $f(x)$ 在闭区间 $[a,b]$ 上有界,即存在 $k>0$,对任意的 $x\in[a,b]$,有 $|f(x)|\leqslant k$.

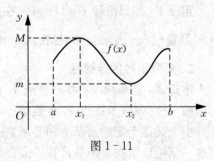

图 1-11

证明 $f(x)$ 在闭区间 $[a,b]$ 上连续,根据定理 1,函数 $f(x)$ 在闭区间 $[a,b]$ 上取得最大值 M 和最小值 m,即对任意 $x\in[a,b]$,有 $m\leqslant f(x)\leqslant M$. 取 $k=\max\{|m|,|M|\}$,则对任意 $x\in[a,b]$,一定有 $|f(x)|\leqslant k$,所以函数 $f(x)$ 在闭区间 $[a,b]$ 上有界.

一般来说,开区间或者半开半闭区间上的连续函数不一定有界.例如,$f(x)=\dfrac{1}{x}$,它在$(0,1]$上连续,但它是一个无界函数.

定理6(零点定理) 如果函数$f(x)$在闭区间$[a,b]$上连续,且$f(a)\cdot f(b)<0$,则在区间(a,b)内至少存在一点ξ,使得$f(\xi)=0$.

证明略.

如图1-12所示,函数$y=f(x)$在闭区间$[a,b]$上连续,两个端点$(b,f(b))$和$(a,f(a))$分别在x轴的上、下两侧,则连接两端点的曲线$f(x)$与x轴至少有一个交点.因此,我们可以利用零点定理来证明方程是否有解的问题.

推论(介值定理) 如果函数$f(x)$在闭区间$[a,b]$上连续,设$f(a)=A$,$f(b)=B$,且$A\neq B$,则对于介于A与B之间的任何一个数C,在区间(a,b)内至少存在一点ξ,使得$f(\xi)=C$.

证明 不妨设$A<B$,已知$A<C<B$,作辅助函数$\varphi(x)=f(x)-C$,显然,$\varphi(x)$是闭区间$[a,b]$上的连续函数,且$\varphi(a)\cdot\varphi(b)<0$,由定理4得,至少存在一点$\xi\in(a,b)$,使$\varphi(\xi)=0$,即$\varphi(\xi)=C$.

介值定理的几何意义是:连续曲线$y=f(x)$与水平直线$y=C$至少有一个交点(图1-13).

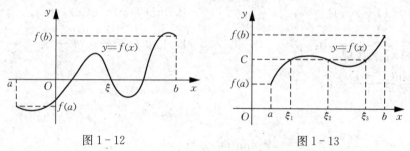

图1-12   图1-13

例7 证明方程$x^4-3x^2+7x=10$在1与2之间至少存在一个实根.

证明 令$f(x)=x^4-3x^2+7x-10$,显然,函数$f(x)$在闭区间$[1,2]$上连续,且$f(1)\cdot f(2)<0$,由定理6存在一点$\xi\in(1,2)$,使得$f(\xi)=0$,即$\xi^4-3\xi^2+7\xi=10$,从而方程在1与2之间至少存在一个实根.

习 题 1-3

1. 指出下列函数的间断点,并说明间断点的类型.

(1) $f(x)=\dfrac{x^2-1}{x-1}$;

(2) $f(x)=\begin{cases}1-x^2, & x\geqslant 1,\\ 1+x, & x<1;\end{cases}$

(3) $f(x)=\begin{cases}\dfrac{\sin x}{x}, & x<0,\\ 0, & x=0,\\ e^{-x}, & x>0;\end{cases}$

(4) $f(x)=e^{x+\frac{1}{x}}$;

(5) $f(x)=\dfrac{\ln(1+x)}{x}$.

2. 讨论函数 $f(x)=\begin{cases}\dfrac{\arctan x}{x}, & x\neq 0,\\ \sin x+3, & x=0\end{cases}$ 在 $x=0$ 处是否连续.

3. 设函数 $f(x)=\begin{cases}e^x, & x\geq 0,\\ a+x, & x<0,\end{cases}$ 问 a 为何值时 $f(x)$ 在点 $x=0$ 连续?

4. 设函数 $f(x)=\begin{cases}\dfrac{1}{x}\sin x, & x<0,\\ k^2, & x=0,\\ x\sin\dfrac{1}{x}+1, & x>0\end{cases}$ 在其定义域内连续,试求 k 的值.

5. 证明方程 $x^5-3x=1$ 至少有一个根介于 1 与 2 之间.

6. 证明方程 $x=\cos x$ 在区间 $\left(0,\dfrac{\pi}{2}\right)$ 上至少存在一个实根.

复 习 题 一

1. 单选题.

(1) 若 $\lim\limits_{x\to a}f(x)=\infty$,$\lim\limits_{x\to a}g(x)=\infty$,则必有( ).

A. $\lim\limits_{x\to a}(f(x)+g(x))=\infty$;   B. $\lim\limits_{x\to a}(f(x)-g(x))=\infty$;

C. $\lim\limits_{x\to a}\dfrac{1}{f(x)+g(x)}=0$;   D. $\lim\limits_{x\to a}kf(x)=\infty\,(k\neq 0)$.

(2) $\lim\limits_{x\to 1}\dfrac{\sin(x^2-1)}{x-1}=(\quad)$.

A. 1;   B. 0;   C. 2;   D. 0.5.

(3) 设 $f(x)=\begin{cases}3x+2, & x\leq 0,\\ x^2-2, & x>0,\end{cases}$ 则 $\lim\limits_{x\to 0^+}f(x)=(\quad)$.

A. 2;   B. 0;   C. -1;   D. -2.

(4) 当 $x\to\infty$ 时,若 $\dfrac{1}{ax^2+bx+c}\sim\dfrac{1}{x+1}$,则 a,b,c 三值一定为( ).

A. $a=0, b=1, c=1$;   B. $a=0, b=1, c$ 为任意常数;

C. $a=0, b, c$ 为任意常数;   D. a, b, c 均为任意常数.

(5) 当 $x\to 0^+$ 时,( )与 x 是等价无穷小量.

A. $\dfrac{\sin x}{\sqrt{x}}$;   B. $\ln(1+x)^2$;   C. $\sqrt{1+x}-\sqrt{1-x}$;   D. $x^2(x+1)$.

(6) 函数 $f(x)=\dfrac{x(x-1)\sqrt{x+1}}{x^3-1}$ 在过程( )中为无穷小量.

A. $x\to 1^+$;   B. $x\to 1$;   C. $x\to 1^-$;   D. $x\to +\infty$.

2. 填空题.

(1) 函数 $y=\arccos\dfrac{1-2x}{4}$ 的定义域为_____.

(2) $\lim\limits_{x\to 0} x^2 \sin^2 \dfrac{1}{x} =$ _____.

(3) $\lim\limits_{x\to -\infty} \dfrac{1+2^x}{1-2^x} =$ _____.

(4) $\lim\limits_{x\to 0} \dfrac{\sin 2x}{\sin 5x} =$ _____.

(5) $\lim\limits_{x\to 0} \dfrac{\ln(1+2x)}{x} =$ _____.

(6) $\lim\limits_{x\to 0^+} \dfrac{\sqrt{x}(\sqrt{x}+x)}{\sin x} =$ _____.

(7) 函数 $y = \dfrac{x+2}{x^2-9}$ 在 _____ 处间断.

(8) 设函数 $f(x) = \begin{cases} e^x, & x \geq 0, \\ a+x, & x < 0 \end{cases}$ 在点 $x=0$ 连续,则 $a=$ _____.

3. 判断题.

(1) 函数在点 x_0 处有极限,则函数在点 x_0 必连续. ( )

(2) x 与 $\sin x$ 是等价无穷小量. ( )

(3) 若 $f(x_0-0) = f(x_0+0)$,则 $f(x)$ 必在点 x_0 处连续. ( )

(4) 设 $f(x)$ 在点 x_0 处连续,则 $f(x_0-0) = f(x_0+0)$. ( )

(5) $f(x) = \sin x$ 是一个无穷小量. ( )

(6) 若 $\lim\limits_{x\to x_0} f(x)$ 存在,则 $f(x)$ 在 x_0 处有定义. ( )

(7) 若 x 与 y 是同一过程中的两个无穷大量,则 $x-y$ 在该过程中是无穷小量. ( )

(8) 无穷大量与无穷小量的乘积是无穷小量. ( )

4. 计算下列极限.

(1) $\lim\limits_{x\to 1} \dfrac{\sqrt{3x+1}-2}{x^2-1}$;

(2) $\lim\limits_{x\to 1} \dfrac{x^2-2x+1}{x^2-1}$;

(3) $\lim\limits_{x\to 0} x \cot 3x$;

(4) $\lim\limits_{x\to 0} \dfrac{1-\cos 2x}{x \sin x}$;

(5) $\lim\limits_{x\to \infty} \left(1-\dfrac{1}{x}\right)^{kx}$;

(6) $\lim\limits_{x\to \frac{\pi}{2}} (\sin x)^{\frac{1}{\sin x - 1}}$;

(7) $\lim\limits_{x\to +\infty} \dfrac{e^x + \sin x}{e^x - \cos x}$;

(8) $\lim\limits_{x\to 0} \dfrac{\tan x - \sin x}{x^3}$.

5. 证明题.

(1) 证明方程 $x^3 - 4x^2 + 1 = 0$ 在区间 $(0, 1)$ 内至少有一根.

(2) 证明方程 $x = a\sin x + b$,其中 $a > 0$,$b > 0$,至少有一个正根,并且它不超过 $a+b$.

第二章 一元函数微分学及其应用

微分学是微积分学的重要组成部分,它的基本概念是导数和微分.导数反映了函数相对于自变量的变化快慢程度,微分则反映当自变量有微小变化时,函数的近似变化量.本章主要对导数和微分的概念以及计算进行更深入的讨论,并且进一步介绍如何利用导数来研究函数以及曲线的性质,从而解决一些实际的问题.

第一节 导数概念

一、导数概念

导数是函数在一点变化快慢的一种度量,它可以描述任何事物的瞬时变化率.因此,物理学中物体的瞬时速度问题,几何学中曲线的切线斜率问题都可以借助导数来表示.

例1(变速直线运动的速度) 设一物体做自由落体运动,已知路程 s 与时间 t 的函数关系为 $s=\frac{1}{2}gt^2$,其中 g 为重力加速度,求物体在 $t=t_0$ 时刻的瞬时速度 $v(t_0)$.

解 取时间段 $\Delta t = t - t_0$,在 Δt 时间段内物体下落的距离为

$$\Delta s = s - s_0 = \frac{1}{2}gt^2 - \frac{1}{2}gt_0^2,$$

则物体此时间段运动的平均速度为

$$\bar{v} = \frac{\Delta s}{\Delta t} = \frac{s-s_0}{t-t_0} = \frac{\frac{1}{2}gt^2 - \frac{1}{2}gt_0^2}{t-t_0} = \frac{1}{2}g(t+t_0),$$

当 Δt 非常短时,平均速度 $\bar{v}$ 可近似地看作是物体在 $t=t_0$ 时刻的瞬时速度 $v(t_0)$,因此

$$v(t_0) = \lim_{\Delta t \to 0}\bar{v} = \lim_{\Delta t \to 0}\frac{\Delta s}{\Delta t} = \lim_{t \to t_0}\frac{s-s_0}{t-t_0} = \lim_{t \to t_0}\frac{\frac{1}{2}gt^2 - \frac{1}{2}gt_0^2}{t-t_0}$$

$$= \lim_{t \to t_0}\frac{1}{2}g(t+t_0) = gt_0.$$

一般地,若一物体做非匀速直线运动,其路程 s 与时间 t 的函数关系为 $s=s(t)$,当 $\Delta t = t - t_0$ 趋于零时,如果 $\bar{v}(\Delta t)$ 存在极限,我们就将此极限定义为运动物体在 t_0 时刻的瞬时速度,即

$$v(t_0) = \lim_{\Delta t \to 0}\frac{\Delta s}{\Delta t} = \lim_{t \to t_0}\frac{s(t)-s(t_0)}{t-t_0}.$$

例2(曲线切线的斜率) 已知平面上一条光滑曲线的方程为 $y=f(x)$,求曲线在点 $M_0(x_0, y_0)$ 处切线的斜率.

解 首先在点 M_0 的邻近取一动点 $M(x, y)$,作割线 M_0M,则割线 M_0M 的斜率为

$$\bar{k} = \frac{f(x)-f(x_0)}{x-x_0} = \frac{\Delta y}{\Delta x}.$$

当动点 M 沿曲线趋近于点 M_0 时，割线 M_0M 的极限位置 M_0T 就可被定义为曲线在点 $M_0(x_0, y_0)$ 处的切线(图2-1). 而当 $M \to M_0$ 时， $\Delta x \to 0$，所以 $\bar{k}$ 的极限(当 $\Delta x \to 0$ 时)就是切线 M_0T 的斜率 k，即

$$k = \lim_{x \to x_0} \frac{f(x)-f(x_0)}{x-x_0} = \lim_{\Delta x \to 0} \frac{\Delta y}{\Delta x}.$$

从数学的角度来说，上述两例均是利用极限刻画函数在某一点处随自变量变化的瞬间变化率，这个极限值我们就称为**导数**.

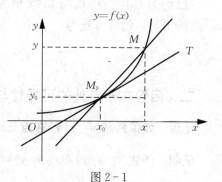

图 2-1

1. 导数的定义

定义 设函数 $y=f(x)$ 在点 x_0 的某邻域内有定义，对于 x_0 给予改变量 Δx，引起函数相应的改变量 $\Delta y = f(x_0 + \Delta x) - f(x_0)$，若当 $\Delta x \to 0$ 时，$\frac{\Delta y}{\Delta x}$ 存在极限，则称函数 $f(x)$ 在点 x_0 处**可导**，且将极限值称为函数 $f(x)$ 在点 x_0 处的**导数**，记作 $f'(x_0)$，即

$$f'(x_0) = \lim_{\Delta x \to 0} \frac{\Delta y}{\Delta x} = \lim_{\Delta x \to 0} \frac{f(x_0+\Delta x)-f(x_0)}{\Delta x},$$

还可以记为 $y'(x_0)$，$\left.\frac{\mathrm{d}y}{\mathrm{d}x}\right|_{x=x_0}$，$\left.\frac{\mathrm{d}f(x)}{\mathrm{d}x}\right|_{x=x_0}$ 等.

若函数 $f(x)$ 在区间 I 上的每一点均可导，则其导数值在 I 上就定义了一个关于 x 的函数，称这个函数为导函数，记为 $f'(x)$. 显然，导数 $f'(x_0)$ 是导函数 $f'(x)$ 在 x_0 处的函数值，但通常情况下，我们总是将函数在一点处的导数值与函数在区间上的导函数都统称为导数.

2. 左导数与右导数

由第一章第二节定理 3 知，极限 $\lim\limits_{\Delta x \to 0}\frac{\Delta y}{\Delta x}$ 存在的充要条件是 $\lim\limits_{\Delta x \to 0^+}\frac{\Delta y}{\Delta x}$，$\lim\limits_{\Delta x \to 0^-}\frac{\Delta y}{\Delta x}$ 均存在，且 $\lim\limits_{\Delta x \to 0^+}\frac{\Delta y}{\Delta x} = \lim\limits_{\Delta x \to 0^-}\frac{\Delta y}{\Delta x}$. 如果极限

$$\lim_{\Delta x \to 0^+}\frac{\Delta y}{\Delta x} = \lim_{\Delta x \to 0^+}\frac{f(x_0+\Delta x)-f(x_0)}{\Delta x} = \lim_{x \to x_0^+}\frac{f(x)-f(x_0)}{x-x_0}$$

存在，则称该极限为函数 $f(x)$ 在点 x_0 处的**右导数**，记作 $f'_+(x_0)$. 同样，如果极限

$$\lim_{\Delta x \to 0^-}\frac{\Delta y}{\Delta x} = \lim_{\Delta x \to 0^-}\frac{f(x_0+\Delta x)-f(x_0)}{\Delta x} = \lim_{x \to x_0^-}\frac{f(x)-f(x_0)}{x-x_0}$$

存在，则称该极限为函数 $f(x)$ 在点 x_0 处的**左导数**，记作 $f'_-(x_0)$. 显然，函数 $f(x)$ 在点 x_0 处可导的充要条件是：$f'_-(x_0)$ 和 $f'_+(x_0)$ 存在且相等.

3. 导数的几何意义

由上述例 2 知，$f'(x_0)$ 是函数 $y=f(x)$ 的曲线在点 $(x_0, f(x_0))$ 处的切线的斜率.

如果 $f'(x_0)$ 存在，则由解析几何的知识可得，函数 $y=f(x)$ 在点 $(x_0, f(x_0))$ 处的切线

方程为
$$y-y_0=f'(x_0)(x-x_0).$$

过点 $(x_0, f(x_0))$ 且与切线垂直的直线叫作曲线在点 $(x_0, f(x_0))$ 处的法线,当 $f'(x_0)\neq 0$ 时,法线方程为
$$y-y_0=-\frac{1}{f'(x_0)}(x-x_0).$$

二、函数在一点处的可导性与连续性的关系

定理 如果函数 $y=f(x)$ 在点 x_0 处可导,则函数 $y=f(x)$ 在点 x_0 处连续.

证明 函数 $y=f(x)$ 在点 x_0 处可导,即 $f'(x_0)=\lim\limits_{\Delta x\to 0}\dfrac{\Delta y}{\Delta x}$,所以
$$\lim_{\Delta x\to 0}\Delta y=\lim_{\Delta x\to 0}\left(\frac{\Delta y}{\Delta x}\cdot\Delta x\right)=f'(x_0)\cdot 0=0,$$
即函数 $y=f(x)$ 在点 x_0 处连续.

定理表明:可导必连续,反之不一定成立,如函数 $f(x)=|x|$ 在点 $x_0=0$ 处连续,但并不可导.

三、求导举例

例3 求下列函数的导数.
(1) $f(x)=C$ (C 为常数),$x\in\mathbf{R}$;   (2) $f(x)=\sin x$,$x\in\mathbf{R}$;
(3) $f(x)=\cos x$,$x\in\mathbf{R}$.

解 (1) 对任意的 $x\in\mathbf{R}$,给一改变量 Δx,则函数相应的改变量为
$$\Delta y=f(x+\Delta x)-f(x)=C-C=0,$$
所以 $f'(x)=\lim\limits_{\Delta x\to 0}\dfrac{\Delta y}{\Delta x}=0$,即常数的导数为零.

(2) 对任意的 $x\in\mathbf{R}$,给一改变量 Δx,则
$$\frac{\Delta y}{\Delta x}=\frac{\sin(x+\Delta x)-\sin x}{\Delta x}=\frac{2\cos\left(x+\dfrac{\Delta x}{2}\right)\sin\dfrac{\Delta x}{2}}{\Delta x}$$
$$=\cos\left(x+\frac{\Delta x}{2}\right)\frac{\sin\dfrac{\Delta x}{2}}{\dfrac{\Delta x}{2}},$$
所以 $f'(x)=\lim\limits_{\Delta x\to 0}\dfrac{\Delta y}{\Delta x}=\lim\limits_{\Delta x\to 0}\left[\cos\left(x+\dfrac{\Delta x}{2}\right)\cdot\dfrac{\sin\dfrac{\Delta x}{2}}{\dfrac{\Delta x}{2}}\right]=\cos x.$

(3) 对任意的 $x\in\mathbf{R}$,给一改变量 Δx,则
$$\frac{\Delta y}{\Delta x}=\frac{\cos(x+\Delta x)-\cos x}{\Delta x}=\frac{-2\sin\left(x+\dfrac{\Delta x}{2}\right)\sin\dfrac{\Delta x}{2}}{\Delta x}$$

$$= -\sin\left(x + \frac{\Delta x}{2}\right)\frac{\sin\frac{\Delta x}{2}}{\frac{\Delta x}{2}},$$

所以
$$f'(x) = \lim_{\Delta x \to 0}\frac{\Delta y}{\Delta x} = \lim_{\Delta x \to 0}\left[-\sin\left(x+\frac{\Delta x}{2}\right)\cdot\frac{\sin\frac{\Delta x}{2}}{\frac{\Delta x}{2}}\right] = -\sin x.$$

例 4 讨论函数

$$f(x) = \begin{cases} x\sin\frac{1}{x}, & x \neq 0, \\ 0, & x = 0 \end{cases}$$

在点 $x_0 = 0$ 处的连续性与可导性.

解 因为
$$\lim_{x \to 0} f(x) = \lim_{x \to 0} x\sin\frac{1}{x} = 0 = f(0),$$

所以函数 $f(x)$ 在点 $x_0 = 0$ 处连续.

而
$$\lim_{\Delta x \to 0}\frac{\Delta y}{\Delta x} = \lim_{x \to 0}\frac{f(x)-f(0)}{x-0} = \lim_{x \to 0}\sin\frac{1}{x},$$

即当 $\Delta x \to 0$ 时, $\frac{\Delta y}{\Delta x}$ 不存在极限, 因此函数 $f(x)$ 在点 $x_0 = 0$ 处不可导.

例 5 讨论函数 $f(x) = \sqrt[3]{x}$ 在点 $x_0 = 0$ 处的连续性与可导性.

解 因为函数 $f(x) = \sqrt[3]{x}$ 的定义域为 **R**, 且是基本初等函数, 而 $x_0 = 0 \in \mathbf{R}$, 所以函数 $f(x) = \sqrt[3]{x}$ 在点 $x_0 = 0$ 处连续. 又因为

$$\lim_{\Delta x \to 0}\frac{\Delta y}{\Delta x} = \lim_{x \to 0}\frac{f(x)-f(0)}{x-0} = \lim_{x \to 0}\frac{\sqrt[3]{x}-0}{x-0} = \lim_{x \to 0}\frac{1}{\sqrt[3]{x^2}} = +\infty,$$

因此函数 $f(x) = \sqrt[3]{x}$ 在点 $x_0 = 0$ 处不可导.

那么函数 $f(x) = \sqrt[3]{x}$ 在点 $x_0 = 0$ 处是否有切线? 这个问题留给读者思考.

例 6 求曲线 $y = \cos x$ 在点 $\left(\frac{\pi}{6}, \frac{\sqrt{3}}{2}\right)$ 处的切线方程和法线方程.

解 由例 3 知 $y' = -\sin x$, 即曲线在点 $\left(\frac{\pi}{6}, \frac{\sqrt{3}}{2}\right)$ 处切线的斜率 $k = -\frac{1}{2}$, 则所求切线方程和法线方程分别为

$$y = -\frac{1}{2}x + \frac{\sqrt{3}}{2} + \frac{\pi}{12} \text{ 与 } y = 2x + \frac{\sqrt{3}}{2} - \frac{\pi}{3}.$$

习 题 2-1

1. 已知 $f(x) = x^3 - 2$, 求 $f'(x)$, $f'(1)$, $f'\left(\frac{1}{3}\right)$.

2. 讨论函数 $f(x) = \begin{cases} x^2\sin\frac{1}{x}, & x \neq 0, \\ 0, & x = 0 \end{cases}$ 在点 $x_0 = 0$ 处的连续性与可导性.

3. 求曲线 $f(x)=x^2+1$ 在点 $(1,2)$ 处的切线方程和法线方程.

4. 求曲线 $f(x)=\ln x$ 上一点,使过该点的切线平行于直线 $x-2y+1=0$.

5. 证明函数 $y=|x|$ 在点 $x_0=0$ 处连续但不可导.

第二节 导数的计算

一、函数的求导法则与基本初等函数的求导公式

从上一节的讨论知,用定义求一个初等函数的导数并非易事,但是我们知道一个初等函数是由基本初等函数经过有限次四则运算和复合运算而得到的函数.因此,我们首先讨论函数的求导法则,即导数的四则运算法则、复合函数求导法则及反函数求导法则,然后给出基本初等函数的求导公式,利用函数的求导法则及基本初等函数的求导公式即可求出初等函数的导数.

1. 函数求导法则

定理 1(导数的四则运算法则) 已知函数 $u(x)$,$v(x)$ 在点 x 处可导,则

(1) $[u(x)\pm v(x)]'=u'(x)\pm v'(x)$,简记为 $(u\pm v)'=u'\pm v'$;

(2) $[u(x)v(x)]'=u'(x)v(x)+u(x)v'(x)$,简记为 $(uv)'=u'v\pm uv'$;

(3) $\left[\dfrac{u(x)}{v(x)}\right]'=\dfrac{u'(x)v(x)-u(x)v'(x)}{v^2(x)}$ $(v(x)\neq 0)$,简记为 $\left(\dfrac{u}{v}\right)'=\dfrac{u'v-uv'}{v^2}$.

证明 (1) 仅就和的情形给出证明,为表达方便,记 $y=u(x)+v(x)$,对于点 x 给予改变量 Δx,则

$$\lim_{\Delta x\to 0}\frac{\Delta y}{\Delta x}=\lim_{\Delta x\to 0}\frac{[u(x+\Delta x)+v(x+\Delta x)]-[u(x)-v(x)]}{\Delta x}$$
$$=\lim_{\Delta x\to 0}\frac{[u(x+\Delta x)-u(x)]+[v(x+\Delta x)-v(x)]}{\Delta x}$$
$$=\lim_{\Delta x\to 0}\frac{u(x+\Delta x)-u(x)}{\Delta x}+\lim_{\Delta x\to 0}\frac{v(x+\Delta x)-v(x)}{\Delta x}$$
$$=u'(x)+v'(x).$$

同理可证 $[u(x)-v(x)]'=u'(x)-v'(x)$.

(2) 记 $y=u(x)v(x)$,对于点 x 给一改变量 Δx,则

$$\lim_{\Delta x\to 0}\frac{\Delta y}{\Delta x}=\lim_{\Delta x\to 0}\frac{u(x+\Delta x)v(x+\Delta x)-u(x)v(x)}{\Delta x}$$
$$=\lim_{\Delta x\to 0}\frac{u(x+\Delta x)v(x+\Delta x)-u(x)v(x+\Delta x)+u(x)v(x+\Delta x)-u(x)v(x)}{\Delta x}$$
$$=\lim_{\Delta x\to 0}\left[\frac{u(x+\Delta x)-u(x)}{\Delta x}v(x+\Delta x)\right]+u(x)\lim_{\Delta x\to 0}\frac{v(x+\Delta x)-v(x)}{\Delta x}$$
$$=u'(x)v(x)+u(x)v'(x).$$

注意:因可导必连续,即 $\lim\limits_{\Delta x\to 0}v(x+\Delta x)=v(x)$,所以

$$[u(x)v(x)]'=u'(x)v(x)+u(x)v'(x).$$

由(2)易得

$$[Cu(x)]'=Cu'(x)(\text{其中 }C\text{ 为常数}).$$

(3) 因为 $u(x)=v(x)\dfrac{u(x)}{v(x)}(v(x)\neq 0)$，由(2)得

$$u'(x)=\left[v(x)\dfrac{u(x)}{v(x)}\right]'=v'(x)\dfrac{u(x)}{v(x)}+v(x)\left[\dfrac{u(x)}{v(x)}\right]',$$

所以
$$\left[\dfrac{u(x)}{v(x)}\right]'=\dfrac{u'(x)v(x)-u(x)v'(x)}{v^2(x)}(v(x)\neq 0).$$

例 1 求函数 $y=\tan x$ 的导数.

解
$$y'=(\tan x)'=\left(\dfrac{\sin x}{\cos x}\right)'=\dfrac{(\sin x)'\cos x-\sin x(\cos x)'}{\cos^2 x}$$
$$=\dfrac{\cos^2 x+\sin^2 x}{\cos^2 x}=\dfrac{1}{\cos^2 x}=\sec^2 x,$$

即
$$(\tan x)'=\sec^2 x.$$

同理可得
$$(\cot x)'=-\csc^2 x,\ (\sec x)'=\sec x\tan x,\ (\csc x)'=-\csc x\cot x.$$

定理 2（复合函数的求导法则） 如果函数 $u=\varphi(x)$ 在点 x 处可导，函数 $y=f(u)$ 在其对应点 $u=\varphi(x)$ 处可导，则复合函数 $y=f(\varphi(x))$ 在点 x 处也可导，且

$$[f(\varphi(x))]'=f'(u)\varphi'(x) \text{ 或 } \dfrac{\mathrm{d}y}{\mathrm{d}x}=\dfrac{\mathrm{d}y}{\mathrm{d}u}\cdot\dfrac{\mathrm{d}u}{\mathrm{d}x} \text{ 或 } y'_x=y'_u u'_x.$$

证明 在点 x 处给一改变量 $\Delta x(\neq 0)$，则函数的改变量为
$$\Delta u=\varphi(x+\Delta x)-\varphi(x) \text{ 及 } \Delta y=f(u+\Delta u)-f(u).$$

若 $\Delta u\neq 0$，由已知得 $\lim\limits_{\Delta u\to 0}\dfrac{\Delta y}{\Delta u}=f'(u)$，即

$$\dfrac{\Delta y}{\Delta u}=f'(u)+\alpha, \tag{1}$$

其中 $\lim\limits_{\Delta u\to 0}\alpha=0$，注意到，$\Delta x\neq 0$ 所引起的 $\Delta u=\varphi(x+\Delta x)-\varphi(x)$ 完全可能为零，为使当 $\Delta u=0$ 时，(1)式有意义，同时保证 α 为无穷小（当 $\Delta u\to 0$ 时），我们规定当 $\Delta u=0$ 时，$\alpha=0$，这样，无论 Δu 是否为零，均有

$$\Delta y=f'(u)\cdot\Delta u+\alpha\cdot\Delta u. \tag{2}$$

将(2)式两端同除 Δx，得
$$\dfrac{\Delta y}{\Delta x}=f'(u)\dfrac{\Delta u}{\Delta x}+\alpha\dfrac{\Delta u}{\Delta x},$$

所以
$$\lim_{\Delta x\to 0}\dfrac{\Delta y}{\Delta x}=\lim_{\Delta x\to 0}\left(f'(u)\dfrac{\Delta u}{\Delta x}+\alpha\dfrac{\Delta u}{\Delta x}\right)=f'(u)\varphi'(x),$$

即复合函数 $y=f(\varphi(x))$ 在点 x 处也可导，且

$$[f(\varphi(x))]'=f'(u)\varphi'(x) \text{ 或 } \dfrac{\mathrm{d}y}{\mathrm{d}x}=\dfrac{\mathrm{d}y}{\mathrm{d}u}\cdot\dfrac{\mathrm{d}u}{\mathrm{d}x}.$$

注意：关于复合函数的求导法则可推广到中间变量为有限多个的情形，以两个中间变量为例，若由 $y=f(u)$，$u=\varphi(v)$ 及 $v=\psi(x)$，可以得到可导的复合函数 $y=f(\varphi(\psi(x)))$，则

$$\dfrac{\mathrm{d}y}{\mathrm{d}x}=\dfrac{\mathrm{d}y}{\mathrm{d}u}\cdot\dfrac{\mathrm{d}u}{\mathrm{d}v}\cdot\dfrac{\mathrm{d}v}{\mathrm{d}x}.$$

例 2 求下列函数的导数.

(1) $y = \ln\sin x$;　　　　　　　(2) $y = \cos^3(2x+3)$;
(3) $y = \ln(x - \sqrt{2+x^2})$;　　(4) $y = \ln|x|$.

解　(1) 令 $y = \ln u$, $u = \sin x$, 则
$$\frac{dy}{dx} = \frac{dy}{du} \cdot \frac{du}{dx} = \frac{1}{u} \cdot \cos x = \frac{\cos x}{\sin x} = \cot x.$$

(2) 令 $y = u^3$, $u = \cos v$, $v = 2x+3$, 则
$$\frac{dy}{dx} = \frac{dy}{du} \cdot \frac{du}{dv} \cdot \frac{dv}{dx} = 3u^2 \cdot (-\sin v) \cdot 2 = -6\sin(2x+3)\cos^2(2x+3).$$

(3) 熟悉复合函数的求导公式后,计算时可不必写出中间变量,如此题的求解过程可写为
$$y' = \frac{1}{x - \sqrt{2+x^2}}\left(1 - \frac{1}{2\sqrt{2+x^2}} \cdot 2x\right) = -\frac{1}{\sqrt{2+x^2}}.$$

(4) 因为当 $x > 0$ 时, $y = \ln x$, 此时, $y' = \frac{1}{x}$; 而当 $x < 0$ 时, $y = \ln(-x)$, 此时, $y' = \frac{1}{(-x)} \cdot (-x)' = \frac{1}{x}$, 即 $(\ln|x|)' = \frac{1}{x}$.

定理 3(反函数的求导法则)　若函数 $x = \varphi(y)$ 在区间 I_y 内单调可导,且 $\varphi'(y) \neq 0$, 则它的反函数 $y = f(x)$ 在对应区间 $I_x = \{x \mid x = \varphi(y), y \in I_y\}$ 内也可导,且
$$f'(x) = \frac{1}{\varphi'(y)}.$$

证明　任取一点 $x \in I_x$, 给一改变量 $\Delta x (\neq 0)$, 则函数 $y = f(x)$ 相应的改变量 $\Delta y = f(x + \Delta x) - f(x)$, 因为函数 $x = \varphi(y)$ 在区间 I_y 内单调,所以反函数 $y = f(x)$ 在对应区间 I_x 内也单调,即 $\Delta y = f(x + \Delta x) - f(x) \neq 0$, 则
$$\frac{\Delta y}{\Delta x} = \frac{1}{\frac{\Delta x}{\Delta y}}.$$

注意到函数 $x = \varphi(y)$ 在区间 I_y 内连续,则反函数 $y = f(x)$ 在对应区间 I_x 内也连续,所以当 $\Delta x \to 0$ 时, $\Delta y \to 0$, 因此
$$\lim_{\Delta x \to 0} \frac{\Delta y}{\Delta x} = \lim_{\Delta y \to 0} \frac{1}{\frac{\Delta x}{\Delta y}} = \frac{1}{\varphi'(y)},$$

即反函数 $y = f(x)$ 在区间 I_x 内可导,且
$$f'(x) = \frac{1}{\varphi'(y)}.$$

例 3　求反正弦函数 $y = \arcsin x$ 的导数.

解　因为 $y = \arcsin x$ 的反函数 $x = \sin y$ 在区间 $\left(-\frac{\pi}{2}, \frac{\pi}{2}\right)$ 内单调,且 $(\sin y)' = \cos y \neq 0$, 所以
$$\frac{dy}{dx} = \frac{1}{\frac{dx}{dy}} = \frac{1}{\cos y} = \frac{1}{\sqrt{1 - \sin^2 y}} = \frac{1}{\sqrt{1 - x^2}},$$

即
$$(\arcsin x)' = \frac{1}{\sqrt{1 - x^2}}.$$

同理可得

$$(\arccos x)' = -\frac{1}{\sqrt{1-x^2}}, \quad (\arctan x)' = \frac{1}{1+x^2}, \quad (\text{arccot} x)' = -\frac{1}{1+x^2}.$$

2. 基本初等函数求导公式

在上面的讨论中，我们已经学习了基本初等函数的导数及函数的求导法则，它们是求出初等函数导数的基础，希望读者熟记。为方便查阅和记忆，现将基本初等函数求导公式罗列如下：

(1) $(C)' = 0$ (C 为常数); (2) $(x^\mu)' = \mu x^{\mu-1}$;

(3) $(a^x)' = a^x \ln a$ ($a>0, a\neq 1$); (4) $(e^x)' = e^x$;

(5) $(\log_a x)' = \frac{1}{x \ln a}$ ($a>0, a\neq 1$); (6) $(\ln x)' = \frac{1}{x}$;

(7) $(\sin x)' = \cos x$; (8) $(\cos x)' = -\sin x$;

(9) $(\tan x)' = \sec^2 x$; (10) $(\cot x)' = -\csc^2 x$;

(11) $(\sec x)' = \sec x \tan x$; (12) $(\csc x)' = -\csc x \cot x$;

(13) $(\arcsin x)' = \frac{1}{\sqrt{1-x^2}}$; (14) $(\arccos x)' = -\frac{1}{\sqrt{1-x^2}}$;

(15) $(\arctan x)' = \frac{1}{1+x^2}$; (16) $(\text{arccot} x)' = -\frac{1}{1+x^2}$.

二、高阶导数

在上面的学习中我们知道，函数 $y = f(x)$ 在区间 I 上的导数 $y' = f'(x)$ 仍然是关于 x 的一个函数，称其为 $f(x)$ 的导函数。如果 $y' = f'(x)$ 可导，则称它的导数为已知函数 $y = f(x)$ 的**二阶导数**，记作

$$y'', \quad f''(x), \quad \frac{d^2 y}{dx^2}, \quad \frac{d^2 f(x)}{dx^2}.$$

如果 $y'' = f''(x)$ 可导，则称它的导数为已知函数 $y = f(x)$ 的**三阶导数**，记作

$$y''', \quad f'''(x), \quad \frac{d^3 y}{dx^3}, \quad \frac{d^3 f(x)}{dx^3}.$$

如果 $y''' = f'''(x)$ 可导，则称它的导数为已知函数 $y = f(x)$ 的**四阶导数**，记作

$$y^{(4)}, \quad f^{(4)}(x), \quad \frac{d^4 y}{dx^4}, \quad \frac{d^4 f(x)}{dx^4}.$$

依此类推，如果 $y^{(n-1)} = f^{(n-1)}(x)$ 可导，则称它的导数为已知函数 $y = f(x)$ 的 n **阶导数**，记作

$$y^{(n)}, \quad f^{(n)}(x), \quad \frac{d^n y}{dx^n}, \quad \frac{d^n f(x)}{dx^n}.$$

一般地，我们将一个函数的二阶及二阶以上的导数统称为**高阶导数**。

如何求函数的高阶导数，从上面的讨论不难发现，高阶导数是逐阶定义的，要求函数的 n 阶导数，必须先求它的 $n-1$ 阶导数。对某些常用的初等函数，我们更关心它的高阶导数的一般表达式。

例 4 已知函数 $y = x^3 + 2x^2 + 4x - 5$，求 $y^{(4)}$.

解 因为 $y' = 3x^2 + 4x + 4$，$y'' = 6x + 4$，$y''' = 6$，所以 $y^{(4)} = 0$.

例 5 求下列函数的 n 阶导数。

(1) $y=e^x$；　　　　(2) $y=\ln x$；　　　　(3) $y=\sin x$.

解 (1) 因为 $y'=e^x$，$y''=e^x$，$y'''=e^x$，…，所以 $y^{(n)}=e^x$.

(2) 因为 $y'=\dfrac{1}{x}=x^{-1}$，$y''=(-1)x^{-2}$，$y'''=(-1)(-2)x^{-3}$，

$$y^{(4)}=(-1)(-2)(-3)x^{-4}, \cdots,$$

所以
$$y^{(n)}=\dfrac{(-1)^{n-1}(n-1)!}{x^n}.$$

(3) 因为
$$y'=\cos x=\sin\left(\dfrac{\pi}{2}+x\right),$$

$$y''=\cos\left(\dfrac{\pi}{2}+x\right)=\sin\left(\dfrac{2\pi}{2}+x\right),$$

$$y'''=\cos\left(\dfrac{2\pi}{2}+x\right)=\sin\left(\dfrac{3\pi}{2}+x\right),$$

$$y^{(4)}=\cos\left(\dfrac{3\pi}{2}+x\right)=\sin\left(\dfrac{4\pi}{2}+x\right),$$

……

所以
$$y^{(n)}=\sin\left(\dfrac{n\pi}{2}+x\right).$$

同理可得
$$(\cos x)^{(n)}=\cos\left(\dfrac{n\pi}{2}+x\right).$$

例 6 已知函数 $y=e^x\sin x$，求 y'''.

解 因为
$$y'=e^x\sin x+e^x\cos x,$$
$$y''=e^x\sin x+2e^x\cos x-e^x\sin x=2e^x\cos x,$$

所以
$$y'''=2e^x\cos x-2e^x\sin x.$$

一般地，若 $y=u(x)v(x)$，则此函数的一、二、三阶导数为
$$y'=u'v+uv',$$
$$y''=u''v+2u'v'+uv'',$$
$$y'''=u'''v+3u''v'+3u'v''+uv''',$$

从上述三式等号的右端，很容易猜想到两个函数乘积的 n 阶导数的一般表达式为

$$y^{(n)}=\sum_{k=0}^{n}C_n^k u^{(n-k)}v^{(k)},$$

其中 $u^{(0)}=u$，$v^{(0)}=v$.

用数学归纳法不难证明这个猜想是正确的.

例 7 已知某运动物体的运动方程为 $s=A\sin\omega t$（A，ω 均为常数），求物体运动的加速度.

解 所谓加速度，指的是单位时间内速度的变化率，即运动物体的加速度为 $v'(t)$，而 $v(t)=s'(t)$，所以运动物体加速度为 $s''(t)$.

已知 $s=A\sin\omega t$，则 $s''=-A\omega^2\sin\omega t$，即为所求物体运动的加速度.

三、隐函数的导数

所谓隐函数，指的是自变量 x 与函数 y 的对应关系由方程 $F(x,y)=0$ 确定，即对区间

D 中任意的 x，通过方程 $F(x,y)=0$ 确定唯一的 $y=f(x)$ 与之对应，即 $F(x,f(x))\equiv 0$，则称 $y=f(x)$ 是由方程 $F(x,y)=0$ 确定的**隐函数**. 如方程 $2x-3y-5=0$ 确定的隐函数为 $y=\dfrac{1}{3}(2x-5)$；而方程 $x^2+y^2-1=0$ 确定了两个隐函数，即 $y=\sqrt{1-x^2}$ 与 $y=-\sqrt{1-x^2}$.

与隐函数相对应，通常将形如 $y=f(x)$ 的函数称为**显函数**. 从方程中将隐函数解出，将隐函数化为显函数，通常称其为**隐函数显化**.

隐函数显化并不是一件容易的事，有时甚至是不可能的，已知方程 $F(x,y)=0$ 确定了可导的隐函数 $y=f(x)$，不显化此隐函数，如何求其导数 y'？这是我们关心的问题. 事实上我们只需将 y 视为 x 的函数，方程 $F(x,y)=0$ 两端分别对 x 求导，即可从求导后的恒等式中解出 y'.

例 8 已知方程 $y^5+2y-x+2x^3=0$ 确定隐函数 $y=f(x)$，求 y'.

解 方程两端对 x 求导，得
$$5y^4 y'+2y'-1+6x^2=0,$$
即所求隐函数的导数为
$$y'=\dfrac{1-6x^2}{5y^4+2}.$$

例 9 已知方程 $\ln\sqrt{x^2+y^2}=\arctan\dfrac{y}{x}$ 确定隐函数 $y=f(x)$，求 y'.

解 方程两端对 x 求导得
$$\dfrac{1}{\sqrt{x^2+y^2}}\cdot\dfrac{1}{2\sqrt{x^2+y^2}}\cdot(2x+2y\cdot y')=\dfrac{1}{1+\dfrac{y^2}{x^2}}\cdot\dfrac{y'x-y}{x^2},$$
即
$$x+yy'=y'x-y,$$
则所求隐函数的导数为
$$y'=\dfrac{x+y}{x-y}.$$

例 10 求双曲线 $\dfrac{x^2}{a^2}-\dfrac{y^2}{b^2}=1$ 在点 (x_0,y_0) $(y_0\neq 0)$ 处的切线方程.

解 首先明确，方程 $\dfrac{x^2}{a^2}-\dfrac{y^2}{b^2}=1$ 确定隐函数 $y=f(x)$，而所求切线方程的斜率为 $k=f'(x_0)$. 方程 $\dfrac{x^2}{a^2}-\dfrac{y^2}{b^2}=1$ 两端对 x 求导，得
$$\dfrac{2x}{a^2}-\dfrac{2yy'}{b^2}=0,\ \text{即}\ y'=f'(x)=\dfrac{b^2 x}{a^2 y},$$
则过双曲线上点 (x_0,y_0) $(y_0\neq 0)$ 处切线的斜率为
$$k=f'(x_0)=\dfrac{b^2 x_0}{a^2 y_0},$$
即所求切线方程为
$$\dfrac{x_0 x}{a^2}-\dfrac{y_0 y}{b^2}=\dfrac{x_0^2}{a^2}-\dfrac{y_0^2}{b^2}.$$

注意到点(x_0,y_0)在双曲线上，即$\dfrac{x_0^2}{a^2}-\dfrac{y_0^2}{b^2}=1$，因此所求切线方程可化简为

$$\dfrac{x_0 x}{a^2}-\dfrac{y_0 y}{b^2}=1.$$

在求导过程中，有时会遇到所给显函数不能直接求导，或者若直接求导，其运算比较烦琐等情况．这时我们可以通过对方程两边取对数，将显函数转化为隐函数，用隐函数求导的方法，即可很容易地求出所给函数的导数．

例 11 求下列函数的导数．

(1) $y=x^{\cos x}\ (x>0)$； (2) $y=\sqrt{\dfrac{(x-1)(x-2)}{(x-4)(x-5)}}.$

解 (1) 将函数 $y=x^{\cos x}$ 两边取对数，得一方程
$$\ln y=\cos x\ln x,$$
显然，此方程确定的隐函数即为 $y=x^{\cos x}$．方程 $\ln y=\cos x\ln x$ 两端对 x 求导得
$$\dfrac{1}{y}y'=-\sin x\ln x+\dfrac{\cos x}{x},$$
则所求函数 $y=x^{\cos x}$ 的导数为
$$y'=x^{\cos x}\left(\dfrac{\cos x}{x}-\sin x\ln x\right).$$

(2) 同(1)一样，将函数 $y=\sqrt{\dfrac{(x-1)(x-2)}{(x-4)(x-5)}}$ 两边取对数得一方程
$$\ln y=\dfrac{1}{2}(\ln(x-1)+\ln(x-2)-\ln(x-4)-\ln(x-5)),$$
此方程两端对 x 求导，得
$$\dfrac{1}{y}y'=\dfrac{1}{2}\left(\dfrac{1}{x-1}+\dfrac{1}{x-2}-\dfrac{1}{x-4}-\dfrac{1}{x-5}\right),$$
则所求导数为
$$y'=\dfrac{1}{2}\sqrt{\dfrac{(x-1)(x-2)}{(x-4)(x-5)}}\left(\dfrac{1}{x-1}+\dfrac{1}{x-2}-\dfrac{1}{x-4}-\dfrac{1}{x-5}\right).$$

四、参数方程所确定的函数的导数

我们知道，函数还可用参数方程来表示．如圆心在原点，半径为 r 的圆，其隐函数表示方程为 $x^2+y^2=r^2$，用显函数表示此圆，则要区分上半圆和下半圆，即上半圆的函数是 $y=\sqrt{r^2-x^2}$；而下半圆的函数为 $y=-\sqrt{r^2-x^2}$，如果用参数方程表示此圆，即为

$$\begin{cases} x=r\cos t, \\ y=r\sin t, \end{cases}$$

其中 t 为参数，且 $0\leqslant t\leqslant 2\pi$.

一般地，由参数方程

$$\begin{cases} x=\varphi(t), \\ y=\psi(t), \end{cases} \alpha\leqslant t\leqslant\beta \tag{3}$$

确定可导函数 $y=f(x)$，如何在不消参数的前提下求此函数的导数是我们关心的问题．首先，我们来回忆从参数方程中消去参数 t，从而求得函数 $y=f(x)$ 的过程．

从 $x=\varphi(t)$ 中求得 $t=\varphi^{-1}(x)$，将其代入 $y=\psi(t)$，得 $y=\psi(\varphi^{-1}(x))$，此函数即为所求函数 $y=f(x)$. 不难发现，参数 t 在此过程中扮演了中间变量的角色. 所以应用复合函数的求导法则可得

$$\frac{dy}{dx}=\frac{dy}{dt} \cdot \frac{dt}{dx}.$$

再应用反函数的求导法则，若函数 $x=\varphi(t)$ 可导，且 $\varphi'(t) \neq 0 (\alpha \leq t \leq \beta)$，则参数方程(3)所确定的函数 $y=f(x)$ 的导数为

$$\frac{dy}{dx}=\frac{dy}{dt} \cdot \frac{dt}{dx}=\frac{\psi'(t)}{\varphi'(t)},$$

这就是参数方程的求导公式. 但必须明确，函数 $y=f(x)$ 的导数 $y'=f'(x)$ 是由下面的参数方程所确定的：

$$\begin{cases} y'=\dfrac{\psi'(t)}{\varphi'(t)}, \alpha \leq t \leq \beta, \\ x=\varphi(t), \end{cases} \tag{4}$$

利用参数方程(4)，重复由(3)式求函数 $y=f(x)$ 导数的过程，即可求的函数 $y=f(x)$ 的二阶导数为

$$\frac{d^2 y}{dx^2}=\frac{\psi''(t)\varphi'(t)-\psi'(t)\varphi''(t)}{(\varphi'(x))^3}.$$

例 12 已知 $\begin{cases} x=e^t \sin t, \\ y=e^t \cos t, \end{cases}$ 求 $\dfrac{dy}{dx}\bigg|_{t=\frac{\pi}{3}}$.

解 因为 $\dfrac{dx}{dt}=e^t \sin t+e^t \cos t$，$\dfrac{dy}{dt}=e^t \cos t-e^t \sin t$，所以

$$\frac{dy}{dx}=\frac{\cos t-\sin t}{\sin t+\cos t}, \quad \frac{dy}{dx}\bigg|_{t=\frac{\pi}{3}}=\sqrt{3}-2.$$

例 13 椭圆的参数方程为 $\begin{cases} x=a\cos t, \\ y=b\sin t, \end{cases}$ 求此椭圆在 $t=\dfrac{\pi}{4}$ 处的切线方程.

解 因为 $x\left(\dfrac{\pi}{4}\right)=\dfrac{\sqrt{2}}{2}a$，$y\left(\dfrac{\pi}{4}\right)=\dfrac{\sqrt{2}}{2}b$，$\dfrac{dy}{dx}=-\dfrac{b\cos t}{a\sin t}$，

则点 $\left(\dfrac{\sqrt{2}}{2}a, \dfrac{\sqrt{2}}{2}b\right)$ 处切线的斜率为 $k=-\dfrac{b}{a}$，即所求切线方程为

$$bx+ay-\sqrt{2}ab=0.$$

习 题 2-2

1. 求下列函数的导数.

(1) $y=a^{5x}$ ($a>0$，且 $a \neq 1$)；　　　　(2) $y=\cos 6x$；

(3) $y=(\ln x)^3$；　　　　　　　　　　　(4) $y=\sin(3x+4)$；

(5) $y=e^{5x}-e^{-2}$；　　　　　　　　　　(6) $y=(x^2+2x+3)^{\frac{3}{2}}$；

(7) $y=\sqrt{x^2+1}$；　　　　　　　　　　(8) $y=\ln(\ln x)$；

(9) $y=\ln(x^3+\sqrt{x})$；　　　　　　　　　(10) $y=(\arccos x)^3$；

(11) $y=\ln\sqrt{1-x^2}$;

(12) $y=\ln\dfrac{x-1}{x+1}$;

(13) $y=\ln(x+\sqrt{x^2+a^2})$;

(14) $y=\sec^2(\ln x)$;

(15) $y=\tan^3(x^2+2)$;

(16) $y=\cos^3 x\sin 3x$;

(17) $y=e^x\sin 5x$;

(18) $y=(2x+1)^3(3x-2)^4$;

(19) $y=e^{-x}\arctan\sqrt{x}$;

(20) $y=(1+x^2)\arctan x$;

(21) $y=x\arcsin x-\sqrt{1-x^2}$;

(22) $y=e^{\sin\frac{1}{x}}+(\text{arccot}\,x)^2$;

(23) $y=x^2\arcsin 3x+\sqrt{1-9x^2}$.

2. 求下列函数的二阶导数.

(1) $y=\sin(6x+3)$;

(2) $y=x\cos x$;

(3) $y=\ln\dfrac{x-4}{x+4}$;

(4) $y=\arctan x$.

3. 求由下列方程确定的隐函数的导数 $\dfrac{dy}{dx}$.

(1) $xy-e^x+e^y=0$;

(2) $x-\sqrt{x}y+y^2-7=0$;

(3) $e^{xy}=3x^2y$;

(4) $xy=e^{x+y}$;

(5) $\cos(xy)=x$;

(6) $y=1-xe^y$.

4. 求下列函数的导数.

(1) $y=\left(\dfrac{x}{1+x}\right)^x$;

(2) $y=(\tan 2x)^{\cot\frac{x}{2}}$;

(3) $y=\sqrt{\dfrac{x-5}{\sqrt[5]{x^2+2}}}$.

5. 求圆 $x^2+y^2=r^2$ 在点 $M(x_0,y_0)$ 的切线方程.

第三节 微分及其在近似计算中的应用

一、微分概念

在本章第一节中我们讨论了导数的概念，导数是函数 $y=f(x)$ 在点 x_0 处的变化率，即 $\lim\limits_{\Delta x\to 0}\dfrac{\Delta y}{\Delta x}$. 在实际问题中，我们常常还关心另外一类与导数关系密切的问题，即 Δx 很小时，函数改变量 Δy 与 Δx 的关系.

从前面的学习中已知，若函数 $y=f(x)$ 在点 $x=x_0$ 处可导，则 $f'(x_0)=\lim\limits_{\Delta x\to 0}\dfrac{\Delta y}{\Delta x}$，即

$$\Delta y=f'(x_0)\cdot\Delta x+o(\Delta x). \tag{1}$$

(1)式给出了 Δy 与 Δx 的关系，同时，我们发现了这样一个事实：Δy 由两部分构成，一部分是关于 Δx 的线性函数，即 $f'(x_0)\cdot\Delta x$；而另一部分是关于 Δx 的高阶无穷小，即 $o(\Delta x)$. 显然，第一部分 $f'(x_0)\cdot\Delta x$ 对 Δy 的贡献最大，是主要部分，通常又将其称为 Δy 的**线性主部**. 另外，从下面一个简单的实际问题中也有类似的发现. 如一块正方形的金属薄

片受温度变化的影响，其边长由 x_0 变到 $x_0+\Delta x$（图 2-2），求此金属薄片的面积的改变量 ΔS. 事实上，正方形的面积 S 是边长 x 的函数，即 $S=x^2$，则

$$\Delta S=(x_0+\Delta x)^2-x_0^2=2x_0\Delta x+(\Delta x)^2. \tag{2}$$

显然，(2)式与(1)式有类似的性质，且从图 2-2 可看出，当 Δx 很小时，面积的改变量 ΔS 就可用 $2x_0\Delta x$ 近似替代．

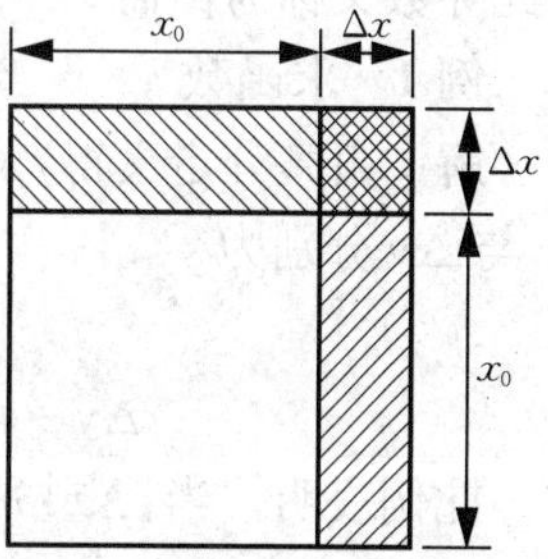

从上述讨论中自然提出这样的问题：函数 $y=f(x)$ 在什么条件下，对于 Δx 引起的 Δy 有形如(1)式的分解形式？若有这样的分解形式，其线性主部又具有什么样的性质？为此，我们给出下面微分的概念．

定义 设函数 $y=f(x)$ 在点 x_0 的某邻域内有定义，对自变量给予改变量 Δx，若引起的函数的改变量 Δy 可分解为

$$\Delta y=A\Delta x+o(\Delta x),$$

图 2-2

其中 A 是不依赖于 Δx 的常数，则称函数 $y=f(x)$ 在点 x_0 处**可微**，称 Δy 的线性主部 $A\Delta x$ 为函数 $y=f(x)$ 在点 x_0 处的**微分**，记作

$$\mathrm{d}y=\mathrm{d}f(x)=A\Delta x.$$

在此定义中必须注意两个要点：一是微分 $\mathrm{d}y$ 是 Δx 的线性函数；二是 $\mathrm{d}y$ 与改变量 Δy 之差是关于 Δx 的高阶无穷小，即

$$\frac{o(\Delta x)}{\Delta x}=\frac{\Delta y-\mathrm{d}y}{\Delta x}\to 0(\text{当 }\Delta x\to 0).$$

下述定理揭示了导数与微分的关系．

定理 函数 $y=f(x)$ **在点 x_0 处可微的充要条件是函数在这一点可导**，且 $A=f'(x_0)$．

证明 必要性 若函数 $y=f(x)$ 在点 x_0 处可微，则对 x_0 给予改变量 Δx，即有

$$\Delta y=A\Delta x+o(\Delta x)(A\text{ 是不依赖于 }\Delta x\text{ 的常数}),$$

所以

$$\frac{\Delta y}{\Delta x}=A+\frac{o(\Delta x)}{\Delta x},$$

即

$$\lim_{\Delta x\to 0}\frac{\Delta y}{\Delta x}=A+\lim_{\Delta x\to 0}\frac{o(\Delta x)}{\Delta x}=A.$$

此式表明：$y=f(x)$ 在点 x_0 处导，且 $A=f'(x_0)$．

充分性 若函数 $y=f(x)$ 在点 x_0 处导，则

$$\lim_{\Delta x\to 0}\frac{\Delta y}{\Delta x}=f'(x_0),$$

即

$$\Delta y=f'(x_0)\cdot\Delta x+o(\Delta x).$$

此式表明：Δy 可分解为关于 Δx 的线性主部 $f'(x_0)\cdot\Delta x$ 与关于 Δx 的高阶无穷小 $o(\Delta x)$ 之和，所以函数 $y=f(x)$ 在点 x_0 处可微．

此定理指出，函数在一点处的可微性与可导性是等价的，且函数的微分可表示为 $\mathrm{d}y=f'(x_0)\cdot\Delta x$．特别地，对于函数 $y=x$，其微分为

$$\mathrm{d}y=\mathrm{d}x=(x)'\Delta x=\Delta x,$$

因此我们规定：$\mathrm{d}x=\Delta x$，即自变量的微分等于自变量的改变量，所以通常使用的微分表达式为

$$\mathrm{d}y=f'(x_0)\mathrm{d}x,$$

由此式显然有

$$\frac{\mathrm{d}y}{\mathrm{d}x}=f'(x_0),$$

因此导数又称为**微商**.

例1 求函数 $y=x^3$ 当 $x=2$，$\Delta x=0.01$ 时的微分 $\mathrm{d}y$ 及相应的 Δy.

解 由微分定义得，函数 $y=x^3$ 的微分为 $\mathrm{d}y=3x^2\mathrm{d}x$，当 $x=2$，$\Delta x=0.01$ 时，其微分 $\mathrm{d}y$ 与 Δy 分别为

$$\mathrm{d}y=3\times 2^2\times 0.01=0.12,$$
$$\Delta y=f(x+\Delta x)-f(x)=(2+0.01)^3-2^3=0.120601.$$

此例表明，当 $|\Delta x|$ 很小时，完全可以用 $\mathrm{d}y$ 近似代替 Δy，即 $\mathrm{d}y\approx \Delta y$.

例2 已知函数 $y=f(x)$ 在点 x_0 处可导，设此函数在点 (x_0,y_0) 的切线方程为 $y=g(x)$，对 x_0 给予改变量 Δx，求对于函数 $y=g(x)$ 引起的函数改变量 Δy.

解 由导数的几何意义，函数 $y=f(x)$ 在点 (x_0,y_0) 处的切线方程为

$$y=g(x)=f'(x_0)(x-x_0)+y_0.$$

对 x_0 给予改变量 Δx，则对于函数 $y=g(x)$ 引起的函数改变量为

$$\Delta y = g(x_0+\Delta x)-g(x_0)=f'(x_0)\Delta x+y_0-y_0$$
$$=f'(x_0)\Delta x=f'(x_0)\mathrm{d}x.$$

此例给出了函数微分的**几何意义：函数的微分等于函数在相应点处切线的改变量**. 如图 2-3 所示.

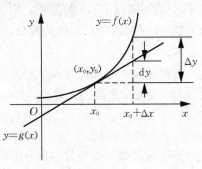

图 2-3

二、基本初等函数的微分公式及函数微分运算法则

由函数微分的定义知，要求函数的微分，只需求出函数的导数再乘以自变量的微分即可. 因此，由导数运算的基本公式可直接推出基本初等函数的微分公式及函数微分的运算法则.

1. 基本初等函数的微分公式

(1) $\mathrm{d}(C)=0$（C 为常数）；　　　　　　(2) $\mathrm{d}(x^\mu)=\mu x^{\mu-1}\mathrm{d}x$；

(3) $\mathrm{d}(a^x)=a^x\ln a\mathrm{d}x(a>0,\ a\neq 1)$；　　(4) $\mathrm{d}(e^x)=e^x\mathrm{d}x$；

(5) $\mathrm{d}(\log_a x)=\dfrac{1}{x\ln a}\mathrm{d}x(a>0,\ a\neq 1)$；　(6) $\mathrm{d}(\ln x)=\dfrac{1}{x}\mathrm{d}x$；

(7) $\mathrm{d}(\sin x)=\cos x\mathrm{d}x$；　　　　　　(8) $\mathrm{d}(\cos x)=-\sin x\mathrm{d}x$；

(9) $\mathrm{d}(\tan x)=\sec^2 x\mathrm{d}x$；　　　　　(10) $\mathrm{d}(\cot x)=-\csc^2 x\mathrm{d}x$；

(11) $\mathrm{d}(\sec x)=\sec x\tan x\mathrm{d}x$；　　　(12) $\mathrm{d}(\csc x)=-\csc x\cot x\mathrm{d}x$；

(13) $\mathrm{d}(\arcsin x)=\dfrac{1}{\sqrt{1-x^2}}\mathrm{d}x$；　　(14) $\mathrm{d}(\arccos x)=-\dfrac{1}{\sqrt{1-x^2}}\mathrm{d}x$；

(15) $\mathrm{d}(\arctan x)=\dfrac{1}{1+x^2}\mathrm{d}x$；　　(16) $\mathrm{d}(\mathrm{arccot}\,x)=-\dfrac{1}{1+x^2}\mathrm{d}x$.

2. 函数四则运算的微分法则

设 $u=u(x)$，$v=v(x)$ 均是可导函数，则

(1) $d(u \pm v) = du \pm dv$；

(2) $d(uv) = vdu + udv$；

(3) $d\left(\dfrac{u}{v}\right) = \dfrac{vdu - udv}{v^2}$ $(v \neq 0)$.

3. 复合函数的微分法则

设函数 $y = f(u)$，$u = \varphi(x)$ 构成复合函数 $y = f(\varphi(x))$，则
$$dy = [f(\varphi(x))]'dx = f'(u)\varphi'(x)dx = f'(u)du,$$

从上式中可看出，由于 $\varphi'(x)dx = du$，因此，无论函数 $y = f(u)$ 中的 u 是中间变量还是自变量，其微分均为 $dy = f'(u)du$，这一性质称为**一阶微分形式不变性**。

例 3 求下列函数的微分．

(1) $y = \dfrac{1}{4}x^4 + \tan 5x + 9$； (2) $y = \sin(3x - 1)$．

解 (1) $dy = y'dx = (x^3 + 5\sec^2 5x)dx$；

(2) $dy = \cos(3x - 1)d(3x - 1) = 3\cos(3x - 1)dx$．

三、微分在近似计算中的应用

已知函数 $y = f(x)$ 在点 x_0 处可微，对 x_0 给予改变量 Δx，则
$$\Delta y = f(x_0 + \Delta x) - f(x_0),$$

显然，Δy 是 Δx 的函数，如何求 Δy 的近似值，这是在实践中常常遇到的问题．由微分定义得
$$\Delta y = dy + o(\Delta x),$$

当 $|\Delta x|$ 很小时，$\Delta y \approx dy$，即
$$f(x_0 + \Delta x) - f(x_0) \approx f'(x_0)\Delta x \text{ 或 } f(x_0 + \Delta x) \approx f'(x_0)\Delta x + f(x_0).$$

令 $x = x_0 + \Delta x$，即 $\Delta x = x - x_0$，那么上式可改写为
$$f(x) \approx f'(x_0)(x - x_0) + f(x_0). \tag{3}$$

特别地，当 $x_0 = 0$，$|\Delta x| = |x|$ 很小时，上式改为
$$f(x) \approx f'(0)x + f(0). \tag{4}$$

(3)式和(4)式即是我们常用的近似计算公式．

例 4 证明：当 $|x|$ 很小时，$\sin x \approx x$．

证明 令 $f(x) = \sin x$，因 $f'(x) = \cos x$，所以
$$\sin x \approx x\cos 0 + \sin 0 = x,$$

即 $\sin x \approx x$．

同理可得：当 $|x|$ 很小时，$\tan x \approx x$；$\ln(1+x) \approx x$；$e^x \approx 1 + x$；$\sqrt[n]{1 \pm x} \approx 1 \pm \dfrac{x}{n}$ 等．

习 题 2-3

求下列函数的微分．

(1) $y = \dfrac{1}{x} + 3\sqrt{x}$； (2) $y = \dfrac{\cos x}{1 - x^2}$；

(3) $y = (e^x + e^{-x})^2$； (4) $y = e^{\cos x}$；

(5) $y=\dfrac{3}{x}\sqrt{x}$;   (6) $y=x\cos 3x$;

(7) $y=\dfrac{x}{\sqrt{1+x^2}}$;   (8) $y=x^2 e^{2x}$;

(9) $y=e^{-x}\sin(2-x)$;   (10) $y=(\ln(1-x))^2$;

(11) $y=\tan^2(1+2x^2)$;   (12) $y=\arctan\dfrac{1-x^2}{1+x^2}$.

第四节　微分中值定理

本节将介绍微分学的几个中值定理,它们是导数应用的理论基础.

一、罗尔定理

罗尔定理　若函数 $f(x)$ 在闭区间 $[a,b]$ 上连续,在开区间 (a,b) 内可导,并且 $f(a)=f(b)$,则在 (a,b) 内至少存在一点 $\xi(a<\xi<b)$,使得
$$f'(\xi)=0.$$

罗尔定理的几何意义是:当 $[a,b]$ 上连续光滑的曲线 $y=f(x)$ 在端点 A,B 的纵坐标相等时,在曲线上至少存在一点 $C(\xi,f(\xi))$,使得曲线在点 C 的切线平行于 x 轴,如图 2-4 所示.从图中可看出,在曲线的最高点或最低点处,切线平行于 x 轴.

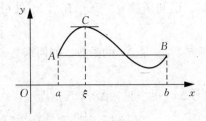

图 2-4

证明　由于 $f(x)$ 在 $[a,b]$ 上连续,所以 $f(x)$ 在 $[a,b]$ 上必取得最大值 M 和最小值 m.

(1) 如果 $M=m$,则 $f(x)$ 在 $[a,b]$ 上恒等于常数 M,因此,在整个开区间 (a,b) 内恒有 $f'(x)=0$,故可在 (a,b) 内任取一点作为 ξ,都有 $f'(\xi)=0$.

(2) 如果 $m<M$,因 $f(a)=f(b)$,故 M 与 m 中至少有一个不等于端点的函数值 $f(a)$,不妨设 $M\neq f(a)$,也即在 (a,b) 内至少有一点 ξ,使得 $f(\xi)=M$. 由于 $f(\xi)=M$ 是最大值,当 $\xi+\Delta x\in(a,b)$ 时,恒有 $f(\xi+\Delta x)-f(\xi)\leq 0$.

当 $\Delta x>0$ 时,
$$\dfrac{f(\xi+\Delta x)-f(\xi)}{\Delta x}\leq 0,\text{ 即 } f'(\xi)=\lim_{\Delta x\to 0^+}\dfrac{f(\xi+\Delta x)-f(\xi)}{\Delta x}\leq 0;$$

当 $\Delta x<0$ 时,
$$\dfrac{f(\xi+\Delta x)-f(\xi)}{\Delta x}\geq 0,\text{ 即 } f'(\xi)=\lim_{\Delta x\to 0^-}\dfrac{f(\xi+\Delta x)-f(\xi)}{\Delta x}\geq 0,$$

所以 $f'(\xi)=0$.

注意:罗尔定理的三个条件作为一个整体是结论成立的充分条件,若定理的条件缺少其一,结论可能不成立.

例1　设函数 $f(x)$ 在 $[a,b]$ 上连续,在 (a,b) 内可导,且 $f(a)=f(b)=0$,求证:至少存在一点 $\xi\in(a,b)$,使得 $f'(\xi)-f(\xi)=0$.

证明　设 $F(x)=e^{-x}f(x)$,显然 $F(x)$ 在 $[a,b]$ 上连续,在 (a,b) 内可导,且 $F(a)=$

$e^{-a}f(a)=0$,$F(b)=e^{-b}f(b)=0$,根据罗尔定理,则至少存在一点 $\xi\in(a,b)$,使得 $F'(\xi)=e^{-\xi}[f'(\xi)-f(\xi)]=0$,由于 $e^{-\xi}>0$,所以 $f'(\xi)-f(\xi)=0$.

二、拉格朗日中值定理

拉格朗日中值定理 若函数 $f(x)$ 在 $[a,b]$ 上连续,在 (a,b) 内可导,则在 (a,b) 内至少存在一点 $\xi(a<\xi<b)$,使得

$$f'(\xi)=\frac{f(b)-f(a)}{b-a}.$$

证明 作辅助函数 $F(x)=f(x)-\left[f(a)+\frac{f(b)-f(a)}{b-a}(x-a)\right]$,由连续函数的性质及导数运算法则知,$F(x)$ 在 $[a,b]$ 上连续,在 (a,b) 内可导,并且 $F(a)=F(b)=0$,$F(x)$ 在 $[a,b]$ 上满足罗尔定理条件,故在 (a,b) 内至少有一点 ξ,使

$$F'(\xi)=f'(\xi)-\frac{f(b)-f(a)}{b-a}=0, \text{ 即 } f'(\xi)=\frac{f(b)-f(a)}{b-a}.$$

拉格朗日中值定理也称为微分中值定理,公式 $f(b)-f(a)=f'(\xi)(b-a)$ 称为拉格朗日公式或微分中值公式.

如果令 $x=a$,$x+\Delta x=b$,则 $b-a=\Delta x$,$\xi=x+\theta\Delta x$,θ 是介于 0 与 1 之间的某个数,则微分中值公式可写成

$$f(x+\Delta x)-f(x)=f'(x+\theta\Delta x)\cdot\Delta x \quad (0<\theta<1).$$

拉格朗日中值定理的几何意义是:$y=f(x)$ 是 $[a,b]$ 上连续光滑的曲线,A,B 是曲线段的端点,那么在曲线上至少存在一点 $C(\xi,f(\xi))$,使得曲线在点 C 的切线平行于弦 AB,如图 2-5 所示.

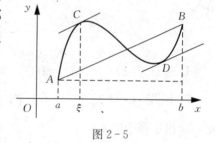

图 2-5

由拉格朗日中值定理可得出下面两个重要推论.

推论 1 若在 (a,b) 内,$f'(x)\equiv 0$,则在 (a,b) 内 $f(x)$ 为一常数.

推论 2 若在 (a,b) 内,$f'(x)=g'(x)$,则在 (a,b) 内 $f(x)=g(x)+C$(C 为常数).

例 2 证明:当 $0<a<b$ 时,$\dfrac{b-a}{1+b^2}<\arctan b-\arctan a<\dfrac{b-a}{1+a^2}$.

证明 令 $f(x)=\arctan x$,函数 $f(x)$ 在 $[a,b]$ 上连续,在 (a,b) 内可导,则 $f(x)$ 满足拉格朗日中值定理的条件,由定理知,在 (a,b) 内至少存在一点 ξ,使得

$$f'(\xi)=\frac{\arctan b-\arctan a}{b-a}=\frac{1}{1+\xi^2}, \text{ 即 } \arctan b-\arctan a=\frac{b-a}{1+\xi^2}.$$

又 $a<\xi<b$,所以

$$\frac{1}{1+b^2}<\frac{1}{1+\xi^2}<\frac{1}{1+a^2},$$

进而有

$$\frac{b-a}{1+b^2}<\frac{b-a}{1+\xi^2}<\frac{b-a}{1+a^2},$$

即

$$\frac{b-a}{1+b^2}<\arctan b-\arctan a<\frac{b-a}{1+a^2}.$$

三、柯西中值定理

柯西中值定理 若函数 $f(x)$ 与 $g(x)$ 满足条件：
(1) 在 $[a, b]$ 上连续；
(2) 在 (a, b) 内可导；
(3) 在 (a, b) 内任何一点 x 处，$g'(x) \neq 0$，

则在 (a, b) 内至少存在一点 $\xi (a < \xi < b)$，使得

$$\frac{f(b)-f(a)}{g(b)-g(a)} = \frac{f'(\xi)}{g'(\xi)}.$$

证明 首先 $g(b)$ 与 $g(a)$ 必不相等。否则，若 $g(a) = g(b)$，由罗尔定理，$g'(x)$ 在 (a, b) 内有零点，与条件矛盾。

作辅助函数 $F(x) = f(x) - f(a) - \frac{f(b)-f(a)}{g(b)-g(a)}[g(x)-g(a)]$，易验证，$F(x)$ 满足罗尔定理条件，由罗尔定理可知，在 (a, b) 内至少有一点 ξ，使得 $F'(\xi) = f'(\xi) - \frac{f(b)-f(a)}{g(b)-g(a)} g'(\xi) = 0$，

即 $\frac{f(b)-f(a)}{g(b)-g(a)} = \frac{f'(\xi)}{g'(\xi)}$。

分析前面三个定理可知：如果令柯西中值定理中的 $g(x) = x$，可以得到拉格朗日中值定理；如果在拉格朗日中值定理中再加一个条件 $f(a) = f(b)$，可以得到罗尔定理。因此，罗尔定理是拉格朗日中值定理的特殊情况，而拉格朗日中值定理又是柯西中值定理的特殊情况。

习 题 2-4

1. 验证 $f(x) = x\sqrt{3-x}$ 在 $[0, 3]$ 上满足罗尔定理的条件，并求出定理中的 ξ。

2. 函数 $f(x) = \frac{1}{3}x^3 - x$ 在区间 $[-\sqrt{3}, \sqrt{3}]$ 上是否满足拉格朗日中值定理的条件？若满足，求出定理中的 ξ。

3. 函数 $f(x) = x^2$ 与 $g(x) = x^3 - 1$ 在 $[1, 2]$ 上是否满足柯西中值定理的条件？若满足，求出定理中的 ξ。

4. 设 $a_0 + \frac{a_1}{2} + \cdots + \frac{a_n}{n+1} = 0$，试证在 $(0, 1)$ 内至少存在一点 ξ，使 $a_0 + a_1\xi + \cdots + a_n\xi^n = 0$。

5. 证明下列不等式：
(1) $|\sin a - \sin b| \leq |a-b|$；　　(2) 当 $x \geq 1$ 时，$e^x \geq ex$。

第五节　洛必达法则

如果当 $x \to a$（或 $x \to \infty$）时，两个函数 $f(x)$ 与 $g(x)$ 都趋于零或都趋于无穷大，那么极限 $\lim\limits_{\substack{x \to a \\ (x \to \infty)}} \frac{f(x)}{g(x)}$ 可能存在，也可能不存在。通常把这种类型的极限称为**未定式**，并分别简记为 "$\frac{0}{0}$" 或 "$\frac{\infty}{\infty}$"。本节将利用导数作为工具，给出计算未定式极限的一般方法，即洛必达法则。

一、"$\dfrac{0}{0}$"型未定式

定理 1（洛必达法则 I ） 若

(1) 函数 $f(x)$, $g(x)$ 在点 a 的去心邻域 $\overset{\circ}{U}(a,\delta)$ 内有定义，并且
$$\lim_{x\to a} f(x) = \lim_{x\to a} g(x) = 0;$$

(2) 函数 $f(x)$, $g(x)$ 在点 a 的去心邻域 $\overset{\circ}{U}(a,\delta)$ 内可导，且 $g'(x)\neq 0$；

(3) $\lim\limits_{x\to a}\dfrac{f'(x)}{g'(x)} = A$（或 ∞），其中 A 为常数，

则
$$\lim_{x\to a}\dfrac{f(x)}{g(x)} = \lim_{x\to a}\dfrac{f'(x)}{g'(x)} = A（或\infty）.$$

证明略.

定理 1 中，若把 $x\to a$ 换成 $x\to\infty$，结论仍然成立.

定理 1 说明：当 $\lim\limits_{x\to a}\dfrac{f'(x)}{g'(x)}$ 存在时，$\lim\limits_{x\to a}\dfrac{f(x)}{g(x)}$ 也存在，并且等于 $\lim\limits_{x\to a}\dfrac{f'(x)}{g'(x)}$；当 $\lim\limits_{x\to a}\dfrac{f'(x)}{g'(x)}$ 为无穷大时，$\lim\limits_{x\to a}\dfrac{f(x)}{g(x)}$ 也为无穷大. 另外，在使用洛必达法则时，如果 $\lim\limits_{x\to a}\dfrac{f'(x)}{g'(x)}$ 仍为"$\dfrac{0}{0}$"型，且满足定理中的条件，则可以继续使用洛必达法则，即

$$\lim_{x\to a}\dfrac{f(x)}{g(x)} = \lim_{x\to a}\dfrac{f'(x)}{g'(x)} = \lim_{x\to a}\dfrac{f''(x)}{g''(x)},$$

且可以依此类推.

例 1 求下列极限.

(1) $\lim\limits_{x\to 2}\dfrac{\ln(x^2-3)}{x^2-3x+2}$;

(2) $\lim\limits_{x\to+\infty}\dfrac{\dfrac{\pi}{2}-\arctan x}{\dfrac{1}{x}}$;

(3) $\lim\limits_{x\to 0^+}\dfrac{\ln x}{\ln(\sin x)}$;

(4) $\lim\limits_{x\to 0}\dfrac{x-\sin x}{x^3}$.

解 (1) $\lim\limits_{x\to 2}\dfrac{\ln(x^2-3)}{x^2-3x+2} = \lim\limits_{x\to 2}\dfrac{\dfrac{1}{x^2-3}\cdot 2x}{2x-3} = \lim\limits_{x\to 2}\dfrac{2x}{(2x-3)(x^2-3)} = 4.$

(2) $\lim\limits_{x\to+\infty}\dfrac{\dfrac{\pi}{2}-\arctan x}{\dfrac{1}{x}} = \lim\limits_{x\to+\infty}\dfrac{-\dfrac{1}{1+x^2}}{-\dfrac{1}{x^2}} = 1.$

(3) $\lim\limits_{x\to 0^+}\dfrac{\ln x}{\ln\sin x} = \lim\limits_{x\to 0^+}\dfrac{\dfrac{1}{x}}{\dfrac{\cos x}{\sin x}} = \lim\limits_{x\to 0^+}\dfrac{\sin x}{x}\cdot\lim\limits_{x\to 0^+}\dfrac{1}{\cos x} = 1.$

(4) $\lim\limits_{x\to 0}\dfrac{x-\sin x}{x^3} = \lim\limits_{x\to 0}\dfrac{1-\cos x}{3x^2} = \lim\limits_{x\to 0}\dfrac{\sin x}{6x} = \dfrac{1}{6}.$

二、"$\frac{\infty}{\infty}$"型未定式

定理 2（洛必达法则Ⅱ） 若

(1) 函数 $f(x)$，$g(x)$ 在点 a 的去心邻域 $\mathring{U}(a,\delta)$ 内有定义，并且 $\lim\limits_{x \to a} f(x) = \infty$，$\lim\limits_{x \to a} g(x) = \infty$；

(2) 函数 $f(x)$，$g(x)$ 在点 a 的去心邻域 $\mathring{U}(a,\delta)$ 内可导，且 $g'(x) \neq 0$；

(3) $\lim\limits_{x \to a} \dfrac{f'(x)}{g'(x)} = A$（或 ∞），其中 A 为常数，

则
$$\lim_{x \to a} \frac{f(x)}{g(x)} = \lim_{x \to a} \frac{f'(x)}{g'(x)} = A(\text{或} \infty).$$

证明略.

定理 2 中，若把 $x \to a$ 换成 $x \to \infty$，结论仍然成立，并且若满足定理中的条件，洛必达法则可以连续使用.

例 2 求下列极限.

(1) $\lim\limits_{x \to +\infty} \dfrac{x^2 + \ln x}{x \ln x}$；

(2) $\lim\limits_{x \to +\infty} \dfrac{3 \ln x}{\sqrt{x+3} + \sqrt{x}}$；

(3) $\lim\limits_{x \to +\infty} \dfrac{x^n}{e^{\lambda x}}$（$n$ 为正整数，$\lambda > 0$）.

解 (1) $\lim\limits_{x \to +\infty} \dfrac{x^2 + \ln x}{x \ln x} = \lim\limits_{x \to +\infty} \dfrac{2x + \dfrac{1}{x}}{\ln x + x \cdot \dfrac{1}{x}} = \lim\limits_{x \to +\infty} \dfrac{2x^2 + 1}{x(\ln x + 1)}$

$= \lim\limits_{x \to +\infty} \dfrac{4x}{\ln x + 1 + x \cdot \dfrac{1}{x}} = \lim\limits_{x \to +\infty} \dfrac{4}{\dfrac{1}{x}} = +\infty.$

(2) $\lim\limits_{x \to +\infty} \dfrac{3 \ln x}{\sqrt{x+3} + \sqrt{x}} = \lim\limits_{x \to +\infty} \dfrac{\dfrac{3}{x}}{\dfrac{1}{2\sqrt{x+3}} + \dfrac{1}{2\sqrt{x}}} = \lim\limits_{x \to +\infty} \dfrac{6\sqrt{x} \cdot \sqrt{x+3}}{x(\sqrt{x} + \sqrt{x+3})}$

$= \lim\limits_{x \to +\infty} \dfrac{6\sqrt{x^2 + 3x}}{\sqrt{x^3} + \sqrt{x^3 + 3x^2}} = \lim\limits_{x \to +\infty} \dfrac{6\sqrt{\dfrac{1}{x} + \dfrac{3}{x^2}}}{1 + \sqrt{1 + \dfrac{3}{x}}} = 0.$

(3) $\lim\limits_{x \to +\infty} \dfrac{x^n}{e^{\lambda x}} = \lim\limits_{x \to +\infty} \dfrac{n x^{n-1}}{\lambda e^{\lambda x}} = \lim\limits_{x \to +\infty} \dfrac{n(n-1) x^{n-2}}{\lambda^2 e^{\lambda x}} = \cdots = \lim\limits_{x \to +\infty} \dfrac{n!}{\lambda^n e^{\lambda x}} = 0.$

三、其他形式未定式

1. 乘积形式 "$0 \cdot \infty$" 型未定式

对于"$0 \cdot \infty$"型未定式，需将乘积的形式改写成分式，即化成"$\dfrac{0}{0}$"型或"$\dfrac{\infty}{\infty}$"型的未定式计算.

例 3 求下列极限.

(1) $\lim\limits_{x\to 0}(1-\cos x)\cdot\cot x$;   (2) $\lim\limits_{x\to +\infty}x^{-2}e^x$.

解 (1) $\lim\limits_{x\to 0}(1-\cos x)\cdot\cot x = \lim\limits_{x\to 0}\dfrac{\cos x(1-\cos x)}{\sin x}$

$$= \lim\limits_{x\to 0}\dfrac{-\sin x(1-\cos x)+\cos x\sin x}{\cos x}=0;$$

(2) $\lim\limits_{x\to +\infty}x^{-2}e^x = \lim\limits_{x\to +\infty}\dfrac{e^x}{x^2}=\lim\limits_{x\to +\infty}\dfrac{e^x}{2x}=\lim\limits_{x\to +\infty}\dfrac{e^x}{2}=+\infty.$

2. 和差形式"$\infty\pm\infty$"型未定式

对于"$\infty\pm\infty$"型未定式，需要先改写成两个分式相减，然后再通分，即化成"$\dfrac{0}{0}$"型或"$\dfrac{\infty}{\infty}$"型.

例 4 求 $\lim\limits_{x\to 1}\left(\dfrac{x}{x-1}-\dfrac{1}{\ln x}\right)$.

解 $\lim\limits_{x\to 1}\left(\dfrac{x}{x-1}-\dfrac{1}{\ln x}\right)=\lim\limits_{x\to 1}\dfrac{x\ln x-(x-1)}{(x-1)\ln x}=\lim\limits_{x\to 1}\dfrac{\ln x+x\cdot\dfrac{1}{x}-1}{\ln x+(x-1)\cdot\dfrac{1}{x}}$

$$=\lim\limits_{x\to 1}\dfrac{x\ln x}{x\ln x+x-1}=\lim\limits_{x\to 1}\dfrac{\ln x+x\cdot\dfrac{1}{x}}{\ln x+x\cdot\dfrac{1}{x}+1}=\dfrac{1}{2}.$$

3. 幂指形式"0^0"型、"1^∞"型、"∞^0"型未定式

对这三种形式的未定式，可先化为以 e 为底的指数函数的极限，再利用指数函数的连续性，化为直接求指数函数的极限，而后把"$0\cdot\infty$"型的极限化成"$\dfrac{0}{0}$"型或"$\dfrac{\infty}{\infty}$"型.

例 5 求下列极限.

(1) $\lim\limits_{x\to 0^+}x^x$;   (2) $\lim\limits_{x\to 1}x^{\frac{1}{1-x}}$;   (3) $\lim\limits_{x\to +\infty}(\ln x)^{\frac{1}{x}}$.

解 (1) 因为 $\lim\limits_{x\to 0^+}x^x=\lim\limits_{x\to 0^+}e^{\ln x^x}=e^{\lim\limits_{x\to 0^+}x\ln x}$，而

$$\lim\limits_{x\to 0^+}x\ln x=\lim\limits_{x\to 0^+}\dfrac{\ln x}{\dfrac{1}{x}}=\lim\limits_{x\to 0^+}\dfrac{\dfrac{1}{x}}{-\dfrac{1}{x^2}}=0,$$

所以 $\lim\limits_{x\to 0^+}x^x=e^0=1$.

(2) 因为 $\lim\limits_{x\to 1}x^{\frac{1}{1-x}}=\lim\limits_{x\to 1}e^{\ln x^{\frac{1}{1-x}}}=\lim\limits_{x\to 1}e^{\frac{\ln x}{1-x}}=e^{\lim\limits_{x\to 1}\frac{\ln x}{1-x}}$，而

$$\lim\limits_{x\to 1}\dfrac{\ln x}{1-x}=\lim\limits_{x\to 1}\dfrac{\dfrac{1}{x}}{-1}=-1,$$

所以 $\lim\limits_{x\to 1}x^{\frac{1}{1-x}}=e^{-1}$.

(3) 因为 $\lim\limits_{x \to +\infty}(\ln x)^{\frac{1}{x}} = \lim\limits_{x \to +\infty} e^{\ln(\ln x)^{\frac{1}{x}}} = \lim\limits_{x \to +\infty} e^{\frac{\ln(\ln x)}{x}} = e^{\lim\limits_{x \to +\infty}\frac{\ln(\ln x)}{x}}$, 而

$$\lim_{x \to +\infty} \frac{\ln(\ln x)}{x} = \lim_{x \to +\infty} \frac{1}{x \ln x} = 0,$$

所以 $\lim\limits_{x \to +\infty}(\ln x)^{\frac{1}{x}} = e^0 = 1$.

使用洛必达法则求极限应注意以下两点：

(1) 只有当未定式为"$\frac{0}{0}$"型或"$\frac{\infty}{\infty}$"型时，洛必达法则才可以直接使用．对于其他类型的未定式必须先化为"$\frac{0}{0}$"型或"$\frac{\infty}{\infty}$"型，然后再应用洛必达法则．

(2) 当 $\lim\limits_{\substack{x \to a \\ (x \to \infty)}} \frac{f'(x)}{g'(x)}$ 不存在(无穷大情况除外)时，并不能断定 $\lim\limits_{\substack{x \to a \\ (x \to \infty)}} \frac{f(x)}{g(x)}$ 也不存在，此时洛必达法则不适用，可考虑用其他方法求 $\lim\limits_{\substack{x \to a \\ (x \to \infty)}} \frac{f(x)}{g(x)}$.

例6 求 $\lim\limits_{x \to \infty} \frac{x + \sin x}{x}$.

解 显然它为"$\frac{\infty}{\infty}$"型未定式．利用洛必达法则，有

$$\lim_{x \to \infty} \frac{1 + \cos x}{1} = \lim_{x \to \infty}(1 + \cos x),$$

此极限不存在，但是

$$\lim_{x \to \infty} \frac{x + \sin x}{x} = \lim_{x \to \infty}\left(1 + \frac{\sin x}{x}\right) = 1.$$

习 题 2-5

1. 利用洛必达法则求极限．

(1) $\lim\limits_{x \to +\infty} \frac{x^2}{e^x}$;

(2) $\lim\limits_{x \to 0^+} x \ln x$;

(3) $\lim\limits_{x \to 0^+} x^{\sin x}$;

(4) $\lim\limits_{x \to 0}\left(\frac{1}{x} - \frac{1}{e^x - 1}\right)$;

(5) $\lim\limits_{x \to 0} \frac{\arctan x - x}{\ln(1 + 2x^3)}$;

(6) $\lim\limits_{x \to 0} \frac{\sin x - x}{x^3}$;

(7) $\lim\limits_{x \to 0} \frac{(1 - \cos x)^2 \sin^2 x}{x^6}$;

(8) $\lim\limits_{x \to 0^+} x^m \ln x \,(m > 0)$;

(9) $\lim\limits_{x \to \frac{\pi}{2}}(\tan x)^{2x - \pi}$.

2. 试说明下列函数不能用洛必达法则求极限．

(1) $\lim\limits_{x \to 0} \dfrac{x^2 \sin \dfrac{1}{x}}{\sin x}$;

(2) $\lim\limits_{x \to +\infty} \dfrac{e^x + e^{-x}}{e^x - e^{-x}}$.

第六节 泰勒公式

对于一些比较复杂的函数，我们往往希望用一些简单的函数来近似表示，以便于计算和

分析．一般来说，多项式函数是最简单的函数，因此我们常用多项式来近似表达函数．

在微分的应用中，当$|x|$很小时，有近似公式
$$e^x \approx 1+x, \quad \ln(1+x) \approx x.$$

显然，在$x=0$处，这些一次多项式及其一阶导数的值，分别等于被近似表达的函数及其导数的相应值，但是如果要提高近似程度，就必须用高次多项式来近似表达函数，同时也要给出误差公式．

设函数$f(x)$在含有x_0的开区间内具有直到$(n+1)$阶的导数，下面我们希望能够找到一个关于$(x-x_0)$的n次多项式
$$P_n(x) = a_0 + a_1(x-x_0) + a_2(x-x_0)^2 + \cdots + a_n(x-x_0)^n \tag{1}$$
来近似表达函数$f(x)$，要求：

(1) $P_n(x)$与$f(x)$在x_0处的函数值以及一阶导数值，二阶导数值，$\cdots$，直到n阶导数值都分别对应相等，即
$$f(x_0) = P_n(x_0), \cdots, f^{(k)}(x) = P_n^{(k)}(x_0) \, (k=1, 2, \cdots, n).$$

(2) $P_n(x)$与$f(x)$的差是比$(x-x_0)^n$高阶的无穷小，并给出误差$|f(x)-P_n(x)|$的具体表达式．

由要求(1)，有
$$P_n(x_0) = f(x_0), \, P_n'(x_0) = f'(x_0), \, P_n''(x_0) = f''(x_0), \cdots, P_n^{(n)}(x_0) = f^{(n)}(x_0),$$
按这些等式来确定多项式$P_n(x)$的系数$a_0, a_1, \cdots, a_n$，为此，对$P_n(x)$求各阶导数，然后分别代入以上等式，得
$$a_0 = f(x_0), \, a_1 = f'(x_0), \, a_2 = \frac{1}{2!}f''(x_0), \cdots, a_n = \frac{1}{n!}f^{(n)}(x_0),$$
将系数$a_0, a_1, \cdots, a_n$代入(1)式，得
$$P_n(x) = f(x_0) + f'(x_0)(x-x_0) + \frac{f''(x_0)}{2!}(x-x_0)^2 + \cdots + \frac{f^{(n)}(x_0)}{n!}(x-x_0)^n. \tag{2}$$

下面定理表明，多项式(2)就是所要求的n次多项式．

泰勒(Taylor)定理 设函数$f(x)$在含有x_0的某个开区间(a, b)内具有直到$(n+1)$阶的导数，则当x在(a, b)内时，$f(x)$可以表示为$(x-x_0)$的一个n次多项式与一个余项$R_n(x)$之和：
$$f(x) = f(x_0) + f'(x_0)(x-x_0) + \frac{f''(x_0)}{2!}(x-x_0)^2 + \cdots + \frac{f^{(n)}(x_0)}{n!}(x-x_0)^n + R_n(x), \tag{3}$$

其中
$$R_n(x) = \frac{f^{(n+1)}(\xi)}{(n+1)!}(x-x_0)^{n+1}, \tag{4}$$

这里ξ是x_0与x之间的某个值．

证明略．

多项式(2)称为泰勒多项式，$\dfrac{f^{(k)}(x_0)}{k!}$ $(k=0, 1, 2, \cdots, n)$称为泰勒系数，公式(3)称为函数$f(x)$在点x_0处的n阶泰勒公式，$R_n(x)$称为n阶泰勒公式的余项，$R_n(x)$的表达式(4)称为拉格朗日型余项．

当 $n=0$ 时,泰勒公式变为拉格朗日中值公式
$$f(x)=f(x_0)+f'(\xi)(x-x_0),$$
ξ 在 x 与 x_0 之间. 显然泰勒公式是拉格朗日中值公式的推广.

当 $x_0=0$ 时,有
$$f(x)=f(0)+f'(0)x+\frac{f''(0)}{2!}x^2+\cdots+\frac{f^{(n)}(0)}{n!}x^n+R_n(x), \tag{5}$$
其中 $R_n(x)=\frac{f^{(n+1)}(\xi)}{(n+1)!}x^{n+1}$,$\xi$ 在 0 与 x 之间.

令 $\xi=\theta x$,则
$$R_n(x)=\frac{f^{(n+1)}(\theta x)}{(n+1)!}x^{n+1},\ 0<\theta<1.$$

公式(5)称为麦克劳林(Maclaurin)公式.

下面我们来分析误差估计,由泰勒公式知,用多项式 $P_n(x)$ 近似表达函数 $f(x)$ 时,其误差为 $|R_n(x)|$. 假设当 x 在开区间 (a,b) 变动时,$|f^{(n+1)}(x)|\leqslant M$($M$ 为正常数),则有
$$|R_n(x)|=\left|\frac{f^{(n+1)}(\xi)}{(n+1)!}(x-x_0)^{n+1}\right|\leqslant\frac{M}{(n+1)!}|x-x_0|^{n+1},$$
那么 $\lim\limits_{x\to x_0}\frac{R_n(x)}{(x-x_0)^n}=0$,所以当 $x\to x_0$ 时误差 $|R_n(x)|$ 是比 $(x-x_0)^n$ 高阶的无穷小.

若用 $f(x)$ 在 $x_0=0$ 的泰勒多项式作为 $f(x)$ 的近似表达式,相应误差为 $|R_n(x)|$,而 $\lim\limits_{x\to 0}\frac{R_n(x)}{x^n}=0$,即当 $x\to 0$ 时 $R_n(x)$ 是比 x^n 高阶的无穷小.

例1 求 $f(x)=e^x$ 在 $x_0=0$ 处的 n 阶麦克劳林公式.

解 因为 $f(x)=e^x$,$f^{(k)}(x)=e^x$($k=1,2,\cdots,n$),所以
$$f(0)=f'(0)=f''(0)=\cdots=f^{(n)}(0)=e^0=1,$$
故
$$e^x=1+x+\frac{x^2}{2!}+\cdots+\frac{x^n}{n!}+\frac{e^{\theta x}}{(n+1)!}x^{n+1}\ (0<\theta<1).$$

例2 求 $f(x)=\sin x$ 的 n 阶麦克劳林公式.

解 因为 $f^{(n)}(x)=\sin\left(x+\frac{n}{2}\pi\right)$,所以
$$f(0)=0,\ f'(0)=1,\ f''(0)=0,\ f'''(0)=-1,\ f^{(4)}(0)=0,\cdots,$$
各阶导数的值顺序循环地取 $1,0,-1,0$,于是按公式(5),令 $n=2m$,得
$$\sin x=x-\frac{x^3}{3!}+\frac{x^5}{5!}-\cdots+(-1)^{m-1}\frac{x^{2m-1}}{(2m-1)!}+R_{2m}(x),$$
其中
$$R_{2m}(x)=\frac{\sin\left[\theta x+(2m+1)\frac{\pi}{2}\right]}{(2m+1)!}x^{2m+1}\ (0<\theta<1).$$

同理可得
$$\cos x=1-\frac{x^2}{2!}+\frac{x^4}{4!}-\cdots+(-1)^m\frac{x^{2m}}{(2m)!}+R_{2m+1}(x),$$
其中
$$R_{2m+1}(x)=\frac{\cos[\theta x+(m+1)\pi]}{(2m+2)!}x^{2m+2}\ (0<\theta<1).$$

习 题 2-6

1. 求函数 $f(x)=xe^x$ 的 n 阶麦克劳林公式.
2. 利用泰勒公式求极限 $\lim\limits_{x\to 0}\dfrac{\cos x-e^{-\frac{x^2}{2}}}{x^4}$.

第七节 导数的应用

函数导数是一个有利的工具,我们可以用它来研究函数的单调性,从而可研究函数的极值、最大值与最小值、凹凸性等问题.

一、函数的单调性

定理 1(函数单调性的判定法) 设函数 $y=f(x)$ 在 $[a,b]$ 上连续,在 (a,b) 内可导,
(1)如果在 (a,b) 内, $f'(x)>0$,那么函数 $y=f(x)$ 在 $[a,b]$ 上单调增加;
(2)如果在 (a,b) 内, $f'(x)<0$,那么函数 $y=f(x)$ 在 $[a,b]$ 上单调减少.

证明 在 $[a,b]$ 内任取两点 x_1, x_2,且 $x_1<x_2$,应用拉格朗日中值定理,得
$$f(x_2)-f(x_1)=f'(\xi)(x_2-x_1) \quad (x_1<\xi<x_2).$$
由于在 (a,b) 内, $f'(x)>0$,则 $f'(\xi)>0$,又因为 $x_2-x_1>0$,所以
$$f(x_2)-f(x_1)>0,\ 即\ f(x_2)>f(x_1),$$
故函数 $y=f(x)$ 在 $[a,b]$ 上单调增加.

同理可证定理中的结论(2).

如果把定理 1 的闭区间换成其他各种区间(包括无穷区间),结论也成立.

定理的结论在几何上是较为明显的(图 2-6).

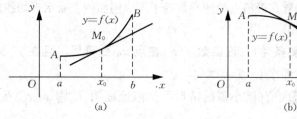

图 2-6

在图 2-6(a)中,曲线在 $[a,b]$ 上各点处的切线斜率为正,这时函数曲线是上升的;在图 2-6(b)中,曲线在 $[a,b]$ 上各点处的切线斜率为负,这时函数曲线是下降的.

如果在区间 (a,b) 内 $f'(x)\geq 0$(或 $f'(x)\leq 0$),但等号只在个别处成立,则 $f(x)$ 在 $[a,b]$ 上仍然是单调增加(或单调减少)的. 例如,函数 $f(x)=x^3$ 在 $x=0$ 处 $f'(0)=0$,但函数 $f(x)$ 在 $(-\infty,+\infty)$ 内单调增加.

例 1 讨论函数 $y=e^x-x-1$ 的单调性.

解 函数的定义域为 $(-\infty,+\infty)$, $y'=e^x-1$. 因为在 $(-\infty,0)$ 内, $y'<0$,所以函数 $y=e^x-x-1$ 在 $(-\infty,0]$ 上单调减少;因为在 $(0,+\infty)$ 内, $y'>0$,所以函数 $y=e^x-$

$x-1$ 在 $[0,+\infty)$ 上单调增加.

例 2 讨论函数 $y=\sqrt[3]{x^2}$ 的单调性.

解 函数的定义域为 $(-\infty,+\infty)$，当 $x\neq 0$ 时，$y'=\dfrac{2}{3\sqrt[3]{x}}$，当 $x=0$ 时，函数的导数不存在.

在 $(-\infty,0)$ 内，$y'<0$，因此函数 $y=\sqrt[3]{x^2}$ 在 $(-\infty,0]$ 上单调减少；在 $(0,+\infty)$ 内，$y'>0$，因此函数 $y=\sqrt[3]{x^2}$ 在 $[0,+\infty)$ 上单调增加.

由上面的两个例子可以看出，首先用方程 $f'(x)=0$ 的根及 $f'(x)$ 不存在的点来划分函数 $f(x)$ 的定义区间，然后再由 $f'(x)$ 在各部分区间上的正负号，便可判断函数在各区间上的单调性.

二、函数的极值

定义 1 设函数 $f(x)$ 在区间 (a,b) 内有定义，$x_0\in(a,b)$. 如果存在 x_0 的一个去心邻域，若对该邻域内任意一点 $x(x\neq x_0)$，恒有 $f(x)<f(x_0)$，则称 $f(x_0)$ 是函数 $f(x)$ 的一个**极大值**；如果在 x_0 的某一去心邻域内有 $f(x)>f(x_0)$，则称 $f(x_0)$ 是函数 $f(x)$ 的一个**极小值**.

函数的极大值与极小值统称为函数的**极值**，使函数取得极值的点称为**极值点**. 函数的极值概念是局部性的. 如果 $f(x_0)$ 是函数 $f(x)$ 的一个极大值(极小值)，那只是就 x_0 附近的一个局部范围来说，$f(x_0)$ 是 $f(x)$ 的一个最大值(最小值)；对 $f(x)$ 的整个定义域来说，$f(x_0)$ 不一定是最大值(最小值)(图 2-7).

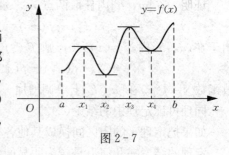

图 2-7

极值与水平切线的关系：在函数取得极值处，曲线上的切线是水平的，即函数在极值点处的导数等于零. 但曲线上有水平切线的地方，函数不一定取得极值.

定理 2（极值存在的必要条件） 设函数 $f(x)$ 在点 x_0 处可导，且在 x_0 处取得极值，则 $f(x)$ 在 x_0 处的导数为零，即 $f'(x_0)=0$.

证明 假定 $f(x_0)$ 是极大值(极小值的情形可类似地证明)，则 $f(x_0)$ 在 x_0 的某个去心邻域内为最大值，于是

当 $x<x_0$ 时，$\dfrac{f(x)-f(x_0)}{x-x_0}>0$，因此 $f'(x_0)=\lim\limits_{x\to x_0^-}\dfrac{f(x)-f(x_0)}{x-x_0}\geqslant 0$；

当 $x>x_0$ 时，$\dfrac{f(x)-f(x_0)}{x-x_0}<0$，因此 $f'(x_0)=\lim\limits_{x\to x_0^+}\dfrac{f(x)-f(x_0)}{x-x_0}\leqslant 0$，

从而得到 $f'(x_0)=0$.

使导数为零的点（即方程 $f'(x)=0$ 的实根）叫作函数 $f(x)$ 的**驻点**. 定理 2 表明：可导函数 $f(x)$ 的极值点必定是函数的驻点. 但函数 $f(x)$ 的驻点却不一定是极值点. 例如，$x=0$ 是函数 $y=x^2$ 的驻点，也是极值点；而 $x=0$ 是函数 $y=x^3$ 的驻点，但它不是函数的极值点. 除此之外还应注意，使得函数的导数不存在的点可能是函数的极值点. 例如，函数 $y=$

$|x|$ 在 $x=0$ 不可导,但 $x=0$ 却是函数 $y=|x|$ 的极小值点.

由前面的分析可知,若点 x_0 既不是驻点又不是函数的不可导点,则 x_0 一定不是函数的极值点. 也就是说,函数的极值点只有两类:驻点和不可导点. 为了确定驻点和不可导点中的哪些是极值点,下面给出函数取得极值的充分条件.

定理 3(极值存在的第一充分条件) 设函数 $f(x)$ 在点 x_0 处连续,在 $\overset{\circ}{U}(x_0,\delta)$ 内可导,

(1)若 $x\in(x_0-\delta,x_0)$ 时,$f'(x)>0$,$x\in(x_0,x_0+\delta)$ 时,$f'(x)<0$,则函数 $f(x)$ 在 x_0 处取得极大值 $f(x_0)$;

(2)若 $x\in(x_0-\delta,x_0)$ 时,$f'(x)<0$,$x\in(x_0,x_0+\delta)$ 时,$f'(x)>0$,则函数 $f(x)$ 在 x_0 处取得极小值 $f(x_0)$;

(3)若 $x\in(x_0-\delta,x_0)$ 和 $x\in(x_0,x_0+\delta)$ 时 $f'(x)$ 同号,则函数 $f(x)$ 在 x_0 处没有极值.

证明 (1)当 $x\in(x_0-\delta,x_0)$ 时,$f'(x)>0$,则 $f(x)$ 在 $[x_0-\delta,x_0]$ 上单调增加,所以当 $x\in(x_0-\delta,x_0)$ 时,有 $f(x)<f(x_0)$. 当 $x\in(x_0,x_0+\delta)$ 时,$f'(x)<0$,则 $f(x)$ 在 $[x_0,x_0+\delta]$ 上单调减少,所以当 $x\in(x_0,x_0+\delta)$ 时,有 $f(x)<f(x_0)$. 从而当 $x\in(x_0-\delta,x_0)\cup(x_0,x_0+\delta)$ 时,总有 $f(x)<f(x_0)$,所以 $f(x_0)$ 是 $f(x)$ 的极大值.

(2)同理可证.

(3)因为在 $\overset{\circ}{U}(x_0,\delta)$ 内 $f'(x)$ 同号,所以函数 $f(x)$ 在 $(x_0-\delta,x_0+\delta)$ 内单调增加或单调减少,从而函数 $f(x)$ 在 x_0 处无极值.

定理 3 也可以简单地这样说:当 x 在 x_0 的邻近逐渐增加地经过 x_0 时,如果 $f'(x)$ 的符号由正变负,那么 $f(x)$ 在 x_0 处取得极大值;如果 $f'(x)$ 的符号由负变正,那么 $f(x)$ 在 x_0 处取得极小值;如果 $f'(x)$ 的符号并不改变,那么 $f(x)$ 在 x_0 处没有极值(图 2-8).

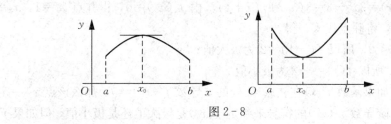

图 2-8

确定函数极值点和极值的步骤:

(1)明确函数 $f(x)$ 的定义域,并求其导数 $f'(x)$;

(2)令 $f'(x)=0$,求出 $f(x)$ 的全部驻点,并确定不可导点;

(3)讨论 $f'(x)$ 在每个驻点和不可导点的左右两侧的邻近范围内符号变化情况,以便确定该点是否是极值点,如果是极值点,确定是极大值还是极小值;

(4)求出各极值点的函数值,就得到函数 $f(x)$ 的全部极值.

例 3 求函数 $f(x)=(x-4)\sqrt[3]{(x+1)^2}$ 的极值.

解 函数 $f(x)$ 在 $(-\infty,+\infty)$ 上连续,除 $x=-1$ 外处处可导,且

$$f'(x)=\frac{5(x-1)}{3\sqrt[3]{x+1}},$$

令 $f'(x)=0$，得驻点 $x=1$，$x=-1$ 为 $f(x)$ 的不可导点．

下面列表讨论点 $x=-1$ 和 $x=1$ 两侧 $f'(x)$ 的符号．

x	$(-\infty,-1)$	-1	$(-1,1)$	1	$(1,+\infty)$
$f'(x)$	$+$	不存在	$-$	0	$+$
$f(x)$	↗	极大值 0	↘	极小值 $-3\sqrt[3]{4}$	↗

因此极大值为 $f(-1)=0$，极小值为 $f(1)=-3\sqrt[3]{4}$．

当函数在驻点处二阶导数存在且不为零时，也可利用下述定理来判断 $f(x)$ 在驻点处取极值的情况．

定理 4（极值存在的第二充分条件） 设 $f(x)$ 在 x_0 处具有二阶导数，且 $f'(x_0)=0$，$f''(x_0)$ 存在且 $f''(x_0)\neq 0$，则

(1) 如果 $f''(x_0)>0$，则 $f(x_0)$ 为函数 $f(x)$ 的极小值；

(2) 如果 $f''(x_0)<0$，则 $f(x_0)$ 为函数 $f(x)$ 的极大值．

证明 对情形(1)，由导数的定义及 $f'(x_0)=0$ 和 $f''(x_0)>0$，得

$$f''(x_0)=\lim_{x\to x_0}\frac{f'(x)-f'(x_0)}{x-x_0}=\lim_{x\to x_0}\frac{f'(x)}{x-x_0}>0.$$

由极限性质知，存在 $\mathring{U}(x_0,\delta)$，使得当 $x\in\mathring{U}(x_0,\delta)$ 时，有 $\frac{f'(x)}{x-x_0}>0$，所以当 $x\in(x_0-\delta,x_0)$ 时有 $f'(x)<0$，当 $x\in(x_0,x_0+\delta)$ 时有 $f'(x)>0$，由定理 3 知，$f(x_0)$ 为极小值．

类似可证(2)．

例 4 求函数 $f(x)=x^3-3x$ 的极值．

解 因为 $f'(x)=3x^2-3=3(x-1)(x+1)$，由 $f'(x_0)=0$，得驻点 $x_1=1$，$x_2=-1$．又 $f''(x)=6x$，将驻点代入，得

$f''(-1)=-6<0$，所以 $f(-1)=2$ 为极大值；

$f''(1)=6>0$，所以 $f(1)=-2$ 为极小值．

定理 4 表明：如果函数 $f(x)$ 在驻点 x_0 处的二导数 $f''(x_0)\neq 0$，那么该点 x_0 一定是极值点，并且可以按二阶导数 $f''(x_0)$ 的符号来判定 $f(x_0)$ 是极大值还是极小值．但如果 $f''(x_0)=0$，定理 4 就不能应用了，此时需用定理 3．

三、函数的最大值和最小值

在工农业生产、工程技术及科学实验中，常常会遇到这样一类问题：在一定条件下，怎样使"产品最多""用料最省""成本最低""效率最高"等．这类问题在数学上往往可归结为求某一函数（通常称为目标函数）的最大值或最小值问题．

当函数 $f(x)$ 在闭区间 $[a,b]$ 上连续时，函数在该区间上的最大值和最小值一定存在．函数的最大值和最小值有可能在区间的端点取得，如果最大值不在区间的端点取得，则必在开区间 (a,b) 内取得，在这种情况下，最大值一定是函数的极大值．因此，函数在闭区间 $[a,b]$ 上的最大值一定是函数的所有极大值和函数在区间端点的函数值中的最大者．同理，函数在闭区间 $[a,b]$ 上的最小值一定是函数的所有极小值和函数在区间端点的函数值中的

最小者.

具体来说，设 $f(x)$ 在 (a, b) 内的驻点和不可导点（它们是可能的极值点）为 x_1, x_2, …, x_n，然后比较 $f(a)$, $f(x_1)$, …, $f(x_n)$, $f(b)$ 的大小，其中最大的就是函数 $f(x)$ 在 $[a, b]$ 上的最大值，最小的就是函数 $f(x)$ 在 $[a, b]$ 上的最小值.

例 5 求函数 $f(x) = |x^2 - 3x + 2|$ 在 $[-3, 4]$ 上的最大值与最小值.

解 $f(x) = \begin{cases} x^2 - 3x + 2, & x \in [-3, 1] \cup [2, 4], \\ -x^2 + 3x - 2, & x \in (1, 2), \end{cases}$

$f'(x) = \begin{cases} 2x - 3, & x \in (-3, 1) \cup (2, 4), \\ -2x + 3, & x \in (1, 2), \end{cases}$

在 $(-3, 4)$ 内，$f(x)$ 的驻点为 $x = \dfrac{3}{2}$；不可导点为 $x = 1$ 和 $x = 2$. 由于

$$f(-3) = 20, \ f(1) = 0, \ f\left(\dfrac{3}{2}\right) = \dfrac{1}{4}, \ f(2) = 0, \ f(4) = 6,$$

比较可得 $f(x)$ 在 $x = -3$ 处取得它在 $[-3, 4]$ 上的最大值 20，在 $x = 1$ 和 $x = 2$ 处取它在 $[-3, 4]$ 上的最小值 0.

在求实际问题中的最大值或最小值时，往往根据问题的性质就可以断定函数 $f(x)$ 确有最大值或最小值，而且一定在定义区间内部取得. 这时如果 $f(x)$ 在定义区间内部只有一个驻点 x_0，那么不必讨论 $f(x_0)$ 是否是极值，就可以断定 $f(x_0)$ 是最大值或最小值.

如果 $f(x)$ 在一个区间（有限或无限，开或闭）内可导且只有一个驻点 x_0，并且这个驻点 x_0 是函数 $f(x)$ 的极值点，那么当 $f(x_0)$ 是极大值时，$f(x_0)$ 就是 $f(x)$ 在该区间上的最大值；当 $f(x_0)$ 是极小值时，$f(x_0)$ 就是 $f(x)$ 在该区间上的最小值.

例 6 把一根直径为 d 的圆木锯成截面为矩形的梁（图 2-9）. 问矩形截面的高 h 和宽 b 应如何选择才能使梁的抗弯截面模量 $W = \dfrac{1}{6} bh^2$ 最大？

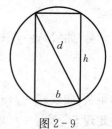

图 2-9

解 h 和 b 有如下关系：
$$h^2 = d^2 - b^2,$$

从而 $W = \dfrac{1}{6} b(d^2 - b^2) \ (0 < b < d),$

W 是自变量 b 的函数，b 的变化范围是 $(0, d)$. 这样一来，问题转化为：b 等于多少时目标函数 W 取最大值？为此，求 W 对 b 的导数：

$$W' = \dfrac{1}{6}(d^2 - 3b^2),$$

令 $W' = 0$，得驻点 $b = \sqrt{\dfrac{1}{3}} d$（唯一驻点）.

由于梁的最大抗弯截面模量一定存在，而且在 $(0, d)$ 的内部取得. 现在，函数 $W = \dfrac{1}{6} b(d^2 - b^2)$ 在 $(0, d)$ 内只有一个驻点，所以当 $b = \sqrt{\dfrac{1}{3}} d$ 时，W 的值最大. 这时，$h^2 = d^2 - b^2 = d^2 - \dfrac{1}{3} d^2 = \dfrac{2}{3} d^2$，即 $h = \sqrt{\dfrac{2}{3}} d$.

四、曲线的凹凸性

函数的单调性虽然能说明曲线的升降情况，但不能说明曲线的弯曲方向．下面我们将研究曲线的弯曲方向．

定义 2 设函数 $y=f(x)$ 在区间 I 上连续，如果函数的曲线位于其上任意一点的切线的上方，则称该曲线 $y=f(x)$ 在区间 I 上是**凹**的；如果函数的曲线位于其上任意一点的切线的下方，则称该曲线在区间 I 上是**凸**的．

如果由定义 2 来判断曲线 $y=f(x)$ 在某区间 I 上是凹的还是凸的是不容易的，由图 2-10 和图 2-11，我们可以用连接曲线弧上任意两点的弦的中点与曲线弧上具有相同横坐标的相应点的位置关系来描述，从而给出曲线凹凸的另一种定义．

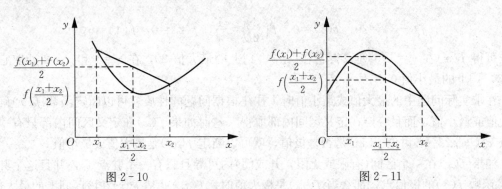

图 2-10   图 2-11

定义 2′ 设函数 $y=f(x)$ 在区间 I 上连续，若对任意的 $x_1, x_2 \in I$，且 $x_1 \neq x_2$，恒有

$$f\left(\frac{x_1+x_2}{2}\right) < \frac{f(x_1)+f(x_2)}{2},$$

则称函数（曲线）$y=f(x)$ 在区间 I 上是**凹**的；若恒有

$$f\left(\frac{x_1+x_2}{2}\right) > \frac{f(x_1)+f(x_2)}{2},$$

则称函数（曲线）$y=f(x)$ 在区间 I 上是**凸**的．

定理 5 设 $y=f(x)$ 在区间 (a,b) 内二阶可导，那么在区间 (a,b) 内，

(1) 若 $f''(x)>0$，则 $y=f(x)$ 在 (a,b) 内是凹的；

(2) 若 $f''(x)<0$，则 $y=f(x)$ 在 (a,b) 内是凸的．

证明略．

定义 3 连续曲线上凹弧与凸弧的分界点称为曲线的**拐点**．

对于连续曲线，随着 x 的增大，曲线 $y=f(x)$ 由凹弧变为凸弧（或由凸弧变为凹弧）时，$f''(x)$ 的符号一定改变，因此曲线 $y=f(x)$ 的拐点 $(x_0, f(x_0))$ 的横坐标 x_0 必满足 $f''(x_0)=0$ 或者 $f''(x_0)$ 不存在，于是得到求曲线 $y=f(x)$ 的凹凸区间和拐点的步骤：

(1) 确定函数 $y=f(x)$ 的定义域；

(2) 求二阶导数 $f''(x)$；

(3) 求使二阶导数为零的点和一、二阶导数不存在的点；

(4) 确定出曲线的凹凸区间和拐点．

注：根据具体情况，(1)、(3) 步有时可省略．

例 7 判断曲线 $y=\ln x$ 的凹凸性.

解 $y'=\dfrac{1}{x}$，$y''=-\dfrac{1}{x^2}$，因为在函数 $y=\ln x$ 的定义域 $(0,+\infty)$ 内，$y''<0$，所以曲线 $y=\ln x$ 是凸的.

例 8 求曲线 $y=3x^4-4x^3+1$ 的凹凸区间与拐点.

解 函数的定义域为 $(-\infty,+\infty)$，计算一阶导数和二阶导数：

$$y'=12x^3-12x^2,\quad y''=36x^2-24x=36x\left(x-\dfrac{2}{3}\right).$$

令 $y''=0$，得 $x_1=0$，$x_2=\dfrac{2}{3}$，列表讨论：

x	$(-\infty,0)$	0	$\left(0,\dfrac{2}{3}\right)$	$\dfrac{2}{3}$	$\left(\dfrac{2}{3},+\infty\right)$
y''	$+$	0	$-$	0	$+$
y	凹	1	凸	$\dfrac{11}{27}$	凹

所以曲线 $y=3x^4-4x^3+1$ 的凹区间为 $(-\infty,0)$ 和 $\left(\dfrac{2}{3},+\infty\right)$，凸区间为 $\left(0,\dfrac{2}{3}\right)$，拐点是 $(0,1)$ 和 $\left(\dfrac{2}{3},\dfrac{11}{27}\right)$.

例 9 求曲线 $y=\sqrt[3]{x}$ 的拐点.

解 函数的定义域为 $(-\infty,+\infty)$，计算一阶导数和二阶导数：

$$y'=\dfrac{1}{3\sqrt[3]{x^2}},\quad y''=-\dfrac{2}{9x\sqrt[3]{x^2}}.$$

当 $x=0$ 时，y' 和 y'' 不存在. 当 $x<0$ 时，$y''>0$；当 $x>0$ 时，$y''<0$，因此曲线的拐点为 $(0,0)$.

习 题 2-7

1. 求函数的单调区间.
   (1) $f(x)=2x^3-6x^2-18x-7$；   (2) $f(x)=2x^2-\ln x$；
   (3) $f(x)=x-2\sin x\,(0\leqslant x\leqslant 2\pi)$.

2. 证明下列不等式.
   (1) 当 $x>1$ 时，$3-\dfrac{1}{x}<2\sqrt{x}$；
   (2) 当 $x>0$ 时，$x-\ln x\geqslant 1$；
   (3) 当 $0<x<\dfrac{\pi}{2}$ 时，$\sin x+\tan x>2x$；
   (4) 当 $x>0$ 时，$\sin x>x-\dfrac{x^3}{6}$.

3. 证明方程 $\sin x=x$ 只有一个实根.

4. 求下列函数的极值.
   (1) $y=2x^2-x^4$；   (2) $y=x-\ln(1+x)$；

(3) $y=2-(x-1)^{\frac{2}{3}}$; (4) $y=2e^x+e^{-x}$.

5. 试证明：如果函数 $y=ax^3+bx^2+cx+d$ 满足条件 $b^2-3ac<0$ ，那么这个函数没有极值.

6. 求下列函数在给定区间上的最大值和最小值.

(1) $y=\frac{1}{3}x^3-2x^2+5$, $x\in[-2,2]$;

(2) $y=x+2\sqrt{x}$, $x\in[0,4]$;

(3) $y=x^2 e^{-x^2}$, $x\in(-\infty,+\infty)$.

7. 要制作一个体积为 V 的圆柱形无盖水桶，问圆柱的底半径和高各为多少时可使用料最省？

8. 欲做一个底为正方形，容积为 $108m^3$ 的长方体开口容器，怎样做才能所用材料最省？

9. 从一块半径为 R 的圆铁片上挖去一个扇形做成一个漏斗，问留下的扇形的中心角 φ 取多大时，做成的漏斗的容积最大？

10. 某企业的生产成本函数为 $y=9000+40x+0.001x^2$ ，其中 x 表示产品件数，求该企业生产多少件产品时，平均成本最小？

11. 已知某厂每月生产产品的固定成本为 2000 元，生产 x 单位产品的可变成本为 $0.1x^2+10x$ (元)，如果每单位产品的售价为 50 元，问每月生产多少单位的产品，才能使总利润最大？最大利润是多少？

12. 求下列函数的凹凸区间和拐点.

(1) $y=x^3-3x^2+1$; (2) $y=\ln(1+x^2)$; (3) $y=\sqrt[3]{x}$.

13. 讨论当 a 和 b 为何值时，点 (1,3) 是曲线 $y=ax^3+bx^2$ 的拐点？

第八节 函数图像的作法

利用函数的一阶和二阶导数，可以判定函数的单调性和曲线的凹凸性，从而对函数表示曲线的升降和弯曲情况有了定性的了解．这对描绘函数的图像很有帮助，但当函数的定义域为无穷区间或有无穷型间断点时，还需了解曲线向无穷远处延伸的趋势，这就引出了曲线的渐近线的概念．

一、曲线的渐近线

定义 如果曲线上的一点沿着曲线趋于无穷远时，该点与某条直线的距离趋于零，则称此直线为曲线的一条**渐近线**．

曲线的渐近线共有三种，它们分别是水平渐近线、垂直渐近线和斜渐近线．

对于给定的曲线方程 $y=f(x)$ ，该如何确定是否有渐近线？如果有渐近线，应该如何求渐近线呢？下面我们就上面提到的三种渐近线进行讨论．

1. 水平渐近线

若函数 $y=f(x)$ 的定义域为无限区间，且

$$\lim_{x\to\infty}f(x)=a(或\lim_{x\to+\infty}f(x)=a 或 \lim_{x\to-\infty}f(x)=a),$$

则称直线 $y=a$ 为曲线 $y=f(x)$ 的**水平渐近线**.

例1 求曲线 $y=e^{-2x}$ 的水平渐近线.

解 因为 $\lim\limits_{x\to+\infty}e^{-2x}=0$,所以直线 $y=0$ 为曲线的水平渐近线.

2. 垂直渐近线

如果函数 $y=f(x)$ 在 $x=x_0$ 处间断,且
$$\lim_{x\to x_0}f(x)=\infty(\text{或}\lim_{x\to x_0^+}f(x)=\infty\text{或}\lim_{x\to x_0^-}f(x)=\infty),$$
则称直线 $x=x_0$ 为曲线 $y=f(x)$ 的**垂直渐近线**.

例2 求曲线 $y=\dfrac{1}{x-1}$ 的垂直渐近线.

解 因为 $\lim\limits_{x\to 1}\dfrac{1}{x-1}=\infty$,所以直线 $x=1$ 为曲线的垂直渐近线.

*3. 斜渐近线

若函数 $y=f(x)$ 的定义域为无限区间,且
$$\lim_{x\to\infty}\frac{f(x)}{x}=a,\ \lim_{x\to\infty}[f(x)-ax]=b,$$
则称直线 $y=ax+b$ 为曲线 $y=f(x)$ 的**斜渐近线**.

例3 求曲线 $y=\dfrac{x^2}{x+1}$ 的斜渐近线.

解 因为
$$a=\lim_{x\to\infty}\frac{f(x)}{x}=\lim_{x\to\infty}\frac{x}{x+1}=1,$$
$$b=\lim_{x\to\infty}[f(x)-ax]=\lim_{x\to\infty}\left(\frac{x^2}{x+1}-x\right)=\lim_{x\to\infty}\frac{-x}{x+1}=-1,$$
所以直线 $y=x-1$ 为曲线的斜渐近线.

二、函数图像的作法

通过前面对函数的单调性、极值、凹凸性、拐点和渐近线等曲线性态作了讨论和研究,我们对函数曲线的掌握较为准确和全面,从而就可以按照下面的步骤描绘出函数的图像:

第一步:确定函数 $y=f(x)$ 的定义域、奇偶性、周期性等.

第二步:求出 $f'(x)=0$ 和 $f''(x)=0$ 的全部实根和一阶、二阶导数不存在的点,以这些点为分点把定义域划分成几个区间.

第三步:确定这些区间内 $f'(x)$ 和 $f''(x)$ 的符号,并由此确定函数图像的升降、凹凸、极值、拐点.

第四步:求出函数的渐近线以及与坐标轴的交点.

第五步:描出取得极值对应的点、拐点以及与坐标轴的交点,然后综合上述就可以作出图像.

例4 画出函数 $y=x^3-x^2-x+1$ 的图像.

解 函数的定义域为 $(-\infty,+\infty)$.

$y'=3x^2-2x-1=(3x+1)(x-1)$,由 $y'=0$,得 $x_1=-\dfrac{1}{3}$,$x_2=1$;

$y''=6x-2=2(3x-1)$，由 $y''=0$，得 $x=\frac{1}{3}$.

以 $-\frac{1}{3}$，$\frac{1}{3}$，1 为分点列表讨论：

x	$(-\infty, -\frac{1}{3})$	$-\frac{1}{3}$	$(-\frac{1}{3}, \frac{1}{3})$	$\frac{1}{3}$	$(\frac{1}{3}, 1)$	1	$(1, +\infty)$
y'	$+$	0	$-$	$-$	$-$	0	$+$
y''	$-$	$-$	$-$	0	$+$	$+$	$+$
y	凸 ↗	$\frac{32}{27}$ 极大	凸 ↘	$(\frac{1}{3}, \frac{16}{27})$ 拐点	凹 ↘	0 极小	凹 ↗

无渐近线，与 x 轴的交点为 $(-1, 0)$，$(1, 0)$，与 y 轴的交点为 $(0, 1)$. 根据上述，连点作图（图 2-12）.

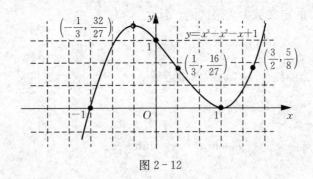

图 2-12

习 题 2-8

求下列曲线的渐近线.

(1) $f(x)=\dfrac{x^2}{2x^2-1}$；　　　　　(2) $f(x)=\dfrac{(2x+1)^2(x-3)^3}{(x-2)^5}$；

(3) $f(x)=\dfrac{e^x}{x+1}$；　　　　　(4) $y=\dfrac{4(x+1)}{x^2}-2$.

复 习 题 二

1. 填空题.

(1) 设 $f(x)=10x^2$，则 $f'(2)=$ _____ ，$[f(2)]'=$ _____ .

(2) d _____ $=-\sin x\,dx$.

(3) 设 $f(x)=x^2$，则 $\lim\limits_{\Delta x \to 0}\dfrac{f(x_0+2\Delta x)-f(x_0)}{\Delta x}=$ _____ .

(4) $f(x)=\ln\sqrt{1+x^2}$，则 $f'(0)=$ _____ .

(5) 曲线 $y=x+e^x$ 在点 $(0, 1)$ 处的切线方程是 _____ .

(6) 函数 $f(x)=\ln\sin x$ 在区间 $\left[\dfrac{\pi}{6}, \dfrac{5\pi}{6}\right]$ 上满足罗尔定理的 $\xi=$ _____ .

2. 单选题.

(1) 函数 $f(x)=\sqrt[3]{x}$ 在点 $x_0=0$ 处的连续性与可导性为( ).

A. 连续且可导； B. 连续但不可导；
C. 不连续但可导； D. 不连续且不可导.

(2) 设 $f(0)=0$，且 $\lim\limits_{x\to 0}\dfrac{f(x)}{x}$ 存在，则 $\lim\limits_{x\to 0}\dfrac{f(x)}{x}=$( ).

A. $f'(x)$； B. $f'(0)$； C. $f(0)$； D. $\dfrac{1}{2}f'(0)$.

(3) 设 $y=e^x+e^{-x}$，则 $y''=$( ).

A. e^x+e^{-x}； B. e^x-e^{-x}； C. $-e^x-e^{-x}$； D. $-e^x+e^{-x}$.

(4) 设 $f(x+2)=\dfrac{1}{x+1}$，则 $f'(x)=$( ).

A. $-\dfrac{1}{(x-1)^2}$； B. $-\dfrac{1}{(x+1)^2}$； C. $\dfrac{1}{x+1}$； D. $-\dfrac{1}{x-1}$.

(5) 已知 $y=x\ln x$，则 $y^{(10)}=$( ).

A. $-\dfrac{1}{x^9}$； B. $\dfrac{1}{x^9}$； C. $\dfrac{8!}{x^9}$； D. $-\dfrac{8!}{x^9}$.

(6) 设 $f(x)$ 在 (a,b) 内可导，$x_0\in(a,b)$，若 $f'(x_0)=0$，则 $f(x_0)$( ).

A. 是极大值； B. 是极小值；
C. 是拐点的纵坐标； D. 可能是极值也可能不是极值.

(7) 下列极限中不能用洛必达法则的是( ).

A. $\lim\limits_{x\to 1}x^{\frac{1}{1-x}}$； B. $\lim\limits_{x\to 0}\dfrac{x^2\sin\frac{1}{x}}{\sin x}$； C. $\lim\limits_{x\to\infty}\dfrac{\ln x}{\sqrt[3]{x}}$； D. $\lim\limits_{x\to+\infty}x\ln\dfrac{x-a}{x+a}$.

(8) 设 $f(x)$ 在 $x=x_0$ 处取得极小值，则必有( ).

A. $f'(x_0)=0$； B. $f''(x_0)>0$；
C. $f'(x_0)=0$ 且 $f''(x_0)>0$； D. $f'(x_0)=0$ 或 $f'(x_0)$ 不存在.

3. 判断题.

(1) 若函数 $f(x)$ 在点 x_0 可导，则 $f'(x_0)=[f(x_0)]'$. (　　)

(2) 若 $f(x)$ 在 x_0 处可导，则 $\lim\limits_{x\to x_0}f(x)$ 一定存在. (　　)

(3) 若 $f(x)$ 在 $[a,b]$ 上连续，则 $f(x)$ 在 (a,b) 内一定可导. (　　)

(4) 若 $f(x)=x^n$，则 $f^{(n)}(0)=n!$. (　　)

(5) 若 $f(x)$ 在点 x_0 不可导，则 $f(x)$ 在 x_0 不连续. (　　)

(6) 函数的极值只可能发生在驻点和不可导点. (　　)

(7) 若 $x=x_0$ 是函数 $f(x)$ 的极值点，则 $f'(x_0)=0$. (　　)

(8) 函数 $f(x)$ 在 $[a,b]$ 上的极大值一定大于极小值. (　　)

(9) $f'(x_0)=0$ 是可导函数 $y=f(x)$ 在点 $x=x_0$ 处取得极值的充要条件. (　　)

(10) 因为 $y=\dfrac{1}{x}$ 在区间 $(0,1)$ 内连续，所以在 $(0,1)$ 内 $y=\dfrac{1}{x}$ 必有最大值. (　　)

4. 计算题.

(1)求下列函数的导数.

① $y=\arcsin(1-2x)$;   ② $y=e^{-\frac{x}{2}}\cos 3x$;

③ $y=\dfrac{1}{\sqrt{1-x^2}}$;   ④ $y=\ln(1+x^3)$.

(2)已知函数 $f(x)=\arctan x$,求 $f''(1)$.

(3)求隐函数 $x^3+y^3-3axy=0$ 所确定的函数的导数.

(4)求下列函数的微分.

① $y=e^{1-3x}\cos x$;   ② $y=x^3\cos x+e^{\cos x}$.

(5)求由参数方程 $\begin{cases} x=\ln(1+t^2), \\ y=\arctan t \end{cases}$ 所确定的函数的导数.

(6)求下列极限.

① $\lim\limits_{x\to +\infty}\dfrac{\ln\left(1+\dfrac{1}{x}\right)}{\operatorname{arccot} x}$;   ② $\lim\limits_{x\to 0}\dfrac{e^x-1+x^3\sin\dfrac{1}{x}}{x}$;

③ $\lim\limits_{x\to 0}\dfrac{1-x^2-e^{-x^2}}{x(\sin 2x)^3}$;   ④ $\lim\limits_{x\to 0}\dfrac{e^x-e^{\sin x}}{x-\sin x}$.

(7)求函数 $f(x)=(x-1)\sqrt[3]{x^2}$ 的单调区间.

(8)求函数 $y=\dfrac{2x^2}{(1-x)^2}$ 的凹凸区间和拐点.

(9)防空洞的截面上部是半圆,下部是矩形,周长是 15m,问底宽 x 为多少时,才能使截面积最大?

5. 证明不等式:$\dfrac{a-b}{a}<\ln\dfrac{a}{b}<\dfrac{a-b}{b}(a>b>0)$.

第三章 不定积分

微分学的基本问题是已知一个函数,如何求它的导函数.本章我们将讨论它的反问题,即已知一个函数的导函数 $f'(x)$,如何求它的原函数 $f(x)$.这是微分的逆运算问题,也是积分学的基本问题.

第一节 不定积分的概念与性质

一、原函数与不定积分的概念

定义 1 如果在区间 I 上,可导函数 $F(x)$ 的导函数为 $f(x)$,即对 $\forall x \in I$,都有
$$F'(x) = f(x) \text{ 或 } dF(x) = f(x) dx,$$
则称函数 $F(x)$ 是函数 $f(x)$ 在该区间 I 上的一个原函数.

例如,在区间 $(-\infty, +\infty)$ 内,因为 $(\cos x)' = -\sin x$,所以 $\cos x$ 是 $-\sin x$ 的一个原函数.

又如,在区间 $(1, +\infty)$ 上,因为
$$[\ln(x + \sqrt{x^2+1})]' = \frac{1}{x+\sqrt{x^2+1}}\left(1 + \frac{x}{\sqrt{x^2+1}}\right) = \frac{1}{\sqrt{x^2+1}},$$
所以 $\ln(x+\sqrt{x^2+1})$ 是 $\frac{1}{\sqrt{x^2+1}}$ 在区间 $(1, +\infty)$ 上的一个原函数.

对于原函数,我们关心如下问题:在什么条件下能保证一个函数的原函数一定存在?如果原函数存在,这些原函数又存在怎样的关系?

首先,我们给出原函数存在的条件.

定理(原函数存在定理) 如果函数 $f(x)$ 在区间 I 上连续,那么 $f(x)$ 在该区间上的原函数一定存在.

简言之:**连续函数一定有原函数**.

一个函数的原函数不是唯一的.事实上,如果 $f(x)$ 在区间 I 上有原函数,即有一个函数 $F(x)$,使得 $\forall x \in I$ 都有 $F'(x) = f(x)$,那么对任意常数 C,显然有
$$[F(x) + C]' = f(x),$$
即对任意常数 C,函数 $F(x) + C$ 也是 $f(x)$ 的原函数.

另外,一个函数的任意两个原函数之间只差一个常数.若 $F(x)$ 和 $G(x)$ 都是 $f(x)$ 的原函数,则
$$[F(x) - G(x)]' = F'(x) - G'(x) = f(x) - f(x) = 0,$$
即 $F(x) - G(x) = C$(C 为任意常数).

下面我们引进不定积分的定义.

定义 2 在区间 I 上,函数 $f(x)$ 的带有任意常数项的原函数 $F(x) + C$,称为 $f(x)$ 在区

间 I 上的不定积分，记作

$$\int f(x)\mathrm{d}x,$$

其中记号 $\int$ 称为**积分号**，$f(x)$ 称为**被积函数**，$f(x)\mathrm{d}x$ 称为**被积表达式**，x 称为**积分变量**．

如果 $F(x)$ 是 $f(x)$ 的一个原函数，那么当 C 为任意常数时，形如 $F(x)+C$ 的一族函数就是 $f(x)$ 的全体原函数，由定义知

$$\int f(x)\mathrm{d}x = F(x)+C,$$

这里任意常数 C 又叫作积分常数．由此可见，求不定积分实际上只需求出一个原函数，再加上积分常数 C 就可以了．

例 1 求 $\int x^3 \mathrm{d}x$．

解 因为 $\left(\dfrac{x^4}{4}\right)' = x^3$，所以 $\dfrac{x^4}{4}$ 为 x^3 的一个原函数，因此

$$\int x^3 \mathrm{d}x = \frac{x^4}{4} + C.$$

例 2 求 $\int \dfrac{1}{\sqrt{1-x^2}}\mathrm{d}x$．

解 因为 $(\arcsin x)' = \dfrac{1}{\sqrt{1-x^2}}$，所以 $\arcsin x$ 为 $\dfrac{1}{\sqrt{1-x^2}}$ 的一个原函数，因此

$$\int \frac{1}{\sqrt{1-x^2}}\mathrm{d}x = \arcsin x + C.$$

例 3 求 $\int \dfrac{1}{x}\mathrm{d}x$．

解 当 $x>0$ 时，$(\ln x)' = \dfrac{1}{x}$，所以有

$$\int \frac{1}{x}\mathrm{d}x = \ln x + C \quad (x>0);$$

当 $x<0$ 时，$(\ln(-x))' = \dfrac{1}{-x}(-1) = \dfrac{1}{x}$，所以有

$$\int \frac{1}{x}\mathrm{d}x = \ln(-x) + C \quad (x<0).$$

合并上面两式，得到

$$\int \frac{1}{x}\mathrm{d}x = \ln|x| + C.$$

例 4 设曲线经过点 $(1,3)$，且其上任一点处的切线斜率等于这点横坐标的两倍，求此曲线方程．

解 设所求曲线方程为 $y=f(x)$，按题设，曲线上任一点 (x,y) 处的切线斜率为

$$y' = 2x,$$

即 $f(x)$ 是 $2x$ 的一个原函数．因为

$$\int 2x \mathrm{d}x = x^2 + C,$$

所以
$$y = f(x) = x^2 + C.$$
又所求曲线过点(1,3)，故 $3=1+C$，即 $C=2$，于是所求曲线方程为
$$y = x^2 + 2.$$

不定积分的几何意义：设 $F(x)$ 是 $f(x)$ 的一个原函数，则曲线 $y = F(x)$ 称为被积函数 $f(x)$ 的一条积分曲线，于是不定积分 $\int f(x)dx = F(x) + C$ 表示一族积分曲线，称为积分曲线族，它是由任何一条曲线沿 y 轴方向平移而得到的(图 3-1).

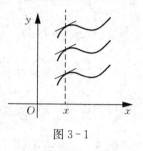

图 3-1

由不定积分的定义可知下述关系：由于 $\int f(x)dx$ 是 $f(x)$ 的原函数，所以
$$\frac{d}{dx}\left[\int f(x)dx\right] = f(x),$$
$$d\left[\int f(x)dx\right] = f(x)dx.$$
又由于 $F(x)$ 是 $F'(x)$ 的原函数，所以
$$\int F'(x)dx = F(x) + C,$$
$$\int dF(x) = F(x) + C.$$

由此可见，当记号 $\int$ 与 d 一起运算时，它们的作用要么相互抵消，要么抵消后相差一个常数．

二、基本积分表

积分运算实际上是微分运算的逆运算，因此由导数的基本公式就可以得到相应的基本积分公式．

我们把一些基本的积分公式列成一个表，通常称为基本积分表．

(1) $\int k\,dx = kx + C$（k 是常数）；

(2) $\int x^\mu dx = \dfrac{x^{\mu+1}}{\mu+1} + C$（$\mu \neq -1$）；

(3) $\int \dfrac{dx}{x} = \ln|x| + C$；

(4) $\int \dfrac{1}{1+x^2}dx = \arctan x + C$；

(5) $\int \dfrac{1}{\sqrt{1-x^2}}dx = \arcsin x + C$；

(6) $\int \cos x\,dx = \sin x + C$；

(7) $\int \sin x\,dx = -\cos x + C$；

(8) $\int \dfrac{dx}{\cos^2 x} = \int \sec^2 x\,dx = \tan x + C$；

(9) $\int \dfrac{\mathrm{d}x}{\sin^2 x} = \int \csc^2 x \mathrm{d}x = -\cot x + C$;

(10) $\int \sec x \tan x \mathrm{d}x = \sec x + C$;

(11) $\int \csc x \cot x \mathrm{d}x = -\csc x + C$;

(12) $\int \mathrm{e}^x \mathrm{d}x = \mathrm{e}^x + C$;

(13) $\int a^x \mathrm{d}x = \dfrac{a^x}{\ln a} + C\ (a>0,\ \text{且}\ a \neq 1)$.

例 5 求 $\int \dfrac{1}{x^4} \mathrm{d}x$.

解 根据积分公式(2)知

$$\int \dfrac{1}{x^4} \mathrm{d}x = \int x^{-4} \mathrm{d}x = \dfrac{x^{-4+1}}{-4+1} + C = -\dfrac{x^{-3}}{3} + C.$$

例 6 求 $\int x\sqrt{x}\, \mathrm{d}x$.

解 根据积分公式(2)知

$$\int x\sqrt{x}\, \mathrm{d}x = \int x^{\frac{3}{2}} \mathrm{d}x = \dfrac{x^{\frac{3}{2}+1}}{\frac{3}{2}+1} + C = \dfrac{2}{5} x^{\frac{5}{2}} + C.$$

例 7 求 $\int \dfrac{1}{x^2 \sqrt[3]{x}} \mathrm{d}x$.

解 $\int \dfrac{1}{x^2 \sqrt[3]{x}} \mathrm{d}x = \int x^{-\frac{7}{3}} \mathrm{d}x = \dfrac{x^{-\frac{7}{3}+1}}{-\frac{7}{3}+1} + C = -\dfrac{3}{4} x^{-\frac{4}{3}} + C.$

三、不定积分的性质

根据微分运算法则和不定积分的定义,可得下列运算性质.

性质 1 $\int [f(x) \pm g(x)] \mathrm{d}x = \int f(x) \mathrm{d}x \pm \int g(x) \mathrm{d}x.$

证明 因为

$$\left[\int f(x)\mathrm{d}x \pm \int g(x)\mathrm{d}x\right]' = \left[\int f(x)\mathrm{d}x\right]' \pm \left[\int g(x)\mathrm{d}x\right]' = f(x) \pm g(x),$$

所以等式成立.

注意:此性质对有限多个函数也成立.

性质 2 $\int k f(x) \mathrm{d}x = k \int f(x) \mathrm{d}x\ (k\ \text{是常数},\ k \neq 0).$

证明 因为

$$\left[k \int f(x) \mathrm{d}x\right]' = k \left[\int f(x) \mathrm{d}x\right]' = k f(x) = \left[\int k f(x) \mathrm{d}x\right]',$$

所以等式成立.

四、直接积分法

对被积函数作适当的恒等变形,利用基本积分公式及性质求积分的方法称为直接积分法.

例 8 求 $\int (2+\sqrt{x})x\,dx$.

解 $\int (2+\sqrt{x})x\,dx = \int (2x+x^{\frac{3}{2}})\,dx = \int 2x\,dx + \int x^{\frac{3}{2}}\,dx$

$$= x^2 + \frac{1}{\frac{3}{2}+1}x^{\frac{3}{2}+1} + C = x^2 + \frac{2}{5}x^{\frac{5}{2}} + C.$$

例 9 求 $\int \dfrac{(x+1)(x^2-2)}{x^3}\,dx$.

解 $\int \dfrac{(x+1)(x^2-2)}{x^3}\,dx = \int \left(1+\dfrac{1}{x}-\dfrac{2}{x^2}-\dfrac{2}{x^3}\right)dx$

$$= \int dx + \int \frac{1}{x}dx - \int \frac{2}{x^2}dx - \int \frac{2}{x^3}dx$$

$$= x + \ln|x| + \frac{2}{x} + \frac{1}{x^2} + C.$$

例 10 求 $\int (e^x + 2\cos x)\,dx$.

解 $\int (e^x + 2\cos x)\,dx = \int e^x\,dx + 2\int \cos x\,dx = e^x + 2\sin x + C.$

例 11 求 $\int \cos^2 \dfrac{x}{2}\,dx$.

解 基本积分表中没有这种类型的积分,需利用三角公式先对被积函数变形,将其化成积分表中所列类型的积分,再进行积分运算.

$$\int \cos^2 \frac{x}{2}\,dx = \int \frac{1}{2}(1+\cos x)\,dx = \frac{1}{2}\int dx + \frac{1}{2}\int \cos x\,dx = \frac{1}{2}(x+\sin x) + C.$$

例 12 求 $\int 3^x e^x\,dx$.

解 $\int 3^x e^x\,dx = \int (3e)^x\,dx = \dfrac{(3e)^x}{\ln(3e)} + C = \dfrac{(3e)^x}{1+\ln 3} + C.$

例 13 求 $\int \dfrac{1}{1+\cos 2x}\,dx$.

解 $\int \dfrac{1}{1+\cos 2x}\,dx = \int \dfrac{1}{1+2\cos^2 x - 1}\,dx = \dfrac{1}{2}\int \dfrac{1}{\cos^2 x}\,dx = \dfrac{1}{2}\tan x + C.$

例 14 求 $\int \dfrac{1+2x^2}{x^2(1+x^2)}\,dx$.

解 $\int \dfrac{1+2x^2}{x^2(1+x^2)}\,dx = \int \dfrac{x^2+(1+x^2)}{x^2(1+x^2)}\,dx = \int \left(\dfrac{1}{1+x^2}+\dfrac{1}{x^2}\right)dx$

$$= \int \frac{1}{1+x^2}\,dx + \int \frac{1}{x^2}\,dx = \arctan x - \frac{1}{x} + C.$$

注意:由上述各例可知,对一些简单的积分问题,先设法将被积函数进行恒等变形,化简后再用基本积分表.

习 题 3-1

1. 求下列不定积分.

(1) $\int \dfrac{1}{x^5} dx$;

(2) $\int x^2 \sqrt{x} \, dx$;

(3) $\int \dfrac{1}{\sqrt[3]{x}} dx$;

(4) $\int x^3 \sqrt[5]{x} \, dx$;

(5) $\int x^4 (1+x^2) dx$;

(6) $\int (x^2 - 5x - 6) dx$;

(7) $\int (x^2 + 1)^2 dx$;

(8) $\int (\sqrt{x} + 1)(\sqrt{x^3} + 1) dx$;

(9) $\int \left(\sqrt[3]{x} - \dfrac{1}{2\sqrt{x}} \right) dx$;

(10) $\int (2^x + x^3) dx$;

(11) $\int \left(2\sin x + \dfrac{1}{3\sqrt{x}} \right) dx$;

(12) $\int \left(3e^x - \dfrac{5}{x} \right) dx$;

(13) $\int \sin^2 \dfrac{x}{2} dx$;

(14) $\int \tan^2 x \, dx$;

(15) $\int \dfrac{(x+1)(x-3)}{x^2} dx$;

(16) $\int \dfrac{x^2 - 1}{x^2 + 1} dx$;

(17) $\int \dfrac{x^4}{x^2 + 1} dx$;

(18) $\int \left(\dfrac{2}{1+x^2} - \dfrac{3}{\sqrt{1-x^2}} \right) dx$;

(19) $\int \dfrac{dx}{x^2 (1+x^2)}$;

(20) $\int \sec x (\sec x + \tan x) dx$;

(21) $\int \dfrac{1}{\sin^2 \dfrac{x}{2} \cos^2 \dfrac{x}{2}} dx$;

(22) $\int \dfrac{\cos 2x}{\cos x - \sin x} dx$;

(23) $\int \sqrt{x \sqrt{x}} \, dx$;

(24) $\int \dfrac{e^{2x} - 1}{e^x - 1} dx$.

2. 一曲线通过点 $(e^2, 3)$,且在任一点处的切线斜率等于该点横坐标的倒数,求该曲线的方程.

3. 已知边际收益函数为 $R'(Q) = 100 - 0.01Q$,其中 Q 为产量,求收益函数 $R(Q)$.

4. 一个物体由静止开始做直线运动,经 $t(s)$ 后的速度为 $3t^2 (m/s)$,问:

(1) 经 3s 后物体离开出发点的距离是多少?

(2) 物体与出发点的距离是 360m 时经过了多长时间?

第二节 不定积分的换元积分法

对于有些积分问题,如 $\int \cos^3 x \, dx$,$\int \dfrac{1}{1+2x} dx$ 等,利用基本积分表与积分的性质很难得出结果,即直接积分法不可行,因此有必要进一步考虑求不定积分的其他方法,这里我们把复合函数微分法反过来用于求不定积分,利用中间变量代换,得到复合函数的积分法,称为换元积分法．换元积分法就可以解决上述积分问题，首先介绍第一类换元法．

一、第一类换元法

我们将复合函数求导法反过来用于求不定积分，由此得到以下定理．

定理 1 设 $f(u)$ **具有原函数** $F(u)$，$u=\varphi(x)$ **可导**，则

$$\int f[\varphi(x)]\varphi'(x)\mathrm{d}x = F[\varphi(x)]+C = \left[\int f(u)\mathrm{d}u\right]_{u=\varphi(x)}.$$

证明 因为 $F'(u)=f(u)$，所以 $\int f(u)\mathrm{d}u = F(u)+C$．又

$$\{F[\varphi(x)]\}' = F'(\varphi(x))\varphi'(x) = f(u)\varphi'(x) = f[\varphi(x)]\varphi'(x),$$

再由不定积分的定义知

$$\int f[\varphi(x)]\varphi'(x)\mathrm{d}x = F[\varphi(x)]+C = F(u)+C = \left[\int f(u)\mathrm{d}u\right]_{u=\varphi(x)}.$$

要求不定积分 $\int g(x)\mathrm{d}x$，则运用此定理的关键在于将 $\int g(x)\mathrm{d}x$ 化为 $\int f[\varphi(x)]\varphi'(x)\mathrm{d}x$ 的形式，所以第一类换元积分法也称为**凑微分法**．

例 1 求 $\int \dfrac{1}{2+3x}\mathrm{d}x$．

解
$$\int \frac{1}{2+3x}\mathrm{d}x = \frac{1}{3}\int \frac{1}{2+3x}(2+3x)'\mathrm{d}x = \frac{1}{3}\int \frac{1}{2+3x}\mathrm{d}(2+3x)$$
$$= \frac{1}{3}\int \frac{1}{u}\mathrm{d}u\Big|_{u=2+3x} = \frac{1}{3}\ln|u|+C = \frac{1}{3}\ln|2+3x|+C.$$

注：一般地，$\int f(ax+b)\mathrm{d}x = \dfrac{1}{a}\left[\int f(u)\mathrm{d}u\right]_{u=ax+b}$．

例 2 求 $\int 2\sin 2x\mathrm{d}x$．

解
$$\int 2\sin 2x\mathrm{d}x = \int \sin 2x \cdot (2x)'\mathrm{d}x = \int \sin 2x\mathrm{d}(2x)$$
$$= \int \sin u\mathrm{d}u = -\cos u + C,$$

再将 $u=2x$ 代入，即得

$$\int 2\sin 2x\mathrm{d}x = -\cos 2x + C.$$

例 3 求 $\int \dfrac{1}{x(1+3\ln x)}\mathrm{d}x$．

解
$$\int \frac{1}{x(1+3\ln x)}\mathrm{d}x = \int \frac{1}{1+3\ln x}\mathrm{d}(\ln x) = \frac{1}{3}\int \frac{1}{1+3\ln x}\mathrm{d}(1+3\ln x)$$
$$= \frac{1}{3}\int \frac{1}{u}\mathrm{d}u\,(u=1+3\ln x)$$
$$= \frac{1}{3}\ln|u|+C = \frac{1}{3}\ln|1+3\ln x|+C.$$

注：在运算熟练之后可以不用写出中间变量的形式．

例 4 求 $\int \tan x\mathrm{d}x$．

解 $\int \tan x \mathrm{d}x = \int \dfrac{\sin x}{\cos x}\mathrm{d}x = -\int \dfrac{1}{\cos x}\mathrm{d}\cos x = -\ln|\cos x| + C.$

例 5 求 $\int 3x\mathrm{e}^{x^2}\mathrm{d}x.$

解 $\int 3x\mathrm{e}^{x^2}\mathrm{d}x = \dfrac{3}{2}\int \mathrm{e}^{x^2}\mathrm{d}(x^2) = \dfrac{3}{2}\mathrm{e}^{x^2} + C.$

例 6 求 $\int 2x\sqrt{1-x^2}\mathrm{d}x.$

解 $\int 2x\sqrt{1-x^2}\mathrm{d}x = \int (1-x^2)^{\frac{1}{2}}\mathrm{d}(x^2) = -\int (1-x^2)^{\frac{1}{2}}\mathrm{d}(1-x^2)$
$= -\dfrac{(1-x^2)^{1+\frac{1}{2}}}{1+\frac{1}{2}} + C = -\dfrac{2}{3}(1-x^2)^{\frac{3}{2}} + C.$

例 7 求 $\int \dfrac{x}{(1+x)^2}\mathrm{d}x.$

解 $\int \dfrac{x}{(1+x)^2}\mathrm{d}x = \int \dfrac{x+1-1}{(1+x)^2}\mathrm{d}x = \int \left[\dfrac{1}{1+x} - \dfrac{1}{(1+x)^2}\right]\mathrm{d}(1+x)$
$= \ln|1+x| + C_1 + \dfrac{1}{1+x} + C_2$
$= \ln|1+x| + \dfrac{1}{1+x} + C (C = C_1 + C_2).$

例 8 求 $\int \sin x \cos^3 x \mathrm{d}x.$

解 $\int \sin x \cos^3 x \mathrm{d}x = -\int \cos^3 x \mathrm{d}(\cos x) = -\dfrac{\cos^4 x}{4} + C.$

例 9 求 $\int \dfrac{1}{a^2+x^2}\mathrm{d}x (a \neq 0).$

解 $\int \dfrac{1}{a^2+x^2}\mathrm{d}x = \dfrac{1}{a^2}\int \dfrac{1}{1+\left(\dfrac{x}{a}\right)^2}\mathrm{d}x = \dfrac{1}{a}\int \dfrac{1}{1+\left(\dfrac{x}{a}\right)^2}\mathrm{d}\left(\dfrac{x}{a}\right)$
$= \dfrac{1}{a}\arctan\left(\dfrac{x}{a}\right) + C.$

例 10 求 $\int \dfrac{1}{x^2-a^2}\mathrm{d}x (a \neq 0).$

解 因为 $\dfrac{1}{x^2-a^2} = \dfrac{1}{2a}\left(\dfrac{1}{x-a} - \dfrac{1}{x+a}\right),$

所以 $\int \dfrac{1}{x^2-a^2}\mathrm{d}x = \int \dfrac{1}{2a}\left(\dfrac{1}{x-a} - \dfrac{1}{x+a}\right)\mathrm{d}x$
$= \dfrac{1}{2a}\left[\int \dfrac{1}{x-a}\mathrm{d}(x-a) - \int \dfrac{1}{x+a}\mathrm{d}(x+a)\right]$
$= \dfrac{1}{2a}(\ln|x-a| - \ln|x+a|) + C$
$= \dfrac{1}{2a}\ln\left|\dfrac{x-a}{x+a}\right| + C.$

例 11 求 $\int \sin^2 x \cos^5 x \, dx$.

解 $\int \sin^2 x \cos^5 x \, dx = \int \sin^2 x \cos^4 x \, d(\sin x)$

$= \int \sin^2 x (1 - \sin^2 x)^2 \, d(\sin x)$

$= \int (\sin^2 x - 2\sin^4 x + \sin^6 x) \, d(\sin x)$

$= \dfrac{1}{3} \sin^3 x - \dfrac{2}{5} \sin^5 x + \dfrac{1}{7} \sin^7 x + C.$

注：被积函数是三角函数乘积时，需拆开奇数次项进行凑微分．

例 12 求 $\int \csc x \, dx$.

解 方法一：$\int \csc x \, dx = \int \dfrac{1}{\sin x} dx = \int \dfrac{1}{2\sin \dfrac{x}{2} \cos \dfrac{x}{2}} dx$

$= \int \dfrac{1}{\tan \dfrac{x}{2} \cos^2 \dfrac{x}{2}} d\left(\dfrac{x}{2}\right) = \int \dfrac{1}{\tan \dfrac{x}{2}} d\left(\tan \dfrac{x}{2}\right)$

$= \ln \left| \tan \dfrac{x}{2} \right| + C.$

方法二：$\int \csc x \, dx = \int \dfrac{\csc x (\csc x - \cot x)}{\csc x - \cot x} dx = \int \dfrac{\csc^2 x - \csc x \cot x}{\csc x - \cot x} dx$

$= \int \dfrac{1}{\csc x - \cot x} d(\csc x - \cot x) = \ln | \csc x - \cot x | + C.$

类似可推出 $\int \sec x \, dx = \ln | \sec x + \tan x | + C.$

应用第一类换元法求不定积分，关键是如何凑微分，这里需熟记一些函数的微分公式，例如，

$$x \, dx = \dfrac{1}{2} d(x^2), \quad \dfrac{1}{\sqrt{x}} dx = 2 d(\sqrt{x}), \quad e^x \, dx = d(e^x),$$

$$\sin x \, dx = -d(\cos x), \quad \dfrac{1}{x} dx = d(\ln x), \quad \dfrac{1}{x^2} dx = -d\left(\dfrac{1}{x}\right),$$

等等．

当然不是所有的积分都能凑微分，下面介绍求不定积分的另一种方法——第二类换元法．

二、第二类换元法

第一类换元法是通过变量代换，将积分 $\int f[\varphi(x)] \varphi'(x) dx$ 化为 $\int f(u) du$；而第二类换元法恰恰相反，它是通过变量代换 $x = \psi(t)$ 将积分 $\int f(x) dx$ 化为 $\int f[\psi(t)] \psi'(t) dt$，求出这个不定积分后，再把 $x = \psi(t)$ 的反函数 $t = \psi^{-1}(x)$ 代回去，这种先作变换，对新变量积分，然后再换回原变量的积分方法，称为第二类换元积分法．

下面介绍第二类换元积分法.

定理 2 设 $x=\psi(t)$ 是单调可导的函数,并且 $\psi'(t)\neq 0$,又设 $f[\psi(x)]\psi'(x)$ 具有原函数,则有换元公式

$$\int f(x)\mathrm{d}x = \int f[\psi(t)]\psi'(t)\mathrm{d}t\big|_{t=\psi^{-1}(x)},$$

其中 $\psi^{-1}(x)$ 是 $x=\psi(t)$ 的反函数.

证明 设 $\Phi(t)$ 为 $f[\psi(t)]\psi'(t)$ 的原函数,令 $F(x)=\Phi[\psi^{-1}(x)]$,则

$$F'(x)=\frac{\mathrm{d}\Phi}{\mathrm{d}t}\cdot\frac{\mathrm{d}t}{\mathrm{d}x}=f[\psi(t)]\psi'(t)\cdot\frac{1}{\psi'(t)}=f[\psi(t)]=f(x),$$

说明 $F(x)$ 为 $f(x)$ 的原函数,所以有

$$\int f(x)\mathrm{d}x = F(x)+C = \Phi[\psi^{-1}(x)]+C = \int f[\psi(t)]\psi'(t)\mathrm{d}t\big|_{t=\psi^{-1}(x)},$$

此公式即为第二类换元积分公式.

例 13 求 $\int \dfrac{x}{\sqrt{x-2}}\mathrm{d}x$.

解 被积函数含有根号,需作变量代换消去根号.

设 $t=\sqrt{x-2}$,则 $x=t^2+2(t>0)$,$\mathrm{d}x=2t\mathrm{d}t$,则有

$$\int\frac{x}{\sqrt{x-2}}\mathrm{d}x = \int\frac{t^2+2}{t}\cdot 2t\mathrm{d}t = 2\int(t^2+2)\mathrm{d}t$$

$$= 2\left(\frac{t^3}{3}+2t\right)+C = \frac{2}{3}(x+4)\sqrt{x-2}+C.$$

例 14 求 $\int\sqrt{a^2-x^2}\mathrm{d}x(a>0)$.

解 被积函数含有根号,需作三角代换消去根号.

设 $x=a\sin t\left(-\dfrac{\pi}{2}<t<\dfrac{\pi}{2}\right)$,$\mathrm{d}x=a\cos t\mathrm{d}t$,则有

$$\int\sqrt{a^2-x^2}\mathrm{d}x = \int\sqrt{a^2-a^2\sin^2 t}\cdot a\cos t\mathrm{d}t = a^2\int\cos^2 t\mathrm{d}t$$

$$= a^2\int\frac{1+\cos 2t}{2}\mathrm{d}t = \frac{a^2}{2}\left[\int\mathrm{d}t+\frac{1}{2}\int\cos 2t\mathrm{d}(2t)\right]$$

$$= \frac{a^2}{2}\left(t+\frac{1}{2}\sin 2t\right)+C = \frac{a^2}{2}(t+\sin t\cos t)+C.$$

由 $x=a\sin t\left(-\dfrac{\pi}{2}<t<\dfrac{\pi}{2}\right)$ 知

$$\sin t=\frac{x}{a},\ t=\arcsin\frac{x}{a},\ \cos t=\frac{\sqrt{a^2-x^2}}{a},$$

将其代入上式得

$$\int\sqrt{a^2-x^2}\mathrm{d}x = \frac{a^2}{2}\arcsin\frac{x}{a}+\frac{x}{2}\sqrt{a^2-x^2}+C.$$

例 15 求 $\int\dfrac{1}{\sqrt{a^2+x^2}}\mathrm{d}x(a>0)$.

解 与上题类似,被积函数含有根号,需作三角代换消去根号,这里需用到三角公式

$$1+\tan^2 x = \sec^2 x.$$

设 $x = a\tan t\left(-\dfrac{\pi}{2} < t < \dfrac{\pi}{2}\right)$，$dx = a\sec^2 t\,dt$，则有

$$\int \dfrac{1}{\sqrt{a^2+x^2}}dx = \int \dfrac{a\sec^2 t}{\sqrt{a^2+a^2\tan^2 t}}dt = \int \dfrac{a\sec^2 t}{a\sec t}dt$$
$$= \int \sec t\,dt = \ln|\sec t + \tan t| + C.$$

为了把 $\sec t$，$\tan t$ 化成 x 的函数，由 $\tan t = \dfrac{x}{a}$ 作直角三角形（图 3-2），即得 $\sec t = \dfrac{\sqrt{a^2+x^2}}{a}$，且知 $\sec t + \tan t > 0$，因此有

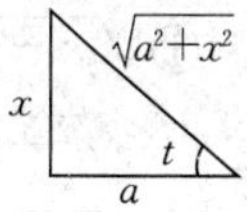

图 3-2

$$\int \dfrac{1}{\sqrt{a^2+x^2}}dx = \ln\left(\dfrac{\sqrt{a^2+x^2}}{a} + \dfrac{x}{a}\right) + C_1 = \ln(x + \sqrt{a^2+x^2}) + C,$$

其中 $C = C_1 - \ln a$。

例 16 求 $\int \dfrac{1}{\sqrt{x^2-a^2}}dx\,(a>0)$。

解 被积函数的定义域为 $(-\infty,-a) \cup (a,+\infty)$。

这个积分中含有根式 $\sqrt{x^2-a^2}$，需作三角代换消去根号，这里需用到三角公式
$$1+\tan^2 x = \sec^2 x.$$

(1) 当 $x \in (a, +\infty)$ 时，令 $x = a\sec t\left(0 < t < \dfrac{\pi}{2}\right)$，知
$$dx = a\sec t\tan t\,dt,$$

则有 $\int \dfrac{1}{\sqrt{x^2-a^2}}dx = \int \dfrac{a\sec t\tan t}{\sqrt{a^2\sec^2 t - a^2}}dt = \int \dfrac{a\sec t\tan t}{a\tan t}dt$
$$= \int \sec t\,dt = \ln|\sec t + \tan t| + C.$$

为了把 $\tan t$ 化成 x 的函数，由 $\sec t = \dfrac{x}{a}$ 作直角三角形（图 3-3），即得

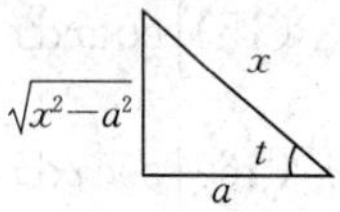

$$\tan t = \dfrac{\sqrt{x^2-a^2}}{a},$$

图 3-3

因此有

$$\int \dfrac{1}{\sqrt{x^2-a^2}}dx = \ln\left(\dfrac{x}{a} + \dfrac{\sqrt{x^2-a^2}}{a}\right) + C_1 = \ln(x + \sqrt{x^2-a^2}) + C,$$

其中 $C = C_1 - \ln a$。

(2) 当 $x \in (-\infty, -a)$ 时，令 $x = -u$，则 $u > a$。利用上述结果有

$$\int \dfrac{1}{\sqrt{x^2-a^2}}dx = -\int \dfrac{1}{\sqrt{u^2-a^2}}du = -\ln(-x + \sqrt{x^2-a^2}) + C_1$$
$$= \ln(-x - \sqrt{x^2-a^2}) + C,$$

其中 $C = C_1 - 2\ln a$。

把上述两种情况合并起来有

$$\int \frac{1}{\sqrt{x^2-a^2}}dx = \ln|x+\sqrt{x^2-a^2}|+C.$$

注：以上三个例子使用的均为三角代换，利用三角代换可以将根号去掉，总结如下规律：

当被积函数含有无理式时，可作相应的变量代换：

(1) 根号下是一次式 $\sqrt[m]{ax+b}$，令 $\sqrt[m]{ax+b}=t$.

(2) 根号下是二次式：

① $\sqrt{a^2-x^2}$，可令 $x=a\sin t$；

② $\sqrt{a^2+x^2}$，可令 $x=a\tan t$；

③ $\sqrt{x^2-a^2}$，可令 $x=a\sec t$.

下面介绍一种有用的倒数代换．

例 17 求 $\int \frac{1}{x^2\sqrt{1+x^2}}dx(x>0)$.

解 令 $x=\frac{1}{t}$，$t\in(0,+\infty)$，$dx=-\frac{dt}{t^2}$，于是

$$\int \frac{1}{x^2\sqrt{1+x^2}}dx = \int \frac{-\frac{1}{t^2}}{\frac{1}{t^2}\sqrt{1+\frac{1}{t^2}}}dt = -\int \frac{t}{\sqrt{t^2+1}}dt = -\frac{1}{2}\int \frac{1}{\sqrt{t^2+1}}d(t^2+1)$$

$$= -\sqrt{t^2+1}+C = -\sqrt{\frac{1}{x^2}+1}+C = -\frac{\sqrt{1+x^2}}{x}+C.$$

注：倒数代换 $x=\frac{1}{t}$ 常可用来化简被积函数．

本节中一些例题的结果是常遇到的，所以通常也被作为公式使用，列表如下：

(14) $\int \tan x\, dx = -\ln|\cos x|+C$；

(15) $\int \cot x\, dx = \ln|\sin x|+C$；

(16) $\int \sec x\, dx = \ln|\sec x+\tan x|+C$；

(17) $\int \csc x\, dx = \ln|\csc x-\cot x|+C$；

(18) $\int \frac{1}{a^2+x^2}dx = \frac{1}{a}\arctan \frac{x}{a}+C$；

(19) $\int \frac{1}{x^2-a^2}dx = \frac{1}{2a}\ln\left|\frac{x-a}{x+a}\right|+C$；

(20) $\int \frac{1}{\sqrt{a^2-x^2}}dx = \arcsin \frac{x}{a}+C$；

(21) $\int \frac{1}{\sqrt{x^2+a^2}}dx = \ln(x+\sqrt{x^2+a^2})+C$；

(22) $\int \frac{1}{\sqrt{x^2-a^2}}dx = \ln|x+\sqrt{x^2-a^2}|+C.$

例 18 求 $\int \dfrac{1}{x^2+4x+6}\mathrm{d}x$.

解 $\int \dfrac{1}{x^2+4x+6}\mathrm{d}x = \int \dfrac{1}{(x+2)^2+(\sqrt{2})^2}\mathrm{d}(x+2)$,

利用公式(18),可得

$$\int \dfrac{1}{x^2+4x+6}\mathrm{d}x = \dfrac{1}{\sqrt{2}}\arctan\dfrac{x+2}{\sqrt{2}}+C.$$

习 题 3 - 2

求下列不定积分.

(1) $\int (3-2x)^2 \mathrm{d}x$;

(2) $\int (x+2)^5 \mathrm{d}x$;

(3) $\int \dfrac{\cos x}{\sin^3 x}\mathrm{d}x$;

(4) $\int \dfrac{x^2}{\sqrt[3]{1+x^3}}\mathrm{d}x$;

(5) $\int 2x\mathrm{e}^{-x^2}\mathrm{d}x$;

(6) $\int \dfrac{\cos\sqrt{x}}{\sqrt{x}}\mathrm{d}x$;

(7) $\int \dfrac{-\sin x-\cos x}{\sqrt[3]{\cos x-\sin x}}\mathrm{d}x$;

(8) $\int \dfrac{1}{x(3+2\ln x)}\mathrm{d}x$;

(9) $\int \tan^3 x \cdot \sec^5 x \mathrm{d}x$;

(10) $\int \dfrac{\mathrm{d}x}{(1+x)\sqrt{x}}$;

(11) $\int \dfrac{\arctan\sqrt{x}}{(1+x)\sqrt{x}}\mathrm{d}x$;

(12) $\int \dfrac{1}{\mathrm{e}^x+\mathrm{e}^{-x}}\mathrm{d}x$;

(13) $\int \dfrac{1}{x^2-x-2}\mathrm{d}x$;

(14) $\int x\sin(x^2)\mathrm{d}x$;

(15) $\int \sin^2 x \cdot \cos^3 x \mathrm{d}x$;

(16) $\int \dfrac{1+\ln x}{(x\ln x)^3}\mathrm{d}x$;

(17) $\int \dfrac{1}{x\ln x\ln\ln x}\mathrm{d}x$;

(18) $\int \dfrac{\mathrm{e}^{\arctan x}+x\ln(1+x^2)}{1+x^2}\mathrm{d}x$;

(19) $\int \dfrac{2-x^4}{x^2+1}\mathrm{d}x$;

(20) $\int \dfrac{\mathrm{d}x}{1+\sin^2 x}$;

(21) $\int \dfrac{\mathrm{d}x}{\sqrt{x(4-x)}}$;

(22) $\int \dfrac{x}{x^2+2x+5}\mathrm{d}x$;

(23) $\int \dfrac{\mathrm{d}x}{\sqrt[3]{x}+\sqrt{x}}$;

(24) $\int \dfrac{\sqrt{x-1}}{x}\mathrm{d}x$;

(25) $\int \dfrac{\mathrm{d}x}{\sqrt[3]{x-1}+1}$;

(26) $\int \dfrac{1}{\sqrt{x^2-4}}\mathrm{d}x$;

(27) $\int \dfrac{1}{x\sqrt{1-x^2}}\mathrm{d}x$;

(28) $\int \dfrac{1}{(1+x^2)^{\frac{3}{2}}}\mathrm{d}x$;

(29) $\int \dfrac{1}{x^2\sqrt{x^2+1}}\mathrm{d}x$;

(30) $\int x^3\sqrt{x^2+1}\mathrm{d}x$;

(31) $\int \dfrac{\mathrm{d}x}{(\sqrt[3]{x}+1)\sqrt{x}}$;   (32) $\int \dfrac{1}{\sqrt{x^2+9}}\mathrm{d}x$.

第三节　不定积分的分部积分法

分部积分法是求不定积分的又一种方法,是不定积分的基本积分方法,它适用于被积函数是不同类型的函数的乘积的积分,如 $\int x\ln x\mathrm{d}x$,$\int x\cos x\mathrm{d}x$ 等,利用换元法无法求解. 下面介绍这种求不定积分的方法.

定理　设函数 $u=u(x)$ 及 $v=v(x)$ 具有连续导数,则有分部积分公式
$$\int u\mathrm{d}v = uv - \int v\mathrm{d}u \text{ 或 } \int uv'\mathrm{d}x = uv - \int u'v\mathrm{d}x.$$

证明　由两个函数乘积的求导公式
$$(uv)' = u'v + uv',$$
移项,得
$$uv' = (uv)' - u'v,$$
上式两边求不定积分,得
$$\int uv'\mathrm{d}x = uv - \int u'v\mathrm{d}x,$$
此式也可写为
$$\int u\mathrm{d}v = uv - \int v\mathrm{d}u.$$

注:如果求 $\int uv'\mathrm{d}x$ 有困难,而求 $\int u'v\mathrm{d}x$ 比较容易,就可以利用分部积分公式求出 $\int uv'\mathrm{d}x$.

例 1　求 $\int x\mathrm{e}^x\mathrm{d}x$.

解　这个不定积分利用前面的方法是无法求出的,此不定积分可以写成 $\int x\mathrm{d}\mathrm{e}^x$ 的形式,虽然不能求,但是我们发现 x 与 e^x 调换位置后的不定积分 $\int \mathrm{e}^x\mathrm{d}x$ 是很容易求的,故可考虑用分部积分公式来求:
$$\int x\mathrm{e}^x\mathrm{d}x = \int x\mathrm{d}\mathrm{e}^x = x\mathrm{e}^x - \int \mathrm{e}^x\mathrm{d}x = x\mathrm{e}^x - \mathrm{e}^x + C.$$

注:被积函数是幂函数与指数函数乘积时,可以考虑把指数函数的原函数放在微分符号 d 的后面取为 v.

例 2　求 $\int x\cos x\mathrm{d}x$.

解　被积函数是两个函数乘积的形式,可以考虑用分部积分法求解,又 $\int \cos x\mathrm{d}x$ 易求解,故可取 $u=x$,$v=\sin x$,则
$$\int x\cos x\mathrm{d}x = \int x\mathrm{d}\sin x = x\sin x - \int \sin x\mathrm{d}x = x\sin x + \cos x + C.$$

注：被积函数是幂函数与三角函数乘积时，可以考虑把三角函数的原函数放在微分符号 d 的后面取为 v.

例 3 求 $\int x^2 \ln x \, dx$.

解 令 $u = \ln x$，$v = \dfrac{x^3}{3}$，则

$$\int x^2 \ln x \, dx = \int \ln x \, d\left(\dfrac{x^3}{3}\right) = \dfrac{x^3}{3} \ln x - \int \dfrac{x^3}{3} d(\ln x)$$
$$= \dfrac{x^3}{3} \ln x - \dfrac{1}{3} \int x^2 \, dx = \dfrac{x^3}{3} \ln x - \dfrac{x^3}{9} + C.$$

注：被积函数是幂函数与对数函数乘积时，可以考虑把幂函数的原函数放在微分符号 d 的后面取为 v.

例 4 求 $\int \ln(x+1) \, dx$.

解 令 $u = \ln(x+1)$，$v = x$，则

$$\int \ln(x+1) \, dx = x \ln(x+1) - \int x \, d\ln(x+1)$$
$$= x \ln(x+1) - \int \dfrac{x}{x+1} dx$$
$$= x \ln(x+1) - \int \dfrac{x}{x+1} dx$$
$$= x \ln(x+1) - x + \ln(x+1) + C.$$

例 5 求 $\int x \arctan x \, dx$.

解 令 $u = \arctan x$，$v = \dfrac{x^2}{2}$，则

$$\int x \arctan x \, dx = \int \arctan x \, d\left(\dfrac{x^2}{2}\right) = \dfrac{x^2}{2} \arctan x - \int \dfrac{x^2}{2} d(\arctan x)$$
$$= \dfrac{x^2}{2} \arctan x - \int \dfrac{x^2}{2} \cdot \dfrac{1}{1+x^2} dx$$
$$= \dfrac{x^2}{2} \arctan x - \int \dfrac{1}{2} \cdot \left(1 - \dfrac{1}{1+x^2}\right) dx$$
$$= \dfrac{x^2}{2} \arctan x - \dfrac{1}{2}(x - \arctan x) + C.$$

注：被积函数是幂函数与反三角函数乘积时，可以考虑把幂函数的原函数放在微分符号 d 的后面取为 v.

例 6 求 $\int e^x \sin x \, dx$.

解 令 $u = \sin x$，$v = e^x$，则

$$\int e^x \sin x \, dx = \int \sin x \, de^x = e^x \sin x - \int e^x d(\sin x)$$
$$= e^x \sin x - \int e^x \cos x \, dx$$

$$= e^x \sin x - \int \cos x \, de^x$$

$$= e^x \sin x - \left(e^x \cos x - \int e^x d\cos x \right)$$

$$= e^x (\sin x - \cos x) - \int e^x \sin x \, dx,$$

等式右边出现的积分与所求积分相同，故可移项解出所求积分，所以有

$$\int e^x \sin x \, dx = \frac{e^x}{2} (\sin x - \cos x) + C.$$

注：被积函数是指数函数与三角函数乘积时，可以考虑把指数函数的原函数放在微分符号 d 的后面取为 v.

例 7 求 $\int \sec^3 x \, dx$.

解 $\int \sec^3 x \, dx = \int \sec x \cdot \sec^2 x \, dx = \int \sec x \, d(\tan x)$

$$= \sec x \tan x - \int \tan x \cdot \sec x \tan x \, dx$$

$$= \sec x \tan x - \int \sec x (\sec^2 x - 1) \, dx$$

$$= \sec x \tan x - \int \sec^3 x \, dx + \int \sec x \, dx$$

$$= \sec x \tan x + \ln|\sec x + \tan x| - \int \sec^3 x \, dx,$$

移项，把所求积分解出来得

$$\int \sec^3 x \, dx = \frac{1}{2} \sec x \tan x + \frac{1}{2} \ln|\sec x + \tan x| + C.$$

注：此题是对被积函数作适当变形，再应用分部积分法.

例 8 求 $\int \sqrt{x} \sin \sqrt{x} \, dx$.

解 令 $\sqrt{x} = t$，则 $x = t^2 (t > 0)$，$dx = 2t \, dt$，于是

$$\int \sqrt{x} \sin \sqrt{x} \, dx = \int t \sin t \cdot 2t \, dt = -\int 2t^2 \, d(\cos t)$$

$$= -2t^2 \cos t + 4 \int t \cos t \, dt$$

$$= -2t^2 \cos t + 4 \int t \, d(\sin t)$$

$$= -2t^2 \cos t + 4t \sin t - 4 \int \sin t \, dt$$

$$= -2t^2 \cos t + 4t \sin t + 4 \cos t + C.$$

将 $t = \sqrt{x}$ 代入得

$$\int \sqrt{x} \sin \sqrt{x} \, dx = -2x \cos \sqrt{x} + 4\sqrt{x} \sin \sqrt{x} + 4 \cos \sqrt{x} + C.$$

注：此题兼用了换元法和分部积分法两种方法.

习 题 3-3

求下列不定积分.

(1) $\int x\sin x\,dx$;

(2) $\int xe^{-x}\,dx$;

(3) $\int \dfrac{\ln\cos x}{\cos^2 x}\,dx$;

(4) $\int x\cdot 2^x\,dx$;

(5) $\int x\cos\dfrac{x}{2}\,dx$;

(6) $\int x^2\cos x\,dx$;

(7) $\int x\tan^2 x\,dx$;

(8) $\int \arccos x\,dx$;

(9) $\int x\sin 2x\,dx$;

(10) $\int \ln(1+x^2)\,dx$;

(11) $\int \dfrac{\ln x}{\sqrt{x}}\,dx$;

(12) $\int x\ln(x-1)\,dx$;

(13) $\int \dfrac{x^2}{e^x}\,dx$;

(14) $\int e^{\sqrt{x}}\,dx$;

(15) $\int \sin\ln x\,dx$;

(16) $\int e^{2x}(\tan x+1)^2\,dx$;

(17) $\int e^x\cos x\,dx$;

(18) $\int x^2\cos x\,dx$;

(19) $\int (\arcsin x)^2\,dx$;

(20) $\int x\ln^2 x\,dx$.

第四节 几种特殊初等函数的积分

前面我们已经学习了三种求不定积分的方法：直接积分法、换元积分法和分部积分法. 但如遇这类积分 $\int \dfrac{x+2}{x^2-5x+6}\,dx$，不能用上述方法直接求解，如何求解这种有理函数积分以及可化为有理函数的积分？下面介绍几种特殊函数的积分.

一、有理函数的积分

有理函数又称为有理分式，是指由两个多项式的商表示的函数，具有如下形式：
$$\frac{P(x)}{Q(x)}=\frac{a_0x^n+a_1x^{n-1}+\cdots+a_{n-1}x+a_n}{b_0x^m+b_1x^{m-1}+\cdots+b_{m-1}x+b_m},$$
其中 m 和 n 都是非负整数，$a_0,a_1,\cdots,a_n$ 及 $b_0,b_1,\cdots,b_m$ 都是实数，且 $a_0\neq 0$，$b_0\neq 0$.

这里我们假定 $P(x)$ 与 $Q(x)$ 没有公因式. 当 $n<m$ 时，称此有理函数为真分式；当 $n\geq m$ 时，称此有理函数为假分式.

对于假分式，利用多项式除法，可以把假分式化成一个多项式和一个真分式之和. 如
$$\frac{x^3+x+1}{x^2+1}=x+\frac{1}{x^2+1},$$
因此求有理函数的积分就转化为求真分式的积分.

注：求真分式积分的基本方法为：先把 $Q(x)$ 因式分解，把真分式分解成若干个简单分式的代数和，然后再逐项积分.

设多项式 $Q(x)$ 在实数范围内能分解成一次因式与二次因式的乘积

$$Q(x)=b_0(x-a)^\alpha \cdots (x-b)^\beta (x^2+px+q)^\lambda \cdots (x^2+rx+s)^\mu,$$

其中 $p^2-4q<0$，$\cdots$，$r^2-4s<0$. 相应地，真分式 $\dfrac{P(x)}{Q(x)}$ 可以分解成如下简单分式之和：

$$\begin{aligned}\dfrac{P(x)}{Q(x)}=&\dfrac{A_1}{x-a}+\dfrac{A_2}{(x-a)^2}+\cdots+\dfrac{A_\alpha}{(x-a)^\alpha}+\cdots+\\
&\dfrac{B_1}{x-b}+\dfrac{B_2}{(x-b)^2}+\cdots+\dfrac{B_\beta}{(x-b)^\beta}+\\
&\dfrac{M_1 x+N_1}{x^2+px+q}+\dfrac{M_2 x+N_2}{(x^2+px+q)^2}+\cdots+\dfrac{M_\lambda x+N_\lambda}{(x^2+px+q)^\lambda}+\cdots+\\
&\dfrac{R_1 x+S_1}{x^2+rx+s}+\dfrac{R_2 x+S_2}{(x^2+rx+s)^2}+\cdots+\dfrac{R_\mu x+S_\mu}{(x^2+rx+s)^\mu},\end{aligned}$$

其中 A_i，$\cdots$，B_i，M_i，N_i，$\cdots$，R_i 及 $S_i(i=1,2,\cdots)$ 等都是常数.

下面我们通过例子运用待定系数法来求出这些常数的值.

例 1 求 $\displaystyle\int \dfrac{x+2}{x^2-5x+6}\mathrm{d}x$.

解 因为 $x^2-5x+6=(x-2)(x-3)$，可设

$$\dfrac{x+2}{x^2-5x+6}=\dfrac{A}{x-2}+\dfrac{B}{x-3},$$

其中 A，B 为待定系数. 下面用待定系数法求解：

两边去分母得

$$x+2=A(x-3)+B(x-2)=(A+B)x-(3A+2B),$$

利用等式两边同次幂的系数相等有

$$\begin{cases}A+B=1,\\ -(3A+2B)=2,\end{cases}\text{解得}\begin{cases}A=-4,\\ B=5,\end{cases}$$

所以 $\displaystyle\int \dfrac{x+2}{x^2-5x+6}\mathrm{d}x=\int\left(\dfrac{-4}{x-2}+\dfrac{5}{x-3}\right)\mathrm{d}x=-4\ln|x-2|+5\ln|x-3|+C.$

例 2 求 $\displaystyle\int \dfrac{1}{1+x^2+2x+2x^3}\mathrm{d}x$.

解 因为 $1+x^2+2x+2x^3=(1+2x)(1+x^2)$，可设

$$\dfrac{1}{(1+2x)(1+x^2)}=\dfrac{A}{1+2x}+\dfrac{Bx+C}{1+x^2},$$

两边去分母得

$$1=A(1+x^2)+(Bx+C)(1+2x),$$

整理为

$$1=(A+2B)x^2+(B+2C)x+C+A,$$

比较两端 x 的各同次幂的系数及常数项，得

$$\begin{cases}A+2B=0,\\ B+2C=0,\\ A+C=1,\end{cases}\text{解得}\begin{cases}A=\dfrac{4}{5},\\ B=-\dfrac{2}{5},\\ C=\dfrac{1}{5},\end{cases}$$

所以 $\int \dfrac{1}{1+x^2+2x+2x^3}\mathrm{d}x = \int\left(\dfrac{\frac{4}{5}}{1+2x}+\dfrac{-\frac{2}{5}x+\frac{1}{5}}{1+x^2}\right)\mathrm{d}x = \dfrac{4}{5}\int\dfrac{1}{1+2x}\mathrm{d}x - \dfrac{1}{5}\int\dfrac{2x-1}{1+x^2}\mathrm{d}x$

$= \dfrac{2}{5}\int\dfrac{1}{1+2x}\mathrm{d}(1+2x) - \dfrac{1}{5}\int\dfrac{1}{1+x^2}\mathrm{d}(1+x^2) + \dfrac{1}{5}\int\dfrac{1}{1+x^2}\mathrm{d}x$

$= \dfrac{2}{5}\ln|1+2x| - \dfrac{1}{5}\ln(1+x^2) + \dfrac{1}{5}\arctan x + C.$

例3 求 $\int \dfrac{2x+2}{(x-1)(x^2+1)^2}\mathrm{d}x.$

解 设 $\dfrac{2x+2}{(x-1)(x^2+1)^2} = \dfrac{A}{x-1} + \dfrac{Bx+C}{x^2+1} + \dfrac{Dx+E}{(x^2+1)^2}$,

由待定系数法知

$$A=1,\ B=-1,\ C=-1,\ D=-2,\ E=0,$$

所以 $\int \dfrac{2x+2}{(x-1)(x^2+1)^2}\mathrm{d}x = \int\dfrac{1}{x-1}\mathrm{d}x - \int\dfrac{x+1}{x^2+1}\mathrm{d}x - \int\dfrac{2x}{(x^2+1)^2}\mathrm{d}x$

$= \int\dfrac{1}{x-1}\mathrm{d}(x-1) - \dfrac{1}{2}\int\dfrac{1}{1+x^2}\mathrm{d}(1+x^2) -$

$\int\dfrac{1}{1+x^2}\mathrm{d}x - \int\dfrac{1}{(1+x^2)^2}\mathrm{d}(1+x^2)$

$= \ln|x-1| - \dfrac{1}{2}\ln(1+x^2) - \arctan x + \dfrac{1}{x^2+1} + C.$

二、三角函数有理式的积分

由三角函数及常数经过有限次四则运算构成的函数称为三角函数有理式.

由于各种三角函数都可由 $\sin x$ 和 $\cos x$ 构成的有理式表示,故可将三角函数有理式记作 $R(\sin x,\cos x)$.

对于一般的三角函数有理式的积分,可以用代换 $t = \tan\dfrac{x}{2}$,将其转化为有理函数的积分.

令 $t=\tan\dfrac{x}{2}$,则

$$x = 2\arctan t,\ \mathrm{d}x = \dfrac{2}{1+t^2}\mathrm{d}t,$$

利用万能公式可得

$$\sin x = \dfrac{2t}{1+t^2},\ \cos x = \dfrac{1-t^2}{1+t^2},$$

于是 $\int R(\sin x,\cos x)\mathrm{d}x = \int R\left(\dfrac{2t}{1+t^2},\dfrac{1-t^2}{1+t^2}\right)\dfrac{2}{1+t^2}\mathrm{d}t,$

即将三角函数有理式的积分转化为有理函数的积分.

例4 求 $\int \dfrac{1+\sin x}{\sin x(1+\cos x)}\mathrm{d}x.$

解 令 $t=\tan\dfrac{x}{2}$,则

$$\int \frac{1+\sin x}{\sin x(1+\cos x)}dx = \int \frac{1+\dfrac{2t}{1+t^2}}{\dfrac{2t}{1+t^2}\left(1+\dfrac{1-t^2}{1+t^2}\right)} \cdot \frac{2}{1+t^2}dt$$

$$= \frac{1}{2}\int \left(t+2+\frac{1}{t}\right)dt = \frac{1}{2}\left(\frac{t^2}{2}+2t+\ln|t|\right)+C$$

$$= \frac{1}{4}\tan^2\frac{x}{2}+\tan\frac{x}{2}+\frac{1}{2}\ln\left|\tan\frac{x}{2}\right|+C.$$

注意：利用万能代换可以解决一切有理函数的积分，但这种方法比较麻烦，有些三角函数有理式的积分可以用简单方法去做.

例 5　求 $\int \dfrac{\cos^3 x}{\sin^4 x}dx$.

解　$\int \dfrac{\cos^3 x}{\sin^4 x}dx = \int \dfrac{1-\sin^2 x}{\sin^4 x}d(\sin x) = -\dfrac{1}{3\sin^3 x}+\dfrac{1}{\sin x}+C.$

例 6　求 $\int \dfrac{1}{\sin^4 x}dx$.

解　$\int \dfrac{1}{\sin^4 x}dx = \int \csc^2 x(1+\cot^2 x)dx = \int \csc^2 x dx + \int \csc^2 x \cot^2 x dx$

$$= -\cot x - \frac{1}{3}\cot^3 x + C.$$

例 7　求 $\int \dfrac{\sin x}{\sin x + 2\cos x}dx$.

解　将被积函数的分子、分母同除以 $\cos x$，得

$$\frac{\sin x}{\sin x + 2\cos x} = \frac{\tan x}{\tan x + 2},$$

令 $t = \tan x$，则 $x = \arctan t$，$dx = \dfrac{1}{1+t^2}dt$，代入原式得

$$\int \frac{\sin x}{\sin x + 2\cos x}dx = \int \frac{\tan x}{\tan x + 2}dx = \int \frac{t}{(t+2)(1+t^2)}dt.$$

设 $\dfrac{t}{(t+2)(1+t^2)} = \dfrac{A}{t+2} + \dfrac{Bt+C}{1+t^2}$，由待定系数法得

$$A = -\frac{2}{5},\ B = \frac{2}{5},\ C = \frac{1}{5},$$

所以　$\int \dfrac{\sin x}{\sin x + 2\cos x}dx = \int \dfrac{t}{(t+2)(1+t^2)}dt = -\dfrac{2}{5}\int \dfrac{1}{t+2}dt + \dfrac{1}{5}\int \dfrac{2t+1}{1+t^2}dt$

$$= -\frac{2}{5}\ln|t+2| + \frac{1}{5}\ln(1+t^2) + \frac{1}{5}\arctan t + C$$

$$= -\frac{2}{5}\ln|\tan x + 2| + \frac{1}{5}\ln(1+\tan^2 x) + \frac{1}{5}x + C.$$

三、简单无理函数的积分举例

无理函数的积分相对复杂，我们只举被积函数含有根式 $\sqrt[n]{ax+b}$ 或 $\sqrt[n]{\dfrac{ax+b}{cx+d}}$ 的积分的例子.

例8 求 $\int \dfrac{1}{1+\sqrt[3]{x+3}}dx$.

解 令 $t=\sqrt[3]{x+3}$，则 $x=t^3-3$，$dx=3t^2 dt$，故

$$\int \dfrac{1}{1+\sqrt[3]{x+3}}dx = \int \dfrac{3t^2}{1+t}dt = 3\int\left(t-1+\dfrac{1}{1+t}\right)dt$$

$$= 3\left(\dfrac{t^2}{2}-t+\ln|1+t|\right)+C$$

$$= 3\left(\dfrac{\sqrt[3]{(x+3)^2}}{2}-\sqrt[3]{x+3}+\ln|1+\sqrt[3]{x+3}|\right)+C.$$

例9 求 $\int \dfrac{1}{x}\sqrt{\dfrac{x+1}{x}}dx$.

解 令 $t=\sqrt{\dfrac{x+1}{x}}$，则 $x=\dfrac{1}{t^2-1}$，$dx=-\dfrac{2t}{(t^2-1)^2}dt$，故

$$\int \dfrac{1}{x}\sqrt{\dfrac{x+1}{x}}dx = \int (t^2-1)t\cdot\dfrac{-2t}{(t^2-1)^2}dt = -2\int\dfrac{t^2}{t^2-1}dt$$

$$= -2\int\left(1+\dfrac{1}{t^2-1}\right)dt = -2t-\ln\left|\dfrac{t-1}{t+1}\right|+C$$

$$= -2\sqrt{\dfrac{x+1}{x}}-\ln\left|x\left(\sqrt{\dfrac{x+1}{x}}-1\right)^2\right|+C.$$

习 题 3-4

1. 求下列不定积分.

(1) $\int \dfrac{1}{x(x-1)^2}dx$; (2) $\int \dfrac{x+1}{(x-1)^3}dx$;

(3) $\int \dfrac{2x+3}{(x-2)(x+5)}dx$; (4) $\int \dfrac{1}{(x-1)(x-2)(x-3)}dx$;

(5) $\int \dfrac{1}{x^4-x^2-2}dx$; (6) $\int \dfrac{3}{x^3+1}dx$;

(7) $\int \dfrac{x^2+1}{(x+1)^2(x-1)}dx$; (8) $\int \dfrac{x+4}{(x-1)(x^2+x+3)}dx$;

(9) $\int \dfrac{1}{2x^2-1}dx$; (10) $\int \dfrac{3x+2}{x(x+1)^3}dx$;

(11) $\int \dfrac{x}{(x^2+1)(x^2+4)}dx$; (12) $\int \dfrac{\sqrt{x+1}-1}{\sqrt{x+1}+1}dx$;

(13) $\int \dfrac{x^2+1}{(x+1)^2(x-1)}dx$; (14) $\int \dfrac{x}{(x+2)(x+3)^2}dx$.

2. 求下列三角函数的积分.

(1) $\int \dfrac{1}{2+\sin x}dx$; (2) $\int \dfrac{1}{3+\cos x}dx$;

(3) $\int \dfrac{1}{\sin x \cos^4 x} dx$;   (4) $\int \dfrac{1}{1+\tan x} dx$;

(5) $\int \dfrac{1}{1+\sin x + \cos x} dx$;   (6) $\int \cos^5 x \, dx$;

(7) $\int \dfrac{\sin x \cos x}{\sin x + \cos x} dx$;   (8) $\int \dfrac{\sin^2 x}{1+\sin^2 x} dx$.

3. 求下列无理函数的积分.

(1) $\int \dfrac{dx}{\sqrt{x+1}-\sqrt[3]{x+1}}$;   (2) $\int \dfrac{1}{\sqrt[3]{(1+x)^2}\sqrt{1+x}} dx$;

(3) $\int \dfrac{1}{1+\sqrt{x}} dx$;   (4) $\int \sqrt{\dfrac{1-x}{1+x}} \cdot \dfrac{1}{x} dx$.

复 习 题 三

1. 单选题.

(1) 设 $F_1(x), F_2(x)$ 是区间 I 内的连续函数 $f(x)$ 的两个不同的原函数，且 $f(x) \neq 0$，则在区间 I 内必有(   ).

A. $F_1(x) + F_2(x) = C$;   B. $F_1(x) \cdot F_2(x) = C$;
C. $F_1(x) = CF_2(x)$;   D. $F_1(x) - F_2(x) = C$.

(2) 下列函数不是 $\dfrac{1}{\sqrt{x-x^2}}$ 的原函数的是(   ).

A. $\dfrac{1}{\sqrt{x-x^2}}$;   B. $\arcsin(2x-1)$;

C. $\arccos(1-2x)$;   D. $2\arctan\sqrt{\dfrac{x}{1-x}}$.

(3) 若函数 $f(x)$ 在 $(-\infty, +\infty)$ 内连续，则 $d\int f(x) dx = ($ $)$.

A. $f(x)$;   B. $f(x) dx$;   C. $f'(x)$;   D. $f'(x) dx$.

(4) $\int (2e^x - 3\sin x) dx = ($ $)$.

A. $2e^x + 3\cos x + C$;   B. $2e^x - 3\cos x + C$;
C. $2e^x - 3\sin x + C$;   D. $2e^x + 3\sin x + C$.

(5) 设 $\int f(x) dx = \cos\dfrac{x}{2} + C$，则 $f(x) = ($ $)$.

A. $-2\sin\dfrac{x}{2}$;   B. $-\dfrac{1}{2}\sin\dfrac{x}{2}$;

C. $-2\sin\dfrac{x}{2} + C$;   D. $-\dfrac{1}{2}\sin\dfrac{x}{2} + C$.

(6) $\dfrac{d}{dx}\int x^2 f(x) dx = ($ $)$.

A. $xf(x)$;   B. $xf(x) dx$;   C. $x^2 f(x)$;   D. $x^2 f(x) dx$.

(7) 已知 $f(x)$ 的一个原函数为 $\cos x$，$g(x)$ 的一个原函数为 x^2，则 $f[g(x)]$ 的一个原函数为（　　）.

A. x^2；　　　　　B. $\cos x$；　　　　　C. $\cos 2x$；　　　　　D. $\dfrac{1}{2}\cos 2x$.

(8) 设 $f(x)$ 是连续函数，$F(x)$ 是 $f(x)$ 的原函数，则（　　）.

A. 当 $f(x)$ 是奇函数时，$F(x)$ 必是偶函数；

B. 当 $f(x)$ 是偶函数时，$F(x)$ 必是奇函数；

C. 当 $f(x)$ 是周期函数时，$F(x)$ 必是周期函数；

D. 当 $f(x)$ 是单调增函数时，$F(x)$ 必是单调增函数.

(9) 设 $f(x)=k\tan 2x$ 的一个原函数为 $\ln\cos 2x$，则 $k=$（　　）.

A. $-\dfrac{2}{3}$；　　　　　B. $\dfrac{2}{3}$；　　　　　C. -2；　　　　　D. 2.

(10) 设 $f'(\ln x)=2+x$，则 $f(x)=$（　　）.

A. $\ln x+\dfrac{1}{2}(\ln x)^2+C$；　　　　　B. $2x+\dfrac{1}{2}x^2+C$；

C. $2x+e^x+C$；　　　　　D. $2e^x+\dfrac{1}{2}x^2+C$.

(11) 已知 $\int f(x)dx=F(x)+C$，则 $\int e^{-x}f(e^{-x})dx=$（　　）.

A. $F(e^x)+C$；　　　　　B. $-F(e^{-x})+C$；

C. $F(e^{-x})+C$；　　　　　D. $\dfrac{F(e^{-x})}{x}+C$.

(12) $\int f'\left(\dfrac{1}{x}\right)\dfrac{1}{x^2}dx=$（　　）.

A. $f\left(-\dfrac{1}{x}\right)+C$；　　　　　B. $-f\left(-\dfrac{1}{x}\right)+C$；

C. $f\left(\dfrac{1}{x}\right)+C$；　　　　　D. $-f\left(\dfrac{1}{x}\right)+C$.

(13) 设 $b\neq 0$，则 $\int\dfrac{xdx}{a+bx^2}=$（　　）.

A. $\dfrac{1}{2}\ln|a+bx^2|+C$；　　　　　B. $\dfrac{1}{2b}\ln|a+bx^2|+C$；

C. $\dfrac{1}{b}\ln|a+bx^2|+C$；　　　　　D. $\dfrac{b}{2}\ln|a+bx^2|+C$.

(14) $\int\ln\dfrac{x}{3}dx=$（　　）.

A. $x\ln\dfrac{x}{3}-3x+C$；　　　　　B. $x\ln\dfrac{x}{3}-6x+C$；

C. $x\ln\dfrac{x}{3}-x+C$；　　　　　D. $x\ln\dfrac{x}{3}+x+C$.

(15) 设 $\sec^2 x$ 是 $f(x)$ 的一个原函数，则 $\int xf(x)dx=$（　　）.

A. $x\sec x-\tan x+C$；　　　　　B. $x\sec^2 x-\tan x+C$；

C. $x\sec^2 x + \tan x + C$; 　　　　　　　　D. $-x\sec^2 x + \tan x + C$.

2. 填空题.

(1) 已知 $\int f(x)dx = \arcsin 3x + C$，则 $f(0) = $ _____.

(2) $\left(\int x^3 \cdot e^{x^2} dx\right)' = $ _____.

(3) $\int \dfrac{3x^4 + 3x^2 + 1}{x^2 + 1} dx = $ _____.

(4) $\int d(\sin^3 x) = $ _____.

(5) $\int \dfrac{1}{1 + \cos x} dx = $ _____.

(6) 设 $f'(x) = 2$ 且 $f(0) = 0$，求 $\int f(x)dx = $ _____.

(7) 已知 $f'(\sin^2 x) = \cos^2 x$，则 $f(x) = $ _____.

(8) 设 $\int x f(x)dx = \arcsin x + C$，则 $\int \dfrac{1}{f(x)} dx = $ _____.

3. 判断题.

(1) $\dfrac{d}{dx}\int f(x)dx = f(x) + C$. (　　)

(2) $\int f'(x)dx = f(x) + C$. (　　)

(3) 若 $f(x)$ 可导，则 $\int df(x) = f(x)$. (　　)

(4) $\int \dfrac{1}{x} dx = \ln x + C$. (　　)

(5) $\int \dfrac{e^{\sqrt{x}}}{\sqrt{x}} dx = e^{\sqrt{x}} + C$. (　　)

4. 综合题.

(1) 已知动点在时刻 t 的速度 $v = 3t - 2$，且 $t = 0$ 时 $s = 5$，求这个动点的运动方程.

(2) 计算下列不定积分:

① $\int \dfrac{\arcsin x}{\sqrt{1 - x^2}} dx$;　　　　　　② $\int \dfrac{e^x}{e^x + e^{-x}} dx$;

③ $\int \dfrac{x^2}{x^3 + 1} dx$;　　　　　　　　④ $\int 3\sec 3x\, dx$;

⑤ $\int \dfrac{e^x}{e^{2x} + 1} dx$;　　　　　　　⑥ $\int \dfrac{x\, dx}{\sqrt{4 - x^2}}$;

⑦ $\int \dfrac{x^2}{\sqrt{1 - x^2}} dx$;　　　　　　⑧ $\int \dfrac{\sqrt{x - 1}}{x} dx$;

⑨ $\int \dfrac{dx}{\sqrt[3]{x + 2} + 1}$;　　　　　　⑩ $\int \cos\sqrt{x}\, dx$;

⑪ $\int e^{\sqrt{3x + 9}}\, dx$;　　　　　　　　⑫ $\int \cos\ln x\, dx$;

⑬ $\int \ln^2 x \, dx$; ⑭ $\int x^2 e^x \, dx.$

(3) 已知 $\dfrac{\sin x}{x}$ 是 $f(x)$ 的一个原函数，求 $\int x f'(x) \, dx.$

(4) 设 $f'(e^x) = 1 + e^{2x}$，且 $f(0) = 1$，求 $f(x).$

第四章 定积分

定积分是微积分学的一个基本概念,也是微积分学的一个基本问题,它是在分析解决实际问题的过程中发展起来的,与不定积分联系密切. 定积分在自然科学与生产实践中有着广泛的应用. 本章通过实例引出定积分的概念,然后讨论定积分的性质与计算方法,揭示定积分与不定积分的内在联系.

第一节 定积分的概念

一、引例

1. 曲边梯形的面积

我们可以利用公式求一些规则图形的面积,例如,矩形、三角形、梯形、圆等平面图形的面积,但对于一般平面图形的面积如何求解呢?首先给出曲边梯形的概念.

曲边梯形是指这样的平面图形:它的一边是一段曲线弧,其余三边为直线,其中两条直线互相平行且垂直于第三条直线(图4-1). 如果两条相互平行的边中有一条或两条都缩成一点(图4-2、图4-3、图4-4),也称为曲边梯形. 它们可以看作是图4-1的特例.

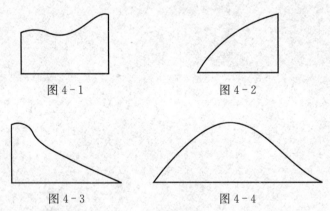

图4-1   图4-2

图4-3   图4-4

设曲边梯形是由连续曲线 $y=f(x)$, $f(x) \geqslant 0$, $x \in [a, b]$ 以及直线 $x=a$, $x=b$, x 轴围成的平面几何图形(图4-5).

下面我们研究如何计算如图4-5所示的曲边梯形的面积. 因为 $f(x) \geqslant 0$, 分两种情况讨论:①若 $f(x)$ 为常数,设 $y=f(x)=h$, 此时曲边梯形为矩形,它的面积 $S=h(b-a)$;②若 $f(x)$ 不是常数,而是 x 的函数,曲边梯形的面积不能用公式来求. 因 $f(x)$ 在 $[a, b]$ 上连续,所以当 x 变化很小时, $f(x)$ 的变化也很小,可以看作近

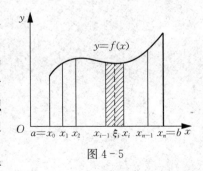

图4-5

似不变．根据函数连续性的特点，可以用一组平行于 y 轴的直线把曲边梯形分成 n 个小曲边梯形．同时将区间 $[a,b]$ 划分成 n 个小区间，当小区间长度较小时，每个小曲边梯形的曲边 $f(x)$ 变化也不大，这样可以在每个小曲边梯形上作一个与它同底，底上某点 x 所对应的函数值 $f(x)$ 为高的小矩形，用小矩形的面积近似替代小曲边梯形的面积，再用小矩形的面积之和近似替代整个曲边梯形的面积，这样把 $[a,b]$ 无限细分下去，当每个小区间的长度都趋于零时，n 个小矩形的面积之和的极限即为所求曲边梯形的面积．求解过程主要分为四步：

(1) **分割**：在闭区间 $[a,b]$ 上任意插入 $n-1$ 个分点：
$$a=x_0<x_1<x_2<\cdots<x_{i-1}<x_i<\cdots<x_{n-1}<x_n=b,$$
把区间 $[a,b]$ 分成 n 个小区间 $[x_{i-1},x_i]$ $(i=1,2,\cdots,n)$，每个小区间的区间长度用 Δx_i 表示，即 $\Delta x_i=x_i-x_{i-1}$ $(i=1,2,\cdots,n)$，过每个分点 x_i 作 y 轴的平行线，这样就把整个曲边梯形分成了 n 个小曲边梯形．

(2) **近似代替**：设整个曲边梯形面积为 S，第 i 个小曲边梯形的面积为 ΔS_i $(i=1,2,\cdots,n)$．任取 $\xi_i\in[x_{i-1},x_i]$，用 $f(\xi_i)$ 代替小矩形的高，小矩形的底边长为 Δx_i，第 i 个小曲边梯形的面积 $\Delta S_i\approx f(\xi_i)\Delta x_i$ $(i=1,2,\cdots,n)$．

(3) **求和**：n 个小矩形的面积之和近似等于曲边梯形的面积，所以曲边梯形的面积为
$$S=\sum_{i=1}^n \Delta S_i\approx\sum_{i=1}^n f(\xi_i)\Delta x_i.$$

(4) **取极限**：令 λ 是 n 个小区间长度的最大值，即 $\lambda=\max\{\Delta x_1,\Delta x_2,\cdots,\Delta x_n\}$，当 $\lambda\to 0$ 时，上述和式的极限即为曲边梯形的面积，即
$$S=\lim_{\lambda\to 0}\sum_{i=1}^n f(\xi_i)\Delta x_i.$$

2. 变速直线运动的路程

设一物体以速度 $v(t)$ 做变速直线运动，已知速度 $v=v(t)$ 是时间间隔 $[T_1,T_2]$ 上的连续函数，且 $v(t)\geqslant 0$，求物体在这段时间内所走过的路程．由于速度 $v=v(t)$ 是随时间 t 变化的，因此不能直接用公式

$$路程=速度\times 时间.$$

但由于速度是连续变化的，根据连续函数的特点：当 t 变化很小时，速度 $v(t)$ 变化也很小，因此我们可以利用求曲边梯形面积的方法来求变速直线运动的路程．分为四步：

(1) **分割**：在时间间隔 $[T_1,T_2]$ 上任意插入 $n-1$ 个分点：
$$T_1=t_0<t_1<t_2<\cdots<t_{i-1}<t_i<\cdots<t_{n-1}<t_n=T_2,$$
把区间 $[T_1,T_2]$ 分成 n 个小区间 $[t_{i-1},t_i]$ $(i=1,2,\cdots,n)$，每个小区间的区间长度用 Δt_i 表示，即 $\Delta t_i=t_i-t_{i-1}$ $(i=1,2,\cdots,n)$，相应地，在各段时间内物体经过的路程分别为 $\Delta s_1,\Delta s_2,\cdots,\Delta s_n$．

(2) **近似代替**：任取 $\xi_i\in[t_{i-1},t_i]$，用 $v(\xi_i)$ 代替 $[t_{i-1},t_i]$ 上每一点的速度，得到第 i 小段路程 Δs_i 的近似值，即
$$\Delta s_i\approx v(\xi_i)\Delta t_i (i=1,2,\cdots,n).$$

(3) **求和**：设总路程为 s，则有
$$s=\sum_{i=1}^n \Delta s_i\approx\sum_{i=1}^n v(\xi_i)\Delta t_i.$$

(4)**取极限**：令 $\lambda = \max\{\Delta t_1, \Delta t_2, \cdots, \Delta t_n\}$，当 $\lambda \to 0$ 时，上述和式的极限即为总路程 s，即

$$s = \lim_{\lambda \to 0} \sum_{i=1}^{n} v(\xi_i) \Delta t_i.$$

二、定积分的定义

从上面两个例子可以看出，要计算的量的实际意义虽然不同，但解决这些问题的方法是一样的，它们的数学形式最后都归结为一个特殊形式和式的极限．抛开这些问题的具体内容，抓住它们在数量关系上共同的本质加以概况，我们就可以给出定积分的定义．

定义 设函数 $f(x)$ 在闭区间 $[a, b]$ 上有界，在 $[a, b]$ 内任意插入 $n-1$ 个分点：

$$a = x_0 < x_1 < x_2 < \cdots < x_{i-1} < x_i < \cdots < x_{n-1} < x_n = b,$$

把区间 $[a, b]$ 分成 n 个小区间 $[x_{i-1}, x_i]$，各小区间的长度分别为 $\Delta x_i = x_i - x_{i-1}$ ($i = 1, 2, \cdots, n$)．在每个小区间 $[x_{i-1}, x_i]$ 上任取一点 $\xi_i \in [x_{i-1}, x_i]$，作乘积 $f(\xi_i)\Delta x_i$ ($i = 1, 2, \cdots, n$)，并作和

$$\sum_{i=1}^{n} f(\xi_i) \Delta x_i,$$

令 $\lambda = \max\{\Delta x_1, \Delta x_2, \cdots, \Delta x_n\}$，如果当 $\lambda \to 0$ 时，此和的极限总存在，且与闭区间 $[a, b]$ 的分法及点 ξ_i 的取法无关，则称这个极限 I 为函数 $f(x)$ 在区间 $[a, b]$ 上的定积分，记作 $\int_a^b f(x) \mathrm{d}x$，即

$$I = \int_a^b f(x) \mathrm{d}x = \lim_{\lambda \to 0} \sum_{i=1}^{n} f(\xi_i) \Delta x_i,$$

此时也称 $f(x)$ 在区间 $[a, b]$ 上可积，其中 $f(x)$ 称作**被积函数**，$f(x)\mathrm{d}x$ 称作**被积表达式**，x 称作**积分变量**，a 称作**积分下限**，b 称作**积分上限**，$[a, b]$ 称作**积分区间**．

根据定积分的定义，引例中的两个例子都可以表示为定积分．

曲边梯形的面积可表示为

$$S = \int_a^b f(x) \mathrm{d}x.$$

变速直线运动的路程可表示为

$$s = \int_a^b v(t) \mathrm{d}t.$$

关于定积分的定义有几点说明：

(1)定积分 $\int_a^b f(x) \mathrm{d}x$ 是一个和式的极限，是一个具体的数值，它只与被积函数和积分区间有关，而与积分变量用什么符号表示无关，即

$$\int_a^b f(x) \mathrm{d}x = \int_a^b f(u) \mathrm{d}u = \int_a^b f(v) \mathrm{d}v.$$

(2)函数 $f(x)$ 在区间 $[a, b]$ 上的定积分存在时，也称 $f(x)$ 在区间 $[a, b]$ 上可积．

对于定积分，还有一个重要问题，函数 $f(x)$ 在区间 $[a, b]$ 上满足什么样的条件使得 $f(x)$ 在区间 $[a, b]$ 上一定可积？对于这个问题我们不作严格论证，只给出下面两个定理．

定理 1 若函数 $f(x)$ 在闭区间 $[a, b]$ 上连续，则 $f(x)$ 在 $[a, b]$ 上可积．

定理 2　若函数 $f(x)$ 在闭区间 $[a, b]$ 上有界，且只有有限个间断点，则 $f(x)$ 在 $[a, b]$ 上可积.

定积分的几何意义：在区间 $[a, b]$ 上，当 $f(x) \geqslant 0$ 时，由前面的讨论知，定积分 $\int_a^b f(x) \mathrm{d}x$ 在几何上表示由曲线 $y = f(x)$，直线 $x = a$，$x = b$ 以及 x 轴所围成的曲边梯形的面积；当 $f(x) \leqslant 0$ 时，则由上述曲线所围成的曲边梯形位于 x 轴下方，定积分 $\int_a^b f(x) \mathrm{d}x$ 的值在几何上表示上述曲边梯形面积的负值；如果 $f(x)$ 在区间 $[a, b]$ 上既有正值又有负值，函数 $f(x)$ 的图形的某些部分位于 x 轴上方，而其他部分位于 x 轴下方(图 4-6)，此时定积分 $\int_a^b f(x) \mathrm{d}x$ 表示 x 轴上方图形面积与 x 轴下方图形面积之差.

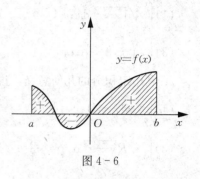

图 4-6

下面介绍利用定积分的定义计算定积分的例子.

例　求由曲线 $y = x$，直线 $y = 0$，$x = 1$ 所围成的平面图形的面积.

解　由定积分的几何意义知，曲线所围图形的面积可表示为定积分

$$S = \int_0^1 x \mathrm{d}x.$$

下面用定积分的定义计算定积分 $\int_0^1 x \mathrm{d}x$.

在区间 $[0, 1]$ 内插入 $n-1$ 个分点：

$$0 = x_0 < x_1 < x_2 < \cdots < x_{i-1} < x_i < \cdots < x_{n-1} < x_n = 1,$$

把区间 $[0, 1]$ 分为 n 等份，每个小区间 $[x_{i-1}, x_i]$ $(i = 1, 2, \cdots, n)$ 的长度 $\Delta x_i = \dfrac{1}{n}$，分点 $x_i = \dfrac{i}{n}$ $(i = 1, 2, \cdots, n)$，在每个小区间上任意取一点 $\xi_i \in \left[\dfrac{i-1}{n}, \dfrac{i}{n}\right]$ $(i = 1, 2, \cdots, n)$，又因为积分与 $[0, 1]$ 的分法及点 ξ_i 的取法无关，故可取 $\xi_i = \dfrac{i}{n}$（ξ_i 取为小区间的右端点），作乘积

$$f(\xi_i) \Delta x_i = \dfrac{i}{n} \cdot \dfrac{1}{n} \quad (i = 1, 2, \cdots, n),$$

作和

$$\sum_{i=1}^n \dfrac{i}{n} \cdot \dfrac{1}{n} = \sum_{i=1}^n \dfrac{i}{n^2} = \dfrac{1}{n^2} \sum_{i=1}^n i,$$

取极限，令 $\lambda = \max\{\Delta x_1, \Delta x_2, \cdots, \Delta x_n\} = \dfrac{1}{n}$，则当 $\lambda \to 0$ 时，等价于 $n \to \infty$，进而有

$$\begin{aligned} S &= \int_0^1 x \mathrm{d}x = \lim_{\lambda \to 0} \dfrac{1}{n^2} \sum_{i=1}^n i = \lim_{n \to \infty} \dfrac{1}{n^2} \sum_{i=1}^n i \\ &= \lim_{n \to \infty} \dfrac{1}{n^2} (1 + 2 + \cdots + n) = \lim_{n \to \infty} \dfrac{1}{n^2} \cdot \dfrac{n(n+1)}{2} \\ &= \lim_{n \to \infty} \dfrac{1}{2} \cdot \left(1 + \dfrac{1}{n}\right) = \dfrac{1}{2}. \end{aligned}$$

习 题 4-1

1. 利用定积分的几何意义求下列积分.

(1) $\int_0^1 \sqrt{1-x^2}\,dx$；

(2) $\int_{-3}^3 \sqrt{9-x^2}\,dx$；

(3) $\int_{-2}^4 \left(\dfrac{x}{2}+3\right)dx$；

(4) $\int_0^4 (\sqrt{16-x^2}+1)\,dx$.

2. 利用定积分的几何意义，说明下列等式.

(1) $\int_0^1 2x\,dx = 1$；

(2) $\int_{-\pi}^{\pi} \sin x\,dx = 0$；

(3) $\int_0^R \sqrt{R^2-x^2}\,dx = \dfrac{\pi R^2}{4}$；

(4) $\int_{-\frac{\pi}{2}}^{\frac{\pi}{2}} \cos x\,dx = 2\int_0^{\frac{\pi}{2}} \cos x\,dx$.

第二节 定积分的性质

在讨论定积分的性质之前，先对定积分作以下两点补充规定：

(1) 当 $a=b$ 时，$\int_a^b f(x)\,dx = 0$.

(2) 当 $a>b$ 时，$\int_a^b f(x)\,dx = -\int_b^a f(x)\,dx$.

根据上面的规定，定积分的上下限相等时，定积分的值为 0，交换积分的上下限，其绝对值不变而符号相反.

在本节讨论定积分的性质中，我们假设函数在给定的区间上可积，且不考虑积分上下限的大小.

性质 1 $\int_a^b [f(x) \pm g(x)]\,dx = \int_a^b f(x)\,dx \pm \int_a^b g(x)\,dx$.

也就是说，函数的和或差的定积分等于定积分的和或差.

证明 $\int_a^b [f(x) \pm g(x)]\,dx = \lim\limits_{\lambda \to 0} \sum\limits_{i=1}^n [f(\xi_i) \pm g(\xi_i)]\Delta x_i$

$= \lim\limits_{\lambda \to 0} \sum\limits_{i=1}^n f(\xi_i)\Delta x_i \pm \lim\limits_{\lambda \to 0} \sum\limits_{i=1}^n g(\xi_i)\Delta x_i$

$= \int_a^b f(x)\,dx \pm \int_a^b g(x)\,dx$.

注：性质 1 可推广到有限个函数的和或差的情形.

性质 2 $\int_a^b kf(x)\,dx = k\int_a^b f(x)\,dx$ (k 为常数).

即被积函数的常数因子可提到积分号外边.

证明 $\int_a^b kf(x)\,dx = \lim\limits_{\lambda \to 0} \sum\limits_{i=1}^n kf(\xi_i)\Delta x_i = k\lim\limits_{\lambda \to 0} \sum\limits_{i=1}^n f(\xi_i)\Delta x = k\int_a^b f(x)\,dx$.

性质 3（定积分对区间的可加性） 设 a,b,c 为任意三个数，则有

$$\int_a^b f(x)\,dx = \int_a^c f(x)\,dx + \int_c^b f(x)\,dx.$$

证明 先来证 $a<c<b$ 的情形，由 $f(x)$ 在区间 $[a,b]$ 上可积知，定积分的值与积分区间的分法无关，所以总可以把 c 取作一个分点，这样 $[a,b]$ 上的积分和等于 $[a,c]$ 上的积分和与 $[c,b]$ 上的积分和之和，即

$$\int_a^b f(x)\mathrm{d}x = \lim_{\lambda\to 0}\sum_{i=1}^n f(\xi_i)\Delta x_i$$
$$= \lim_{\lambda\to 0}\Big[\sum_{[a,c]} f(\xi_i)\Delta x_i + \sum_{[c,b]} g(\xi_i)\Delta x_i\Big]$$
$$= \int_a^c f(x)\mathrm{d}x + \int_c^b f(x)\mathrm{d}x.$$

对 a,b,c 之间的其他关系可以用上面证明的结论证之．例如，$a<b<c$ 的情形，有

$$\int_a^c f(x)\mathrm{d}x = \int_a^b f(x)\mathrm{d}x + \int_b^c f(x)\mathrm{d}x,$$

于是得

$$\int_a^b f(x)\mathrm{d}x = \int_a^c f(x)\mathrm{d}x - \int_b^c f(x)\mathrm{d}x = \int_a^c f(x)\mathrm{d}x + \int_c^b f(x)\mathrm{d}x.$$

性质 4 如果在区间 $[a,b]$ 上 $f(x)\equiv 1$，则

$$\int_a^b 1\mathrm{d}x = \int_a^b \mathrm{d}x = b - a.$$

这个性质请读者自己证明．

性质 5 如果在区间 $[a,b]$ 上 $f(x)\geqslant 0$，则

$$\int_a^b f(x)\mathrm{d}x \geqslant 0 \quad (a<b).$$

证明 因为 $f(x)\geqslant 0$，所以 $f(\xi_i)\geqslant 0 (i=1,2,\cdots,n)$，又因为 $\Delta x_i\geqslant 0$，所以

$$\sum_{i=1}^n f(\xi_i)\Delta x_i \geqslant 0,$$

令 $\lambda=\max\{\Delta x_1,\Delta x_2,\cdots,\Delta x_n\}$，则有

$$\lim_{\lambda\to 0}\sum_{i=1}^n f(\xi_i)\Delta x_i = \int_a^b f(x)\mathrm{d}x \geqslant 0,$$

即结论成立．

推论 1 如果在区间 $[a,b]$ 上 $f(x)\leqslant g(x)$，则

$$\int_a^b f(x)\mathrm{d}x \leqslant \int_a^b g(x)\mathrm{d}x \quad (a<b).$$

证明 因为 $f(x)\leqslant g(x)$，即 $g(x)-f(x)\geqslant 0$，所以

$$\int_a^b [g(x)-f(x)]\mathrm{d}x \geqslant 0,$$

由性质 1 得

$$\int_a^b g(x)\mathrm{d}x - \int_a^b f(x)\mathrm{d}x \geqslant 0,$$

故结论成立．

推论 2 $\left|\int_a^b f(x)\mathrm{d}x\right| \leqslant \int_a^b |f(x)|\mathrm{d}x \quad (a<b).$

证明 因为 $-|f(x)|\leqslant f(x)\leqslant |f(x)|$，由性质 2 和推论 1 得

$$-\int_a^b |f(x)|\,dx \leqslant \int_a^b f(x)\,dx \leqslant \int_a^b |f(x)|\,dx,$$

即得结论

$$\left|\int_a^b f(x)\,dx\right| \leqslant \int_a^b |f(x)|\,dx.$$

性质 6 设 M 和 m 分别是函数 $f(x)$ 在区间 $[a,b]$ 上的最大值和最小值，则

$$m(b-a) \leqslant \int_a^b f(x)\,dx \leqslant M(b-a).$$

证明 因为 $m \leqslant f(x) \leqslant M$，由推论 1 得

$$\int_a^b m\,dx \leqslant \int_a^b f(x)\,dx \leqslant \int_a^b M\,dx,$$

再由性质 2 和性质 4 得

$$m(b-a) \leqslant \int_a^b f(x)\,dx \leqslant M(b-a),$$

故结论成立．

注：性质 6 可估计定积分值的大致范围．

性质 7（定积分中值定理） 如果函数 $f(x)$ 在闭区间 $[a,b]$ 上连续，则在积分区间 $[a,b]$ 上至少存在一点 ξ，使得

$$\int_a^b f(x)\,dx = f(\xi)(b-a) \quad (a \leqslant \xi \leqslant b).$$

这个公式称为积分中值公式．

证明 由性质 6 知

$$m(b-a) \leqslant \int_a^b f(x)\,dx \leqslant M(b-a),$$

即

$$m \leqslant \frac{1}{b-a}\int_a^b f(x)\,dx \leqslant M.$$

再由闭区间上连续函数的介值定理知，在区间 $[a,b]$ 上至少存在一点 ξ，使得

$$f(\xi) = \frac{1}{b-a}\int_a^b f(x)\,dx \quad (a \leqslant \xi \leqslant b),$$

即 $\int_a^b f(x)\,dx = f(\xi)(b-a) \quad (a \leqslant \xi \leqslant b).$

注：性质 7 的几何意义：在区间 $[a,b]$ 上至少存在一点 ξ，使得以区间 $[a,b]$ 为底，以曲线 $y=f(x)$ 为曲边的曲边梯形的面积在数值上等于以区间 $[a,b]$ 为底，$f(\xi)$ 为高的矩形的面积，如图 4-7 所示．

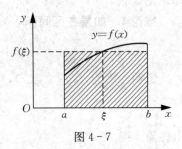

图 4-7

通常称 $f(\xi) = \dfrac{1}{b-a}\int_a^b f(x)\,dx$ 为函数 $f(x)$ 在闭区间 $[a,b]$ 上的平均值．

例 1 估计积分值 $\int_0^\pi \dfrac{1}{2+\sin^2 x}\,dx$．

解 令 $f(x) = \dfrac{1}{2+\sin^2 x}$，任取 $x \in [0,\pi]$，

$$\frac{1}{3} \leqslant \frac{1}{2+\sin^2 x} \leqslant \frac{1}{2},$$

进而
$$\int_0^\pi \frac{1}{3}\mathrm{d}x \leqslant \int_0^\pi \frac{1}{2+\sin^2 x}\mathrm{d}x \leqslant \int_0^\pi \frac{1}{2}\mathrm{d}x,$$

所以
$$\frac{\pi}{3} \leqslant \int_0^\pi \frac{1}{2+\sin^2 x}\mathrm{d}x \leqslant \frac{\pi}{2}.$$

例 2 比较积分值 $\int_{-1}^0 \mathrm{e}^x \mathrm{d}x$ 和 $\int_{-1}^0 x\mathrm{d}x$ 的大小.

解 令 $f(x) = \mathrm{e}^x - x$，$x \in [-1, 0]$，知
$$f(x) = \mathrm{e}^x - x > 0,$$

进而
$$\int_{-1}^0 (\mathrm{e}^x - x)\mathrm{d}x > 0,$$

即
$$\int_{-1}^0 \mathrm{e}^x \mathrm{d}x > \int_{-1}^0 x\mathrm{d}x.$$

习 题 4-2

1. 根据定积分的性质说明下列各组积分值的大小(填>，<或=).

(1) $\int_0^1 x\mathrm{d}x$ _____ $\int_0^1 \ln(1+x)\mathrm{d}x$；　　(2) $\int_1^2 x^2\mathrm{d}x$ _____ $\int_1^2 x^3\mathrm{d}x$；

(3) $\int_0^1 \sin x\mathrm{d}x$ _____ $\int_0^1 x\mathrm{d}x$；　　(4) $\int_0^1 \mathrm{e}^x\mathrm{d}x$ _____ $\int_0^1 (1+x)\mathrm{d}x$；

(5) $\int_1^2 (\ln x)^2\mathrm{d}x$ _____ $\int_1^2 \ln x\mathrm{d}x$；　　(6) $\int_0^1 \mathrm{e}^x\mathrm{d}x$ _____ $\int_0^1 \mathrm{e}^{x^2}\mathrm{d}x$.

2. 估计下列定积分的值.

(1) $\int_1^2 x^3 \mathrm{d}x$；　　(2) $\int_{\frac{\pi}{4}}^{\frac{5\pi}{4}} (1+\sin^2 x)\mathrm{d}x$；

(3) $\int_0^2 \mathrm{e}^{x^2-x}\mathrm{d}x$；　　(4) $\int_1^2 \frac{x}{1+x^2}\mathrm{d}x$；

(5) $\int_0^1 \mathrm{e}^{-\frac{x^2}{2}}\mathrm{d}x$；　　(6) $\int_0^{-2} x\mathrm{e}^x\mathrm{d}x$.

3. 判断题.

(1) 若 $f(x)$ 在 $[a, b]$ 上可导，则 $f(x)$ 在区间 $[a, b]$ 上必可积. 　　(　　)

(2) 若 $f(x)$ 在 $[a, b]$ 上连续，则 $f(x)$ 在区间 $[a, b]$ 上必可积. 　　(　　)

(3) 若 $f(x)$ 在 $[a, b]$ 上有界，则 $f(x)$ 在区间 $[a, b]$ 上必可积. 　　(　　)

(4) 若 $f(x)$ 在 $[a, b]$ 上可积，则 $f(x)$ 在区间 $[a, b]$ 上必连续. 　　(　　)

(5) 若 $f(x)$ 在 $[a, b]$ 上连续，则 $\frac{\mathrm{d}}{\mathrm{d}x}\int_a^b f(x)\mathrm{d}x = f(x)$. 　　(　　)

第三节　微积分基本公式

微积分基本公式是计算定积分的公式，是联系定积分与不定积分的纽带.

300 多年前，牛顿(Newton)和莱布尼茨(Leibniz)两位伟大的科学家，在前人工作的基

础上，各自独立地发现了定积分的计算公式，这是微积分学发展史上的里程碑．现在我们来学习这个公式．

设一物体在直线上运动，在 t 时刻物体所在的位置为 $s(t)$，速度为 $v(t)$．由第一节知，物体在时间间隔 $[T_1, T_2]$ 内经过的路程为速度函数 $v(t)$ 在 $[T_1, T_2]$ 上的定积分 $\int_{T_1}^{T_2} v(t)dt$．

另一方面，物体在 $[T_1, T_2]$ 内经过的路程又可以表示为 $s(t)$ 在这段时间间隔上的增量
$$s(T_2) - s(T_1).$$
由此可知，位置函数 $s(t)$ 与速度函数 $v(t)$ 有如下关系：
$$\int_{T_1}^{T_2} v(t)dt = s(T_2) - s(T_1).$$
由导数概念知，$s(t)$ 是 $v(t)$ 的原函数，所以上述关系式表示为：速度函数 $v(t)$ 在区间 $[T_1, T_2]$ 上的定积分等于它的原函数 $s(t)$ 在区间 $[T_1, T_2]$ 上的增量．

上述关系式是否具有普遍性？对于一般的连续函数，上述关系式是否成立？如果关系式成立，那么定积分的计算就简单了．

一、积分上限函数及其导数

设函数 $f(x)$ 在区间 $[a, b]$ 上连续，$x \in [a, b]$，则 $f(x)$ 在区间 $[a, x]$ 上也连续，进而 $f(x)$ 在区间 $[a, x]$ 上可积．它的定积分可以表示为 $\int_a^x f(x)dx$，这里 x 既是积分变量又是积分上限，为了明确起见，将积分变量 x 换成 t，定积分可写成 $\int_a^x f(t)dt$．

当 x 在 $[a, b]$ 上变化时，定积分 $\int_a^x f(t)dt$ 也随之变化，所以定积分 $\int_a^x f(t)dt$ 是定义在 $[a, b]$ 上的一个函数，称这个函数为**积分上限函数**，记为 $\Phi(x)$，即
$$\Phi(x) = \int_a^x f(t)dt \, (a \leqslant x \leqslant b).$$
关于积分上限函数有下面的重要定理．

定理 1 若函数 $f(x)$ 在闭区间 $[a, b]$ 上连续，那么积分上限函数
$$\Phi(x) = \int_a^x f(t)dt$$
在 $[a, b]$ 上可导，且
$$\Phi'(x) = \frac{d}{dx}\int_a^x f(t)dt = f(x) \, (a \leqslant x \leqslant b).$$

证明 当积分上限由 x 变到 $x + \Delta x$ 时，函数 $\Phi(x)$ 在 $x + \Delta x$ 处的函数值为
$$\Phi(x + \Delta x) = \int_a^{x+\Delta x} f(t)dt,$$
函数增量为
$$\Delta \Phi = \Phi(x + \Delta x) - \Phi(x) = \int_a^{x+\Delta x} f(t)dt - \int_a^x f(t)dt$$
$$= \int_a^x f(t)dt + \int_x^{x+\Delta x} f(t)dt - \int_a^x f(t)dt$$
$$= \int_x^{x+\Delta x} f(t)dt.$$

由积分中值定理知

$$\Delta\Phi = \int_x^{x+\Delta x} f(t)\mathrm{d}t = f(\xi)\Delta x,$$

其中 ξ 介于 x 和 $x+\Delta x$ 之间. 再将上式两端同时除以 Δx, 得

$$\frac{\Delta\Phi}{\Delta x} = f(\xi).$$

由于函数 $f(x)$ 在闭区间 $[a,b]$ 上连续, 当 $\Delta x \to 0$ 时, $x+\Delta x \to x$, 进而 $\xi \to x$, 所以有

$$\lim_{\Delta x \to 0}\frac{\Delta\Phi}{\Delta x} = \lim_{\xi \to x} f(\xi) = f(x),$$

即 $\Phi'(x) = f(x)$. 定理 1 证毕.

由定理 1 知, $\Phi(x)$ 是 $f(x)$ 的一个原函数, 于是有下面的定理.

定理 2(原函数存在定理) 若函数 $f(x)$ 在区间 $[a,b]$ 上连续, 则函数

$$\Phi(x) = \int_a^x f(t)\mathrm{d}t$$

就是 $f(x)$ 在区间 $[a,b]$ 上的一个原函数.

由定理 2 知, 任何一个连续函数都存在原函数.

例 1 求 $\dfrac{\mathrm{d}}{\mathrm{d}x}\displaystyle\int_0^x \sin^2 t\,\mathrm{d}t$.

解 由定理 1 知

$$\frac{\mathrm{d}}{\mathrm{d}x}\int_0^x \sin^2 t\,\mathrm{d}t = \sin^2 x.$$

例 2 设 $f(x) = \displaystyle\int_1^{x^2} \mathrm{e}^{t^3}\mathrm{d}t$, 求 $f'(x)$.

解 本题不能直接应用定理 1, 需将 $\displaystyle\int_1^{x^2}\mathrm{e}^{t^3}\mathrm{d}t$ 看成是 x 的复合函数, 引入中间变量 $u = x^2$, 可得 $f(x) = \displaystyle\int_1^{x^2}\mathrm{e}^{t^3}\mathrm{d}t = \int_1^u \mathrm{e}^{t^3}\mathrm{d}t$, $u = x^2$, 由复合函数的求导法则, 有

$$f'(x) = \frac{\mathrm{d}}{\mathrm{d}x}\int_1^{x^2}\mathrm{e}^{t^3}\mathrm{d}t = \frac{\mathrm{d}}{\mathrm{d}u}\int_1^u \mathrm{e}^{t^3}\mathrm{d}t \cdot \frac{\mathrm{d}u}{\mathrm{d}x}$$
$$= \mathrm{e}^{u^3}\cdot 2x = \mathrm{e}^{(x^2)^3}\cdot 2x = 2x\mathrm{e}^{x^6}.$$

结论 1: 一般地, 有

$$\frac{\mathrm{d}}{\mathrm{d}x}\int_a^{\varphi(x)} f(t)\mathrm{d}t = f[\varphi(x)]\varphi'(x),$$

其中 $f(x)$ 为连续函数, $\varphi(x)$ 为可导函数.

例 3 设 $f(x) = \displaystyle\int_{x^2}^{x^3} \ln(1+t^3)\mathrm{d}t$, 求 $f'(x)$.

解 由定积分的性质知

$$f(x) = \int_{x^2}^{x^3}\ln(1+t^3)\mathrm{d}t = \int_{x^2}^{a}\ln(1+t^3)\mathrm{d}t + \int_a^{x^3}\ln(1+t^3)\mathrm{d}t,$$

由结论 1 得

$$f'(x) = \left(\int_{x^2}^{x^3}\ln(1+t^3)\mathrm{d}t\right)'_x = \left(-\int_a^{x^2}\ln(1+t^3)\mathrm{d}t + \int_a^{x^3}\ln(1+t^3)\mathrm{d}t\right)'_x$$

$$= \left(-\int_a^{x^2} \ln(1+t^3)\mathrm{d}t\right)'_x + \left(\int_a^{x^3} \ln(1+t^3)\mathrm{d}t\right)'_x$$
$$= -\ln(1+x^6)\cdot(x^2)'_x + \ln(1+x^9)\cdot(x^3)'_x$$
$$= -2x\ln(1+x^6) + 3x^2\ln(1+x^9).$$

结论 2：一般地，设
$$f(x) = \int_{\psi(x)}^{\varphi(x)} f(t)\mathrm{d}t = \int_{\psi(x)}^{a} f(t)\mathrm{d}t + \int_{a}^{\varphi(x)} f(t)\mathrm{d}t$$
$$= \int_{a}^{\varphi(x)} f(t)\mathrm{d}t - \int_{a}^{\psi(x)} f(t)\mathrm{d}t,$$

则
$$f'(x) = f[\varphi(x)]\varphi'(x) - f[\psi(x)]\psi'(x),$$

其中 $f(x)$ 为连续函数，$\varphi(x)$，$\psi(x)$ 为可导函数．

例 4 求 $\lim\limits_{x\to 0} \dfrac{\int_0^x t\sqrt{1+t^2}\mathrm{d}t}{x^2}$．

解 这是一个 $\dfrac{0}{0}$ 型未定式，由洛必达法则知

$$\lim_{x\to 0}\frac{\int_0^x t\sqrt{1+t^2}\mathrm{d}t}{x^2} = \lim_{x\to 0}\frac{\left(\int_0^x t\sqrt{1+t^2}\mathrm{d}t\right)'_x}{(x^2)'_x} = \lim_{x\to 0}\frac{x\sqrt{1+x^2}}{2x} = \frac{1}{2}.$$

例 5 设 $F(x) = \dfrac{x^3}{x-a}\int_a^x f(t)\mathrm{d}t$，其中 $f(x)$ 为连续函数，求极限 $\lim\limits_{x\to a} F(x)$．

解 由极限的性质和洛必达法则知

$$\lim_{x\to a} F(x) = \lim_{x\to a}\frac{x^3\int_a^x f(t)\mathrm{d}t}{x-a} = \lim_{x\to a} x^3 \cdot \lim_{x\to a}\frac{\int_a^x f(t)\mathrm{d}t}{x-a}$$
$$= a^3 \cdot \lim_{x\to a}\frac{\int_a^x f(t)\mathrm{d}t}{x-a} = a^3 \cdot \lim_{x\to a} f(x)$$
$$= a^3 f(a).$$

二、微积分基本公式

下面要给出的定理被称为微积分基本定理，它给出了计算定积分的公式．

定理 3（微积分基本定理） 设函数 $f(x)$ 在区间 $[a,b]$ 上连续，$F(x)$ 是 $f(x)$ 的一个原函数，则

$$\int_a^b f(x)\mathrm{d}x = F(b) - F(a).$$

证明 由定理 2 知，积分上限函数 $\varPhi(x) = \int_a^x f(t)\mathrm{d}t$ 是 $f(x)$ 的一个原函数，$F(x)$ 也是 $f(x)$ 的一个原函数，而两个原函数的差是一个常数 C，即
$$F(x) - \varPhi(x) = C \; (a \leqslant x \leqslant b).$$

令 $x = a$，得
$$F(a) - \varPhi(a) = C,$$

即
$$F(a) = \varPhi(a) + C = \int_a^a f(t)\mathrm{d}t + C = C.$$

令 $x=b$，得
$$F(b)-\Phi(b)=C,$$
即
$$F(b)=\Phi(b)+C=\int_a^b f(t)\mathrm{d}t+C=\int_a^b f(t)\mathrm{d}t+F(a),$$
移项得
$$\int_a^b f(x)\mathrm{d}x=F(b)-F(a).$$
定理证毕.

通常将微积分基本公式写为
$$\int_a^b f(x)\mathrm{d}x=F(x)\big|_a^b=F(b)-F(a),$$
微积分基本公式又称为牛顿—莱布尼茨公式，它揭示了定积分与不定积分的关系：一个连续函数在区间 $[a,b]$ 上的定积分等于它的任意一个原函数在区间 $[a,b]$ 上的增量. 这样就把求解定积分问题转化为求原函数的问题. 同时也为定积分的计算提供了一个简便方法，避免了定义法求定积分的烦琐.

例 6 求 $\int_1^2 \dfrac{1}{x}\mathrm{d}x$.

解 由于 $\ln x$ 是 $\dfrac{1}{x}$ $(x>0)$ 的原函数，故由牛顿—莱布尼茨公式，有
$$\int_1^2 \frac{1}{x}\mathrm{d}x=\ln x\big|_1^2=\ln 2-\ln 1=\ln 2.$$

例 7 求 $\int_0^{\frac{\pi}{2}} \cos x\mathrm{d}x$.

解 $\int_0^{\frac{\pi}{2}} \cos x\mathrm{d}x=\sin x\big|_0^{\frac{\pi}{2}}=\sin\dfrac{\pi}{2}-\sin 0=1.$

例 8 计算 $\int_0^1 \dfrac{x^2}{x^2+1}\mathrm{d}x$.

解 $\int_0^1 \dfrac{x^2}{x^2+1}\mathrm{d}x=\int_0^1 \dfrac{x^2+1-1}{x^2+1}\mathrm{d}x=\int_0^1 1\mathrm{d}x-\int_0^1 \dfrac{1}{x^2+1}\mathrm{d}x$
$$=1-\arctan x\big|_0^1=1-\frac{\pi}{4}.$$

例 9 计算 $\int_{-1}^2 |x-1|\mathrm{d}x$.

解 $\int_{-1}^2 |x-1|\mathrm{d}x=\int_{-1}^1 (1-x)\mathrm{d}x+\int_1^2 (x-1)\mathrm{d}x$
$$=\left(x-\frac{x^2}{2}\right)\bigg|_{-1}^1+\left(\frac{x^2}{2}-x\right)\bigg|_1^2$$
$$=2+\frac{1}{2}=\frac{5}{2}.$$

例 10 设 $f(x)=\begin{cases}2x, & 0\leqslant x\leqslant 1, \\ 5, & 1<x\leqslant 2,\end{cases}$ 求 $\int_0^2 f(x)\mathrm{d}x$.

解 $\int_0^2 f(x)\mathrm{d}x=\int_0^1 f(x)\mathrm{d}x+\int_1^2 f(x)\mathrm{d}x=\int_0^1 2x\mathrm{d}x+\int_1^2 5\mathrm{d}x=6.$

例 11 计算曲线 $y=\sin x$ 在 $[0,\pi]$ 上与 x 轴所围成的平面图形的面积.

解 $S = \int_0^\pi \sin x \, dx = (-\cos x)\big|_0^\pi = 2.$

习 题 4-3

1. 设 $F(x) = \int_0^x \dfrac{\sin t}{t} dt$,求 $F'(0)$.

2. 计算下列导数.

(1) $\dfrac{d}{dx} \int_0^x t\cos t^3 \, dt$;

(2) $\dfrac{d}{dx} \int_a^b f(t) \, dt$;

(3) $\dfrac{d}{dx} \int_0^{x^2} \sin t \, dt$;

(4) $\dfrac{d}{dx} \int_x^{\cos x} \sqrt{1+t^2} \, dt$;

(5) $\dfrac{d}{dx} \int_1^{\sin x} e^{-t^2} \, dt$;

(6) $\dfrac{d}{dx} \int_{x^2}^{x^3} \dfrac{1}{\sqrt{1+t^4}} \, dt$.

3. 求下列极限.

(1) $\lim\limits_{x \to 0} \dfrac{\int_0^x \arctan t \, dt}{x^2}$;

(2) $\lim\limits_{x \to 1} \dfrac{\int_1^x \cos t^2 \, dt}{x-1}$;

(3) $\lim\limits_{x \to 0} \dfrac{\int_0^x \sqrt{1+t^2} \, dt}{x}$;

(4) $\lim\limits_{x \to 0} \dfrac{\left(\int_0^x e^{t^2} dt\right)^2}{\int_0^x t e^{2t^2} dt}$;

(5) $\lim\limits_{x \to 0} \dfrac{\int_0^{\sin x} e^t \, dt}{x}$;

(6) $\lim\limits_{x \to 0} \dfrac{\int_0^x e^{-t^2} \, dt}{\sin x - x}$.

4. 确定常数 a, b, c 的值,使 $\lim\limits_{x \to 0} \dfrac{ax - \sin x}{\int_b^x \ln(1+t^2) \, dt} = c (c \neq 0)$.

5. 计算下列定积分.

(1) $\int_0^1 (3x^2 - x + 1) \, dx$;

(2) $\int_0^{\frac{\pi}{3}} \sec x \tan x \, dx$;

(3) $\int_{-\sqrt{3}}^{\sqrt{3}} \dfrac{1}{1+x^2} \, dx$;

(4) $\int_0^{\frac{2\pi}{3}} \dfrac{1}{\cos^2 x} \, dx$;

(5) $\int_0^1 \dfrac{1}{\sqrt{4-x^2}} \, dx$;

(6) $\int_0^\pi \cos^2 \left(\dfrac{x}{2}\right) dx$;

(7) $\int_1^2 \left(x^2 + \dfrac{1}{x^4}\right) dx$;

(8) $\int_{-1}^0 \dfrac{3x^4 + 3x^2 + 1}{1+x^2} \, dx$;

(9) $\int_{-1}^3 |2-x| \, dx$;

(10) $\int_0^{\frac{3\pi}{4}} \sqrt{1+\cos 2x} \, dx$;

(11) 设 $f(x) = \begin{cases} x, & 0 \leqslant x \leqslant 1, \\ 1, & 1 \leqslant x \leqslant 2, \end{cases}$ 求 $\int_0^2 f(x) \, dx$.

6. 设 $f(x) = \begin{cases} \dfrac{1}{x^4} \int_0^x \sin t^3 \, dt, & x \neq 0, \\ a, & x = 0 \end{cases}$ 在 $x=0$ 处连续,求 a 的值.

7. 设 $f(x)$ 连续，且 $\int_a^x f(t)dt = \ln(1+x^2)$，求 $f(0)$．

8. 设 $f(x) = \begin{cases} x+1, & x \leqslant 1, \\ \dfrac{1}{2}x^2, & x > 1, \end{cases}$ 求 $\int_0^2 f(x)dx$．

9. 设函数 $f(x)$ 在区间 $[a, b]$ 上连续，在 (a, b) 内可导，且 $f'(x) \leqslant 0$，证明：函数 $F(x) = \dfrac{1}{x-a}\int_a^x f(t)dt$ 在 (a, b) 内有 $F'(x) \leqslant 0$．

第四节　定积分的换元法和分部积分法

由牛顿—莱布尼茨公式可知，求定积分的问题可以转化为求被积函数的原函数在给定区间上的增量．在求不定积分时我们用到过不定积分的换元公式和分部积分公式，那么对于定积分我们也有相应的公式，下面介绍定积分的换元公式．

一、定积分的换元法

定理　设函数 $f(x)$ 在区间 $[a, b]$ 上连续，作变量代换 $x = \varphi(t)$，其中函数 $\varphi(t)$ 满足如下条件：

(1) 函数 $x = \varphi(t)$ 在 $[\alpha, \beta]$（或 $[\beta, \alpha]$）上单调且有连续导数；

(2) 当 t 在 $[\alpha, \beta]$（或 $[\beta, \alpha]$）上变化时，$x = \varphi(t)$ 的值在 $[a, b]$ 上变化，且 $\varphi(\alpha) = a$，$\varphi(\beta) = b$，

则有定积分的换元公式

$$\int_a^b f(x)dx = \int_\alpha^\beta f[\varphi(t)]\varphi'(t)dt. \tag{1}$$

证明　由 $f(x)$ 在 $[a, b]$ 上连续知，$f(x)$ 的原函数 $F(x)$ 一定存在．再由牛顿—莱布尼茨公式得

$$\int_a^b f(x)dx = F(b) - F(a).$$

另外，$F[\varphi(t)]$ 可看作是 $F(x)$ 与 $x = \varphi(t)$ 复合而成的函数，由复合函数求导法则知

$$\frac{d}{dt}F[\varphi(t)] = f(x)\varphi'(t) = f[\varphi(t)]\varphi'(t),$$

这说明 $F[\varphi(t)]$ 是 $f[\varphi(t)]\varphi'(t)$ 的一个原函数，故有

$$\int_\alpha^\beta f[\varphi(t)]\varphi'(t)dt = F[\varphi(t)]\Big|_\alpha^\beta = F[\varphi(\beta)] - F[\varphi(\alpha)].$$

又因为 $\varphi(\alpha) = a$，$\varphi(\beta) = b$，所以有

$$\int_a^b f(x)dx = \int_\alpha^\beta f[\varphi(t)]\varphi'(t)dt.$$

注：应用定积分的换元积分法需注意以下几点：

(1) 作变量代换 $x = \varphi(t)$ 把原变量 x 换成新变量 t 时，相应的积分限也要发生变化，即下限 a 对应的新下限为 α，上限 b 对应的新上限为 β．

(2) 在求出原函数后，不必把新变量 t 再换回原变量 x．

(3) 不用考虑公式(1)中 α 和 β 谁大谁小的问题.

例1 计算 $\int_0^a \sqrt{a^2-x^2}\,dx\,(a>0)$.

解 设 $x=\varphi(t)=a\sin t$, $t\in\left[0,\dfrac{\pi}{2}\right]$, 则 $dx=a\cos t\,dt$. 易知 $x=a\sin t$ 是单调函数, 故可由公式(1)求解. 当 $x=0$ 时, $t=0$; 当 $x=a$ 时, $t=\dfrac{\pi}{2}$, 所以

$$\int_0^a \sqrt{a^2-x^2}\,dx = \int_0^{\frac{\pi}{2}} a^2\cos^2 t\,dt = a^2\int_0^{\frac{\pi}{2}} \frac{1+\cos 2t}{2}\,dt$$
$$= \frac{a^2}{2}\left(t+\frac{\sin 2t}{2}\right)\Big|_0^{\frac{\pi}{2}} = \frac{\pi a^2}{4}.$$

例2 计算 $\int_0^8 \dfrac{dx}{1+\sqrt[3]{x}}$.

解 令 $\sqrt[3]{x}=t$, 则 $x=t^3$, $t\in[0,2]$, $dx=3t^2\,dt$, 易知 $x=t^3$ 是单调函数, 且当 $x=0$ 时, $t=0$; 当 $x=8$ 时, $t=2$, 于是

$$\int_0^8 \frac{dx}{1+\sqrt[3]{x}} = \int_0^2 \frac{3t^2}{1+t}\,dt = 3\int_0^2 \left(t-1+\frac{1}{1+t}\right)dt$$
$$= 3\left(\frac{t^2}{2}-t+\ln|1+t|\right)\Big|_0^2 = 3\ln 3.$$

例3 计算 $\int_0^{\frac{\pi}{2}} \cos^3 x\sin x\,dx$.

解 **方法一** 令 $t=\cos x$, $x\in\left[0,\dfrac{\pi}{2}\right]$, 则 $dt=-\sin x\,dx$, 易知 $t=\cos x$ 是单调函数, 且当 $x=0$ 时, $t=1$; 当 $x=\dfrac{\pi}{2}$ 时, $t=0$, 于是

$$\int_0^{\frac{\pi}{2}} \cos^3 x\sin x\,dx = -\int_1^0 t^3\,dt = \frac{t^4}{4}\Big|_0^1 = \frac{1}{4}.$$

方法二 $\int_0^{\frac{\pi}{2}} \cos^3 x\sin x\,dx = -\int_0^{\frac{\pi}{2}} \cos^3 x\,d(\cos x) = -\dfrac{\cos^4 x}{4}\Big|_0^{\frac{\pi}{2}} = \dfrac{1}{4}.$

注: 如果不作变量代换, 那么利用凑微分法求解定积分, 定积分的上下限就不用变.

例4 设 $f(x)$ 在 $[-a,a]\,(a>0)$ 上连续, 证明:

(1) 当 $f(x)$ 为奇函数时, $\int_{-a}^a f(x)\,dx=0$;

(2) 当 $f(x)$ 为偶函数时, $\int_{-a}^a f(x)\,dx=2\int_0^a f(x)\,dx$.

证明 因为 $\int_{-a}^a f(x)\,dx = \int_{-a}^0 f(x)\,dx + \int_0^a f(x)\,dx$,

对积分 $\int_{-a}^0 f(x)\,dx$ 作代换 $x=-t$, 得

$$\int_{-a}^0 f(x)\,dx = -\int_a^0 f(-t)\,dt = \int_0^a f(-t)\,dt = \int_0^a f(-x)\,dx,$$

于是 $\int_{-a}^a f(x)\,dx = \int_0^a f(x)\,dx + \int_0^a f(-x)\,dx = \int_0^a [f(x)+f(-x)]\,dx$,

所以当 $f(x)$ 为奇函数时, $f(-x)=-f(x)$, 这时有

$$\int_{-a}^{a} f(x)\mathrm{d}x = \int_{0}^{a}[f(x)-f(x)]\mathrm{d}x = \int_{0}^{a} 0\mathrm{d}x = 0;$$

当 $f(x)$ 为偶函数时，$f(-x)=f(x)$，这时有

$$\int_{-a}^{a} f(x)\mathrm{d}x = 2\int_{0}^{a} f(x)\mathrm{d}x.$$

例 4 告诉我们：奇函数在对称区间的积分为零，偶函数在对称区间的积分是它在正区间积分的 2 倍. 这个结论可以作为公式用.

例 5 计算定积分.

(1) $\int_{-\frac{1}{2}}^{\frac{1}{2}} \frac{x^4 \arctan x}{\sqrt{1-x^2}} \mathrm{d}x$; (2) $\int_{-1}^{1} (|x|+\sin x)x^4 \mathrm{d}x$.

解 (1) 函数 $\frac{x^4 \arctan x}{\sqrt{1-x^2}}$ 为奇函数，由例 4 的结论知

$$\int_{-\frac{1}{2}}^{\frac{1}{2}} \frac{x^4 \arctan x}{\sqrt{1-x^2}} \mathrm{d}x = 0.$$

(2) 因为其积分区间关于原点对称，且 $|x|x^4$ 为偶函数，$\sin x \cdot x^4$ 为奇函数，故有

$$\int_{-1}^{1} (|x|+\sin x)x^4 \mathrm{d}x = \int_{-1}^{1} |x|x^4 \mathrm{d}x = 2\int_{0}^{1} x^5 \mathrm{d}x = \frac{1}{3}.$$

例 6 试证：

(1) $\int_{0}^{\frac{\pi}{2}} \cos^n x \mathrm{d}x = \int_{0}^{\frac{\pi}{2}} \sin^n x \mathrm{d}x$，其中 n 为正整数；

(2) $\int_{0}^{\pi} \sin^n x \mathrm{d}x = 2\int_{0}^{\frac{\pi}{2}} \sin^n x \mathrm{d}x$，其中 n 为正整数.

证明 (1) 设 $x = \frac{\pi}{2} - t$，则 $\mathrm{d}x = -\mathrm{d}t$，且当 $x=0$ 时，$t=\frac{\pi}{2}$；当 $x=\frac{\pi}{2}$ 时，$t=0$，于是

$$\int_{0}^{\frac{\pi}{2}} \cos^n x \mathrm{d}x = \int_{\frac{\pi}{2}}^{0} \cos^n\left(\frac{\pi}{2}-t\right)\mathrm{d}\left(\frac{\pi}{2}-t\right) = -\int_{\frac{\pi}{2}}^{0} \sin^n t \mathrm{d}t = \int_{0}^{\frac{\pi}{2}} \sin^n x \mathrm{d}x.$$

(2) 因为 $\int_{0}^{\pi} \sin^n x \mathrm{d}x = \int_{0}^{\frac{\pi}{2}} \sin^n x \mathrm{d}x + \int_{\frac{\pi}{2}}^{\pi} \sin^n x \mathrm{d}x,$

令 $x = \pi - t$，则

$$\int_{\frac{\pi}{2}}^{\pi} \sin^n x \mathrm{d}x = -\int_{\frac{\pi}{2}}^{0} \sin^n(\pi-t)\mathrm{d}t = \int_{0}^{\frac{\pi}{2}} \sin^n x \mathrm{d}x,$$

故结论成立.

例 7 计算 $\int_{0}^{\pi} \sqrt{\sin^3 x - \sin^5 x} \mathrm{d}x$.

解 因被积函数 $\sqrt{\sin^3 x - \sin^5 x} = \sin^{\frac{3}{2}} x |\cos x|$，所以

$$\int_{0}^{\pi} \sqrt{\sin^3 x - \sin^5 x} \mathrm{d}x = \int_{0}^{\pi} \sin^{\frac{3}{2}} x |\cos x| \mathrm{d}x = \int_{0}^{\frac{\pi}{2}} \sin^{\frac{3}{2}} x \cos x \mathrm{d}x - \int_{\frac{\pi}{2}}^{\pi} \sin^{\frac{3}{2}} x \cos x \mathrm{d}x$$

$$= \int_{0}^{\frac{\pi}{2}} \sin^{\frac{3}{2}} x \mathrm{d}(\sin x) - \int_{\frac{\pi}{2}}^{\pi} \sin^{\frac{3}{2}} x \mathrm{d}(\sin x)$$

$$= \frac{2}{5} \sin^{\frac{5}{2}} x \Big|_{0}^{\frac{\pi}{2}} - \frac{2}{5} \sin^{\frac{5}{2}} x \Big|_{\frac{\pi}{2}}^{\pi} = \frac{4}{5}.$$

二、定积分的分部积分法

设函数 $u(x)$, $v(x)$ 在 $[a, b]$ 上具有连续导数 $u'(x)$, $v'(x)$，则有
$$(uv)' = u'v + uv',$$
在区间 $[a, b]$ 上对等式两边的函数求定积分，得
$$\int_a^b (uv)' dx = \int_a^b u'v dx + \int_a^b uv' dx,$$
即
$$(uv)\Big|_a^b = \int_a^b u'v dx + \int_a^b uv' dx,$$
移项得定积分的分部积分公式
$$\int_a^b uv' dx = (uv)\Big|_a^b - \int_a^b u'v dx,$$
或简写为
$$\int_a^b u dv = (uv)\Big|_a^b - \int_a^b v du. \tag{2}$$
这就是定积分的分部积分公式.

例8 计算 $\int_1^e x \ln x\, dx$.

解 令 $u = \ln x$, $v' = x$, 则 $u' = \dfrac{1}{x}$, $v = \dfrac{x^2}{2}$, 将其代入公式(2)，得
$$\int_1^e x \ln x\, dx = \int_1^e \ln x\, d\left(\frac{x^2}{2}\right) = \left(\ln x \cdot \frac{x^2}{2}\right)\Big|_1^e - \int_1^e \frac{x^2}{2} \cdot \frac{1}{x} dx$$
$$= \frac{e^2}{2} - \frac{1}{2}\int_1^e x\, dx = \frac{e^2}{2} - \frac{1}{4} x^2 \Big|_1^e = \frac{e^2}{4} + \frac{1}{4}.$$

例9 计算 $\int_0^{\frac{1}{2}} \arccos x\, dx$.

解 直接应用分部积分公式
$$\int_0^{\frac{1}{2}} \arccos x\, dx = x \arccos x \Big|_0^{\frac{1}{2}} - \int_0^{\frac{1}{2}} x (\arccos x)' dx$$
$$= \frac{\pi}{6} - 0 + \int_0^{\frac{1}{2}} \frac{x}{\sqrt{1-x^2}} dx = \frac{\pi}{6} - \frac{1}{2} \int_0^{\frac{1}{2}} \frac{1}{\sqrt{1-x^2}} d(1-x^2)$$
$$= \frac{\pi}{6} - \sqrt{1-x^2}\Big|_0^{\frac{1}{2}} = \frac{\pi}{6} + 1 - \frac{\sqrt{3}}{2}.$$

例10 计算 $\int_0^4 e^{\sqrt{x}}\, dx$.

解 令 $\sqrt{x} = t$, 则 $x = t^2$, $dx = 2t\, dt$, 当 $x = 0$ 时, $t = 0$; 当 $x = 4$ 时, $t = 2$, 于是
$$\int_0^4 e^{\sqrt{x}}\, dx = 2 \int_0^2 t e^t\, dt = 2 \int_0^2 t\, de^t = 2 t e^t \Big|_0^2 - 2 \int_0^2 e^t\, dt$$
$$= 4 e^2 - 2 e^t \Big|_0^2 = 2 e^2 + 2.$$

例11 证明定积分公式:
$$I_n = \int_0^{\frac{\pi}{2}} \sin^n x\, dx = \int_0^{\frac{\pi}{2}} \cos^n x\, dx$$

$$= \begin{cases} \dfrac{n-1}{n} \cdot \dfrac{n-3}{n-2} \cdot \cdots \cdot \dfrac{3}{4} \cdot \dfrac{1}{2} \cdot \dfrac{\pi}{2}, & n \text{ 为正偶数,} \\ \dfrac{n-1}{n} \cdot \dfrac{n-3}{n-2} \cdot \cdots \cdot \dfrac{4}{5} \cdot \dfrac{2}{3}, & n \text{ 为大于 1 的正奇数.} \end{cases}$$

证明 由例 6 的结论知 $\int_0^{\frac{\pi}{2}} \sin^n x \, dx = \int_0^{\frac{\pi}{2}} \cos^n x \, dx$，再由分部积分公式得

$$I_n = \int_0^{\frac{\pi}{2}} \sin^n x \, dx = \int_0^{\frac{\pi}{2}} \sin^{n-1} x \sin x \, dx = -\int_0^{\frac{\pi}{2}} \sin^{n-1} x \, d(\cos x)$$

$$= (-\sin^{n-1} x \cos x) \Big|_0^{\frac{\pi}{2}} + (n-1) \int_0^{\frac{\pi}{2}} \sin^{n-2} x \cos^2 x \, dx$$

$$= (n-1) \int_0^{\frac{\pi}{2}} \sin^{n-2} x (1 - \sin^2 x) \, dx$$

$$= (n-1) \int_0^{\frac{\pi}{2}} \sin^{n-2} x \, dx - (n-1) \int_0^{\frac{\pi}{2}} \sin^n x \, dx$$

$$= (n-1) I_{n-2} - (n-1) I_n,$$

故可得递推公式

$$I_n = \frac{n-1}{n} I_{n-2} \, (n \geqslant 2),$$

将上式中的 n 换成 $n-2$，则

$$I_{n-2} = \frac{n-3}{n-2} I_{n-4},$$

依此类推，这里

$$I_0 = \int_0^{\frac{\pi}{2}} 1 \, dx = \frac{\pi}{2}, \quad I_1 = \int_0^{\frac{\pi}{2}} \sin x \, dx = 1,$$

可推出一般结果：

$$I_n = \int_0^{\frac{\pi}{2}} \sin^n x \, dx = \int_0^{\frac{\pi}{2}} \cos^n x \, dx$$

$$= \begin{cases} \dfrac{n-1}{n} \cdot \dfrac{n-3}{n-2} \cdot \cdots \cdot \dfrac{3}{4} \cdot \dfrac{1}{2} \cdot \dfrac{\pi}{2}, & n \text{ 为正偶数,} \\ \dfrac{n-1}{n} \cdot \dfrac{n-3}{n-2} \cdot \cdots \cdot \dfrac{4}{5} \cdot \dfrac{2}{3}, & n \text{ 为大于 1 的正奇数.} \end{cases}$$

习 题 4-4

1. 用定积分的换元法计算下列定积分.

(1) $\int_{-2}^{1} \dfrac{1}{(11+5x)^3} dx$; (2) $\int_0^{\frac{\pi}{2}} \cos^5 x \cdot \sin x \, dx$;

(3) $\int_1^e \dfrac{2+\ln x}{x} dx$; (4) $\int_0^1 \dfrac{1}{e^x + e^{-x}} dx$;

(5) $\int_{-\frac{1}{2}}^{\frac{1}{2}} \dfrac{(\arcsin x)^2}{\sqrt{1-x^2}} dx$; (6) $\int_0^{\frac{\pi}{3}} \dfrac{\sin x}{\cos^3 x} dx$;

(7) $\int_1^3 \dfrac{dx}{(1+x)\sqrt{x}}$; (8) $\int_0^1 \dfrac{x \, dx}{(2-x^2)\sqrt{1-x^2}}$;

(9) $\int_{-4}^{-2} \dfrac{1}{x^2+6x+10}dx$;

(10) $\int_{0}^{2} \dfrac{1}{x^2+4}dx$;

(11) $\int_{-\frac{\pi}{2}}^{\frac{\pi}{2}} \sqrt{\cos x - \cos^3 x}\,dx$;

(12) $\int_{-1}^{1} \dfrac{x}{\sqrt{5-4x}}dx$;

(13) $\int_{\frac{3}{4}}^{1} \dfrac{1}{\sqrt{1-x}-1}dx$;

(14) $\int_{0}^{1} \dfrac{\sqrt{x}}{2-\sqrt{x}}dx$;

(15) $\int_{0}^{2} \dfrac{dx}{\sqrt{x+1}+\sqrt{(x+1)^3}}$;

(16) $\int_{1}^{e^2} \dfrac{1}{x\sqrt{1+\ln x}}dx$;

(17) $\int_{0}^{1} x^2\sqrt{1-x^2}\,dx$;

(18) $\int_{\frac{1}{\sqrt{2}}}^{1} \dfrac{\sqrt{1-x^2}}{x^2}dx$.

2. 利用被积函数的奇偶性计算下列定积分.

(1) $\int_{-\pi}^{\pi} x^4 \sin x\,dx$;

(2) $\int_{-5}^{5} \dfrac{x^3 \sin^2 x}{x^4+2x^2+1}dx$;

(3) $\int_{-\frac{1}{2}}^{\frac{1}{2}} \dfrac{|\arcsin x|}{\sqrt{1-x^2}}dx$;

(4) $\int_{-\frac{\pi}{2}}^{\frac{\pi}{2}} \cos^5\theta\sqrt{1-\cos^2\theta}\,d\theta$;

(5) $\int_{-\pi}^{\pi} x^4 \cos^5 x \sin x\,dx$.

3. 用分部积分法计算下列定积分.

(1) $\int_{0}^{\frac{1}{2}} \arcsin x\,dx$;

(2) $\int_{0}^{1} xe^{-x}dx$;

(3) $\int_{1}^{e^2} \sqrt{x}\ln x\,dx$;

(4) $\int_{-1}^{1} x\arctan x\,dx$;

(5) $\int_{0}^{\frac{\pi}{2}} x\sin x\,dx$;

(6) $\int_{1}^{e} \dfrac{\ln x}{\sqrt{x}}dx$;

(7) $\int_{0}^{\frac{\pi}{4}} \dfrac{x}{\cos^2 x}dx$;

(8) $\int_{0}^{2\pi} x^2 \cos x\,dx$;

(9) $\int_{0}^{\frac{\pi}{2}} e^{2x}\cos x\,dx$;

(10) $\int_{1}^{e} \sin(\ln x)\,dx$;

(11) $\int_{0}^{e-1} \ln(1+x)\,dx$;

(12) $\int_{\frac{1}{e}}^{e} |\ln x|\,dx$.

4. 利用公式计算定积分.

(1) $\int_{0}^{\frac{\pi}{2}} \cos^3 x\,dx$;

(2) $\int_{0}^{\frac{\pi}{2}} \sin^6 x\,dx$;

(3) $\int_{-\frac{\pi}{2}}^{\frac{\pi}{2}} 4\sin^4 x\,dx$;

(4) $\int_{0}^{\frac{\pi}{2}} \cos^6 x\,dx$;

(5) $\int_{0}^{\frac{\pi}{2}} \sin^7 x\,dx$.

5. 设函数 $f(x)$ 在区间 $[a,b]$ 上连续，求证：$\int_{a}^{b} f(x)dx = \int_{a}^{b} f(a+b-x)dx$.

6. 设 $f(x)(x\in \mathbf{R})$ 是以 T 为周期的连续函数，证明：积分 $\int_{a}^{a+T} f(x)dx$ 与 a 无关.

第五节 广义积分

前面介绍的定积分需满足两个基本条件:一个是积分区间有限,另一个是被积函数在给定区间上有界.但是在一些实际问题中,常常会遇到积分区间为无穷区间和被积函数无界的情况,这就需要将定积分的概念进行推广,将其推广到无穷区间上的积分和无界函数的积分.这两类积分我们通常称为广义积分或反常积分.

一、无穷区间上的广义积分

定义 1 设函数 $f(x)$ 在区间 $[a, +\infty)$ 上连续,取 $b > a$,如果极限

$$\lim_{b \to +\infty} \int_a^b f(x) \mathrm{d}x$$

存在,则称此极限为函数 $f(x)$ 在区间 $[a, +\infty)$ 上的广义积分,记作 $\int_a^{+\infty} f(x) \mathrm{d}x$,即

$$\int_a^{+\infty} f(x) \mathrm{d}x = \lim_{b \to +\infty} \int_a^b f(x) \mathrm{d}x. \tag{1}$$

当上式极限存在时,称广义积分**收敛**;当上式极限不存在时,称广义积分**发散**.

类似地,设函数 $f(x)$ 在区间 $(-\infty, b]$ 上连续,取 $a < b$,如果极限

$$\lim_{a \to -\infty} \int_a^b f(x) \mathrm{d}x$$

存在,则称此极限为函数 $f(x)$ 在区间 $(-\infty, b]$ 上的**广义积分**,记作 $\int_{-\infty}^b f(x) \mathrm{d}x$,即

$$\int_{-\infty}^b f(x) \mathrm{d}x = \lim_{a \to -\infty} \int_a^b f(x) \mathrm{d}x. \tag{2}$$

当上式极限存在时,称广义积分**收敛**;当上式极限不存在时,称广义积分**发散**.

设函数 $f(x)$ 在区间 $(-\infty, +\infty)$ 上连续,如果 $\int_{-\infty}^c f(x) \mathrm{d}x$ 与 $\int_c^{+\infty} f(x) \mathrm{d}x$ 都收敛,则上述两广义积分的和称为函数 $f(x)$ 在区间 $(-\infty, +\infty)$ 上的**广义积分**,记作 $\int_{-\infty}^{+\infty} f(x) \mathrm{d}x$,即

$$\begin{aligned} \int_{-\infty}^{+\infty} f(x) \mathrm{d}x &= \int_{-\infty}^c f(x) \mathrm{d}x + \int_c^{+\infty} f(x) \mathrm{d}x \\ &= \lim_{a \to -\infty} \int_a^c f(x) \mathrm{d}x + \lim_{b \to +\infty} \int_c^b f(x) \mathrm{d}x, \end{aligned} \tag{3}$$

其中 c 为任意常数.也称广义积分 $\int_{-\infty}^{+\infty} f(x) \mathrm{d}x$ **存在**或**收敛**,若(3)式右端的两个广义积分至少有一个发散,则称广义积分 $\int_{-\infty}^{+\infty} f(x) \mathrm{d}x$ **发散**.也可定义为

$$\int_{-\infty}^{+\infty} f(x) \mathrm{d}x = \lim_{\substack{a \to -\infty \\ b \to +\infty}} \int_a^b f(x) \mathrm{d}x. \tag{4}$$

注:为了计算方便,(3)式中的 c 常取为 0.

例 1 计算广义积分 $\int_0^{+\infty} \mathrm{e}^{-x} \mathrm{d}x$.

解 由广义积分的定义知

$$\int_0^{+\infty} e^{-x} dx = \lim_{b \to +\infty} \int_0^b e^{-x} dx = \lim_{b \to +\infty} (-e^{-x}|_0^b) = \lim_{b \to +\infty} (1 - e^{-b}) = 1 - 0 = 1.$$

例 2 计算广义积分 $\int_2^{+\infty} \dfrac{1}{x(\ln x)^2} dx$.

解 $\int_2^{+\infty} \dfrac{1}{x(\ln x)^2} dx = \int_2^{+\infty} (\ln x)^{-2} d(\ln x)$

$$= \lim_{b \to +\infty} \int_2^b (\ln x)^{-2} d(\ln x) = \lim_{b \to +\infty} \left(-\dfrac{1}{\ln x} \right) \Big|_2^b$$

$$= \lim_{b \to +\infty} \left(-\dfrac{1}{\ln b} + \dfrac{1}{\ln 2} \right) = \dfrac{1}{\ln 2}.$$

例 3 计算广义积分 $\int_{-\infty}^{+\infty} \dfrac{1}{1+x^2} dx$.

解 由广义积分的定义知

$$\int_{-\infty}^{+\infty} \dfrac{1}{1+x^2} dx = \int_{-\infty}^{0} \dfrac{1}{1+x^2} dx + \int_0^{+\infty} \dfrac{1}{1+x^2} dx$$

$$= \lim_{a \to -\infty} \int_a^0 \dfrac{1}{1+x^2} dx + \lim_{b \to +\infty} \int_0^b \dfrac{1}{1+x^2} dx$$

$$= \lim_{a \to -\infty} (\arctan x) \big|_a^0 + \lim_{b \to +\infty} (\arctan x) \big|_0^b$$

$$= -\left(-\dfrac{\pi}{2} \right) + \dfrac{\pi}{2} = \pi.$$

对于广义积分的计算,牛顿—莱布尼茨公式同样适用.

$$\int_{-\infty}^{+\infty} \dfrac{1}{1+x^2} dx = (\arctan x) \Big|_{-\infty}^{+\infty} = \arctan(+\infty) - \arctan(-\infty)$$

$$= \lim_{x \to +\infty} \arctan x - \lim_{x \to -\infty} \arctan x$$

$$= \dfrac{\pi}{2} - \left(-\dfrac{\pi}{2} \right) = \pi.$$

注:设 $F(x)$ 是连续函数 $f(x)$ 的一个原函数,则由牛顿—莱布尼茨公式有

$$\int_a^{+\infty} f(x) dx = F(+\infty) - F(a),$$

$$\int_{-\infty}^b f(x) dx = F(b) - F(-\infty),$$

$$\int_{-\infty}^{+\infty} f(x) dx = F(+\infty) - F(-\infty),$$

这里 $F(+\infty) = \lim\limits_{x \to +\infty} F(x)$,$F(-\infty) = \lim\limits_{x \to -\infty} F(x)$.

例 4 证明:广义积分 $\int_1^{+\infty} \dfrac{1}{x^p} dx$,当 $p > 1$ 时收敛;当 $p \leqslant 1$ 时发散.

证明 当 $p = 1$ 时,

$$\int_1^{+\infty} \dfrac{1}{x^p} dx = \int_1^{+\infty} \dfrac{1}{x} dx = (\ln|x|) \Big|_1^{+\infty} = +\infty.$$

当 $p \neq 1$ 时,

$$\int_1^{+\infty} \dfrac{1}{x^p} dx = \left(\dfrac{x^{1-p}}{1-p} \right) \Big|_1^{+\infty} = \begin{cases} +\infty, & \text{当 } p < 1 \text{ 时,} \\ \dfrac{1}{p-1}, & \text{当 } p > 1 \text{ 时,} \end{cases}$$

因此当 $p>1$ 时，广义积分收敛；当 $p\leqslant 1$ 时，广义积分发散.

二、无界函数的广义积分

定义 2 设函数 $f(x)$ 在区间 $(a,b]$ 上连续，且在点 a 的右邻域内无界，即 $\lim\limits_{x\to a^+}f(x)=\infty$. 取 $t>a$，如果极限

$$\lim_{t\to a^+}\int_t^b f(x)\mathrm{d}x$$

存在，则称此极限为函数 $f(x)$ 在区间 $(a,b]$ 上的**广义积分**，记作 $\int_a^b f(x)\mathrm{d}x$，即

$$\int_a^b f(x)\mathrm{d}x = \lim_{t\to a^+}\int_t^b f(x)\mathrm{d}x. \tag{5}$$

当上式极限存在时，称广义积分**收敛**；当上式极限不存在时，称广义积分**发散**.

类似地，设函数 $f(x)$ 在区间 $[a,b)$ 上连续，且在点 b 的左邻域内无界，即 $\lim\limits_{x\to b^-}f(x)=\infty$. 取 $t<b$，如果极限

$$\lim_{t\to b^-}\int_a^t f(x)\mathrm{d}x$$

存在，则称此极限为函数 $f(x)$ 在区间 $[a,b)$ 上的**广义积分**，记作 $\int_a^b f(x)\mathrm{d}x$，即

$$\int_a^b f(x)\mathrm{d}x = \lim_{t\to b^-}\int_a^t f(x)\mathrm{d}x. \tag{6}$$

当上式极限存在时，称广义积分**收敛**；当上式极限不存在时，称广义积分**发散**.

设函数 $f(x)$ 在区间 $[a,c)$ 或 $(c,b]$ 上连续，且在 c 的任意邻域内无界，即 $\lim\limits_{x\to c}f(x)=\infty$. 如果 $\int_a^c f(x)\mathrm{d}x$ 与 $\int_c^b f(x)\mathrm{d}x$ 都收敛，且

$$\int_a^b f(x)\mathrm{d}x = \int_a^c f(x)\mathrm{d}x + \int_c^b f(x)\mathrm{d}x,$$

则称上述两广义积分的和 $\int_a^b f(x)\mathrm{d}x$ **收敛**，否则称广义积分 $\int_a^b f(x)\mathrm{d}x$ **发散**.

计算无界函数的广义积分，也可借助于牛顿—莱布尼茨公式.

注：若 $f(x)$ 在点 a 的右邻域内无界，在 $(a,b]$ 上 $F(x)$ 是连续函数 $f(x)$ 的一个原函数，如果极限 $\lim\limits_{x\to a^+}F(x)$ 存在，则有广义积分

$$\int_a^b f(x)\mathrm{d}x = F(x)\big|_a^b = F(b)-F(a^+).$$

若 $f(x)$ 在点 b 的左邻域内无界，在 $[a,b)$ 上 $F(x)$ 是连续函数 $f(x)$ 的一个原函数，如果极限 $\lim\limits_{x\to b^-}F(x)$ 存在，则有广义积分

$$\int_a^b f(x)\mathrm{d}x = F(x)\big|_a^b = F(b^-)-F(a),$$

这里 $F(a^+)=\lim\limits_{x\to a^+}F(x)$，$F(b^-)=\lim\limits_{x\to b^-}F(x)$.

例 5 计算广义积分 $\int_0^1 \dfrac{1}{x^3}\mathrm{d}x$.

解 因为函数 $\dfrac{1}{x^3}$ 在 $x=0$ 的右邻域内无界，所以

$$\int_0^1 \dfrac{1}{x^3}\mathrm{d}x = \left(-\dfrac{1}{2x^2}\right)\bigg|_0^1 = -\dfrac{1}{2} - \lim_{x\to 0^+}\left(-\dfrac{1}{2x^2}\right) = +\infty.$$

例 6 计算广义积分 $\int_0^a \dfrac{1}{\sqrt{a^2-x^2}}\mathrm{d}x\,(a>0)$.

解 因为函数 $\dfrac{1}{\sqrt{a^2-x^2}}$ 在 $x=a$ 的左邻域内无界，即

$$\lim_{x\to a^-}\dfrac{1}{\sqrt{a^2-x^2}} = +\infty,$$

所以 $\int_0^a \dfrac{1}{\sqrt{a^2-x^2}}\mathrm{d}x = \left(\arcsin\dfrac{x}{a}\right)\bigg|_0^a = \lim_{x\to a^-}\arcsin\dfrac{x}{a} - 0 = \dfrac{\pi}{2}.$

习 题 4-5

1. 计算下列广义积分.

(1) $\int_1^{+\infty} \dfrac{1}{x^4}\mathrm{d}x$;　　　　　　　　　(2) $\int_0^{+\infty} 2^{-x}\mathrm{d}x$;

(3) $\int_{\frac{1}{4}}^{+\infty} \dfrac{\mathrm{d}x}{x\sqrt{x}}$;　　　　　　　　　(4) $\int_0^{+\infty} \mathrm{e}^{-ax}\mathrm{d}x\,(a>0)$;

(5) $\int_1^{+\infty} \dfrac{1}{x}\mathrm{d}x$;　　　　　　　　　(6) $\int_\mathrm{e}^{+\infty} \dfrac{\mathrm{d}x}{x(\ln x)^2}$;

(7) $\int_0^{+\infty} \dfrac{x}{1+x^4}\mathrm{d}x$;　　　　　　　(8) $\int_0^{+\infty} x^2 \mathrm{e}^{-x}\mathrm{d}x$.

2. 计算下列广义积分.

(1) $\int_0^1 \dfrac{1}{\sqrt{x}}\mathrm{d}x$;　　　　　　　　　(2) $\int_0^1 \dfrac{x}{\sqrt{1-x^2}}\mathrm{d}x$;

(3) $\int_0^1 \dfrac{\arcsin x}{\sqrt{1-x^2}}\mathrm{d}x$;　　　　　　(4) $\int_1^\mathrm{e} \dfrac{1}{x\sqrt{1-(\ln x)^2}}\mathrm{d}x$;

(5) $\int_0^3 \dfrac{\mathrm{d}x}{\sqrt{3-x}}$;　　　　　　　　　(6) $\int_{-1}^1 \dfrac{1}{x}\mathrm{d}x$;

(7) $\int_{-\frac{\pi}{2}}^{\frac{\pi}{2}} \dfrac{1}{\sin^2 x}\mathrm{d}x$;　　　　　　　(8) $\int_{-2}^4 \dfrac{1}{8+2x-x^2}\mathrm{d}x$.

3. 判断题.

(1) 反常积分 $\int_0^2 \dfrac{1}{(1-x)^2}\mathrm{d}x$ 发散.　　　　　　　　　　　　　(　　)

(2) 反常积分 $\int_{-\infty}^{+\infty} \dfrac{1}{1+x^2}\mathrm{d}x$ 发散.　　　　　　　　　　　　(　　)

(3) 反常积分 $\int_1^{+\infty} \dfrac{1}{\sqrt{x}}\mathrm{d}x$ 收敛.　　　　　　　　　　　　　(　　)

(4) 反常积分 $\int_0^1 \dfrac{1}{\sqrt{1-x^2}}\mathrm{d}x$ 收敛.　　　　　　　　　　　　(　　)

(5) $\int_{-1}^{2} \frac{1}{x^2} dx = \left(-\frac{1}{x}\right)\Big|_{-1}^{2} = -\frac{3}{2}$. ( )

(6) $\int_{-1}^{2} \frac{1}{x} dx = (\ln|x|)\Big|_{-1}^{2} = \ln 2$. ( )

4. 若 $\int_{0}^{+\infty} e^{-kx} dx = 3$，求 k 的值.

复 习 题 四

1. 选择题.

(1) 设 $\int_{-1}^{1} 3f(x) dx = 18$，则 $\int_{-1}^{1} f(x) dx = ($).

A. 18； B. 12； C. 6； D. 0.

(2) 设 $\int_{-1}^{1} 3f(x) dx = 18$，$\int_{-1}^{3} f(x) dx = 4$，则 $\int_{1}^{3} f(x) dx = ($).

A. 6； B. -4； C. 2； D. -2.

(3) 设 $\int_{-1}^{3} g(x) dx = 3$，则 $\int_{3}^{-1} g(x) dx = ($).

A. 6； B. -6； C. 3； D. -3.

(4) 设 $\int_{a}^{b} f(x) dx = 0$，且 $f(x)$ 在区间 $[a, b]$ 上连续，则有( ).

A. $f(x) = 0$；

B. 一定存在 x，使得 $f(x) = 0$；

C. 一定存在唯一的一点 x，使得 $f(x) = 0$；

D. 不一定存在点 x，使得 $f(x) = 0$.

(5) 曲线 $y = \sin x \left(0 \leqslant x \leqslant \frac{3\pi}{2}\right)$ 与坐标轴围成的面积是( ).

A. 4； B. $\frac{5}{2}$； C. 3； D. 2.

(6) 若 $m = \int_{0}^{1} e^x dx$，$n = \int_{1}^{e} \frac{1}{x} dx$，则 m 与 n 的大小关系是( ).

A. $m > n$； B. $m < n$； C. $m = n$； D. 无法确定.

(7) 设 $f(x)$ 是奇函数，除 $x = 0$ 外处处连续，$x = 0$ 是其第一类间断点，则 $\int_{0}^{x} f(t) dt$ 是( ).

A. 连续的奇函数； B. 连续的偶函数；

C. 在 $x = 0$ 间断的奇函数； D. 在 $x = 0$ 间断的偶函数.

(8) 把 $x \to 0^+$ 时的无穷小量 $\alpha = \int_{0}^{x} \cos t^2 dt$，$\beta = \int_{0}^{x^2} \tan \sqrt{t} dt$，$\gamma = \int_{0}^{\sqrt{x}} \sin t^3 dt$ 排序，使排在后面的是前一个的高阶无穷小，则正确的排列次序是( ).

A. α, β, γ； B. α, γ, β； C. β, α, γ； D. β, γ, α.

(9) 设 $f(x)$ 在 $[a, b]$ 上具有一阶连续导数，则下列等式中正确的是( ).

A. $\int f'(x)\mathrm{d}x = f(x)$; B. $\int_a^x f'(x)\mathrm{d}x = f(x)$;

C. $\dfrac{\mathrm{d}}{\mathrm{d}x}\int_x^b f(x)\mathrm{d}x = -f(x)$; D. $\dfrac{\mathrm{d}}{\mathrm{d}x}\int_a^b f(x)\mathrm{d}x = f(x)$.

(10) 设 $f(x)$ 在 $[a,b]$ 上连续, 则下列说法不正确的是( ).

A. $\int_a^b f(x)\mathrm{d}x$ 是常数; B. $\int_a^b xf(t)\mathrm{d}t$ 是 x 的函数;

C. $\int_a^x f(t)\mathrm{d}t$ 是 x 的函数; D. $\int_a^{\frac{b}{x}} xf(tx)\mathrm{d}t$ 是 x 和 t 的函数.

(11) 已知 $F(x)$ 是 $f(x)$ 的原函数, 则 $\int_a^x f(t+a)\mathrm{d}t = ($ $)$.

A. $F(x) - F(a)$; B. $F(t) - F(a)$;
C. $F(x+a) - F(x-a)$; D. $F(x+a) - F(2a)$.

(12) 设 $f(x)$ 连续, 则 $\dfrac{\mathrm{d}}{\mathrm{d}x}\int_0^x tf(x^2 - t^2)\mathrm{d}t = ($ $)$.

A. $xf(x^2)$; B. $-xf(x^2)$; C. $2xf(x^2)$; D. $-2xf(x^2)$.

(13) 下列广义积分收敛的是( ).

A. $\int_2^{+\infty} \dfrac{1}{x^2}\mathrm{d}x$; B. $\int_2^{+\infty} \dfrac{1}{x}\mathrm{d}x$; C. $\int_1^{+\infty} \dfrac{1}{x-1}\mathrm{d}x$; D. $\int_1^{+\infty} \mathrm{e}^{x-1}\mathrm{d}x$.

(14) 若 $\lim\limits_{x\to\infty}\left(\dfrac{1+x}{x}\right)^{ax} = \int_{-\infty}^a t\mathrm{e}^t\mathrm{d}t$, 则 $a = ($ $)$.

A. 0; B. 1; C. -1; D. 2.

2. 填空题.

(1) 设 $f(x)$ 在 $[a,b]$ 上连续, 则 $\int_a^b f(x)\mathrm{d}x - \int_a^b f(t)\mathrm{d}t = $ _____.

(2) $\int_{-1}^1 x^4\cos^2 x\sin x\,\mathrm{d}x = $ _____.

(3) $\int_{-\pi}^{\pi} \dfrac{x\sin^2 x\cos x}{1+x^2}\mathrm{d}x = $ _____.

(4) $\int_1^{+\infty} \dfrac{1}{x^3}\mathrm{d}x = $ _____.

(5) $\int_0^{+\infty} x\mathrm{e}^{-x^2}\mathrm{d}x = $ _____.

(6) $\int_0^1 \dfrac{\mathrm{d}x}{\sqrt{1-x}} = $ _____.

(7) $\int_{-1}^1 \dfrac{1}{\sqrt{1-x^2}}\mathrm{d}x = $ _____.

3. 计算下列积分.

(1) $\int_0^1 x\mathrm{e}^{-\frac{x^2}{2}}\mathrm{d}x$; (2) $\int_{\mathrm{e}^2}^{\mathrm{e}^3} \dfrac{\mathrm{d}x}{x\ln^2 x}$;

(3) $\int_{\sqrt{\mathrm{e}}}^{\mathrm{e}} \dfrac{\mathrm{d}x}{x\sqrt{\ln x(1-\ln x)}}$; (4) $\int_0^1 \dfrac{\ln(1+x)}{(2-x)^2}\mathrm{d}x$;

(5) $\int_{-3}^3 \dfrac{x^5\sin^2 x}{x^4 + 2x^2 + 1}\mathrm{d}x$; (6) $\int_{-2}^2 \dfrac{x + |x|}{2 + x^2}\mathrm{d}x$.

4. 设 $f(x)=\begin{cases}\dfrac{1}{1-x}, & x<0,\\ \sqrt{x}, & x\geq 0,\end{cases}$ 求 $\int_1^5 f(x-3)\mathrm{d}x$.

5. 证明题.

(1) 设函数 $f(x)$ 在区间 $[a,b]$ 上连续，求证：$\int_{-a}^{a} f(-x)\mathrm{d}x = \int_{-a}^{a} f(x)\mathrm{d}x$.

(2) 证明：等式 $\int_x^1 \dfrac{1}{1+t^2}\mathrm{d}t = \int_1^{\frac{1}{x}} \dfrac{1}{1+t^2}\mathrm{d}t$ 成立；

(3) 证明：等式 $\int_0^1 x^m(1-x)^n\mathrm{d}x = \int_0^1 x^n(1-x)^m\mathrm{d}x$ 成立，其中 $m,n\in\mathbf{N}$.

6. 求 $\int_0^2 f(x-1)\mathrm{d}x$，其中，

$$f(x)=\begin{cases}\dfrac{1}{1+\mathrm{e}^x}, & x<0,\\ \dfrac{1}{1+x}, & x\geq 0.\end{cases}$$

7. 设 $f''(x)$ 在区间 $[0,\pi]$ 上连续，且 $f(0)=2$，$f(\pi)=1$，求：

$$\int_0^\pi [f(x)+f''(x)]\sin x\,\mathrm{d}x.$$

8. 求函数 $y=\int_0^x (x-t)f(t)\mathrm{d}t$ 关于 x 的一阶导数和二阶导数.

9. 求 $f(x)$ 使得 $2\int_0^1 f(x)\mathrm{d}x + f(x) - x = 0$.

第五章 定积分的应用

定积分作为函数的一种特定和式的极限,是数学知识的重要基础.它是从大量的实际问题中抽象出来的.本章通过微元法来讨论定积分在数学、物理学中的若干应用,包括如何求平面所围图形的面积、立体的体积、水压力、变力做功以及平面曲线的弧长等.

第一节 定积分的微元法

定积分的微元法是我们解决许多实际问题的核心.首先我们回顾一下求曲边梯形的面积问题.已知曲边梯形由连续曲线 $y=f(x)$($f(x)\geqslant 0$),x 轴与直线 $x=a$,$x=b$ 所围成,它的面积为 S,且

$$S=\int_a^b f(x)\mathrm{d}x.$$

具体步骤如下:

(1) **分割**:将区间 $[a,b]$ 分成 n 个小区间 $[x_{i-1},x_i]$($i=1,2,\cdots,n$),相应地把曲边梯形分成了 n 个小曲边梯形.

(2) **近似代替**:求出每个小区间 $[x_{i-1},x_i]$ 相应的小曲边梯形的面积的近似值

$$\Delta S_i \approx f(\xi_i)\Delta x_i.$$

(3) **求和**:计算 S 的近似值

$$S=\sum_{i=1}^n \Delta S_i \approx \sum_{i=1}^n f(\xi_i)\Delta x_i.$$

(4) **取极限**:令 $\lambda=\max\{\Delta x_1,\Delta x_2,\cdots,\Delta x_n\}$,得到 S 的精确值

$$S=\lim_{\lambda\to 0}\sum_{i=1}^n f(\xi_i)\Delta x_i = \int_a^b f(x)\mathrm{d}x.$$

观察上述四个步骤我们发现,第二步非常关键,因为最后的被积表达式的形式就是在这一步被确定的,这里只要把近似式中的变量记号改变一下即可.第一步指明所求量具有可加性,这是所求量能用定积分计算的前提.下面将第二步写成一般形式:

设区间左端点 $x_{i-1}=x$,则区间长度 $x_i-x_{i-1}=\Delta x=\mathrm{d}x$,右端点 $x_i=x_{i-1}+\Delta x=x+\mathrm{d}x$,区间 $[x_{i-1},x_i]=[x,x+\mathrm{d}x]$,因为 $\xi_i\in[x_{i-1},x_i]$,故可取 $\xi_i=x$,小曲边梯形的面积 ΔS_i 用 ΔS 表示,这样任一小区间 $[x,x+\mathrm{d}x]$ 上的小曲边梯形的面积可表示为

$$\Delta S \approx f(x)\mathrm{d}x.$$

我们称 $f(x)\mathrm{d}x$ 为面积微元,记作 $\mathrm{d}S=f(x)\mathrm{d}x$,以面积微元为被积表达式得到所求曲边梯形的面积

$$S=\int_a^b \mathrm{d}S = \int_a^b f(x)\mathrm{d}x.$$

用微元法求面积的关键是找到面积的微元.

这种求曲边梯形面积的思想也是利用定积分求解实际问题的基本思想．现在讨论一般情形，给出微元法的具体步骤：

设某一实际问题中的所求量为 U,

(1) 它和区间 $[a,b]$ 上的一个变量 x 有关联．

(2) 如果把区间 $[a,b]$ 分成 n 个小区间，则 U 相应地被分成若干部分量，且部分量之和为 U. 取其中任意一个小区间并记为 $[x, x+\mathrm{d}x]$, 求出相应于此小区间的部分量 ΔU 的近似值，如果 ΔU 可以近似地表示为 $[a,b]$ 上的一个连续函数在 x 处的值 $f(x)$ 与 $\mathrm{d}x$ 的乘积，这时称 $f(x)\mathrm{d}x$ 为所求量 U 的微元，记作 $\mathrm{d}U$, 即
$$\mathrm{d}U = f(x)\mathrm{d}x.$$

(3) 以所求量 U 的微元 $\mathrm{d}U$ 为被积表达式，在区间 $[a,b]$ 上作定积分，得
$$U = \int_a^b \mathrm{d}U = \int_a^b f(x)\mathrm{d}x.$$

这就是**微元法**，也称作**元素法**．

注：应用微元法求所求量 U, 关键是在小区间 $[x, x+\mathrm{d}x]$ 上找出所求量 U 的微元 $\mathrm{d}U$.

例 1 求由抛物线 $y=x^2$, 直线 $x=0$, $x=2$ 及 $y=0$ 所围成图形的面积微元．

解 在 $[0,2]$ 内任取一小区间 $[x, x+\mathrm{d}x]$, 则对应的面积微元为
$$\mathrm{d}S = f(x)\mathrm{d}x = x^2 \mathrm{d}x;$$
或在 $[0,4]$ 内任取一小区间 $[y, y+\mathrm{d}y]$, 则对应的面积微元为
$$\mathrm{d}S = (2-\sqrt{y})\mathrm{d}y.$$

例 2 求由抛物线 $y=x^2$, $y^2=x$ 所围成图形的面积微元．

解 在 $[0,1]$ 内任取一小区间 $[x, x+\mathrm{d}x]$, 则对应的面积微元为
$$\mathrm{d}S = f(x)\mathrm{d}x = (\sqrt{x}-x^2)\mathrm{d}x;$$
或在 $[0,1]$ 内任取一小区间 $[y, y+\mathrm{d}y]$, 则对应的面积微元为
$$\mathrm{d}S = (\sqrt{y}-y^2)\mathrm{d}y.$$

上面的例子中，已建立了坐标系，给出了函数关系式，写出所求微元与自变量微元还是比较容易的．

下几节内容我们将应用此法讨论定积分在几何、物理学中的一些实际应用问题．

习 题 5-1

1. 某林场蓄材量的增长速度为 $(t^2-4t+6)(10^4 \mathrm{m}^3/\mathrm{a})$, 试用微元法推导在今后 10 年内 (即在时段 $[0,10]$ 内) 蓄材量的增长量．

2. 设一段长为 $l(\mathrm{cm})$ 的金属线是非均质的 (线密度不是常数), 把它置于 x 轴上的区间 $[0,l]$ 上，并设线密度 $\rho=\rho(x)(\mathrm{g/cm})$, $x \in [0,l]$, 用微元法推导该金属线的质量 M 的表达式．

第二节　平面图形的面积

定积分在几何上的应用之一就是求平面所围图形的面积，下面我们分两种情况讨论平面所围图形的面积．

一、直角坐标情形

设连续函数 $f(x)$，$g(x)$ 满足 $f(x) \geqslant g(x)$，$x \in [a, b]$，求曲线 $y = f(x)$，$y = g(x)$ 与直线 $x = a$，$x = b$ 所围成的平面图形的面积.

如图 5-1 所示，求平面所围图形的面积有两种方法.

第一种方法：由定积分的几何意义得

$$S = \int_a^b f(x) dx - \int_a^b g(x) dx$$
$$= \int_a^b [f(x) - g(x)] dx.$$

第二种方法：可由微元法求得．在区间 $[a, b]$ 内任取一点 x，作出微元区间 $[x, x+dx]$，并过两点 x，$x+dx$ 作平行于 y 轴的直线，得到小窄条图形的面积，记为 ΔS，ΔS 可用小矩形面积近似替代，且小矩形以 dx 为底，$f(x) - g(x)$ 为高，得到面积微元

$$dS = [f(x) - g(x)] dx,$$

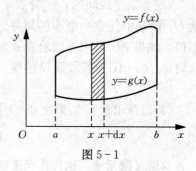

图 5-1

以微元 $dS = [f(x) - g(x)] dx$ 为被积表达式，在区间 $[a, b]$ 上的定积分即为所求平面图形的面积，即

$$S = \int_a^b [f(x) - g(x)] dx. \tag{1}$$

下面给出求解平面所围图形面积的具体例子.

例 1 计算由两条抛物线 $y^2 = x$，$y = x^2$ 所围成图形的面积.

解 这两条抛物线所围图形如图 5-2 所示，求出两曲线的交点为 $(0, 0)$，$(1, 1)$，取 x 为积分变量，x 的变化区间为 $[0, 1]$，并作微元区间 $[x, x+dx]$，则其面积微元 $dS = (\sqrt{x} - x^2) dx$，代入公式(1)得

$$S = \int_0^1 dS = \int_0^1 (\sqrt{x} - x^2) dx = \left(\frac{2}{3} x^{\frac{3}{2}} - \frac{x^3}{3} \right) \Big|_0^1 = \frac{1}{3}.$$

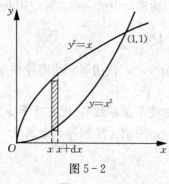

图 5-2

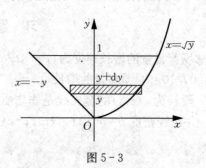

图 5-3

例 2 求抛物线 $\sqrt{y} = x$，直线 $y = -x$ 及 $y = 1$ 围成的平面图形的面积.

解 如图 5-3 所示，先求出图形边界曲线的交点为 $(0, 0)$，$(-1, 1)$ 及 $(1, 1)$，取 y 为积分变量，y 的变化区间为 $[0, 1]$，并作微元区间 $[y, y+dy]$，则其面积微元 $dS = (\sqrt{y} + y) dy$，在 $[0, 1]$ 上积分即得所求图形的面积为

$$S = \int_0^1 dS = \int_0^1 (\sqrt{y} + y) dy = \left(\frac{2}{3} y^{\frac{3}{2}} + \frac{y^2}{2}\right)\bigg|_0^1 = \frac{7}{6}.$$

注：此题也可取 x 为积分变量，但若取 x 为积分变量，需将所围图形的面积用 y 轴分成两部分，需计算两个定积分的和，相对比较麻烦；而取 y 为积分变量，只需求一个定积分，相对简单．

例 3 计算由曲线 $y^2 = 2x$ 和直线 $y = x - 4$ 所围成的平面图形的面积．

解 如图 5-4 所示，求得两条曲线的交点为 $(2, -2)$，$(8, 4)$，取 y 为积分变量，y 的变化区间为 $[-2, 4]$，并作微元区间 $[y, y + dy]$，则其面积微元 $dS = \left[(y + 4) - \frac{y^2}{2}\right] dy$，在 $[-2, 4]$ 上积分，即得所求图形的面积为

$$S = \int_{-2}^4 dS = \int_{-2}^4 \left[(y + 4) - \frac{y^2}{2}\right] dy = \left(\frac{y^2}{2} + 4y - \frac{y^3}{6}\right)\bigg|_{-2}^4 = 18.$$

本题也可取 x 为积分变量，则所求面积为

$$S = \int_0^2 \left[\sqrt{2x} - (-\sqrt{2x})\right] dx + \int_2^8 \left[\sqrt{2x} - (x - 4)\right] dx$$
$$= 2\sqrt{2} \cdot \frac{2}{3} x^{\frac{3}{2}} \bigg|_0^2 + \left(\frac{2\sqrt{2}}{3} x^{\frac{3}{2}} - \frac{x^2}{2} + 4x\right)\bigg|_2^8 = 18.$$

两种方法比较知，选取 y 为积分变量更简单一些，可见，恰当地选择积分变量可以简化解题过程．

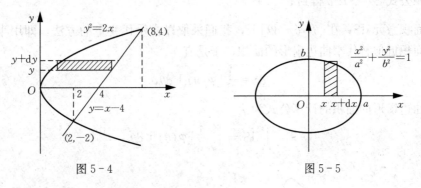

图 5-4　　　　　　　　图 5-5

例 4 求椭圆 $\dfrac{x^2}{a^2} + \dfrac{y^2}{b^2} = 1$ 所围图形的面积．

解 如图 5-5 所示，因椭圆关于两坐标轴对称，所以求所围图形的面积即是求椭圆的面积，故所求面积为

$$S = 4S_1,$$

其中 S_1 为椭圆在第一象限的面积．

由微元法，在区间 $[0, a]$ 上取 x 为积分变量，并作微元区间 $[x, x + dx]$，则其面积微元 $dS_1 = y dx$，于是

$$S = 4S_1 = 4\int_0^a y dx.$$

利用椭圆的参数方程

$$\begin{cases} x = a\cos t, \\ y = b\sin t \end{cases} (0 \leqslant t \leqslant 2\pi),$$

则 $dx = -a\sin t dt$，当 $x=0$ 时，$t=\dfrac{\pi}{2}$；当 $x=a$ 时，$t=0$，应用定积分的换元法，得

$$S = 4S_1 = 4\int_0^a y dx = 4\int_{\frac{\pi}{2}}^0 b\sin t(-a\sin t)dt$$

$$= 4ab\int_0^{\frac{\pi}{2}} \sin^2 t dt = 4ab \cdot \dfrac{1}{2} \cdot \dfrac{\pi}{2} = \pi ab.$$

注：椭圆方程 $\dfrac{x^2}{a^2} + \dfrac{y^2}{b^2} = 1$ 所围图形的面积为 πab，特别地，当 $a=b$ 时，得到圆的面积公式 $S = \pi a^2$.

二、极坐标情形

在极坐标系中，平面图形由曲线 $r = \varphi(\theta)$ 及射线 $\theta = \alpha$，$\theta = \beta$ 围成，如图 5-6 所示，我们称这个图形为曲边扇形．假设 $r = \varphi(\theta)$ 在 $[\alpha, \beta]$ 上连续且 $\varphi(\theta) \geqslant 0$．下面我们利用微元法推导曲边扇形面积的计算公式．

设所求曲边扇形的面积为 S，取 θ 为积分变量，它的变化区间是 $[\alpha, \beta]$，在区间 $[\alpha, \beta]$ 上取微元区间 $[\theta, \theta+d\theta]$，相对于小区间 $[\theta, \theta+d\theta]$ 的窄曲边扇形的面积为面积微元 dS．由于 θ 在 $[\alpha, \beta]$ 上变动时，极径 $r = \varphi(\theta)$ 也随之发生变动，故所求图形面积不能直接由圆扇形面积公式 $S = \dfrac{1}{2}R^2\theta$ 得到．

为求面积微元 dS，在 $[\theta, \theta+d\theta]$ 上，我们采取以常量代变量的方法，即用半径为 $\varphi(\theta)$ 的窄扇形面积近似替代窄曲边扇形的面积，于是有

$$dS = \dfrac{1}{2}[\varphi(\theta)]^2 d\theta,$$

故可得到曲边扇形的面积的计算公式为

$$S = \int_\alpha^\beta dS = \int_\alpha^\beta \dfrac{1}{2}[\varphi(\theta)]^2 d\theta. \tag{2}$$

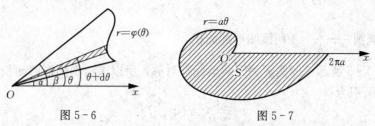

图 5-6　　　　　　　　图 5-7

例 5 求螺线 $r = a\theta (a > 0)$，$\theta \in [0, 2\pi]$ 与极轴所围成图形的面积．

解 如图 5-7 所示，射线 $\theta = 0$ 与 $\theta = 2\pi$ 都与极轴重合，利用公式(2)可得

$$S = \dfrac{1}{2}\int_0^{2\pi}(a\theta)^2 d\theta = \dfrac{a^2}{2} \cdot \dfrac{\theta^3}{3}\Big|_0^{2\pi} = \dfrac{4}{3}a^2\pi^3.$$

例 6 计算心形线 $r = a(1+\cos\theta)(a>0)$，$\theta \in [0, 2\pi]$ 所围成图形的面积．

解 如图 5-8 所示，因为心形线关于极轴对称，故所求图形的面积 S 为极轴上半部分

图形面积 S_1 的两倍，所以只需求 S_1 的面积即可．其中 S_1 由曲线 $r=a(1+\cos\theta)$ 及两条射线 $\theta=0$ 与 $\theta=\pi$ 围成，由公式(2)可得所围图形的面积为

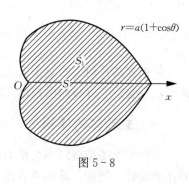

图 5-8

$$S = 2S_1 = 2\int_0^\pi \frac{1}{2}a^2(1+\cos\theta)^2 \, d\theta$$
$$= a^2\int_0^\pi (1+2\cos\theta+\cos^2\theta) \, d\theta$$
$$= a^2\int_0^\pi \left(1+2\cos\theta+\frac{1+\cos 2\theta}{2}\right) d\theta$$
$$= a^2\left(\frac{3}{2}\theta+2\sin\theta+\frac{1}{4}\sin 2\theta\right)\Big|_0^\pi$$
$$= \frac{3}{2}a^2\pi.$$

注：本题也可用微元法求解．

习 题 5-2

1. 求抛物线 $y=2x^2$ 与直线 $y=2x$，$y=4x$ 所围成图形的面积．

2. 求位于曲线 $y=e^x$ 下方，且该曲线过原点的切线的左侧以及 x 轴上方之间图形的面积．

3. 求抛物线 $y=2x-x^2$ 与直线 $y=-x$ 所围成图形的面积．

4. 求曲线 $y=\dfrac{1}{x}$ 与直线 $y=4x$，$x=2$ 所围成图形的面积．

5. 求抛物线 $y=x^2$ 从圆 $x^2+y^2=2$ 中截取的较小图形的面积．

6. 求曲线 $y=\arcsin x$ 与直线 $y=\dfrac{\pi}{2}$，$x=0$ 所围成图形的面积．

7. 求由抛物线 $y=4-2x-x^2$ 与直线 $x=-3$，$x=1$ 和 x 轴所围成图形的面积．

8. 求由曲线 $y=\ln x$ 与直线 $y=\ln\dfrac{1}{4}$，$y=\ln 4$ 和 y 轴所围成图形的面积．

9. 求由曲线 $xy=1$，$xy=2$ 与直线 $y=x$，$y=2x$ 所围成图形的面积．

10. 求由曲线 $y=\sin x$ 和它在 $x=\dfrac{\pi}{2}$ 处的切线以及直线 $x=\pi$ 所围成图形的面积．

11. 求抛物线 $y^2=2x$ 及其在点 $\left(\dfrac{1}{2},1\right)$ 处的法线所围成图形的面积．

12. 求由曲线 $y=\tan x$ 与直线 $x=\dfrac{\pi}{4}$ 和 x 轴所围成图形的面积．

13. 求由曲线 $r=4\cos\theta$ 所围成图形的面积．

14. 求心形线 $r=2(1+\cos\theta)$ $(0\leqslant\theta\leqslant 2\pi)$ 所围成图形的面积．

15. 求由曲线 $r=2a(2+\cos\theta)$ $(a>0)$ 所围成图形的面积．

16. 求由对数螺线 $r=ae^\theta$ 与射线 $\theta=-\pi$，$\theta=\pi$ 所围成图形的面积．

17. 求由摆线的一拱 $\begin{cases}x=a(t-\sin t),\\ y=a(1-\cos t)\end{cases}$ $(0\leqslant t\leqslant 2\pi)$ 与 x 轴所围成图形的面积．

第三节 体 积

定积分在几何上的应用之二是求物体的体积,我们主要研究两类体积:一类是旋转体的体积,一类是平行截面面积已知的立体的体积.

一、旋转体的体积

一个平面图形绕同一个平面内的一条直线旋转一周而形成的立体叫作**旋转体**. 这条直线叫作**旋转轴**. 例如,球体可看作平面上的半圆绕它的一条直径旋转一周而成的立体;圆柱体可看作矩形绕其一条直角边旋转一周而成,圆锥可看作平面上的直角三角形绕它的一条直角边旋转一周而成.

下面我们来推导旋转体的体积计算公式:

取 x 轴为旋转轴,曲边梯形由连续曲线 $y=f(x)$,直线 $x=a$,$x=b$ 及 x 轴所围成,现让曲边梯形绕 x 轴旋转一周,计算此旋转体(图 5-9)的体积. 我们依然借助微元法进行推导,取 x 为积分变量,它的变化区间为 $[a,b]$,在 $[a,b]$ 上取出微元区间 $[x,x+\mathrm{d}x]$,相应于小区间 $[x,x+\mathrm{d}x]$ 的小窄曲边梯形绕 x 轴旋转得到的薄片体积,可近似地看成以 $\mathrm{d}x$ 为高,以 $f(x)$ 为底半径的扁圆柱体的体积,即可得到体积微元

$$\mathrm{d}V=\pi f^2(x)\mathrm{d}x.$$

体积微元在闭区间 $[a,b]$ 上作定积分即可得旋转体的体积为

$$V=\int_a^b \mathrm{d}V=\int_a^b \pi f^2(x)\mathrm{d}x. \tag{1}$$

类似还可推出曲边梯形由曲线 $x=\varphi(y)$,直线 $y=c$,$y=d$ 及 y 轴所围成,其绕 y 轴旋转一周的旋转体(图 5-10)的体积为

$$V=\int_c^d \mathrm{d}V=\int_c^d \pi\varphi^2(y)\mathrm{d}y. \tag{2}$$

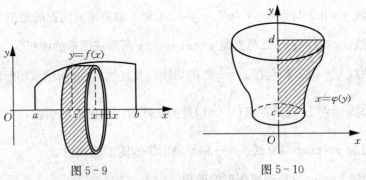

图 5-9   图 5-10

下面我们利用旋转体的体积公式来求解旋转体的体积.

例 1 计算由椭圆 $\dfrac{x^2}{a^2}+\dfrac{y^2}{b^2}=1$ 所围成的图形绕 x 轴旋转一周而成的旋转体(叫作旋转椭球体)的体积.

解 如图 5-11 所示,这个旋转体可看成是由半个椭圆 $y=\dfrac{b}{a}\sqrt{a^2-x^2}$ 及 x 轴围成的图

形绕 x 轴旋转而成的旋转体.

取 x 为积分变量,且 $x\in[-a,a]$,在 $[-a,a]$ 上取微元区间 $[x,x+\mathrm{d}x]$,相应于小区间 $[x,x+\mathrm{d}x]$ 上的薄片的体积为

$$\mathrm{d}V=\frac{\pi b^2}{a^2}(a^2-x^2)\mathrm{d}x,$$

从而所求旋转椭球体的体积为

$$V=\int_{-a}^{a}\pi y^2\mathrm{d}x=\int_{-a}^{a}\pi\frac{b^2}{a^2}(a^2-x^2)\mathrm{d}x=\frac{4}{3}\pi ab^2.$$

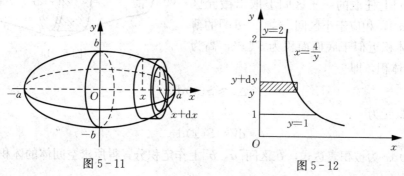

图 5-11   图 5-12

例 2 求由曲线 $xy=4$,$y=1$,$y=2$,y 轴围成的平面图形绕 y 轴旋转所得旋转体的体积.

解 如图 5-12 所示,取 y 为积分变量,且 $y\in[1,2]$,在 $[1,2]$ 上取微元区间 $[y,y+\mathrm{d}y]$,相应于小区间 $[y,y+\mathrm{d}y]$ 上的薄片绕 y 轴旋转所得旋转体的体积微元为

$$\mathrm{d}V=\pi x^2\mathrm{d}y=\pi\frac{16}{y^2}\mathrm{d}y,$$

从而所求旋转体的体积为

$$V=\int_{1}^{2}16\pi\frac{1}{y^2}\mathrm{d}y=16\pi\cdot\left(-\frac{1}{y}\Big|_{1}^{2}\right)=8\pi.$$

例 3 求由 $0\leqslant y\leqslant\sin x$,$0\leqslant x\leqslant\pi$ 所确定的平面图形绕 y 轴旋转所得立体的体积.

解 如图 5-13 所示,设由 $0\leqslant y\leqslant\sin x$,$0\leqslant x\leqslant\pi$ 所确定的平面图形绕 y 轴旋转所得立体的体积为 V,由曲线 $x_2=\pi-\arcsin y$,直线 $y=1$,y 轴,x 轴围成的图形绕 y 轴旋转所得立体的体积为 V_1,由曲线 $x_1=\arcsin y$,直线 $y=1$,y 轴围成的图形绕 y 轴旋转所得立体的体积为 V_2,则有 $V=V_1-V_2$,由公式(2)得

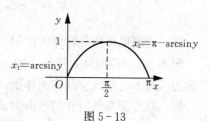

图 5-13

$$\begin{aligned}V=V_1-V_2&=\int_{0}^{1}\pi(\pi-\arcsin y)^2\mathrm{d}y-\int_{0}^{1}\pi(\arcsin y)^2\mathrm{d}y\\&=\pi^2\int_{0}^{1}(\pi-2\arcsin y)\mathrm{d}y=\pi^2\left(\pi-2\int_{0}^{1}\arcsin y\mathrm{d}y\right)\\&=\pi^2\left[\pi-2\left(y\arcsin y\Big|_{0}^{1}-\int_{0}^{1}\frac{y}{\sqrt{1-y^2}}\mathrm{d}y\right)\right]\\&=\pi^2\left[\pi-2\left(\frac{\pi}{2}+\frac{1}{2}\int_{0}^{1}(1-y^2)^{-\frac{1}{2}}\mathrm{d}(1-y^2)\right)\right]\\&=\pi^2\left(-2(1-y^2)^{\frac{1}{2}}\Big|_{0}^{1}\right)=2\pi^2.\end{aligned}$$

二、平行截面面积已知的立体的体积

若上一个立体不是旋转体，但知道立体垂直于一个定轴的各个截面的面积，我们也可以利用定积分求出该立体的体积。如图 5-14 所示，下面用微元法推导该体积的计算公式。

取定轴为 x 轴，设立体介于两个平面 $x=a$，$x=b$ 之间，过任一点 $x\in[a,b]$ 作垂直于 x 轴的截面，设立体的截面面积为 $S(x)$（连续函数）。在区间 $[a,b]$ 上任取的一子区间上取出微元区间 $[x,x+\mathrm{d}x]$，相应于小区间 $[x,x+\mathrm{d}x]$ 的薄片空间体的体积近似于底面面积为 $S(x)$，高为 $\mathrm{d}x$ 的扁柱体体积，即

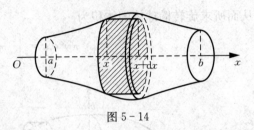

图 5-14

$$\Delta V \approx S(x)\mathrm{d}x,$$

从而得体积微元为

$$\mathrm{d}V = S(x)\mathrm{d}x.$$

以 $\mathrm{d}V = S(x)\mathrm{d}x$ 为被积表达式，在区间 $[a,b]$ 上作定积分，得所求空间体的体积为

$$V = \int_a^b \mathrm{d}V = \int_a^b S(x)\mathrm{d}x. \tag{3}$$

实际上，前一部分的旋转体就是平行截面面积已知的立体，即旋转体的体积也可应用平行截面面积已知的立体体积去求。

例 4 求由 $y=x^2$，$x=y^2$ 所围成的图形绕 x 轴旋转一周所得立体的体积。

解 用垂直于 x 轴的截面截旋转体所得截面面积为

$$S(x) = \text{大圆面积} - \text{小圆面积} = \pi(\sqrt{x})^2 - \pi(x^2)^2 = \pi x - \pi x^4,$$

故所求旋转体的体积为

$$V = \int_a^b S(x)\mathrm{d}x = \int_0^1 \pi(x - x^4)\mathrm{d}x = \frac{3}{10}\pi.$$

注：此题也可用旋转体的体积公式(1)求解。

例 5 有一空间体，以长半轴 $a=10$、短半轴 $b=5$ 的椭圆为底，而垂直于长轴的截面都是等边三角形，求此空间体的体积。

解 取底面椭圆所在的平面为 xOy 平面，椭圆中心为原点，椭圆长轴在 x 轴上，椭圆短轴在 y 轴上（图 5-15）。底面椭圆方程为

$$\frac{x^2}{10^2} + \frac{y^2}{5^2} = 1,$$

取 $x \in [-10, 10]$，作垂直于 x 轴的截面，其面积为

$$S(x) = \frac{1}{2} \cdot 2y \cdot \sqrt{3}y = \sqrt{3}y^2 = 25\sqrt{3}\left(1 - \frac{x^2}{100}\right),$$

于是空间体的体积为

$$V = \int_{-10}^{10} S(x)\mathrm{d}x = 25\sqrt{3}\int_{-10}^{10}\left(1 - \frac{x^2}{100}\right)\mathrm{d}x = \frac{1000}{3}\sqrt{3}.$$

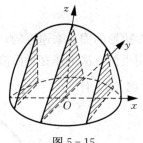
图 5-15

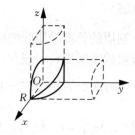
图 5-16

例 6 两个底半径为 R 的圆柱体垂直相交，求它们公共部分的体积.

解 由于对称性，我们只画出图形的 $\frac{1}{8}$，并建立坐标系如图 5-16 所示.

取 x 为积分变量，它的变化区间为 $[0, R]$，在区间 $[0, R]$ 上的任一点 x 处垂直于 x 轴的截面为一正方形，其边长为 $y=\sqrt{R^2-x^2}$，其面积为
$$S(x) = R^2 - x^2,$$
因此得所求体积为
$$V = 8\int_0^R (R^2 - x^2)\,dx = 8\left(R^2 x - \frac{x^3}{3}\right)\Big|_0^R = \frac{16}{3}R^3.$$

习 题 5-3

1. 计算曲线 $y=\sin x$，$0 \leqslant x \leqslant 2\pi$ 绕 x 轴旋转一周所成旋转体的体积.

2. 求由曲线 $y=e^x$ 与直线 $x=0$，$x=1$，$y=0$ 所围成图形绕 x 轴旋转一周所成旋转体的体积.

3. 计算由抛物线 $y^2=4ax(a>0)$ 及直线 $x=x_0(x_0>0)$ 所围成的图形绕 x 轴旋转一周所成旋转体的体积.

4. 求由抛物线 $y=\frac{x^2}{2}$，x 轴与直线 $x=2$ 所围成的图形绕 x 轴旋转一周而成的旋转体的体积.

5. 求由 $y=\ln x$ 与直线 $y=0$，$x=e$ 所围成的图形绕 x 轴旋转一周而成的旋转体的体积.

6. 求由曲线 $y=e^x$ 与直线 $x=0$，$x=1$，$y=0$ 所围成图形绕 y 轴旋转一周所成立体的体积.

7. 计算由曲线 $y=x^3$ 与直线 $y=0$，$x=2$ 所围成的图形分别绕 x 轴、y 轴旋转一周所得旋转体的体积.

8. 求抛物线 $y=x^2$ 和直线 $x=1$ 及 x 轴围成的图形分别绕 x 轴、y 轴旋转一周所得旋转体的体积.

9. 求抛物线 $y=x^2$ 和直线 $y=x$ 围成的平面图形分别绕 x 轴、y 轴旋转一周而成的旋转体的体积.

第四节 平面曲线的弧长

定积分在几何上的应用之三是求平面曲线的弧长，下面我们首先讨论弧长的概念.

一、弧长的概念

在初等几何中,圆周的长度是用圆的内接正多边形的周长来逼近的,当内接正多边形的边数无限增加时的极限就是圆周长. 现在,我们用类似方法来建立平面曲线弧长的概念.

设有一条以 A, B 为端点的弧(图 5-17),在弧 $\overparen{AB}$ 上任取分点依次为

$$A=M_0, M_1, M_2, \cdots, M_{n-1}, M_n=B,$$

将弧 $\overparen{AB}$ 分成 n 段,依次连接相邻分点得一内接折线,设每条弦的长度为 $|M_{i-1}M_i|$ $(i=1, 2, \cdots, n)$,则折线长度为

$$L_n = \sum_{i=1}^{n} |M_{i-1}M_i|.$$

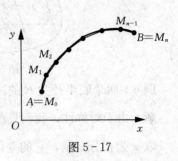

图 5-17

记 $\lambda = \max\limits_{1 \leqslant i \leqslant n} |M_{i-1}M_i|$,当分点数目无限增加,且 $\lambda \to 0$ 时,如果折线长度 L_n 的极限存在,则称此极限值为弧 $\overparen{AB}$ 的弧长,这时,称曲线弧 $\overparen{AB}$ 是可求长的.

二、弧长的计算公式

1. 直角坐标情形

设平面曲线 L 的直角坐标方程为

$$y = f(x) \quad (a \leqslant x \leqslant b),$$

其中 $f(x)$ 在区间 $[a, b]$ 上具有一阶连续导数,即弧 $\overparen{AB}$ 是光滑曲线,下面求曲线 L 的长度 s(图 5-18).

取横坐标 x 为积分变量,它的变化区间为 $[a, b]$,在区间 $[a, b]$ 上取它的微元区间 $[x, x+\mathrm{d}x]$,曲线上相应于小区间 $[x, x+\mathrm{d}x]$ 的一段弧长为 Δs,近似于曲线在点 $(x, f(x))$ 处的切线上的相应一小段长度,即

$$\Delta s \approx \sqrt{(\mathrm{d}x)^2 + (\mathrm{d}y)^2} = \sqrt{1+(f'(x))^2}\,\mathrm{d}x,$$

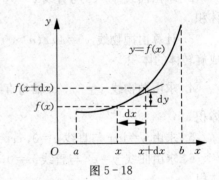

图 5-18

记 $\mathrm{d}s = \sqrt{1+(f'(x))^2}\,\mathrm{d}x$,称为**弧长微元**或**弧微分**.

以 $\sqrt{1+(f'(x))^2}\,\mathrm{d}x$ 为被积表达式,在 $[a, b]$ 上作定积分,便得所求曲线 L 的长度

$$s = \int_a^b \sqrt{1+(f'(x))^2}\,\mathrm{d}x. \tag{1}$$

若平面曲线 L 的直角坐标方程为

$$x = \varphi(y) \quad (c \leqslant y \leqslant d),$$

其中 $\varphi(y)$ 在区间 $[c, d]$ 上具有一阶连续导数,类似可得曲线 L 的长度为

$$s = \int_c^d \sqrt{1+(x')^2}\,\mathrm{d}y = \int_c^d \sqrt{1+(\varphi'(y))^2}\,\mathrm{d}y. \tag{2}$$

例1 计算对数曲线 $y = \ln x$ 从 $x=1$ 到 $x=2$ 之间的一段弧的长度.

解 由公式(1)知,所求弧长为

$$s = \int_1^2 \sqrt{1 + \frac{1}{x^2}}\, dx,$$

作变量代换：令 $x = \frac{1}{t}$，则当 $x = 1$ 时，$t = 1$；当 $x = 2$ 时，$t = \frac{1}{2}$，将其代入积分，再由定积分的分部积分公式可得

$$\begin{aligned}
s &= \int_1^2 \sqrt{1+\frac{1}{x^2}}\,dx = \int_1^{\frac{1}{2}} \sqrt{1+t^2}\, d\left(\frac{1}{t}\right) \\
&= \left(\sqrt{1+t^2}\cdot\frac{1}{t}\right)\Big|_1^{\frac{1}{2}} - \int_1^{\frac{1}{2}} \frac{1}{\sqrt{1+t^2}}\,dt \\
&= \sqrt{5} - \sqrt{2} - \ln(t + \sqrt{1+t^2})\Big|_1^{\frac{1}{2}} \\
&= \sqrt{5} - \sqrt{2} - \left[\ln\frac{1+\sqrt{5}}{2} - \ln(1+\sqrt{2})\right].
\end{aligned}$$

2. 参数方程情形

若曲线 L 由参数方程

$$\begin{cases} x = \varphi(t), \\ y = \psi(t), \end{cases} \alpha \leqslant t \leqslant \beta$$

的形式给出，其中 $\varphi(t)$，$\psi(t)$ 在区间 $[\alpha, \beta]$ 上具有一阶连续导数，则弧长微元为

$$ds = \sqrt{(dx)^2 + (dy)^2} = \sqrt{[\varphi'(t)]^2 + [\psi'(t)]^2}\,dt,$$

从而所求曲线 L 的长度为

$$s = \int_\alpha^\beta \sqrt{[\varphi'(t)]^2 + [\psi'(t)]^2}\,dt. \tag{3}$$

例 2 计算星形线（图 5-19）

$$\begin{cases} x = a\cos^3 t, \\ y = a\sin^3 t, \end{cases} (0 \leqslant t \leqslant 2\pi)$$

的全长，其中 $a > 0$.

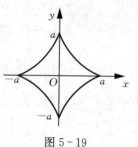

图 5-19

解 由对称性知，星形线的全长是它在第一象限内弧长的 4 倍，在第一象限内，由于

$$\varphi'(t) = -3a\cos^2 t \sin t,$$
$$\psi'(t) = 3a\sin^2 t \cos t,$$

且 $0 \leqslant t \leqslant 2\pi$，于是弧长微元为

$$ds = \sqrt{(-3a\cos^2 t\sin t)^2 + (3a\sin^2 t\cos t)^2}\,dt = 3a\sin t\cos t\,dt,$$

所以星形线的全长为

$$\begin{aligned}
ds &= 4\int_0^{\frac{\pi}{2}} 3a\sin t\cos t\,dt = 4\int_0^{\frac{\pi}{2}} 3a\sin t\,d\sin t \\
&= 12a\frac{\sin^2 t}{2}\Big|_0^{\frac{\pi}{2}} = 6a.
\end{aligned}$$

3. 极坐标情形

若曲线 L 有极坐标方程

$$r = r(\theta)\ (\alpha \leqslant \theta \leqslant \beta),$$

其中 $r(\theta)$ 在区间 $[\alpha,\beta]$ 上具有一阶连续导数,由直角坐标与极坐标的关系得到以极角 θ 为参数的曲线 L 的参数方程

$$\begin{cases} x=r(\theta)\cos\theta, \\ y=r(\theta)\sin\theta \end{cases} (\alpha\leqslant\theta\leqslant\beta),$$

弧长微元为

$$ds=\sqrt{(dx)^2+(dy)^2}=\sqrt{[x'(\theta)]^2+[y'(\theta)]^2}d\theta,$$

故可得曲线 L 的长度为

$$s=\int_\alpha^\beta \sqrt{r^2(\theta)+r'^2(\theta)}\,d\theta. \tag{4}$$

例 3 求曲线 $r=3e^{2\theta}(-\infty<\theta\leqslant 0)$ 的弧长.

解 因弧长微元

$$ds=\sqrt{r^2(\theta)+r'^2(\theta)}\,d\theta=\sqrt{9e^{4\theta}+(6e^{2\theta})^2}\,d\theta=\sqrt{45}\,e^{2\theta}d\theta,$$

所以所求曲线的弧长为

$$s=\int_{-\infty}^0 \sqrt{45}\,e^{2\theta}d\theta=\frac{\sqrt{45}}{2}\int_{-\infty}^0 e^{2\theta}d(2\theta)=\frac{\sqrt{45}}{2}e^{2\theta}\Big|_{-\infty}^0=\frac{3}{2}\sqrt{5}.$$

例 4 求心形线 $r=a(1+\cos\theta)(a>0)$ 的全长(图 5-20).

解 由对称性知,心形线的周长为极轴上方部分弧长的 2 倍,在极轴上方 $0\leqslant\theta\leqslant\pi$,弧长微元为

$$\begin{aligned}ds&=\sqrt{r^2(\theta)+r'^2(\theta)}\,d\theta\\&=\sqrt{a^2(1+\cos\theta)^2+(-a\sin\theta)^2}\,d\theta\\&=a\sqrt{2(1+\cos\theta)}\,d\theta=2a\left|\cos\frac{\theta}{2}\right|d\theta\\&=2a\cos\frac{\theta}{2}d\theta,\end{aligned}$$

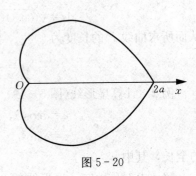

图 5-20

所以心形线的周长为

$$s=2\int_0^\pi 2a\cos\frac{\theta}{2}d\theta=4a\int_0^\pi \cos\frac{\theta}{2}d\theta=4a\left(2\sin\frac{\theta}{2}\right)\Big|_0^\pi=8a.$$

习 题 5-4

1. 计算曲线 $y=\frac{2}{3}x^{\frac{3}{2}}(0\leqslant x\leqslant 1)$ 的长度.

2. 计算摆线

$$\begin{cases} x=a(\cos t-t\sin t), \\ y=a(\sin t-t\cos t) \end{cases} (a>0)$$

自 $t=0$ 到 $t=\pi$ 两点间的弧段的长度.

3. 求 $r=a\cos\theta(a>0)(0\leqslant\theta\leqslant 2\pi)$ 的弧长.

4. 求对数螺线 $r=e^{2\theta}$ 自 $\theta=0$ 到 $\theta=\varphi$ 的弧长.

5. 求曲线 $y=\dfrac{1}{6}x^3+\dfrac{1}{2x}$ 上自 $x=1$ 到 $x=3$ 两点间的弧段的弧长.

6. 求摆线 $\begin{cases}x=1-\cos t,\\ y=t-\sin t\end{cases}$ 一拱 $(0\leqslant t\leqslant 2\pi)$ 的弧长.

第五节　定积分在物理学上的应用

前面我们介绍了定积分在几何方面的应用，如求平面所围图形的面积、体积，曲线的弧长等，那么定积分在物理学方面有哪些应用呢？

一、变力做功

设物体在变力 $F=F(x)$ 的作用下沿直线（x 轴）从点 $x=a$ 移动到点 $x=b$（图 5-21），力的作用方向与物体的运动方向一致. $F(x)$ 在区间 $[a,b]$ 上连续，求力 F 所做的功 W.

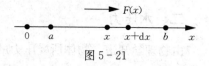

图 5-21

如果力 F 是常量，那么力 F 对物体所做的功为 $W=F(b-a)$，但在此问题中力 $F=F(x)$ 不是常量而是 x 的函数，因此不能按常力做功的公式来计算.

下面用微元法来求变力做功 W.

在区间 $[a,b]$ 内任取一点 x，作出微元区间 $[x,x+\mathrm{d}x]$，由于 $F(x)$ 在区间 $[a,b]$ 上连续，因而在 $[x,x+\mathrm{d}x]$ 上的变化很小，所以在小区间 $[x,x+\mathrm{d}x]$ 上变力所做的功 ΔW 近似等于在点 x 处的常力 $F(x)$ 所做的功，即 $\Delta W\approx F(x)\mathrm{d}x$，于是功的微元 $\mathrm{d}W=F(x)\mathrm{d}x$，所以变力 $F(x)$ 沿直线从点 a 到点 b 所做的功为

$$W=\int_a^b F(x)\mathrm{d}x. \tag{1}$$

例1　一物体按规律 $x=ct^2$ 做直线运动，所受的阻力与速度的平方成正比，计算物体从 $x=0$ 运动到 $x=a$ 时，克服阻力所做的功.

解　位于 x 处时物体运动的速度为

$$\frac{\mathrm{d}x}{\mathrm{d}t}=2ct=2c\cdot\sqrt{\frac{x}{c}}=2\sqrt{cx},$$

所受的阻力为

$$F=k\cdot 4cx=4ckx,$$

如图 5-22 所示，从点 x 运动到点 $x+\mathrm{d}x$ 所做的功的微元为

图 5-22

$$\mathrm{d}W=4ckx\mathrm{d}x,$$

所以物体从 0 运动到 a 克服阻力所做的功为

$$W=\int_0^a 4ckx\mathrm{d}x=4ck\cdot\left.\frac{x^2}{2}\right|_0^a=2a^2kc.$$

例2　一圆柱形水池，底面半径 5m，水深 10m，要把池中的水全部抽出来，所做的功为多少？

解 如图 5-23 所示，取深度 x 为积分变量，它的变化区间为 $[0,10]$，相应于 $[0,10]$ 的任一小区间 $[x, x+\mathrm{d}x]$ 的一薄层水的高度为 $\mathrm{d}x$，将位于 x 处、厚度为 $\mathrm{d}x$ 的薄层水抽出来，其质量＝密度×体积，即

$$\Delta m = \rho \cdot \pi \cdot 5^2 \mathrm{d}x = 25\pi\rho\mathrm{d}x.$$

若重力加速度 g 取 $9.8\mathrm{m/s}^2$，则这薄层水的重力为 $25\pi\rho g\mathrm{d}x$，于是把薄层水抽出池外所做的功的微元为

$$\mathrm{d}W = 25\pi\rho gx\mathrm{d}x,$$

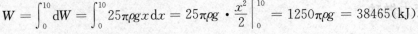

图 5-23

所以要把池中的水全部抽出来所做的功为

$$W = \int_0^{10} \mathrm{d}W = \int_0^{10} 25\pi\rho gx\mathrm{d}x = 25\pi\rho g \cdot \left.\frac{x^2}{2}\right|_0^{10} = 1250\pi\rho g = 38465(\mathrm{kJ}).$$

二、水压力

由物理学知道，物体所受压力的计算公式为

$$压力 = 压强 \times 受力面积,$$

水深为 h 处的压强为 $p = \rho gh$，其中 ρ 为水的密度，g 是重力加速度. 若有一面积为 S 的平板竖直放置水中，则压力 $F = p \cdot S = \rho gh \cdot S$. 由于水深不同，各处的压强不同，不能用公式计算木板所受的压力，下面应用微元法推导水压力的计算公式.

设有一薄板，形状如图 5-24 所示，竖直放置于水中. 选取坐标系的 x 轴竖直向下，y 轴与水面平齐，薄板的曲边方程为 $y = f(x)$，$x \in [a, b]$ 且 $f(x)$ 为连续函数，求水对薄板一侧的压力 F.

取坐标 x 为积分变量，它的变化区间为 $[a, b]$，在区间 $[a, b]$ 上取它的微元区间 $[x, x+\mathrm{d}x]$，小区间上所对应的小横条薄板，它可以近似地看成水平放置在水下深度为 x 的位置上，小横条的面积近似于小矩形的面积 $f(x)\mathrm{d}x$，于是根据压力公式，小横条一侧所受的压力微元为 $\mathrm{d}F = \rho gxf(x)\mathrm{d}x$，以 $\mathrm{d}F = \rho gxf(x)\mathrm{d}x$ 为被积表达式，以 $[a, b]$ 为积分区间，得平板一侧所受压力 F 的计算公式为

$$F = \int_a^b \mathrm{d}F = \int_a^b \rho gxf(x)\mathrm{d}x. \tag{2}$$

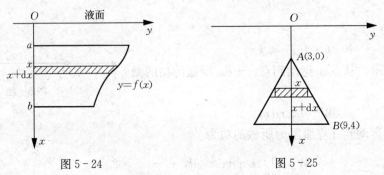

图 5-24　　　　　　　　图 5-25

例 3 一底为 8cm，高为 6cm 的等腰三角形薄片，垂直沉没在水中，顶在上、底在下，且与水面平行，而顶离水面 3cm，试求它每面所受的压力 F.

解 如图 5-25 所示，取 x 轴竖直向下表示水深，y 轴与水平面平齐，取 x 为积分变

量，其变化区间为$[3, 9]$，又直线 AB 的方程为

$$y=\frac{2}{3}(x-3), x\in[3, 9],$$

小长条的面积近似为小矩形的面积 $2y\mathrm{d}x$，所以压力为

$$F=\int_3^9 \mathrm{d}F = \int_3^9 \rho g x \cdot 2 \cdot \frac{2}{3}(x-3)\mathrm{d}x \cdot 10^{-4}$$

$$=\frac{4}{3}\rho g\left(\frac{x^3}{3}-\frac{3}{2}x^2\right)\Big|_3^9 \cdot 10^{-4} = 164.64(\mathrm{N}).$$

例 4 一椭圆形闸门，长轴为 2m、短轴为 1.5m，短轴与水平面垂直，闸门顶与水面平齐，试求闸门所受的压力．

解 选取坐标如图 5-26 所示，取 x 为积分变量，其变化区间为 $[-0.75, 0.75]$，由题意知，椭圆的标准方程为

$$\frac{x^2}{0.75^2}+\frac{y^2}{1^2}=1,$$

进而，右半椭圆的方程为

$$y=\frac{1}{0.75}\sqrt{0.75^2-x^2}.$$

由于闸门关于 x 轴对称，两侧压力相等，闸门所受的压力等于右半闸门所受的压力的 2 倍，在水深 $h=x+0.75$ 处，高为 $\mathrm{d}x$ 的右半横条所受压力近似于

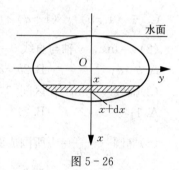

图 5-26

$$\mathrm{d}F=\rho g h \cdot y\mathrm{d}x = \frac{\rho g}{0.75}(x+0.75)\sqrt{0.75^2-x^2}\mathrm{d}x,$$

所以压力

$$F=2\int_{-0.75}^{0.75}\mathrm{d}F = \frac{2\rho g}{0.75}\int_{-0.75}^{0.75}(x+0.75)\sqrt{0.75^2-x^2}\mathrm{d}x$$

$$=4\rho g\int_0^{0.75}\sqrt{0.75^2-x^2}\mathrm{d}x = 0.5625\pi\rho g \approx 17.3(\mathrm{kN}).$$

习 题 5-5

1. 半径为 2m 的半圆形闸门竖直立于水中，顶部与水面平齐，求闸门一侧所受的水压力．

2. 一矩形闸门宽 2m、高 3m，竖直立于水中，水面超出闸门门顶 2m，求闸门一侧所受的水压力．

3. 有一等腰梯形闸门，它的两条底边长分别为 10m 和 6m，高为 20m，竖直立于水中，较长的底边与水面相齐，求闸门一侧所受的水压力．

4. 由实验知道，弹簧在拉伸过程中，需要的力 F 与拉伸量 x 成正比，即 $F=kx$（k 是比例常数），如果把弹簧由原长拉伸 6m，计算所做的功．

5. 半径为 3m 的半球形水池盛满了水，要把水池内的水全部从顶端抽走，需要做多少功？

6. 一个圆锥形贮水池，深 3m，顶部直径为 2m，装满了水，要把池内的水全部从顶端抽走，需要做多少功？

7. 一个圆柱形贮水池,深 5m,顶圆半径为 3m,装满了水,要把池内的水全部从顶端抽走,需要做多少功?

复 习 题 五

1. 单选题.

(1) 曲线 $y = \dfrac{2}{3}x^{\frac{3}{2}}$ 上相应于 x 从 a 到 b 的一段弧的长度(   ).

A. $\dfrac{2}{3}(b^{\frac{2}{3}} - a^{\frac{2}{3}})$;　　　　　　　B. $\dfrac{2}{3}(b^{\frac{4}{3}} - a^{\frac{4}{3}})$;

C. $\dfrac{2}{3}[(1+b)^{\frac{3}{2}} - (1+a)^{\frac{3}{2}}]$;　　D. $\dfrac{2}{9}[(1+b)^{\frac{3}{2}} - (1+a)^{\frac{3}{2}}]$.

(2) $y = \ln x$, y 轴与直线 $y = \ln a$, $y = \ln b$ ($b > a > 0$) 所围成图形的面积为(   ).

A. $b - a$;　　B. $2b - a$;　　C. $b - 2a$;　　D. $a - b$.

(3) 曲线 $y = \sin x$ 在区间 $[0, 2\pi]$ 上与 x 轴所围成图形的面积为(   ).

A. 1;　　B. 2;　　C. 3;　　D. 4.

(4) 椭圆 $\dfrac{x^2}{a^2} + \dfrac{y^2}{b^2} = 1$ 所围成图形的面积为(   ).

A. πab;　　B. $2\pi ab$;　　C. ab;　　D. $2ab$.

(5) 由曲线 $y = \cos x$ 和直线 $x = 0$,$x = \pi$,$y = 0$ 所围成图形的面积为(   ).

A. $\displaystyle\int_0^{\pi} \cos x \, \mathrm{d}x$;　　　　　　　B. $\displaystyle\int_0^{\pi} (0 - \cos x) \, \mathrm{d}x$;

C. $\displaystyle\int_0^{\pi} |\cos x| \, \mathrm{d}x$;　　　　　　D. $\displaystyle\int_0^{\frac{\pi}{2}} \cos x \, \mathrm{d}x + \int_{\frac{\pi}{2}}^{\pi} \cos x \, \mathrm{d}x$.

(6) 平面曲线 $y = \dfrac{1}{x}$,与直线 $y = x$ 及 $x = 2$ 所围成图形的面积为(   ).

A. $\dfrac{3}{2} - 2\ln 2$;　　B. $3 - \ln 2$;　　C. $\dfrac{3}{2} - \ln 2$;　　D. $3 - 2\ln 2$.

(7) 曲线 $y = \ln(1 - x^2)$ 在 $0 \leqslant x \leqslant \dfrac{1}{2}$ 上的一段弧的弧长为(   ).

A. $\displaystyle\int_0^{\frac{1}{2}} \sqrt{1 + \left(\dfrac{1}{1 - x^2}\right)^2} \, \mathrm{d}x$;　　B. $\displaystyle\int_0^{\frac{1}{2}} \dfrac{1 + x^2}{1 - x^2} \, \mathrm{d}x$;

C. $\displaystyle\int_0^{\frac{1}{2}} \sqrt{1 + \dfrac{-2x}{1 - x^2}} \, \mathrm{d}x$;　　D. $\displaystyle\int_0^{\frac{1}{2}} \sqrt{1 + [\ln(1 - x^2)]^2} \, \mathrm{d}x$.

(8) 矩形闸门宽 a(m),高 h(m),将其垂直放入水中,上沿与水面平齐,则闸门所受压力 F 为(   ).

A. $g \displaystyle\int_0^h ax \, \mathrm{d}x$;　　　　　　　B. $g \displaystyle\int_0^a ax \, \mathrm{d}x$;

C. $g \displaystyle\int_0^h \dfrac{1}{2} ax \, \mathrm{d}x$;　　　　　D. $g \displaystyle\int_0^h 2ax \, \mathrm{d}x$.

2. 判断题.

(1) 设曲线弧 $y=f(x)(a\leqslant x\leqslant b)$，$f(x)$ 在区间 $[a,b]$ 上有连续导数，则曲线弧长为 $s=\int_a^b \sqrt{1+[f'(x)]^2}\,dx$. ( )

(2) 设曲线的参数方程为 $x=x(t)$，$y=y(t)(\alpha\leqslant t\leqslant\beta)$，在 (α,β) 内，$x(t)$，$y(t)$ 有连续导数，则 $ds=\sqrt{[x'(t)]^2+[y'(t)]^2}\,dt$. ( )

(3) 曲线 $y=f_1(x)$ 和 $y=f_2(x)$ 及直线 $x=a$，$x=b(a<b)$ 所围成图形的面积为 $\int_a^b [f_2(x)-f_1(x)]\,dx$. ( )

(4) 由曲面及平面 $x=a$，$x=b(a<b)$ 围成，且过点 x 而垂直于 x 轴的截面的面积为 $S(x)$ 的立体体积为 $V=\int_a^b S(x)\,dx$. ( )

(5) 由曲线 $y=\dfrac{1}{x}$ 与直线 $y=2$，$x=1$ 所围图形的面积为 $\dfrac{1}{2}-\ln\sqrt{2}$. ( )

(6) 由椭圆 $\dfrac{x^2}{a^2}+\dfrac{y^2}{b^2}=1$ 绕 y 轴旋转一周而成的旋转体的体积为 $\dfrac{4}{3}\pi ab^2$. ( )

3. 填空题.

(1) 曲线 $r=2a\cos\theta$ 所围图形的面积为_____.

(2) 若两曲线 $y=x^2$ 与 $y=cx^3(c>0)$ 围成的图形的面积是 $\dfrac{2}{3}$，则 c 为_____.

(3) 由圆 $x^2+(y-4)^2=16$ 绕 y 轴旋转一周所成旋转体的体积为_____.

(4) 由双曲线 $xy=a(a>0)$ 与直线 $x=a$，$x=2a$ 围成，绕 x 轴旋转一周所形成的旋转体的体积为_____.

4. 计算题.

(1) 求由抛物线 $y=x^2-3$ 和直线 $y+2x=0$ 所围成图形的面积.

(2) 求由曲线 $r=3\cos\theta$ 与曲线 $r=1+\cos\theta$ 各自所围成的两个图形公共部分的面积.

(3) 求由曲线 $r=\sqrt{2}\sin\theta$ 与曲线 $r^2=\cos 2\theta$ 各自所围成的两个图形公共部分的面积.

(4) 求由圆 $x^2+(y-5)^2=16$ 绕 x 轴旋转一周所成旋转体的体积.

(5) 求抛物线 $y=x^2$ 与 $y=2-x^2$ 所围图形绕 x 轴旋转一周所成旋转体的体积.

(6) 半径为 2m 的圆形闸门竖直放于水中，顶部距水面 1m，求闸门所受的水压力.

(7) 一个圆锥形贮水池，深 15m，顶部直径为 20m，装满了水，要把池内的水全部从顶端抽走，需要做多少功？

(8) 一物体按规律 $x=ct^3$ 做直线运动，介质的阻力与速度的平方成正比，计算物体由 $x=0$ 移至 $x=a$ 时，克服介质阻力所做的功.

第六章 向量代数与空间解析几何

数形结合是学习数学的基本方法,解析几何是学习微积分学离不开的工具.平面解析几何帮助我们学习了一元函数的微积分,而空间解析几何是学习多元函数微积分学不可或缺的知识.本章借助于向量建立空间直角坐标系,介绍向量及其运算,并以向量为工具,讨论平面、曲面、空间直线和空间曲线的相关知识.在学习的过程中应注意数形结合、方程与图形的相互对照,有助于我们快速掌握空间解析几何的相关知识.

第一节 空间直角坐标系

在平面确定点的位置需要两个坐标,在空间确定点的位置需要三个坐标.现在我们讨论空间直角坐标系,它是在平面直角坐标系的基础上添加一个垂直于坐标面的数轴而得到的.

一、空间直角坐标系

在空间确定一点 O,过点 O 作三条相互垂直且相交的数轴 Ox,Oy,Oz,这三条数轴的长度单位相同.它们的交点 O 称为**坐标原点**,这三条数轴分别称为 x 轴(横轴)、y 轴(纵轴)和 z 轴(竖轴),其正向符合右手规则(用右手握住 z 轴,当右手的四个手指从 x 轴正向以 $90°$ 的角度转向 y 轴的正向时,大拇指的指向就是 z 轴的正向)(图 6-1).这样由一个坐标原点和三条坐标轴就构成了空间直角坐标系.Ox,Oy,Oz 统称为坐标轴.由三条坐标轴两两确定的平面 xOy,yOz,zOx 称为**坐标平面**,简称**坐标面**.三个坐标面可以把空间分成八个部分,称为八个卦限,其中 xOy 坐标面之上,yOz 坐标面之前,xOz 坐标面之右的卦限称为第 Ⅰ 卦限,按逆时针方向依次标记 xOy 坐标面上的其他三个卦限为第 Ⅱ、Ⅲ、Ⅳ 卦限,在 xOy 坐标面下面的四个卦限中,位于第 Ⅰ 卦限下面的卦限称为第 Ⅴ 卦限,按逆时针方向依次确定其他三个卦限为第 Ⅵ、Ⅶ、Ⅷ 卦限.(图 6-2)

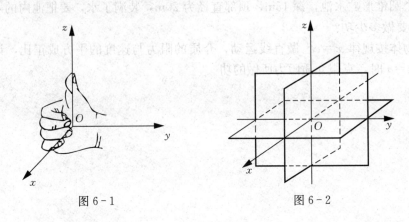

图 6-1   图 6-2

二、空间点的坐标

已知 M 为空间一点，过点 M 作三个平面分别垂直于 x 轴、y 轴和 z 轴，它们与 x 轴、y 轴、z 轴的交点分别为 P，Q，R(图 6-3)，这三点在 x 轴、y 轴、z 轴上的坐标分别为 x，y，z，显然点 M 与有序数组 x，y，z 相互唯一确定，称数组 x，y，z 为点 M 的**坐标**，并依次称 x，y，z 为点 M 的**横坐标**、**纵坐标**和**竖坐标**，坐标为 x，y，z 的点 M 通常记为 $M(x, y, z)$.

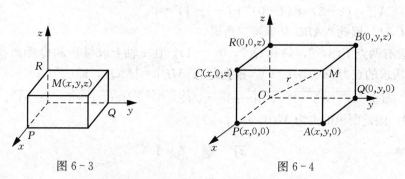

图 6-3　　　　　　图 6-4

坐标轴上、坐标面上和卦限中的点的坐标各有特征(图 6-4).

在 xOy 面上：$z=0$，故对应点的坐标为 $A(x, y, 0)$；
在 yOz 面上：$x=0$，故对应点的坐标为 $B(0, y, z)$；
在 zOx 面上：$y=0$，故对应点的坐标为 $C(x, 0, z)$；
在 x 轴上：$y=z=0$，故对应点的坐标为 $P(x, 0, 0)$；
在 y 轴上：$x=z=0$，故对应点的坐标为 $Q(0, y, 0)$；
在 z 轴上：$x=y=0$，故对应点的坐标为 $R(0, 0, z)$.

各卦限内的点(除去坐标面上的点外)的坐标符号如下：

Ⅰ$(+, +, +)$，Ⅱ$(-, +, +)$，Ⅲ$(-, -, +)$，Ⅳ$(+, -, +)$，
Ⅴ$(+, +, -)$，Ⅵ$(-, +, -)$，Ⅶ$(-, -, -)$，Ⅷ$(+, -, -)$.

三、两点间的距离公式

设 $M_1(x_1, y_1, z_1)$，$M_2(x_2, y_2, z_2)$ 为空间内的两个点，由图 6-5 可知，M_1，M_2 两点间距离的平方为

$$|M_1M_2|^2 = |M_1N|^2 + |NM_2|^2$$

（$\triangle M_1NM_2$ 是直角三角形），

其中　　$|M_1N|^2 = |M_1P|^2 + |PN|^2$

（$\triangle M_1PN$ 是直角三角形），

而　　$|PN| = |Q_1Q_2| = |y_2 - y_1|$，
　　　$|PM_1| = |P_1P_2| = |x_2 - x_1|$，
　　　$|NM_2| = |R_1R_2| = |z_2 - z_1|$，

所以 M_1，M_2 之间的距离为

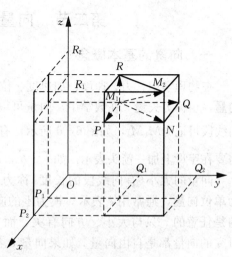

图 6-5

$$|M_1M_2| = \sqrt{(x_2-x_1)^2 + (y_2-y_1)^2 + (z_2-z_1)^2}.$$

例1 求 $M_1(2, -1, 0)$, $M_2(-1, 2, 3)$ 之间的距离.

解 $|M_1M_2| = \sqrt{((-1)-2)^2 + (2-(-1))^2 + (3-0)^2} = \sqrt{27} = 3\sqrt{3}.$

例2 已知三角形的顶点为 $A(2, 1, -1)$, $B(5, -1, 0)$ 和 $C(3, 0, 1)$, 求证: $\triangle ABC$ 是等腰三角形.

证明 $|AB|^2 = (5-2)^2 + (-1-1)^2 + (0+1)^2 = 14,$
$|BC|^2 = (3-5)^2 + (0+1)^2 + (1-0)^2 = 6,$
$|CA|^2 = (2-3)^2 + (1-0)^2 + (-1-1)^2 = 6,$

即 $|BC| = |CA|$, 因此 $\triangle ABC$ 是等腰三角形.

例3 设有两点 $P(3, 3, 4)$ 和 $Q(2, 0, -1)$, 在 z 轴上求与 P 和 Q 距离相等的点.

解 设所求的点为 $M(0, 0, z)$, 根据题意 $|MP| = |MQ|$, 即

$$\sqrt{(3-0)^2 + (3-0)^2 + (4-z)^2} = \sqrt{(2-0)^2 + (0-0)^2 + (-1-z)^2},$$

解得 $z = 2.9$, 因此所求的点为 $M(0, 0, 2.9)$.

习 题 6-1

1. 填空题.

(1) 点 $M(2, 3, 7)$ 到 xOy 平面的距离是_____, 到 z 轴的距离是_____.

(2) 在空间直角坐标系中, 点 $(2, -3, -1)$ 在第_____卦限, 点 $(-2, -5, 1)$ 在第_____卦限.

(3) 在 y 轴上, 与 $A(1, -3, 7)$ 和 $B(5, 7, -5)$ 等距离的点的坐标为_____.

(4) 在 z 轴上, 与 $A(-4, 1, 7)$ 和 $B(3, 5, -2)$ 等距离的点的坐标为_____.

2. 设点 P 在 y 轴上, 它到点 $P_1(\sqrt{2}, 0, 3)$ 的距离为到点 $P_2(1, 0, -1)$ 的距离的两倍, 求点 P 的坐标.

3. 证明: 以点 $A(4, 1, 9)$, $B(10, -1, 6)$ 和 $C(2, 4, 3)$ 为顶点的三角形是等腰直角三角形.

第二节 向量的基本概念及其运算

一、向量的基本概念

在物理学中, 力、速度、加速度、位移等物理量是既有大小又有方向的量, 这种量称为**向量**, 也称为**矢量**. 在数学中, 向量可以用有向线段表示, 以 M_1 为起点, M_2 为终点的有向线段可记为 $\overrightarrow{M_1M_2}$, 如图 6-6 所示, 有时也用黑体字母表示, 如 $\boldsymbol{a}, \boldsymbol{b}, \boldsymbol{c}, \cdots$, 在书写时需要在字母上加一箭头表示, 如 $\vec{a}, \vec{b}, \vec{c}, \cdots$.

向量的大小(有向线段的长度)称为向量的**模**, 记为 $|\overrightarrow{M_1M_2}|$ 或 $|\boldsymbol{a}|$. 模为1的向量称为**单位向量**, 通常用 $\boldsymbol{e}$ 表示. 模为零的向量称为**零向量**, 通常用 $\boldsymbol{0}$ 表示. 规定零向量的方向是任意的. 只与大小、方向有关, 而与起点的位置无关的向量称为**自由向量**, 数学中研究的向量都是自由向量. 如果向量 $\boldsymbol{a}$ 与 $\boldsymbol{b}$ 的模相等且方向相同, 则称向量 $\boldsymbol{a}$ 与 $\boldsymbol{b}$ 相等, 记为 $\boldsymbol{a} = \boldsymbol{b}$. 与向量 $\boldsymbol{a}$ 的模相等, 但方向相反的向量称为 $\boldsymbol{a}$ 的**负向量**, 记为 $-\boldsymbol{a}$. 如果向量 $\boldsymbol{a}$

与 b 的方向相同或相反,则称向量 a 与 b 是平行的,记为 $a//b$. 作为自由向量,当 $a//b$ 时,通过平移向量 a 与 b 可以重合在同一条直线上,此时,向量 a 与 b 平行也称向量 a 与 b **共线**.

在两个向量 a 与 b 所在的平面上,通过平移使它们的起点重合,令 $a=\overrightarrow{AB}$,$b=\overrightarrow{AC}$,则称 $\theta=\angle BAC$ 为向量 a 与 b 的**夹角**,记为 $(\widehat{a,b})$,即 $\theta=(\widehat{a,b})=(\widehat{b,a})(0\leqslant\theta\leqslant\pi)$,如图 6-7 所示. 如果 $a//b$,则 $(\widehat{a,b})=0$ 或 $(\widehat{a,b})=\pi$. 如果 $(\widehat{a,b})=\dfrac{\pi}{2}$,则称向量 a 与 b **垂直**,记为 $a\perp b$. 由于零向量的方向是任意的,可以规定为它与任何一个向量都垂直,也都平行.

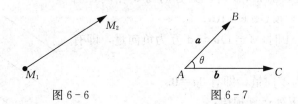

图 6-6   图 6-7

二、向量的线性运算

1. 向量的加法

设 $a=\overrightarrow{OA}$,$b=\overrightarrow{OB}$,以 $\overrightarrow{OA}$,$\overrightarrow{OB}$ 为边作一平行四边形 $OACB$,连接对角线 OC,记对角线 $\overrightarrow{OC}$ 为 c,即 $c=\overrightarrow{OC}$(图 6-8). 我们称向量 c 为向量 a 和向量 b 的和,记作
$$c=a+b.$$
这种用平行四边形的对角线向量来规定两个向量的和的方法叫作向量加法的**平行四边形法则**.

由于平行四边形的对边平行且相等,所以从图 6-8 可以看出,我们还可以这样来作出两向量的和:作向量 $a=\overrightarrow{OA}$,以 $\overrightarrow{OA}$ 的终点 A 为起点作 $b=\overrightarrow{AC}$,连接 OC,就得 $a+b=\overrightarrow{OC}$,这一方法叫作向量加法的**三角形法则**.

向量的加法符合下列运算规律:

交换律:$a+b=b+a$;

结合律:$(a+b)+c=a+(b+c)$.

由向量加法运算的规定显然可知,加法符合交换律;而由向量加法的三角形法则可知,先作 $a+b$,再与 c 相加,即得它们的和 $(a+b)+c$,如果用 a 与 $b+c$ 相加,则得同一结果,因而符合结合律.

由向量加法的交换律与结合律可知,任意多个向量加法的法则:以前一向量的终点作为后一向量的起点,相继作向量,再以第一向量的起点为起点,最后一向量的终点为终点作一向量,此向量即为所求的向量和.

我们规定两个向量 a 与 b 的差
$$a-b=a+(-b).$$
特殊地,
$$a-a=a+(-a)=\mathbf{0}.$$

由三角形法则可以看出:要从 a 减去 b,只要把与 b 长度相等而方向相反的向量 $-b$ 加到向量 a 上去(图 6-9).

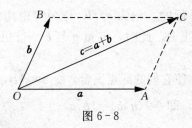

图 6-8

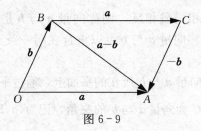

图 6-9

2. 向量的数乘

一个向量 a 与数 λ 的乘积，记作 λa，它仍然表示一个向量，其模为 $|\lambda||a|$，当 $\lambda>0$ 时，其方向与 a 相同，当 $\lambda<0$ 时，其方向与 a 相反(图 6-10)．

特别地，当 $\lambda=-1$ 时，$(-1)a$ 与 a 互为负向量，即有 $(-1)a=-a$；

当 $\lambda=0$ 时，$0a$ 为零向量，即有 $0a=\mathbf{0}$．

向量的数乘符合下列运算规律：

结合律：$\lambda(\mu a)=\mu(\lambda a)=(\mu\lambda)a$；

分配律：$(\lambda+\mu)a=\lambda a+\mu a$，$\lambda(a+b)=\lambda a+\lambda b$．

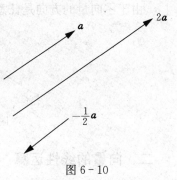

图 6-10

三、向量的坐标表示

在 x,y,z 轴的正方向上各取一个单位向量，分别记为 i,j,k，称为**基本单位向量**．设向量 $\overrightarrow{OM}$ 的始点在原点，终点 M 的坐标为 (x,y,z)(图 6-11)，利用向量的加法可得

$$\overrightarrow{OM}=\overrightarrow{OM'}+\overrightarrow{M'M},$$

在 $\triangle OPM'$ 中，$\overrightarrow{OM'}=\overrightarrow{OP}+\overrightarrow{PM'}$，而 $\overrightarrow{PM'}=\overrightarrow{OQ}$．又 $\overrightarrow{M'M}=\overrightarrow{OR}$，所以得

$$\overrightarrow{OM}=\overrightarrow{OP}+\overrightarrow{OQ}+\overrightarrow{OR}.$$

由向量数乘的定义可得

$$\overrightarrow{OP}=xi,\ \overrightarrow{OQ}=yj,\ \overrightarrow{OR}=zk,$$

故

$$\overrightarrow{OM}=xi+yj+zk.$$

上式称为向量 $\overrightarrow{OM}$ 的**坐标分解式**，把向量 xi,yj,zk 称为向量 $\overrightarrow{OM}$ 在坐标轴上的**分向量**，x,y,z 称为**向量的坐标**，记为 $\overrightarrow{OM}=(x,y,z)$，也称为向量的**坐标表示式**．于是基本单位向量的坐标表示为

$$i=(1,0,0),\ j=(0,1,0),\ k=(0,0,1).$$

以 $M_1(x_1,y_1,z_1)$ 为起点，$M_2(x_2,y_2,z_2)$ 为终点的向量记为

$$\overrightarrow{M_1M_2}=(x_2-x_1,\ y_2-y_1,\ z_2-z_1).$$

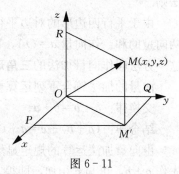

图 6-11

利用向量的坐标表示可以进行向量的线性运算，推导如下：

设 $a=(x_1,y_1,z_1)$，$b=(x_2,y_2,z_2)$，即 $a=x_1i+y_1j+z_1k$，$b=x_2i+y_2j+z_2k$，运用加减法与数乘的运算律可得到

$$a\pm b=(x_1\pm x_2)i+(y_1\pm y_2)j+(z_1\pm z_2)k,$$
$$\lambda a=\lambda x_1 i+\lambda y_1 j+\lambda z_1 k,$$

则用坐标表示的向量运算公式为
$$a \pm b = (x_1 \pm x_2, y_1 \pm y_2, z_1 \pm z_2),$$
$$\lambda a = (\lambda x_1, \lambda y_1, \lambda z_1).$$
利用坐标表示的数乘运算，向量共线（平行）的充分必要条件是
$$\frac{x_1}{x_2} = \frac{y_1}{y_2} = \frac{z_1}{z_2},$$
其中分母为零者，分子也为零．

例 1 已知两点 $M_1(0, 1, 2)$ 和 $M_2(1, -1, 0)$，试用坐标表示向量 $\overrightarrow{M_1M_2}$ 及 $-2\overrightarrow{M_1M_2}$.

解 $\overrightarrow{M_1M_2} = (1, -2, -2)$，$-2\overrightarrow{M_1M_2} = (-2, 4, 4)$.

例 2 设向量 $a = xi - 5j + zk$ 与 $b = 3i + 2j - 4k$ 共线，求 x 和 z.

解 由共线的条件得
$$\frac{x}{3} = \frac{-5}{2} = \frac{z}{-4},$$
从中解出 $x = -\frac{15}{2}$，$z = 10$.

四、向量的模　方向角与方向余弦　投影

设 a 为任意非零向量，把向量 a 平移至向径 $\overrightarrow{OM}$，即 $a = \overrightarrow{OM}$，如图 6-12 所示．设点 M 的坐标为 (x, y, z)，则
$$a = \overrightarrow{OM} = (x, y, z) = xi + yj + zk,$$
由模的定义可知，向量的**模**为
$$|a| = |\overrightarrow{OM}| = \sqrt{x^2 + y^2 + z^2}.$$

设向量 $\overrightarrow{OM}$ 与三个坐标轴正向之间的夹角顺次为 α，β，γ ($0 \leqslant \alpha, \beta, \gamma \leqslant \pi$)，称为向量 a 的**方向角**，非零向量的方向角是唯一的．

显然有
$$\begin{cases} x = |\overrightarrow{OM}| \cos\alpha, \\ y = |\overrightarrow{OM}| \cos\beta, \\ z = |\overrightarrow{OM}| \cos\gamma, \end{cases}$$

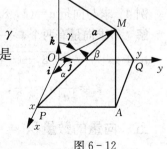

图 6-12

顺次称 $\cos\alpha$，$\cos\beta$，$\cos\gamma$ 为向量 a 的**方向余弦**．

由上式可得方向余弦的坐标表示式
$$\cos\alpha = \frac{x}{\sqrt{x^2 + y^2 + z^2}}, \quad \cos\beta = \frac{y}{\sqrt{x^2 + y^2 + z^2}}, \quad \cos\gamma = \frac{z}{\sqrt{x^2 + y^2 + z^2}},$$
进而可得
$$\cos^2\alpha + \cos^2\beta + \cos^2\gamma = 1,$$
因此，与非零向量 a 同方向的单位向量是
$$e_a = \frac{1}{|a|}a = \left(\frac{x}{|a|}, \frac{y}{|a|}, \frac{z}{|a|}\right) = (\cos\alpha, \cos\beta, \cos\gamma),$$
此式表明向量的方向是由它的三个方向余弦决定的．

通过空间一点 A 作 u 轴的平面,该平面与轴的交点 A' 称为点 A 在 u 轴上的**投影**(图 6-13).
如果向量的始点 A 与终点 B 在 u 轴上的投影分别为 A',B'(图 6-14),则 u 轴上的有向线段 $A'B'$ 的长度称为向量 $\overrightarrow{AB}$ 在 u 轴上的**投影**,记作 $\mathbf{Prj}_u \overrightarrow{AB}$,$u$ 轴称为**投影轴**. 向量 $\overrightarrow{AB}$ 在 u 轴上的投影等于向量 $\overrightarrow{AB}$ 的模乘以 u 轴与向量 $\overrightarrow{AB}$ 的夹角 θ 的余弦,即

$$\mathbf{Prj}_u \overrightarrow{AB} = |\overrightarrow{AB}|\cos\theta.$$

由此可知,向量 $\boldsymbol{a}$ 的坐标 (x,y,z) 是向量 $\boldsymbol{a}$ 在三条坐标轴上的投影.

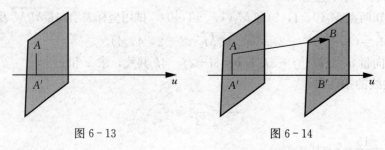

图 6-13　　　　　图 6-14

例 3　已知两点 $A(1,\sqrt{2},2)$ 和 $B(2,0,1)$,求向量 $\overrightarrow{AB}$ 的模、方向余弦和方向角.

解　$\overrightarrow{AB}=(2-1,0-\sqrt{2},1-2)=(1,-\sqrt{2},-1)$,

$|\overrightarrow{AB}|=\sqrt{1^2+(-\sqrt{2})^2+(-1)^2}=2$,

$\cos\alpha=\dfrac{1}{2}$,$\cos\beta=-\dfrac{\sqrt{2}}{2}$,$\cos\gamma=-\dfrac{1}{2}$,

所以 $\alpha=\dfrac{\pi}{3}$,$\beta=\dfrac{3\pi}{4}$,$\gamma=\dfrac{2\pi}{3}$.

例 4　求与向量 $\boldsymbol{a}=(4,8,-8)$ 平行的单位向量.

解　所求向量有两个,一个与 $\boldsymbol{a}$ 同向,一个与 $\boldsymbol{a}$ 反向.

由于 $|\boldsymbol{a}|=\sqrt{4^2+8^2+(-8)^2}=12$,故与 $\boldsymbol{a}$ 平行的单位向量为

$$\boldsymbol{e}_a=\dfrac{1}{|\boldsymbol{a}|}\boldsymbol{a}=\left(\dfrac{1}{3},\dfrac{2}{3},-\dfrac{2}{3}\right),\quad -\boldsymbol{e}_a=-\dfrac{1}{|\boldsymbol{a}|}\boldsymbol{a}=\left(-\dfrac{1}{3},-\dfrac{2}{3},\dfrac{2}{3}\right).$$

五、向量的数量积

首先我们先看一个实例.

设物体在恒力 $\boldsymbol{F}$ 的作用下,沿直线从点 M_1 移动到点 M_2,用 $\boldsymbol{s}$ 表示位移 $\overrightarrow{M_1M_2}$(图 6-15). 由物理学知道,力 $\boldsymbol{F}$ 所做的功为 $W=|\boldsymbol{F}||\boldsymbol{s}|\cos\theta$,其中 θ 为 $\boldsymbol{F}$ 与 $\boldsymbol{s}$ 的夹角,仿照上式可以定义向量的数量积(图 6-16).

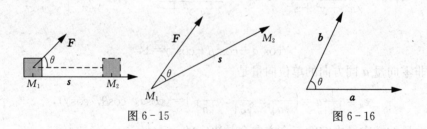

图 6-15　　　　　图 6-16

定义 1 给定向量 a 与 b，我们把这两个向量的模 $|a|$ 和 $|b|$ 与它们之间的夹角 θ 的余弦的乘积 $|a||b|\cos\theta$，称为 a 与 b 的**数量积**，记作 $a\cdot b$，即

$$a\cdot b=|a||b|\cos\theta.$$

数量积也称**点积**或**内积**.

当两个向量 a 与 b 垂直时，即 $\theta=\dfrac{\pi}{2}$ 时，$a\cdot b=0$；反过来，a 与 b 均为非零向量时，$a\cdot b=0$，则 a 与 b 垂直．那么两个非零向量垂直的充分必要条件是它们的数量积为零，即

$$a\perp b\Leftrightarrow a\cdot b=0.$$

例如，由 $i\perp j$，$j\perp k$ 可知 $i\cdot j=0$，$j\cdot k=0$，$k\cdot i=0$.
若 $a=b$，则 $a\cdot a=|a|^2$，如 $i\cdot i=1$，$j\cdot j=1$，$k\cdot k=1$.
向量的数量积满足下列运算规律：
(1) 交换律：$a\cdot b=b\cdot a$；
(2) 分配律：$(a+b)\cdot c=a\cdot c+b\cdot c$；
(3) $(\lambda a)\cdot b=a\cdot(\lambda b)$.
下面推导数量积的坐标表示式．首先注意到

$$i\cdot j=j\cdot k=k\cdot i=0,\ i\cdot i=j\cdot j=k\cdot k=1.$$

设 $a=(x_1,\ y_1,\ z_1)$，$b=(x_2,\ y_2,\ z_2)$，即

$$a=x_1 i+y_1 j+z_1 k,\ b=x_2 i+y_2 j+z_2 k,$$

则
$$\begin{aligned}a\cdot b&=(x_1 i+y_1 j+z_1 k)\cdot(x_2 i+y_2 j+z_2 k)\\&=(x_1 i)\cdot(x_2 i)+(x_1 i)\cdot(y_2 j)+(x_1 i)\cdot(z_2 k)+\\&\quad(y_1 j)\cdot(x_2 i)+(y_1 j)\cdot(y_2 j)+(y_1 j)\cdot(z_2 k)+\\&\quad(z_1 k)\cdot(x_2 i)+(z_1 k)\cdot(y_2 j)+(z_1 k)\cdot(z_2 k)\\&=x_1 x_2+0+0+0+y_1 y_2+0+0+0+z_1 z_2,\end{aligned}$$

即
$$a\cdot b=x_1 x_2+y_1 y_2+z_1 z_2.$$

由数量积的定义得 $\cos\theta=\dfrac{a\cdot b}{|a||b|}$，代入向量的模和数量积的坐标表示式，得到两个向量的夹角余弦的坐标表示式

$$\cos\theta=\frac{x_1 x_2+y_1 y_2+z_1 z_2}{\sqrt{x_1^2+y_1^2+z_1^2}\sqrt{x_2^2+y_2^2+z_2^2}},$$

从而两个向量 a 与 b 垂直的充分必要条件是

$$x_1 x_2+y_1 y_2+z_1 z_2=0.$$

例 5 已知向量 $a=(6,-6,7)$，$b=(4,-15,1)$，求 $a\cdot b$ 和 a 与 b 的夹角．

解 $a\cdot b=6\times 4+(-6)\times(-15)+7\times 1=121.$
设 a 与 b 的夹角为 θ，由于

$$|a|=\sqrt{6^2+(-6)^2+7^2}=11,\ |b|=\sqrt{4^2+(-15)^2+1^2}=11\sqrt{2},$$

则
$$\cos\theta=\frac{a\cdot b}{|a||b|}=\frac{121}{11\times 11\sqrt{2}}=\frac{\sqrt{2}}{2},$$

所以 $\theta=\dfrac{\pi}{4}$.

例6 已知三点 $A(0, 2, 2)$, $B(0, 3, 1)$ 及 $M(-1, 2, 1)$, 求 $\angle AMB$.

解 所求的 $\angle AMB$ 是向量 $\overrightarrow{MA}$ 与 $\overrightarrow{MB}$ 的夹角, 有

$$\overrightarrow{MA}=(1, 0, 1), \overrightarrow{MB}=(1, 1, 0), \overrightarrow{MA} \cdot \overrightarrow{MB}=1\times1+0\times1+1\times0=1,$$

$$|\overrightarrow{MA}| = \sqrt{1^2+0^2+1^2}=\sqrt{2}, \quad |\overrightarrow{MB}| = \sqrt{1^2+1^2+0^2}=\sqrt{2},$$

代入夹角的余弦公式, 得到

$$\cos\angle AMB=\frac{\overrightarrow{MA} \cdot \overrightarrow{MB}}{|\overrightarrow{MA}||\overrightarrow{MB}|}=\frac{1}{\sqrt{2}\times\sqrt{2}}=\frac{1}{2},$$

因此 $\angle AMB=\frac{\pi}{3}$.

六、向量的向量积

物理学中研究力所产生的力矩时知道(图 6-17), 设杆 L, 支点为 O, 受力 $\boldsymbol{F}$ 的作用, 力 $\boldsymbol{F}$ 对支点 O 的力矩是一个向量 $\boldsymbol{M}$, 其大小是

$$|\boldsymbol{M}|=|\overrightarrow{OQ}||\boldsymbol{F}|=|\overrightarrow{OP}||\boldsymbol{F}|\sin\theta,$$

其方向为: $\boldsymbol{M}$ 垂直于 $\overrightarrow{OP}$ 与 $\boldsymbol{F}$ 所在的平面, $\boldsymbol{M}$ 的指向是按右手规则从 $\overrightarrow{OP}$ 转到 $\boldsymbol{F}$, 转角不超过 π, 此时, 大拇指的方向就是 $\boldsymbol{M}$ 的指向(图 6-18).

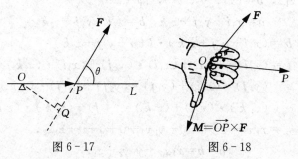

图 6-17　　图 6-18

定义 2 若由向量 $\boldsymbol{a}$ 与 $\boldsymbol{b}$ 所确定的一个向量 $\boldsymbol{c}$ 满足下列条件:

(1) $\boldsymbol{c}$ 的模等于 $|\boldsymbol{a}||\boldsymbol{b}|\sin\theta$, 其中 θ 为 $\boldsymbol{a}$ 与 $\boldsymbol{b}$ 之间的夹角, 即

$$|\boldsymbol{c}|=|\boldsymbol{a}||\boldsymbol{b}|\sin\theta;$$

(2) $\boldsymbol{c}$ 的方向既垂直于 $\boldsymbol{a}$ 又垂直于 $\boldsymbol{b}$, $\boldsymbol{c}$ 的指向按右手规则从 $\boldsymbol{a}$ 转向 $\boldsymbol{b}$ 来确定, 则称向量 $\boldsymbol{c}$ 为向量 $\boldsymbol{a}$ 与 $\boldsymbol{b}$ 的**向量积**, 记作 $\boldsymbol{a} \times \boldsymbol{b}$, 即

$$|\boldsymbol{a} \times \boldsymbol{b}|=|\boldsymbol{a}||\boldsymbol{b}|\sin\theta.$$

$\boldsymbol{a} \times \boldsymbol{b} \perp \boldsymbol{a}$, $\boldsymbol{a} \times \boldsymbol{b} \perp \boldsymbol{b}$. $\boldsymbol{a}$, $\boldsymbol{b}$, $\boldsymbol{a} \times \boldsymbol{b}$ 组成右手系(图 6-19).

由于向量积所使用的记号是"×", 所以也称向量积为**叉积**或**外积**. 两个向量的向量积的模的几何意义是: 它的数值是以 $\boldsymbol{a}$, $\boldsymbol{b}$ (始点重合)为邻边的平行四边形的面积.

若 $\boldsymbol{a}//\boldsymbol{b}$ (即 $\boldsymbol{a}$, $\boldsymbol{b}$ 共线), 则它们之间的夹角不是 0 就是 π, 即 $\sin\theta=0$, 于是有

$$|\boldsymbol{a}||\boldsymbol{b}|\sin\theta=0,$$

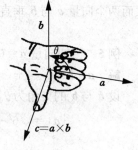

图 6-19

所以, $\boldsymbol{a} \times \boldsymbol{b}$ 为零向量, 即 $\boldsymbol{a} \times \boldsymbol{b}=\boldsymbol{0}$. 反过来, 若 $\boldsymbol{a}$, $\boldsymbol{b}$ 均为非零向量, 那么由 $\boldsymbol{a} \times \boldsymbol{b}=\boldsymbol{0}$ 可知, $\boldsymbol{a}$ 与 $\boldsymbol{b}$ 的夹角不是 0 就是 π, 这就是说 $\boldsymbol{a}//\boldsymbol{b}$. 此时, 又由于零向

量规定与任何向量都平行，那么上述结论可表述为
$$a//b \Leftrightarrow a\times b=0.$$

例如，$i\times i=0$，$j\times j=0$，$k\times k=0$.

由定义可得 $i\times j=k$，$j\times k=i$，$k\times i=j$，而 $j\times i=-k$，$k\times j=-i$，$i\times k=-j$.

向量的向量积满足下列运算规律：

(1)反交换律：$a\times b=-b\times a$；

(2)分配律：$(a+b)\times c=a\times c+b\times c$；

(3)关于数乘的结合律：$(\lambda a)\times b=a\times(\lambda b)$.

下面推导向量积的坐标表示式：

设 $a=(x_1, y_1, z_1)$，$b=(x_2, y_2, z_2)$，即 $a=x_1 i+y_1 j+z_1 k$，$b=x_2 i+y_2 j+z_2 k$，则
$$a\times b=(x_1 i+y_1 j+z_1 k)\times(x_2 i+y_2 j+z_2 k)$$
$$=x_1 x_2 i\times i+x_1 y_2 i\times j+x_1 z_2 i\times k+$$
$$y_1 x_2 j\times i+y_1 y_2 j\times j+y_1 z_2 j\times k+$$
$$z_1 x_2 k\times i+z_1 y_2 k\times j+z_1 z_2 k\times k,$$

注意到
$$i\times i=0, \quad j\times j=0, \quad k\times k=0,$$
$$i\times j=k, \quad j\times k=i, \quad k\times i=j,$$
$$j\times i=-k, \quad k\times j=-i, \quad i\times k=-j,$$

并利用二阶、三阶行列式的计算公式，则有
$$a\times b=(y_1 z_2-y_2 z_1)i+(z_1 x_2-z_2 x_1)j+(x_1 y_2-x_2 y_1)k$$
$$=\begin{vmatrix} y_1 & z_1 \\ y_2 & z_2 \end{vmatrix}i-\begin{vmatrix} x_1 & z_1 \\ x_2 & z_2 \end{vmatrix}j+\begin{vmatrix} x_1 & y_1 \\ x_2 & y_2 \end{vmatrix}k$$
$$=\begin{vmatrix} i & j & k \\ x_1 & y_1 & z_1 \\ x_2 & y_2 & z_2 \end{vmatrix}.$$

若 $a\times b=0$，则由上式可得
$$y_1 z_2=y_2 z_1, \quad z_1 x_2=z_2 x_1, \quad x_1 y_2=x_2 y_1.$$

若所有的数均不为0，则上述三个式子可简化为
$$\frac{x_1}{x_2}=\frac{y_1}{y_2}=\frac{z_1}{z_2}.$$

我们约定，若分母中有零，如 $x_2=0$，此时，分子 x_1 为零.

由此可得
$$a//b \Leftrightarrow a\times b=0 \Leftrightarrow \frac{x_1}{x_2}=\frac{y_1}{y_2}=\frac{z_1}{z_2}.$$

例7 设有两点 $M_1(1, -2, 1)$ 和 $M_2(2, -1, 3)$，计算 $\overrightarrow{OM_1}\times\overrightarrow{OM_2}$.

解 $\overrightarrow{OM_1}\times\overrightarrow{OM_2}=(1, -2, 1)\times(2, -1, 3)$
$$=\begin{vmatrix} i & j & k \\ 1 & -2 & 1 \\ 2 & -1 & 3 \end{vmatrix}=\begin{vmatrix} -2 & 1 \\ -1 & 3 \end{vmatrix}i-\begin{vmatrix} 1 & 1 \\ 2 & 3 \end{vmatrix}j+\begin{vmatrix} 1 & -2 \\ 2 & -1 \end{vmatrix}k$$

$$= -5\boldsymbol{i} - \boldsymbol{j} + 3\boldsymbol{k}.$$

例8 设 $\boldsymbol{a} = (2, -6, 3)$，$\boldsymbol{b} = (1, 4, -9)$，求同时垂直于 $\boldsymbol{a}$ 和 $\boldsymbol{b}$ 的单位向量．

解 首先求出一个同时垂直于 $\boldsymbol{a}$ 和 $\boldsymbol{b}$ 的向量，不妨取 $\boldsymbol{a} \times \boldsymbol{b}$：

$$\boldsymbol{a} \times \boldsymbol{b} = \begin{vmatrix} \boldsymbol{i} & \boldsymbol{j} & \boldsymbol{k} \\ 2 & -6 & 3 \\ 1 & 4 & -9 \end{vmatrix} = 42\boldsymbol{i} + 21\boldsymbol{j} + 14\boldsymbol{k},$$

可求出 $|\boldsymbol{a} \times \boldsymbol{b}| = \sqrt{42^2 + 21^2 + 14^2} = 49$，所以所求的单位向量是

$$\pm \frac{1}{49} \boldsymbol{a} \times \boldsymbol{b} = \pm \left(\frac{6}{7}\boldsymbol{i} + \frac{3}{7}\boldsymbol{j} + \frac{2}{7}\boldsymbol{k} \right).$$

例9 在顶点为 $A(1, -1, 2)$，$B(5, -6, 2)$ 和 $C(1, 3, -1)$ 的三角形中，求边 AC 上的高 BD．

解 $\overrightarrow{AC} = (0, 4, -3)$，$\overrightarrow{AB} = (4, -5, 0)$，

$$\overrightarrow{AC} \times \overrightarrow{AB} = (0, 4, -3) \times (4, -5, 0) = \begin{vmatrix} \boldsymbol{i} & \boldsymbol{j} & \boldsymbol{k} \\ 0 & 4 & -3 \\ 4 & -5 & 0 \end{vmatrix} = -15\boldsymbol{i} - 12\boldsymbol{j} - 16\boldsymbol{k}.$$

根据向量积的定义可知，$\triangle ABC$ 的面积为

$$S = \frac{1}{2} |\overrightarrow{AC}| |\overrightarrow{AB}| \sin\angle A = \frac{1}{2} |\overrightarrow{AC} \times \overrightarrow{AB}| = \frac{1}{2}\sqrt{(-15)^2 + (-12)^2 + (-16)^2} = \frac{25}{2},$$

又 $S = \frac{1}{2} |\overrightarrow{AC}| |BD|$，$|\overrightarrow{AC}| = \sqrt{0^2 + 4^2 + (-3)^2} = 5$，

所以 $\frac{25}{2} = \frac{1}{2} \cdot 5 \cdot |BD|$，从而 $|BD| = 5$．

习 题 6-2

1. 填空题．
(1) 已知两点 $A(4, 0, 5)$ 和 $B(7, 1, 3)$，与 $\overrightarrow{AB}$ 方向相同的单位向量为_____．
(2) 设向量 $\boldsymbol{a} = (1, -1, 3)$，$\boldsymbol{b} = (2, -1, 2)$，则向量 $\boldsymbol{c} = 2\boldsymbol{a} + 3\boldsymbol{b} =$ _____．
(3) 设 $\boldsymbol{a} = (-2, -4, -1)$，$\boldsymbol{b} = (3, 1, 2)$，则 $\boldsymbol{a} \cdot \boldsymbol{b} =$ _____，$\boldsymbol{a} \times 2\boldsymbol{b} =$ _____．
(4) 设 $|\boldsymbol{a}| = 3$，$|\boldsymbol{b}| = 4$，$|\boldsymbol{c}| = 5$，且 $\boldsymbol{a} + \boldsymbol{b} + \boldsymbol{c} = \boldsymbol{0}$，则 $|\boldsymbol{a} \times \boldsymbol{b} + \boldsymbol{b} \times \boldsymbol{c} + \boldsymbol{c} \times \boldsymbol{a}| =$ _____．
(5) 向量 $\boldsymbol{a} = (\lambda, -3, 2)$ 和 $\boldsymbol{b} = (1, 4, -\lambda)$ 相互垂直，则 $\lambda =$ _____．
(6) 已知 $\boldsymbol{a} = (-1, 2, 1)$，$\boldsymbol{b} = (0, 1, 1)$，则 $\boldsymbol{a}$ 与 $\boldsymbol{b}$ 的夹角为_____．
(7) 已知 $\boldsymbol{a} = (-1, 2, 1)$，$\boldsymbol{b} = (0, 1, 1)$，则与 $\boldsymbol{a}$，$\boldsymbol{b}$ 均垂直的单位向量为_____．
(8) 设 $\boldsymbol{a}$，$\boldsymbol{b}$，$\boldsymbol{c}$ 为单位向量，且满足 $\boldsymbol{a} + \boldsymbol{b} + \boldsymbol{c} = \boldsymbol{0}$，则 $\boldsymbol{a} \cdot \boldsymbol{b} + \boldsymbol{b} \cdot \boldsymbol{c} + \boldsymbol{c} \cdot \boldsymbol{a} =$ _____．

2. 设向量 $\boldsymbol{a} = (2, 1, 3)$，$\boldsymbol{b} = (1, -1, 2)$，求与向量 $\boldsymbol{a}$，$\boldsymbol{b}$ 都垂直且模为 3 的向量．

3. 设 $\triangle ABC$ 的顶点为 $A(3, 0, 2)$，$B(5, 3, 1)$，$C(0, -1, 3)$，求三角形的面积 S．

4. 设 $|\boldsymbol{a}| = \sqrt{3}$，$|\boldsymbol{b}| = 1$，且 $\boldsymbol{a}$，$\boldsymbol{b}$ 的夹角为 $\frac{\pi}{6}$，求向量 $\boldsymbol{a} + \boldsymbol{b}$ 与 $\boldsymbol{a} - \boldsymbol{b}$ 的夹角．

5. 已知向量 $\boldsymbol{a} = (7, -4, -4)$，$\boldsymbol{b} = (-2, -1, 2)$，向量 $\boldsymbol{c}$ 在向量 $\boldsymbol{a}$ 与 $\boldsymbol{b}$ 的角平分线上，且 $|\boldsymbol{c}| = 3\sqrt{42}$，求向量 $\boldsymbol{c}$ 的坐标．

6. 已知 $\boldsymbol{a}$，$\boldsymbol{b}$，$\boldsymbol{c}$ 两两垂直，且 $|\boldsymbol{a}| = 1$，$|\boldsymbol{b}| = 2$，$|\boldsymbol{c}| = 3$，求 $\boldsymbol{s} = \boldsymbol{a} + \boldsymbol{b} + \boldsymbol{c}$ 的模．

7. 一向量的终点在点 $B(2,-1,7)$，它在 x 轴、y 轴、z 轴上的投影依次为 4，-4 和 7，求这向量的起点 A 的坐标．

8. 设点 A 位于第 I 卦限，向径 $\overrightarrow{OA}$ 与 x 轴、y 轴的夹角依次为 $\dfrac{\pi}{3}$ 和 $\dfrac{\pi}{4}$，且 $|\overrightarrow{OA}|=6$，求点 A 的坐标．

第三节 平面及其方程

平面和直线是空间直角坐标系中最简单的图形，在本节和下一节里，我们将以向量为工具讨论平面与空间直线的方程及线面之间的关系．

一、平面的点法式方程

如果一非零向量垂直于一平面，则这个向量就称为该平面的法向量．由立体几何的相关知识容易知道，平面上的任一向量均与该平面的法向量垂直．因为过空间一点可作且只能作一平面垂直于已知直线，所以当平面 Π 上的一点 $M_0(x_0, y_0, z_0)$ 和它的法向量 $\boldsymbol{n}=(A, B, C)$ 为已知时，平面 Π 的位置就完全确定了．下面我们来建立平面 Π 的方程(图 6-20)．

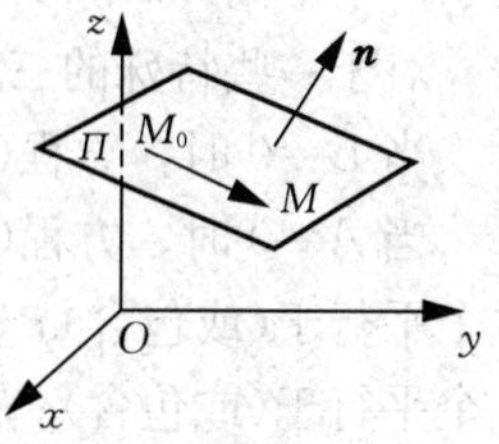

设点 $M(x, y, z)$ 为平面 Π 上任意一点，则向量 $\overrightarrow{M_0M}$ 一定与平面的法向量 $\boldsymbol{n}$ 垂直，即它们的数量积等于零

$$\boldsymbol{n} \cdot \overrightarrow{M_0M}=0.$$

因为 $\boldsymbol{n}=(A, B, C)$，$\overrightarrow{M_0M}=(x-x_0, y-y_0, z-z_0)$，所以平面 Π 的方程为

$$A(x-x_0)+B(y-y_0)+C(z-z_0)=0. \tag{1}$$

图 6-20

此方程称为平面的**点法式方程**．

例 1 求过点 $(2,-3,1)$ 且以 $\boldsymbol{n}=(1,-1,2)$ 为法向量的平面方程．

解 根据平面的点法式方程，得所求平面的方程为

$$(x-2)-(y+3)+2(z-1)=0,$$

即

$$x-y+2z-7=0.$$

例 2 已知平面 Π 与 x 轴、y 轴和 z 轴的交点依次为 $P(a, 0, 0)$，$Q(0, b, 0)$，$R(0, 0, c)$，若 $abc \neq 0$，求平面 Π 的方程．

解 先找出平面的法向量 $\boldsymbol{n}$，因为向量 $\boldsymbol{n}$ 与 $\overrightarrow{PQ}$ 和 $\overrightarrow{PR}$ 都垂直，而

$$\overrightarrow{PQ}=(-a, b, 0), \quad \overrightarrow{PR}=(-a, 0, c),$$

所以可取 $\overrightarrow{PQ}$ 和 $\overrightarrow{PR}$ 的向量积为 $\boldsymbol{n}$，则有

$$\boldsymbol{n}=\overrightarrow{PQ}\times\overrightarrow{PR}=\begin{vmatrix} \boldsymbol{i} & \boldsymbol{j} & \boldsymbol{k} \\ -a & b & 0 \\ -a & 0 & c \end{vmatrix}=bc\boldsymbol{i}+ac\boldsymbol{j}+ab\boldsymbol{k}.$$

根据平面的点法式方程得，所求平面的方程为

$$bc(x-a)+acy+abz=0,$$

两端同除以 abc，则有

$$\frac{x}{a}+\frac{y}{b}+\frac{z}{c}=1, \tag{2}$$

其中 a, b, c 称为平面 Π 在 x 轴、y 轴和 z 轴的截距,方程(2)也称为平面的**截距式方程**.

二、平面的一般方程

展开(1)式,得
$$Ax+By+Cz-Ax_0-By_0-Cz_0=0.$$
由此可见,平面方程是 x, y, z 之间的一次方程,所有平面都可以用三元一次方程来表示. 反过来,设 x, y, z 之间的一次方程为
$$Ax+By+Cz+D=0, \tag{3}$$
在 A, B, C 不全为零时,它也是平面方程,此方程称为平面的**一般式方程**,其中 x, y, z 的系数就是该平面的一个法向量 $\boldsymbol{n}$ 的坐标,即 $\boldsymbol{n}=(A, B, C)$.

例如,方程
$$3x-4y+2z-11=0$$
表示一个平面,$\boldsymbol{n}=(3, -4, 2)$ 是这个平面的法向量.

对于一些特殊的三元一次方程,应熟悉它们的图形的特点.

当 $D=0$ 时,方程(3)成为 $Ax+By+Cz=0$,它表示一个通过原点的平面.

当 $A=0$ 时,方程(3)成为 $By+Cz+D=0$,法向量 $\boldsymbol{n}=(0, B, C)$ 垂直于 x 轴,它表示一个平行于(或包含)x 轴的平面. 同样,方程 $Ax+Cz+D=0$ 和 $Ax+By+D=0$ 分别表示一个平行于(或包含)y 轴和 z 轴的平面.

当 $A=B=0$ 时,方程(3)成为 $Cz+D=0$ 或 $z=-\dfrac{D}{C}$,法向量 $\boldsymbol{n}=(0, 0, C)$ 同时垂直于 x 轴和 y 轴,方程表示一个平行于(或重合)xOy 面的平面. 同样,方程 $Ax+D=0$ 和 $By+D=0$ 表示一个平行于(或重合)yOz 面和 zOx 面的平面.

例 3 求通过 y 轴和点 $(2, -1, 1)$ 的平面方程.

解 由于平面通过 y 轴,可设平面方程为 $Ax+Cz=0$,又由于平面过点 $(2, -1, 1)$,因此有 $2A+C=0$,即 $C=-2A$,以此代入 $Ax+Cz=0$,在 $Ax-2Az=0$ 中除以 $A(A\neq 0)$,便得到所求方程为 $x-2z=0$.

三、两平面的夹角

两平面的法向量所夹的锐角(或直角)称为两平面的夹角(图 6-21). 设平面 Π_1 的方程为
$$A_1x+B_1y+C_1z+D_1=0,$$
平面 Π_2 的方程为
$$A_2x+B_2y+C_2z+D_2=0,$$
即 $\boldsymbol{n}_1=(A_1, B_1, C_1)$,$\boldsymbol{n}_2=(A_2, B_2, C_2)$,

则平面 Π_1 与平面 Π_2 的夹角 $\theta\left(0\leqslant\theta\leqslant\dfrac{\pi}{2}\right)$ 的余弦公式为
$$\cos\theta=|\cos(\widehat{\boldsymbol{n}_1, \boldsymbol{n}_2})|=\frac{|\boldsymbol{n}_1\cdot\boldsymbol{n}_2|}{|\boldsymbol{n}_1||\boldsymbol{n}_2|}=\frac{|A_1A_2+B_1B_2+C_1C_2|}{\sqrt{A_1^2+B_1^2+C_1^2}\sqrt{A_2^2+B_2^2+C_2^2}}.$$

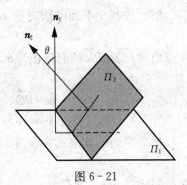

图 6-21

由此可以推得两个平面平行与垂直的充要条件：

当 $\Pi_1 // \Pi_2$ 时(图 6-22)，有 $\boldsymbol{n}_1 // \boldsymbol{n}_2 \Leftrightarrow \dfrac{A_1}{A_2}=\dfrac{B_1}{B_2}=\dfrac{C_1}{C_2}$；

当 $\Pi_1 \perp \Pi_2$ 时(图 6-23)，有 $\boldsymbol{n}_1 \perp \boldsymbol{n}_2 \Leftrightarrow A_1A_2+B_1B_2+C_1C_2=0$.

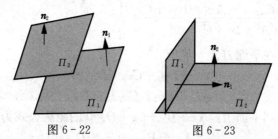

图 6-22　　　　　图 6-23

例 4　求平面 $x-2y-z+7=0$ 与平面 $x+y+2z-8=0$ 所夹的角．

解　由于 $\boldsymbol{n}_1=(1,-2,-1)$，$\boldsymbol{n}_2=(1,1,2)$，根据两平面夹角的余弦公式有

$$\cos\theta=|\cos(\widehat{\boldsymbol{n}_1,\boldsymbol{n}_2})|=\dfrac{|\boldsymbol{n}_1\cdot\boldsymbol{n}_2|}{|\boldsymbol{n}_1||\boldsymbol{n}_2|}=\dfrac{|1\times1+(-2)\times1+(-1)\times2|}{\sqrt{1^2+(-2)^2+(-1)^2}\sqrt{1^2+1^2+2^2}}=\dfrac{1}{2},$$

所以两平面的夹角 $\theta=\dfrac{\pi}{3}$.

例 5　设平面 Π 过原点以及点 $(6,-3,2)$，且与平面 $4x-y+2z=8$ 垂直，求平面 Π 的方程．

解　由于平面 Π 过原点，所以可设平面 Π 的方程为

$$Ax+By+Cz=0,$$

又平面过点 $(6,-3,2)$，且与平面 $4x-y+2z=8$ 垂直，即 $(A,B,C)\perp(4,-1,2)$，则有

$$\begin{cases}6A-3B+2C=0,\\4A-B+2C=0,\end{cases}$$

解得 $A=B$，$C=-\dfrac{3}{2}B$，代入 $Ax+By+Cz=0$ 得

$$Bx+By-\dfrac{3}{2}Bz=0,$$

除以 $B(B\neq 0)$ 得到平面 Π 的方程为

$$2x+2y-3z=0.$$

例 6　设点 $P_0(x_0,y_0,z_0)$ 为平面 Π：$Ax+By+Cz+D=0$ 外的一点，求点 P_0 到平面 Π 的距离 d.

解　设 $P_1(x_1,y_1,z_1)$ 为平面 Π 上的任意一点(图 6-24)，平面 Π 的法向量为 $\boldsymbol{n}=(A,B,C)$，而向量 $\overrightarrow{P_1P_0}=(x_0-x_1,y_0-y_1,z_0-z_1)$，且向量 $\overrightarrow{P_1P_0}$ 与 $\boldsymbol{n}$ 的夹角为 θ，则有

$$d=|\overrightarrow{P_1P_0}|\cdot|\cos\theta|=|\overrightarrow{P_1P_0}|\cdot\dfrac{|\overrightarrow{P_1P_0}\cdot\boldsymbol{n}|}{|\overrightarrow{P_1P_0}||\boldsymbol{n}|}$$

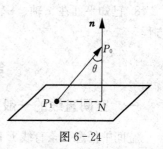

图 6-24

$$= \frac{|\overrightarrow{P_1P_0} \cdot \boldsymbol{n}|}{|\boldsymbol{n}|}$$

$$= \frac{|A(x_0-x_1)+B(y_0-y_1)+C(z_0-z_1)|}{\sqrt{A^2+B^2+C^2}}$$

$$= \frac{|(Ax_0+By_0+Cz_0)-(Ax_1+By_1+Cz_1)|}{\sqrt{A^2+B^2+C^2}}.$$

又由于 $P_1(x_1, y_1, z_1)$ 在平面 Π 上，则有
$$Ax_1+By_1+Cz_1+D=0,$$
所以
$$Ax_1+By_1+Cz_1=-D,$$
所以点 $P_0(x_0, y_0, z_0)$ 到平面 Π：$Ax+By+Cz+D=0$ 的距离公式为
$$d=\frac{|Ax_0+By_0+Cz_0+D|}{\sqrt{A^2+B^2+C^2}}.$$

例如，$P(-1, 1, 2)$ 到平面 $3x-2y+z-1=0$ 的距离为 $d=\frac{4}{\sqrt{14}}$.

习 题 6-3

1. 填空题．
(1) 若平面 $x+my-2z-9=0$ 与平面 $2x+2y+3z=3$ 垂直，则 $m=$ _____．
(2) 经过点 $A(2, 1, -6)$，且与向量 OA 垂直的平面方程为 _____．
(3) 点 $(1, 2, 1)$ 到平面 $x+2y+2z-10=0$ 的距离为 _____．
(4) 过点 $(1, -1, 1)$ 和 z 轴的平面方程为 _____．
(5) 过点 $(3, 0, 1)$ 且与平面 $3x-7y+5z-12=0$ 平行的平面方程 _____．
(6) 三平面 $x+3y+z=1$，$2x-y-z=0$，$-x+2y+2z=3$ 的交点为 _____．
(7) 平面 $2x-y+z=7$ 与平面 $x+y+2z=11$ 之间的夹角为 _____．
(8) 平行于 xOy 面且经过 $(2, -5, 3)$ 的平面方程为 _____．
2. 求平行于向量 $v_1=(1, 0, 1)$，$v_2=(2, -1, 3)$，且过点 $P(3, -1, 4)$ 的平面方程．
3. 求过 $(1, 1, -1)$，$(-2, -2, 2)$ 和 $(1, -1, 2)$ 三点的平面方程．
4. 求过点 $(1, 1, 1)$ 且与平面 $x-y+z=1$ 及平面 $2x+y+z+1=0$ 垂直的平面方程．
5. 求过点 $(5, 7, 4)$，在三个坐标轴上的截距相等且不为零的平面方程．
6. 求过点 $(8, -3, 7)$ 和点 $(4, 7, 2)$ 且垂直于平面 $x+y+z=0$ 的平面方程．
7. 求过点 $(8, -3, 7)$ 和点 $(4, 7, 2)$ 且平行于 y 轴的平面方程．
8. 已知平面在 x 轴、z 轴上的截距分别为 3，1，且与向量 $(-2, 1, 1)$ 平行，求此平面方程．

第四节 空间直线及其方程

一、空间直线的一般方程

空间中任意一条直线 L 都可以看作是两个相交平面的交线(图 6-25)，若平面 Π_1 的方程为 $A_1x+B_1y+C_1z+D_1=0$，平面 Π_2 的方程为 $A_2x+B_2y+C_2z+D_2=0$，则方程组

$$\begin{cases} A_1x+B_1y+C_1z=D_1, \\ A_2x+B_2y+C_2z=D_2 \end{cases}$$

表示空间直线 L 的方程, 称为空间直线的**一般方程**.

二、空间直线的对称式方程与参数方程

如果一个非零向量平行于一条已知直线, 则这个向量称为该直线的**方向向量**.

由立体几何知道, 过空间一点平行于已知直线的直线是唯一的, 因此如果知道直线上一点及直线的方向向量, 那么直线的位置就可以完全确定了, 现在根据这个几何条件来建立直线的方程.

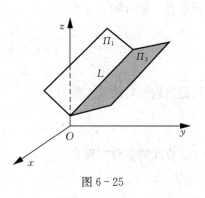

图 6-25

若直线 L 通过定点 $M_0(x_0, y_0, z_0)$ 且直线的方向向量为 $s=(m, n, p)$, 对于直线上任意一点 $M(x, y, z)$ (图 6-26), 则有

$$\overrightarrow{M_0M}//s,$$

又因为

$$\overrightarrow{M_0M}=(x-x_0, y-y_0, z-z_0),$$

所以有

$$\frac{x-x_0}{m}=\frac{y-y_0}{n}=\frac{z-z_0}{p}.$$

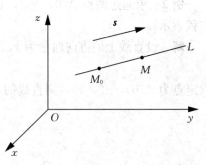

图 6-26

这就是直线 L 的方程, 称为直线的**对称式方程**或**点向式方程**.

我们规定当分母为 0 时, 就表示分子也为 0. 例如, 当 $m=0$ 时, 则方程的对称式记为

$$\begin{cases} \dfrac{y-y_0}{n}=\dfrac{z-z_0}{p}, \\ x=x_0, \end{cases}$$

其他类似.

如果令

$$\frac{x-x_0}{m}=\frac{y-y_0}{n}=\frac{z-z_0}{p}=t,$$

则得

$$\begin{cases} x=x_0+mt, \\ y=y_0+nt, \\ z=z_0+pt, \end{cases}$$

这就是直线 L 的**参数方程**, m, n, p 称为直线 L 的**方向数**.

例 1 用对称式方程和参数方程表示直线 $\begin{cases} 2x-3y+z=7, \\ 3x+2y-z=-1. \end{cases}$

解 令 $x=1$, 得到 $\begin{cases} -3y+z=5, \\ 2y-z=-4, \end{cases}$ 则 $y=-1, z=2$, 即得到该直线上的一点 $M_0(1, -1, 2)$, 由于直线的方向向量 s 与相交平面的法向量 $n_1=(2, -3, 1)$, $n_2=(3, 2, -1)$

都垂直，故可取

$$s = n_1 \times n_2 = \begin{vmatrix} i & j & k \\ 2 & -3 & 1 \\ 3 & 2 & -1 \end{vmatrix} = (1, 5, 13),$$

因此直线的对称式方程为

$$\frac{x-1}{1} = \frac{y+1}{5} = \frac{z-2}{13};$$

直线的参数方程为

$$\begin{cases} x = 1+t, \\ y = -1+5t, \\ z = 2+13t. \end{cases}$$

例 2 求通过两点 $A(0, -2, 1)$ 和 $B(-2, -1, 1)$ 的直线方程（用对称式方程和参数方程表示）．

解 设直线上的方向向量为 s，则

$$s = \overrightarrow{AB} = -2i + j,$$

取定点为 $A(0, -2, 1)$，则直线的对称式方程为

$$\begin{cases} \dfrac{x}{-2} = \dfrac{y+2}{1} = \dfrac{z-1}{0}, \\ z - 1 = 0. \end{cases}$$

令上式的比值为 t，即

$$\frac{x}{-2} = t, \quad \frac{y+2}{1} = t,$$

得参数方程为

$$\begin{cases} x = -2t, \\ y = -2+t, \\ z = 1. \end{cases}$$

例 3 求通过点 $A(3, 3, 1)$ 且垂直于平面 $3x - y + z - 1 = 0$ 的直线方程．

解 因为所求直线垂直于平面，所以可取平面的法向量 n 为直线的方向向量 s，即

$$n = s = (3, -1, 1),$$

故所求直线方程为

$$\frac{x-3}{3} = \frac{y-3}{-1} = \frac{z-1}{1}.$$

三、两直线的夹角

两直线的方向向量所夹的锐角或直角称为**两直线的夹角**．

设 $L_1: \dfrac{x-x_1}{m_1} = \dfrac{y-y_1}{n_1} = \dfrac{z-z_1}{p_1}$，其中 $s_1 = (m_1, n_1, p_1)$；

$L_2: \dfrac{x-x_2}{m_2} = \dfrac{y-y_2}{n_2} = \dfrac{z-z_2}{p_2}$，其中 $s_2 = (m_2, n_2, p_2)$，

则两直线 L_1 与 L_2 的夹角 $\theta\left(0\leqslant\theta\leqslant\dfrac{\pi}{2}\right)$ 的余弦公式为

$$\cos\theta=|\cos(\boldsymbol{s}_1\hat{,}\boldsymbol{s}_2)|=\dfrac{|\boldsymbol{s}_1\cdot\boldsymbol{s}_2|}{|\boldsymbol{s}_1||\boldsymbol{s}_2|}=\dfrac{|m_1m_2+n_1n_2+p_1p_2|}{\sqrt{m_1^2+n_1^2+p_1^2}\sqrt{m_2^2+n_2^2+p_2^2}}.$$

例 4 已知直线 L_1：$\dfrac{x-1}{1}=\dfrac{y-5}{-2}=\dfrac{z+8}{1}$ 和直线 L_2：$\begin{cases}x-y=6,\\2y+z=3,\end{cases}$ 求两直线的夹角.

解 两直线的方向向量分别为

$$\boldsymbol{s}_1=(1,-2,1),\ \boldsymbol{s}_2=\boldsymbol{n}_1\times\boldsymbol{n}_2=(-1,-1,2),$$

其中 $\boldsymbol{n}_1$，$\boldsymbol{n}_2$ 分别为 L_2 的一般式中的两平面的法向量.根据两直线夹角的余弦公式有

$$\cos\theta=\dfrac{|\boldsymbol{s}_1\cdot\boldsymbol{s}_2|}{|\boldsymbol{s}_1||\boldsymbol{s}_2|}=\dfrac{|1\times(-1)+(-2)\times(-1)+1\times 2|}{\sqrt{1^2+(-2)^2+1^2}\sqrt{(-1)^2+(-1)^2+2^2}}=\dfrac{1}{2},$$

所以两直线的夹角 $\theta=\dfrac{\pi}{3}$.

四、直线与平面的夹角

直线 L 与其在平面 Π 上的投影直线 L' 的夹角 $\varphi\left(0\leqslant\varphi\leqslant\dfrac{\pi}{2}\right)$ 称为直线 L 与平面 Π 的夹角 (图 6-27).

设直线 L：$\dfrac{x-x_0}{m}=\dfrac{y-y_0}{n}=\dfrac{z-z_0}{p}$，$\boldsymbol{s}=(m,n,p)$，

平面 Π：$Ax+By+Cz+D=0$，$\boldsymbol{n}=(A,B,C)$，

则 $\varphi=\left|\dfrac{\pi}{2}-(\boldsymbol{s}\hat{,}\boldsymbol{n})\right|$，因此直线与平面的夹角的正弦公式为

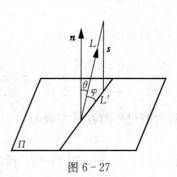

图 6-27

$$\sin\varphi=|\cos(\boldsymbol{n}\hat{,}\boldsymbol{s})|=\dfrac{|Am+Bn+Cp|}{\sqrt{A^2+B^2+C^2}\sqrt{m^2+n^2+p^2}}.$$

当直线 L//平面 Π 时，则 $\boldsymbol{s}\perp\boldsymbol{n}$，即有

$$Am+Bn+Cp=0.$$

当直线 $L\perp$ 平面 Π 时，则 $\boldsymbol{s}$//$\boldsymbol{n}$，即有

$$\dfrac{A}{m}=\dfrac{B}{n}=\dfrac{C}{p}.$$

例 5 设有直线 L：$\begin{cases}x+3y+2z+1=0,\\2x-y-10z+3=0,\end{cases}$ 且有平面 Π：$4x-2y+z=0$，则直线 L (　　).

A. 平行于平面 Π；　　　　　　　　B. 在平面 Π 上；

C. 垂直于平面 Π；　　　　　　　　D. 与平面 Π 斜交.

解 直线 L 的方向向量 $\boldsymbol{s}$ 为

$$\boldsymbol{s}=\begin{vmatrix}\boldsymbol{i}&\boldsymbol{j}&\boldsymbol{k}\\1&3&2\\2&-1&-10\end{vmatrix}=-28\boldsymbol{i}+14\boldsymbol{j}-7\boldsymbol{k}=(-28,14,-7).$$

又平面 Π 的法向量 $\boldsymbol{n}=(4,-2,1)$，显然 $\boldsymbol{s}$//$\boldsymbol{n}$，所以直线与平面垂直，故选 C.

例6 求过点 $P(2, -1, 3)$ 且与直线 $L_1: \dfrac{x}{3} = \dfrac{y+7}{5} = \dfrac{z-2}{2}$ 垂直相交的直线 L 的方程.

解 不妨设两直线的交点为 $M_0(x_0, y_0, z_0)$, 由于 $M_0(x_0, y_0, z_0)$ 在直线 L_1 上, 故有
$$\begin{cases} x_0 = 3t, \\ y_0 = 5t - 7, \\ z_0 = 2t + 2, \end{cases} \text{其中 } t \text{ 为参数}.$$

直线 L_1 的方向向量为 $\boldsymbol{s}_1 = (3, 5, 2)$, 而直线 L 的方向向量为
$$\boldsymbol{s} = (x_0 - 2, y_0 + 1, z_0 - 3) = (3t - 2, 5t - 6, 2t - 1).$$
由于直线 L 与直线 L_1 垂直, 所以
$$\boldsymbol{s} \cdot \boldsymbol{s}_1 = 3 \cdot (3t - 2) + 5 \cdot (5t - 6) + 2 \cdot (2t - 1) = 0,$$
解得 $t = 1$, 从而点 M_0 的坐标为 $(3, -2, 4)$, 且有 $\boldsymbol{s} = (1, -1, 1)$, 因此直线 L 的方程为
$$\frac{x-2}{1} = \frac{y+1}{-1} = \frac{z-3}{1}.$$

例7 设平面 Π 过直线 $L_1: \dfrac{x-1}{1} = \dfrac{y-2}{0} = \dfrac{z-3}{-1}$, 且平行于直线 $L_2: \dfrac{x+2}{2} = \dfrac{y-1}{1} = \dfrac{z}{1}$, 求平面 Π 的方程.

解 两直线的方向向量分别为
$$\boldsymbol{s}_1 = (1, 0, -1), \quad \boldsymbol{s}_2 = (2, 1, 1),$$
则平面 Π 的法向量为
$$\boldsymbol{n} = \boldsymbol{s}_1 \times \boldsymbol{s}_2 = \begin{vmatrix} \boldsymbol{i} & \boldsymbol{j} & \boldsymbol{k} \\ 1 & 0 & -1 \\ 2 & 1 & 1 \end{vmatrix} = (1, -3, 1),$$
故可假设平面 Π 的方程为
$$x - 3y + z + D = 0,$$
代入 $(1, 2, 3)$, 得 $D = 2$, 所以平面 Π 的方程为
$$x - 3y + z + 2 = 0.$$

习 题 6-4

1. 填空题.

(1) 通过点 $(4, -1, 3)$ 且平行于直线 $\dfrac{x-3}{2} = \dfrac{y}{1} = \dfrac{z-1}{5}$ 的直线方程是 _____.

(2) 过两点 $M_1(3, -2, 1)$ 和 $M_2(0, 0, 2)$ 的直线方程是 _____.

(3) 通过点 $(2, 2, 5)$ 且与平面 $3x - y + 2z + 4 = 0$ 垂直的直线方程是 _____.

(4) 直线 $\dfrac{x}{-1} = \dfrac{y-1}{1} = \dfrac{z-1}{2}$ 与平面 $x + y + z = 0$ 的交点是 _____.

(5) 直线 $\begin{cases} x + y + 3z = 0, \\ x - y - z = 0 \end{cases}$ 与平面 $x - y - z + 1 = 0$ 的夹角为 _____.

2. 用对称式方程及参数方程表示直线 $\begin{cases} x + y + z = 1, \\ x - y + z + 3 = 0. \end{cases}$

3. 求过点$(0,2,4)$且与两平面$x+2z=1$和$y-3z=2$平行的直线方程.

4. 求过点$(-1,0,-2)$且平行于平面$3x+4y-z+6=0$,又与直线$\dfrac{x-3}{1}=\dfrac{y+2}{4}=\dfrac{z}{1}$垂直的直线方程.

5. 求过点$(2,0,-3)$且与直线$\begin{cases}x-2y+4z-7=0,\\3x+5y-2z+1=0\end{cases}$垂直的平面方程.

6. 求过点$(3,1,-2)$且通过直线$\dfrac{x-4}{5}=\dfrac{y+3}{2}=\dfrac{z}{1}$的平面方程.

第五节　曲面与空间曲线及其方程

一、曲面及其方程

1. 曲面方程的概念

在平面直角坐标系中,适合二元方程$f(x,y)=0$的点$P(x,y)$的轨迹是平面曲线.同样地,在空间直角坐标系中,适合三元方程$F(x,y,z)=0$的点$M(x,y,z)$的轨迹是空间的曲面.

定义 1　如果曲面S上所有的点都满足方程$F(x,y,z)=0$,且不在曲面S上的任何点都不满足方程$F(x,y,z)=0$,则称方程$F(x,y,z)=0$为**曲面S的方程**,而称S为$F(x,y,z)=0$的**图形**(图6-28).

例 1　求球心在点$P_0(x_0,y_0,z_0)$、半径为R的球面的方程.

解　设点$P(x,y,z)$是球面上任意一点,利用两点之间的距离公式,则x,y,z满足方程
$$\sqrt{(x-x_0)^2+(y-y_0)^2+(z-z_0)^2}=R,$$
即
$$(x-x_0)^2+(y-y_0)^2+(z-z_0)^2=R^2.$$

反过来,满足方程的点(x,y,z)必在球面上.所以上式是球心在点$P_0(x_0,y_0,z_0)$、半径为R的球面的方程,上式称为球面的标准方程.

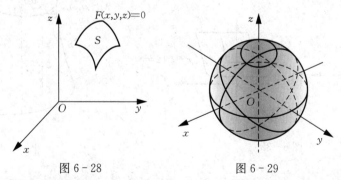

图 6-28　　　　　图 6-29

如果$x_0=y_0=z_0=0$,即球心在原点的球面(图6-29)的方程为
$$x^2+y^2+z^2=R^2.$$

2. 柱面

二元方程$f(x,y)=0$在平面直角坐标系中表示的图形是一条曲线,但在空间直角坐标系中,该方程表示一个特殊的曲面.

定义 2 平行于定直线 L 并沿曲线 Γ 移动的直线形成的轨迹 Σ 称为**柱面**. 此时,称曲线 Γ 为柱面 Σ 的**准线**,定直线 L 称为柱面 Σ 的**母线**(图 6-30). 图中, L 为 z 轴.

例 2 设 xOy 面内曲线 Γ: $\varphi(x, y)=0$,求以 Γ 为准线,母线平行于 z 轴的柱面方程.

解 在柱面上任意取一点 $M(x_0, y_0, z_0)$,则 M 必在某条母线上,它与 Γ 的交点为 $M_0(x_0, y_0, 0)$(图 6-31),从而有 $\varphi(x_0, y_0)=0$,故曲面上任一点都满足 $\varphi(x, y)=0$;

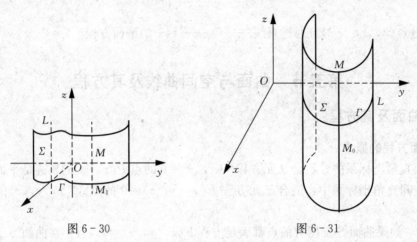

图 6-30　　　　　　　　　图 6-31

另一方面,若 $M(x_0, y_0, z_0)$ 满足 $\varphi(x_0, y_0)=0$,则 M 必在经过点 $M_0(x_0, y_0, 0)$ 的母线上,故所求柱面方程为 $\varphi(x, y)=0$.

同理,方程 $\varphi(x, z)=0$ 表示以 zOx 面上的曲线 $\varphi(x, z)=0$ 为准线,母线平行于 y 轴的柱面;方程 $\varphi(y, z)=0$ 表示以 yOz 面上的曲线 $\varphi(y, z)=0$ 为准线,母线平行于 x 轴的柱面.

例如,方程 $y^2+z^2=2$ 表示母线平行于 x 轴的圆柱面;方程 $x^2-z+2=0$ 表示母线平行于 y 轴的抛物柱面. (图 6-32)

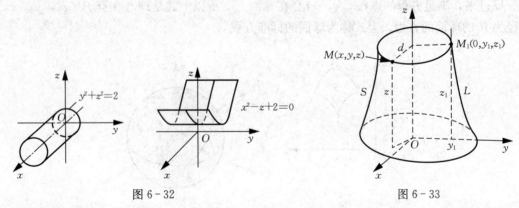

图 6-32　　　　　　　　　　　　　图 6-33

3. 旋转曲面

定义 3 一条平面曲线绕其所在平面上的一条定直线旋转一周所成的曲面称为**旋转曲面**,这条定直线称为旋转曲面的**轴**.

设在 yOz 面上有已知曲线 L: $f(y, z)=0$,将 L 绕 z 轴旋转就得到一个以 z 轴为旋转轴的旋转曲面 S,下面建立此旋转曲面的方程.

设 $M_1(0, y_1, z_1)$ 为 L 上任意一点,则 $f(y_1, z_1)=0$,当 L 绕 z 轴旋转时,点 M_1 也绕

z 轴旋转到另一点 $M(x, y, z)$，这时 $z=z_1$ 保持不变(图 6-33)，M 到 z 轴的距离 d 保持不变且等于 $|y_1|$，而 $d=\sqrt{x^2+y^2}=|y_1|$ 或 $y_1=\pm\sqrt{x^2+y^2}$，由 $f(y_1,z_1)=0$，得
$$f(\pm\sqrt{x^2+y^2}, z)=0.$$

这就是旋转曲面 S 的方程. 容易看到，不在曲面 S 上的点的坐标不会满足方程，因此上式就是以 L 为母线，z 轴为旋转轴的旋转曲面 S 的方程.

由此可知，在平面曲线 L 的方程 $f(y,z)=0$ 中，变量 z 保持不变，用 $\pm\sqrt{x^2+y^2}$ 替换 y，就得到曲线 L 绕 z 轴旋转所成的旋转曲面的方程.

同样地，曲线 L：$f(y,z)=0$ 绕 y 轴旋转所成的旋转曲面方程为
$$f(y, \pm\sqrt{x^2+z^2})=0.$$

例如，zOx 面上的双曲线 L：$\dfrac{x^2}{a^2}-\dfrac{z^2}{c^2}=1$ 绕 x 轴旋转所成的双叶旋转双曲面(图 6-34)的方程为 $\dfrac{x^2}{a^2}-\dfrac{y^2+z^2}{c^2}=1$，绕 z 轴旋转所成的单叶旋转双曲面(图 6-35)的方程为
$$\frac{x^2+y^2}{a^2}-\frac{z^2}{c^2}=1.$$

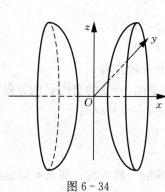
图 6-34

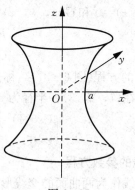
图 6-35

例 3 求对称轴为 z 轴、半顶角为 α 的锥面方程.

解 如图 6-36 所示，在 yOz 面上的直线方程为 L：$z=y\cot\alpha$.

锥面由 L 绕 z 轴旋转而成，将直线方程中的 y 改为 $\pm\sqrt{x^2+y^2}$，故锥面方程为
$$z=\pm\sqrt{x^2+y^2}\cot\alpha$$
或
$$z^2=a^2(x^2+y^2)\quad(a=\cot\alpha).$$

4. 二次曲面

在空间解析几何中，三元二次方程所表示的曲面称为**二次曲面**. 常见的二次曲面包括椭球面、抛物面、双曲面、锥面等，我们只列出几种常见的二次曲面的标准方程.

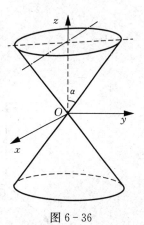
图 6-36

(1) 椭球面：$\dfrac{x^2}{a^2}+\dfrac{y^2}{b^2}+\dfrac{z^2}{c^2}=1\,(a, b, c>0)$.

(2)抛物面：

①椭圆抛物面：$\dfrac{x^2}{2a}+\dfrac{y^2}{2b}=z(ab>0)$；

②双曲抛物面(马鞍面)：$\dfrac{x^2}{2a}-\dfrac{y^2}{2b}=z(ab>0)$.

(3)双曲面：

①单叶双曲面：$\dfrac{x^2}{a^2}+\dfrac{y^2}{b^2}-\dfrac{z^2}{c^2}=1$；

②双叶双曲面：$\dfrac{x^2}{a^2}-\dfrac{y^2}{b^2}-\dfrac{z^2}{c^2}=1$.

(4)椭圆锥面：$\dfrac{x^2}{a^2}+\dfrac{y^2}{b^2}=z^2$.

二、空间曲线及其方程

1. 空间曲线的一般方程

空间中的任何曲线 C 都可以看作是两个相交曲面的交线．即若设两个相交曲面的方程分别为 $F(x,y,z)=0$ 和 $G(x,y,z)=0$，则

$$\begin{cases} F(x,y,z)=0, \\ G(x,y,z)=0 \end{cases}$$

就表示其交线 C 的方程(图 6-37)，称为曲线 C 的**一般方程**．

例如，球心在 $(1,2,3)$、半径为 3 的球面与平面 $z=5$ 的交线 C 的方程为

$$\begin{cases}(x-1)^2+(y-2)^2+(z-3)^2=9, \\ z=5.\end{cases}$$

2. 空间曲线的参数方程

如果空间曲线作为两曲面的交线形成空间曲线的一般方程，那么空间曲线也可以看作空间点的移动轨迹而形成曲线的**参数方程**，即有

$$\begin{cases} x=\varphi(t), \\ y=\psi(t), \quad \alpha\leqslant t\leqslant\beta. \\ z=\omega(t),\end{cases}$$

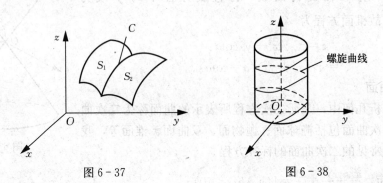

图 6-37　　　　图 6-38

例如，螺旋曲线(动点 M 在圆柱面 $x^2+y^2=a^2$ 上以均匀角速度 ω 运动，同时以线速度 v

沿平行于 z 轴正向的方向上升，点 M 的运动轨迹就是螺旋曲线)(图 6-38)的参数方程为

$$\begin{cases} x = a\cos\omega t, \\ y = a\sin\omega t, \\ z = vt. \end{cases}$$

3. 空间曲线在坐标面上的投影

已知空间曲线 C 的方程为 $\begin{cases} F(x, y, z) = 0, \\ G(x, y, z) = 0, \end{cases}$ 在方程中消去 z，得到方程 $H(x, y) = 0$，此方程表示的图形是以 xOy 面上的曲线 $H(x, y) = 0$ 为准线，母线平行于 z 轴的柱面，称为曲线 C 关于 xOy 面的**投影柱面**，该投影柱面与 xOy 面的交线称为空间曲线 C 在坐标面 xOy 面上的**投影曲线**，因此曲线 C 在 xOy 面上的投影曲线为

$$\begin{cases} H(x, y) = 0, \\ z = 0. \end{cases}$$

同样地，在方程 $\begin{cases} F(x, y, z) = 0, \\ G(x, y, z) = 0 \end{cases}$ 中消去 x，得到曲线 C 关于 yOz 面的投影柱面 $R(y, z) = 0$，则曲线 C 在 yOz 面上的投影曲线为 $\begin{cases} R(y, z) = 0, \\ x = 0; \end{cases}$ 在方程 $\begin{cases} F(x, y, z) = 0, \\ G(x, y, z) = 0 \end{cases}$ 中消去 y，得到曲线 C 关于 zOx 面的投影柱面 $T(x, z) = 0$，则曲线 C 在 zOx 面上的投影曲线为 $\begin{cases} T(x, z) = 0, \\ y = 0. \end{cases}$

例 4 求曲线 $\begin{cases} x^2 + y^2 + z^2 = R^2, \\ x^2 + y^2 + z^2 = 2Rz \end{cases}$ 在三个坐标面上的投影曲线.

解 消去 z 得 $\begin{cases} x^2 + y^2 = \dfrac{3}{4} R^2, \\ z = 0, \end{cases}$ 为曲线在 xOy 面上的投影曲线；

消去 x 得 $\begin{cases} z = \dfrac{R}{2}, \\ x = 0, \end{cases} |y| \leqslant \dfrac{\sqrt{3}}{2} R$，为曲线在 yOz 面上的投影曲线；

消去 y 得 $\begin{cases} z = \dfrac{R}{2}, \\ y = 0, \end{cases} |x| \leqslant \dfrac{\sqrt{3}}{2} R$，为曲线在 xOz 面上的投影曲线.

习 题 6-5

1. 填空题.
(1) 球面 $2x^2 + 2y^2 + 2z^2 - z = 0$ 的球心为 _____，半径为 _____.
(2) 将 xOz 坐标面上的圆 $x^2 + z^2 = 9$ 绕 z 轴旋转一周所生成的旋转曲面方程为 _____.
(3) 以点 $(1, 3, -2)$ 为球心，通过坐标原点的球面方程为 _____.
(4) 将 xOy 坐标面上的抛物线 $y^2 = 5x$ 绕 x 轴旋转一周所生成的旋转曲面方程为 _____.
2. 方程 $x^2 + y^2 + z^2 - 2x + 4y + 2z = 0$ 表示什么曲面.
3. 求旋转抛物面 $z = x^2 + y^2 (0 \leqslant z \leqslant 4)$ 分别在三个坐标面上的投影.

4. 说明旋转曲面 $\dfrac{x^2}{4}+\dfrac{y^2}{9}+\dfrac{z^2}{9}=1$ 是怎样形成的.

5. 求母线平行于 x 轴，且通过曲线 $\begin{cases} 2x^2+y^2+z^2=16, \\ x^2+z^2-y^2=0 \end{cases}$ 的柱面方程.

6. 求球面 $x^2+y^2+z^2=9$ 与平面 $x+z=1$ 的交线在 xOy 面上的投影的方程.

复 习 题 六

1. 填空题.

(1) 设 $\boldsymbol{a}=(3,2,1)$, $\boldsymbol{b}=\left(2,\dfrac{4}{3},k\right)$, 若 $\boldsymbol{a}\perp\boldsymbol{b}$, 则 $k=$ _____, 若 $\boldsymbol{a}//\boldsymbol{b}$, 则 $k=$ _____.

(2) 已知三点 $A(3,1,2)$, $B(1,-1,1)$, $C(2,0,m)$ 共线，则 $m=$ _____.

(3) 已知 $|\boldsymbol{a}|=2$, $|\boldsymbol{b}|=3$, 夹角 $\theta=\dfrac{\pi}{3}$, 则 $|2\boldsymbol{a}-\boldsymbol{b}|=$ _____.

(4) 过点 $(1,-1,1)$ 和 z 轴的平面方程为 _____.

(5) 曲线 $\begin{cases} y^2=6-z, \\ x=0 \end{cases}$ 绕 z 轴旋转所得旋转曲面的方程为 _____.

2. 设 $\boldsymbol{a}$, $\boldsymbol{b}$ 为非零向量，$|\boldsymbol{a}|=2$, $\boldsymbol{a}$, $\boldsymbol{b}$ 夹角为 $\dfrac{\pi}{3}$, 求 $\lim\limits_{x\to 0}\dfrac{|\boldsymbol{a}+x\boldsymbol{b}|-|\boldsymbol{a}|}{x}$.

3. 已知三向量 $\boldsymbol{a}=(2,3,-1)$, $\boldsymbol{b}=(1,-2,3)$, $\boldsymbol{c}=(1,-2,-7)$, 若向量 $\boldsymbol{d}$ 分别与 $\boldsymbol{a}$ 和 $\boldsymbol{b}$ 垂直，且 $\boldsymbol{d}\cdot\boldsymbol{c}=10$, 求 $\boldsymbol{d}$.

4. 求过点 $P(1,-5,1)$ 和 $Q(3,2,-1)$ 且平行于 y 轴的平面方程.

5. 已知直线 $\dfrac{x-a}{3}=\dfrac{y}{-2}=\dfrac{z-1}{a}$ 在平面 $3x+4y-az=3a-1$ 内，求 a.

6. 求点 $M(-1,2,0)$ 在平面 $x+2y-z+1=0$ 上的投影点的坐标.

7. 求点 $P(3,-1,2)$ 到直线 $L:\begin{cases} x+y-z+1=0, \\ 2x-y+z-4=0 \end{cases}$ 的距离.

8. 设有两条直线 $L_1:\dfrac{x-2}{1}=\dfrac{y+2}{m}=\dfrac{z-3}{2}$ 和 $L_2:\begin{cases} x=1-t, \\ y=-1+2t, \\ z=-1-3t, \end{cases}$

(1) 试问 m 为何值时，L_1 和 L_2 相交；

(2) 当 L_1 和 L_2 相交时，求过两直线的平面方程.

9. 若直线过点 $M(-1,0,4)$, 平行于平面 $3x-4y+z-10=0$, 且与直线 $L:\dfrac{x+1}{3}=\dfrac{y+3}{1}=\dfrac{z}{2}$ 相交，求此直线方程.

10. 求过两曲面 $x^2+y^2+4z^2=1$ 与 $x^2-y^2-z^2=0$ 的交线，而母线平行于 z 轴的柱面方程.

第七章 多元函数微积分学及其应用

多元函数微积分学包括多元函数微分学和多元函数积分学两部分．在一元函数的微分学与积分学中，我们所讨论的函数都只有一个自变量，但很多实际问题往往涉及多个因素，也就是一个变量依赖于多个变量的情形，这就提出了多元函数以及多元函数微分与积分的问题．

本章在一元函数微分学与积分学的基础上，讨论多元函数的微分法与积分法及其应用．讨论中以二元函数为主，因为从一元函数到二元函数无论是微分还是积分都会产生新的问题，而从二元函数到二元以上的多元函数则可依此类推．

第一节 多元函数的基本概念

一、平面点集

在讨论一元函数时，都是基于 $\mathbf{R}=(-\infty,+\infty)$ 的点集、两点间距离、区间以及邻域等概念．为了推广到多元的情形，引入平面点集的概念．

我们知道，数轴上的点与实数之间一一对应，在平面上引入直角坐标系后，平面上的点 P 与二元实数组 (x,y) 之间就建立了一一对应关系．

我们把 xOy 坐标平面上全体点的集合等同于全体实数对的全体，即
$$\mathbf{R}^2=\{(x,y)\mid x\in(-\infty,+\infty),\ y\in(-\infty,+\infty)\},$$
于是两个变量 x,y 的变化范围可以用平面上的子集来表示．

坐标平面 $\mathbf{R}^2$ 的任意子集称为**平面点集**．平面点集也可以用它们的坐标表示．

例如，点集 $E=\{(x,y)\mid x^2+y^2<r^2\}$ 表示到原点的距离小于 r 的点的集合，如图 7-1 所示．

下面引入 $\mathbf{R}^2$ 中邻域的概念．

若 $P_0(x_0,y_0)$ 为 xOy 平面上的一个点，$\delta>0$ 为一实数，平面点集
$$U(P_0,\delta)=\{(x,y)\mid \sqrt{(x-x_0)^2+(y-y_0)^2}<\delta\}$$
称为点 P_0 的 δ 邻域，而平面点集
$$\mathring{U}(P_0,\delta)=\{(x,y)\mid 0<\sqrt{(x-x_0)^2+(y-y_0)^2}<\delta\}$$
称为点 P_0 的去心 δ 邻域．

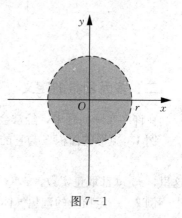

图 7-1

设平面点集：
$$E_1=\left\{(x,y)\mid \frac{1}{2}\leqslant x\leqslant 2,\ 1\leqslant y\leqslant 2\right\},$$

$E_2 = \{(x, y) \mid x^2 + y^2 < 1\}$,
$E_3 = \{(x, y) \mid |x + y| \leq 1\}$,
$E_4 = \{(x, y) \mid y - x > 0\}$.

如图 7-2 所示，它们都称为**平面区域**，其中 E_1 和 E_3 包含边界，叫作**闭区域**；E_2 和 E_4 不包含边界，叫作**开区域**. 称 E_1 和 E_2 为**有界区域**，称 E_3 和 E_4 为**无界区域**.

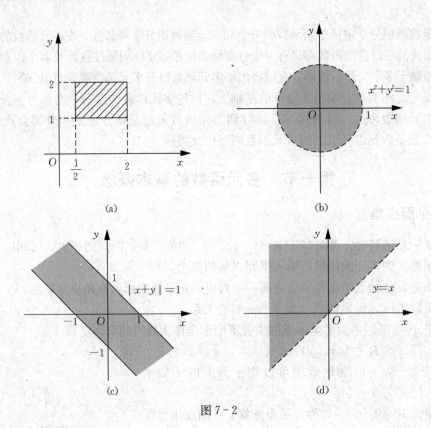

图 7-2

二、多元函数的定义

在许多实际问题中，经常会遇到多个变量之间的依赖关系，二元函数举例如下：

例1 矩形的面积 S 与它的长 x 和宽 y 之间具有关系
$$S = xy,$$
这里，x, y 都取正实数，x, y 取定一对值，S 的对应值就随之确定.

例2 一定质量的理想气体的压强 p、体积 V 和热力学温度 T 之间具有关系
$$p = \frac{RT}{V},$$
其中 R 为常数，V, T 取定一对值，p 的对应值就随之确定.

由上面两个例子可以看出，二元函数中因变量与自变量之间的对应关系. 二元函数的定义如下：

定义1 一个**二元函数**是指：设有一个非空平面点集 D 和对应法则 f，对于 D 中的每一个元素，按照法则 f 总有(唯一)确定的元素与之对应，通常记为

$$z = f(x, y), \quad (x, y) \in D. \tag{1}$$

若动点 P 的坐标为 (x, y)，则可等价记为

$$z = f(P), \quad P \in D, \tag{2}$$

其中，x，y 称为**自变量**，z 称为**因变量**。

与一元函数类似，我们将自变量的变化范围 D 称为二元函数 $z = f(x, y)$ 的**定义域**，将因变量的取值范围称为函数的**值域**，记为

$$R_f = \{z \mid z = f(x, y), (x, y) \in D\}. \tag{3}$$

二元函数的定义域及其对应法则 f 是确定一个二元函数的两个基本要素。但是对于一些常用的函数有时并不给出定义域，其定义域被默认为使得二元函数 $z = f(x, y)$ 有意义的点 (x, y) 的集合。

类似地，可以定义三元函数、四元函数及其他多元函数。

例 3　求下列函数的定义域：

(1) $z_1 = \sqrt{\left(x - \dfrac{1}{2}\right)(2 - x)} - \sqrt{(y-1)(2-y)}$；

(2) $z_2 = \sqrt{1 - x^2 - y^2}\ (x^2 + y^2 \neq 1)$；

(3) $z_3 = \arcsin(x + y)$；

(4) $z_4 = \ln(y - x)$。

解　容易求得该四个函数的定义域依次为前面图 7-2 中的 E_1，E_2，E_3 和 E_4。

例 4　求下列函数的定义域，并画图。

(1) $F_1(x, y) = \ln(y - x) - \ln x$；

(2) $F_2(x, y) = \dfrac{\sqrt{4 - x^2 - y^2}}{\sqrt{x^2 + y^2 - 1}}$。

解　(1) $F_1(x, y)$ 是按照加法的方式构造的，令 $f(x, y) = \ln(y - x)$，则 $D_f = \{(x, y) \mid y - x > 0\}$（图 7-3(a)）；令 $g(x, y) = \ln x$，则 $D_g = \{(x, y) \mid x > 0\}$（图 7-3(b)）。$D_f$ 与 D_g 的交集即为函数 $F_1(x, y)$ 的定义域，即 $D_f \cap D_g = D_F = \{(x, y) \mid y - x > 0\ \text{且}\ x > 0\}$（图 7-3(c)）。此时 D_F 是开区域，且无界。

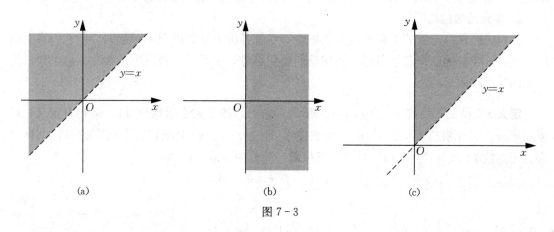

图 7-3

(2) 此函数是按照除法的方式构造的，易求：$D_F = \{(x, y) \mid 1 < x^2 + y^2 \leqslant 4\}$（图 7-4）。

这时，D_F 既不是开区域也不是闭区域，且有界．

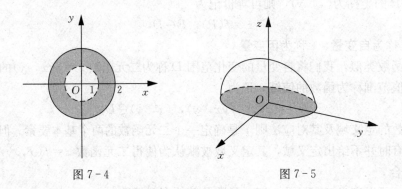

图 7-4　　　　　　　　　　　　图 7-5

例 5　讨论二元函数 $z=\sqrt{1-x^2-y^2}$ 的图像．

解　在等式两端取平方得
$$z^2=1-x^2-y^2，即 x^2+y^2+z^2=1，$$
此方程表示的图形是球心在原点，半径为 1 的球面，因 $z\geqslant 0$，故函数的图形应是上半球面（图 7-5）．

三、多元函数的极限

1. 多元初等函数

在一元基本初等函数中，由于幂函数与指数函数其实质都可归结为幂的运算，故五种基本初等函数的运算包含**幂运算、对数运算、三角函数运算和反三角函数运算**．它们连同四则运算统称为**初等运算**．实际上，多元初等函数的本质特征也在于它只含有初等运算．

定义 2　设有若干个不同的变量，由它们各自的一元基本初等函数出发，所进行的有限次的初等运算得到的函数称为**多元初等函数**，简称**初等函数**．

如 $z=e^{xy}$，$z=\log_x y$，$z=x^y$，$z=\dfrac{x}{x^2+y^2}$，$u=e^{x+y+z}-\sin(xyz)+\sqrt{1-x^2}$，$u=z^{y^2\sin^5 x}$ 都是二元或三元初等函数，前三个函数含有一次初等运算，后三个函数都含有多次初等运算．

2. 多元函数的极限

我们已经在一元函数中有了极限的概念．尽管各种类型的极限不尽相同，但它们有共同的特点：自变量的变化趋势引起了因变量的变化趋势．多元函数极限也是如此．这里只讨论二元函数的极限．

定义 3　设二元函数 $z=f(x,y)$ 在点 $P_0(x_0,y_0)$ 的某去心邻域 $\mathring{U}(P_0,\delta)$ 内有定义．若当点 $P(x,y)$ 无限趋近于点 P_0 时，函数值 $f(P)=f(x,y)$ 无限趋近于某实数 A，则称 A 为二元函数 $f(x,y)$ 当 $P\to P_0$ 时的**二重极限**，简称为**极限**，记为

$$\lim_{(x,y)\to(x_0,y_0)}f(x,y)=A, \tag{4}$$

或

$$\lim_{P\to P_0}f(P)=A, \tag{5}$$

也可记为

$$\lim_{\substack{x\to x_0 \\ y\to y_0}} f(x, y) = A.$$

注：二重极限的定义仍表明自变量 x, y 的变化趋势引起了因变量 z 的变化趋势. 需注意以下几点：

(1) 在定义 3 中，要求函数在点 P_0 的去心邻域有定义，P_0 可以不属于定义域 D，也表明极限值 A 与函数值 $f(x_0, y_0)$ 是否有定义无关.

(2) 所谓二重极限存在，是指动点 P 以任何方式趋于定点 P_0 时，$f(P)$ 都无限接近唯一的实数 A. 若当 P 在区域 D 内沿不同路径趋近于 P_0 时，$f(P)$ 趋于不同的值，那么极限 $\lim\limits_{P\to P_0} f(P)$ 不存在.

(3) 二重极限的性质与一元函数极限的性质类似，如极限的加、减、乘、除四则运算公式，极限的保号性等，不再另行说明.

定理 函数 $z=f(x, y)$ 在点 $P_0(x_0, y_0)$ 的极限存在的充要条件是：点 $P(x, y)$ 以任何方式趋向于点 $P_0(x_0, y_0)$ 时，函数 $f(x, y)$ 的极限都存在且相等. (证明略)

例 6 讨论函数 $\lim\limits_{(x,y)\to(0,0)} f(x, y)$ 的极限，其中，

$$f(x, y) = \begin{cases} \dfrac{xy}{x^2+y^2}, & x^2+y^2 \neq 0, \\ 0, & x^2+y^2 = 0. \end{cases}$$

解 考虑让点 $P(x, y)$ 沿下列不同的路径趋向于原点 (图 7-6)：

L_x：x 轴. 此时点 $P(x, y)$ 的坐标为 $(x, 0)$. 当 $x\to 0$ 时，$P(x, 0)\to(0, 0)$.

L_y：y 轴. 此时点 $P(x, y)$ 的坐标为 $(0, y)$. 当 $y\to 0$ 时，$P(0, y)\to(0, 0)$.

L：直线 $y=kx$. 此时点 $P(x, y)$ 的坐标为 (x, kx). 当 $x\to 0$ 时，$P(x, kx)\to(0, 0)$.

在 L_x 上，$\lim\limits_{(x,y)\to(0,0)} \dfrac{xy}{x^2+y^2} = \lim\limits_{x\to 0} \dfrac{x\cdot 0}{x^2+0^2} = 0$；在 L_y 上，$\lim\limits_{(x,y)\to(0,0)} \dfrac{xy}{x^2+y^2} = \lim\limits_{y\to 0} \dfrac{0\cdot y}{0^2+y^2} = 0$. 但据此我们不能断言 $\lim\limits_{(x,y)\to(0,0)} \dfrac{xy}{x^2+y^2} = 0$，因为在 L 上，

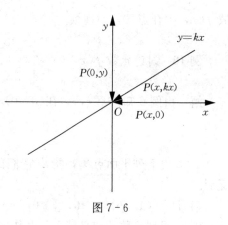

图 7-6

$$\lim_{(x,y)\to(0,0)} \frac{xy}{x^2+y^2} = \lim_{x\to 0} \frac{x\cdot kx}{x^2+k^2x^2} = \frac{k}{1+k^2},$$

显然随着 k 值的变化而不同，故 $\lim\limits_{(x,y)\to(0,0)} f(x, y)$ 不存在.

例 7 求极限 $\lim\limits_{(x,y)\to(1,2)} \ln(x+y^2)$.

解 利用初等函数求极限得

$$\lim_{(x,y)\to(1,2)} \ln(x+y^2) = \ln(1+2^2) = \ln 5.$$

例 8 讨论极限 $\lim\limits_{\substack{x\to 0 \\ y\to 2}} \dfrac{\sin(xy)}{x}$.

解 $\lim\limits_{\substack{x\to 0\\y\to 2}}\dfrac{\sin(xy)}{x}=\lim\limits_{\substack{x\to 0\\y\to 2}}\dfrac{\sin(xy)}{xy}\cdot y$. 令 $xy=u$, 则当 $x\to 0$, $y\to 2$ 时, 有

$$\lim\limits_{\substack{x\to 0\\y\to 2}}\dfrac{\sin(xy)}{x}=\lim\limits_{u\to 0}\dfrac{\sin u}{u}\cdot\lim\limits_{y\to 2}y=1\times 2=2.$$

四、多元函数的连续性

定义 4 设二元函数 $z=f(x,y)$ 在点 $P_0(x_0, y_0)$ 的某邻域 $U(P_0,\delta)$ 内有定义, 如果

$$\lim\limits_{(x,y)\to(x_0,y_0)}f(x,y)=f(x_0, y_0),$$

则称函数 $f(x,y)$ 在点 $P_0(x_0, y_0)$ **连续**; 否则称 $f(x,y)$ 在点 $P_0(x_0, y_0)$ **间断**(或**不连续**).

简言之, 函数在某点连续, 则函数在该点的极限值存在且等于在该点的函数值, 这与一元函数连续的定义是一致的. 按照这样的理解, 我们可以将连续的概念推广到多元函数. 类似地, 也可以定义二元函数在闭区域上的连续性. 若二元函数在定义域 D 上的每一点都连续, 则称 $f(x,y)$ 在 D 上连续. 在有界闭区域上连续的二元函数也存在类似于一元函数的最值定理和介值定理, 这里不再赘述.

例 9 设 $f(x,y)=\dfrac{xy}{x^2+y^2}$, 讨论函数在点 $(0,2)$ 的连续性.

解 易求得 $f(0,2)=0$, 而

$$\lim\limits_{(x,y)\to(0,2)}\dfrac{xy}{x^2+y^2}=0=f(0,2),$$

故 $f(x,y)$ 在点 $(0,2)$ 连续.

例 10 讨论函数 $f(x,y)=\begin{cases}\dfrac{xy}{x^2+y^2}, & x^2+y^2\neq 0\\ 0, & x^2+y^2=0\end{cases}$ 在点 $(0,0)$ 是否连续.

解 由例 6 知, $f(x,y)$ 在 $(0,0)$ 不存在极限, 因此 $f(x,y)$ 在点 $(0,0)$ 不连续.

习 题 7-1

1. 画出下列平面点集, 指出它们的边界, 说明它们是开区域还是闭区域, 有界还是无界.

   (1) $D=\{(x,y)\mid x\geqslant 0, y\geqslant 0, x+y\geqslant 1\}$;　　(2) $D=\{(x,y)\mid |x|+|y|<1\}$.

2. 求下列函数的定义域 D, 并作出 D 的简图.

   (1) $z=\sqrt{x-\sqrt{y}}$;　　(2) $z=\ln(y^2-2x+1)$;

   (3) $z=\arcsin(x+2)-\arccos(y-1)$;　　(4) $z=\dfrac{\sqrt{x+y}}{\sqrt{x-y}}$.

3. 求下列二元函数在指定点的值.

   (1) $f(x,y)=\dfrac{2xy}{x^2-y^2}$, 求 $f(2,1)$, $f\left(1,\dfrac{y}{x}\right)$;

   (2) $g(x,y)=\sqrt{9-x^2-y^2}$, 求 $g(2,-1)$, $g(1,2)$;

   (3) $z=\arctan\dfrac{x}{y}$, 求 $z|_{(-1,1)}$, $z|_{(1,1)}$.

4. 已知函数 $f(u, v, w)=u^w+w^{u-2v}$，试求 $f(xy, x+y, x-y)$.

5. 求下列函数的极限.

(1) $\lim\limits_{\substack{x\to 0\\ y\to 1}}\dfrac{1-xy}{x^2-y^2}$；

(2) $\lim\limits_{\substack{x\to 2\\ y\to 3}} x^{y^x}$；

(3) $\lim\limits_{\substack{x\to 0\\ y\to 0}}\dfrac{\sin 2(x^2+y^2)}{x^2+y^2}$；

(4) $\lim\limits_{\substack{x\to 0\\ y\to 0}}\dfrac{2-\sqrt{xy+4}}{xy}$；

(5) $\lim\limits_{(x,y)\to(8,2)}(x^y-\log_y x)$；

(6) $\lim\limits_{(x,y)\to\left(0,\frac{1}{2}\right)}\arcsin\sqrt{x+y}$.

6. 求下列函数的表达式.

(1) 圆锥体的体积 V 是底半径 r 与高 h 的函数；

(2) 在边长为 y 的正方形铁板的四个角上都截去边长为 x 的小正方形，然后将它折成方盒子，求盒子的容积 V 与 x，y 的关系.

7. 证明函数 $f(x, y)=\dfrac{x+y}{x-y}$ 在点 $(0，0)$ 处的二重极限不存在.

8. 指出下列函数在何处间断.

(1) $z=\dfrac{1}{x^2+y^2}$；

(2) $z=\dfrac{y+2x}{y^2-x}$.

第二节 偏 导 数

一、偏导数的概念

在研究一元函数的变化率时，我们引入了导数的概念. 对于多元函数，我们也需要研究它的变化率问题. 由于多元函数的自变量不止一个，因变量与自变量的关系比较复杂，所以当我们研究多元函数时，首先考虑的是自变量各自的变化率问题，这就引入了偏导数的概念.

定义 设函数 $z=f(x, y)$ 在点 (x_0, y_0) 的某邻域内有定义，当 y 固定在 y_0，而 x 在 x_0 处取得增量 Δx 时，相应的取得函数增量 $f(x_0+\Delta x, y_0)-f(x_0, y_0)$，若

$$\lim_{\Delta x\to 0}\frac{\Delta z_x}{\Delta x}=\lim_{\Delta x\to 0}\frac{f(x_0+\Delta x, y_0)-f(x_0, y_0)}{\Delta x} \tag{1}$$

存在，则称此极限为函数 $z=f(x, y)$ 在点 (x_0, y_0) 处**对 x 的偏导数**，记作

$$\left.\frac{\partial z}{\partial x}\right|_{\substack{x=x_0\\ y=y_0}},\ \left.\frac{\partial f}{\partial x}\right|_{\substack{x=x_0\\ y=y_0}},\ \left.z'_x\right|_{\substack{x=x_0\\ y=y_0}}\text{ 或 }f'_x(x_0, y_0).$$

类似地，如果

$$\lim_{\Delta y\to 0}\frac{\Delta z_y}{\Delta y}=\lim_{\Delta y\to 0}\frac{f(x_0, y_0+\Delta y)-f(x_0, y_0)}{\Delta y} \tag{2}$$

存在，则称此极限为函数 $z=f(x, y)$ 在点 (x_0, y_0) 处**对 y 的偏导数**，记作

$$\left.\frac{\partial z}{\partial y}\right|_{\substack{x=x_0\\ y=y_0}},\ \left.\frac{\partial f}{\partial y}\right|_{\substack{x=x_0\\ y=y_0}},\ \left.z'_y\right|_{\substack{x=x_0\\ y=y_0}}\text{ 或 }f'_y(x_0, y_0). \tag{3}$$

如果函数 $z=f(x, y)$ 在区域 D 内的每一点 (x, y) 处对 x 的偏导数都存在，那么这些偏导数构成了 x，y 的二元函数，称为 $z=f(x, y)$ 对自变量 x 的**偏导函数**，记作

$$\frac{\partial z}{\partial x}, \frac{\partial f}{\partial x}, z'_x \text{ 或 } f'_x(x, y).$$

类似地，可以定义 $z=f(x, y)$ 对自变量 y 的**偏导函数**，记作

$$\frac{\partial z}{\partial y}, \frac{\partial f}{\partial y}, z'_y \text{ 或 } f'_y(x, y).$$

在不至于混淆的情况下，偏导函数也简称为偏导数．偏导数的概念可以类似地推广到二元以上的多元函数．由偏导数的定义可知，若对某个自变量求偏导数，就是先将其余的自变量看作常数，对这个变量所确定的一元函数求导数，此时可运用一元函数的求导法则．

例 1 设函数 $f(x, y)=x^2-3xy^5+y^3$，求 $f'_x(1, 0)$，$f'_y(0, -2)$．

解 将 y 看作常数，此时 y^3 也是常数，对 x 求偏导数，得

$$f'_x(x, y)=2x-3y^5,$$

将 x 看作常数，对 y 求导得

$$f'_y(x, y)=-15xy^4+3y^2,$$

所以
$$f'_x(1, 0)=2, \quad f'_y(0, -2)=12.$$

例 2 求函数 $r=\sqrt{x^2+y^2+z^2}$ 的偏导数．

解 此函数是复合函数，中间变量是 $x^2+y^2+z^2$．

将 y, z 都看作常量，对 x 求导，得

$$\frac{\partial r}{\partial x}=\frac{x}{\sqrt{x^2+y^2+z^2}}=\frac{x}{r}.$$

同理有
$$\frac{\partial r}{\partial y}=\frac{y}{r}, \quad \frac{\partial r}{\partial z}=\frac{z}{r}.$$

二、偏导数的几何意义

一元函数 $y=f(x)$ 在点 x_0 处的导数 $f'(x_0)$ 几何上表示曲线 $y=f(x)$ 在点 x_0 处切线的斜率．二元函数 $z=f(x, y)$ 在点 (x_0, y_0) 处的偏导数 $f'_x(x_0, y_0)$ 在几何上表示曲面 $z=f(x, y)$ 与平面 $y=y_0$ 的交线在空间点 $M_0(x_0, y_0, f(x_0, y_0))$ 处的切线 T_x 的斜率；同样，$f'_y(x_0, y_0)$ 表示曲面 $z=f(x, y)$ 与平面 $x=x_0$ 的交线在空间点 $M_0(x_0, y_0, f(x_0, y_0))$ 处的切线 T_y 的斜率．如图 7-7 所示．

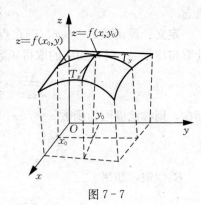

图 7-7

三、高阶偏导数

设函数 $z=f(x, y)$ 在区域 D 内具有偏导数

$$\frac{\partial z}{\partial x}=f'_x(x, y), \quad \frac{\partial z}{\partial y}=f'_y(x, y),$$

那么在 D 内 $f'_x(x, y)$，$f'_y(x, y)$ 都是 x, y 的二元函数，如果这两个偏导数在 D 内仍有偏导数，则称它们是函数 $z=f(x, y)$ 的**二阶偏导数**．

对 $\dfrac{\partial z}{\partial x}$ 分别求关于 x, y 的偏导数，记作

$$\frac{\partial}{\partial x}\left(\frac{\partial z}{\partial x}\right)=\frac{\partial^2 z}{\partial x^2}=f''_{xx}(x,\ y)=z''_{xx}(x,\ y),$$

$$\frac{\partial}{\partial y}\left(\frac{\partial z}{\partial x}\right)=\frac{\partial^2 z}{\partial x\,\partial y}=f''_{xy}(x,\ y)=z''_{xy}(x,\ y).$$

同理，对 $\dfrac{\partial z}{\partial y}$ 分别求关于 x，y 的偏导数，记作

$$\frac{\partial}{\partial x}\left(\frac{\partial z}{\partial y}\right)=\frac{\partial^2 z}{\partial y\,\partial x}=f''_{yx}(x,\ y)=z''_{yx}(x,\ y),$$

$$\frac{\partial}{\partial y}\left(\frac{\partial z}{\partial y}\right)=\frac{\partial^2 z}{\partial y^2}=f''_{yy}(x,\ y)=z''_{yy}(x,\ y).$$

它们都是函数 $z=f(x,\ y)$ 的二阶偏导数，二元函数的二阶偏导数共有四个，其中 $f''_{xy}(x,\ y)$ 和 $f''_{yx}(x,\ y)$ 称为**混合偏导数**。类似地，可以定义三阶、四阶直到 n 阶偏导数。二阶及二阶以上的偏导数统称为**高阶偏导数**。

例 3 求函数 $z=x^3y-2x^2y^2+y^3$ 的所有二阶偏导数。

解 易求

$$f'_x(x,\ y)=3x^2y-4xy^2,\quad f'_y(x,\ y)=x^3-4x^2y+3y^2,$$

所以

$$f''_{xx}(x,\ y)=6xy-4y^2,\quad f''_{xy}(x,\ y)=3x^2-8xy,$$

$$f''_{yx}(x,\ y)=3x^2-8xy,\quad f''_{yy}(x,\ y)=-4x^2+6y.$$

可以看到，例 3 中的两个二阶混合偏导数相等。这不是偶然，事实上，有下述定理。

定理 如果函数 $z=f(x,\ y)$ 的两个二阶混合偏导数 $\dfrac{\partial^2 z}{\partial x\,\partial y}$ 及 $\dfrac{\partial^2 z}{\partial y\,\partial x}$ 在区域 D 内连续，那么在该区域内这两个混合偏导数必相等。（证明略）

这个定理说明，在二阶混合偏导数连续的条件下，关于 x，y 求偏导的次序可以交换。可以类似地定义高阶偏导数，而且高阶混合偏导数在连续的条件下也与求导次序无关。

例 4 设函数 $z=\ln\sqrt{x^2+y^2}$，验证 $\dfrac{\partial^2 z}{\partial x\,\partial y}=\dfrac{\partial^2 z}{\partial y\,\partial x}$，并证明

$$\frac{\partial^2 z}{\partial x^2}+\frac{\partial^2 z}{\partial y^2}=0. \tag{4}$$

解 由 $z=\ln\sqrt{x^2+y^2}=\dfrac{1}{2}\ln(x^2+y^2)$，可得

$$\frac{\partial z}{\partial x}=\frac{1}{2}\cdot\frac{2x}{x^2+y^2}=\frac{x}{x^2+y^2},\quad \frac{\partial z}{\partial y}=\frac{y}{x^2+y^2}.$$

进而求得

$$\frac{\partial^2 z}{\partial x^2}=\frac{1\cdot(x^2+y^2)-2x\cdot x}{(x^2+y^2)^2}=\frac{y^2-x^2}{(x^2+y^2)^2},\quad \frac{\partial^2 z}{\partial x\,\partial y}=-\frac{x\cdot 2y}{(x^2+y^2)^2},$$

$$\frac{\partial^2 z}{\partial y^2}=\frac{1\cdot(x^2+y^2)-2y\cdot y}{(x^2+y^2)^2}=\frac{x^2-y^2}{(x^2+y^2)^2},\quad \frac{\partial^2 z}{\partial y\,\partial x}=-\frac{y\cdot 2x}{(x^2+y^2)^2},$$

故 $\dfrac{\partial^2 z}{\partial x\,\partial y}=\dfrac{\partial^2 z}{\partial y\,\partial x}$，且

$$\frac{\partial^2 z}{\partial x^2}+\frac{\partial^2 z}{\partial y^2}=\frac{(y^2-x^2)+(x^2-y^2)}{(x^2+y^2)^2}=0.$$

这里，方程(4)叫作**拉普拉斯方程**。满足该方程的函数是一类具有特殊性质和用途的函

数，它是数学物理方程中一种很重要的方程．

例 5 设函数 $z=x^y$，求 $\dfrac{\partial^2 z}{\partial x^2}$ 和 $\dfrac{\partial^2 z}{\partial x \partial y}$．

解 由题得 $\dfrac{\partial z}{\partial x}=y \cdot x^{y-1}$，则

$$\dfrac{\partial^2 z}{\partial x^2}=\dfrac{\partial}{\partial x}\left(\dfrac{\partial z}{\partial x}\right)=\dfrac{\partial}{\partial x}(y \cdot x^{y-1})=y(y-1) \cdot x^{y-2},$$

$$\dfrac{\partial^2 z}{\partial x \partial y}=\dfrac{\partial}{\partial y}\left(\dfrac{\partial z}{\partial x}\right)=\dfrac{\partial}{\partial y}(y \cdot x^{y-1})=1 \cdot x^{y-1}+y \cdot x^{y-1}\ln x.$$

例 6 已知理想气体的状态方程 $p=\dfrac{RT}{V}$，求所有二阶偏导数．

解 易求得

$$\dfrac{\partial p}{\partial V}=-\dfrac{RT}{V^2},\ \dfrac{\partial p}{\partial T}=\dfrac{R}{V},$$

进而求得

$$\dfrac{\partial^2 p}{\partial V^2}=\dfrac{2RT}{V^3},\ \dfrac{\partial^2 p}{\partial T \partial V}=-\dfrac{R}{V^2},\ \dfrac{\partial^2 p}{\partial T^2}=0.$$

习 题 7-2

1. 证明函数 $z=\sqrt{x^2+y^2}$ 在点 $(0,0)$ 连续，但两个偏导数都不存在．

2. 求下列函数的偏导数．

(1) $z=x^3y-xy^3$；

(2) $z=\dfrac{3}{y^2}-\dfrac{1}{\sqrt[3]{x}}+\ln 5$；

(3) $z=xe^{-xy}$；

(4) $z=\dfrac{x+y}{x-y}$；

(5) $z=\arctan\dfrac{y}{x}$；

(6) $z=\sin(xy)+\cos^2(xy)$；

(7) $u=\sin(x^2+y^2+z^2)$；

(8) $u=x^{\frac{y}{z}}$．

3. 求下列二元函数在指定点的偏导数．

(1) $f(x,y)=x+y-\sqrt{x^2+y^2}$，求 $f'_x(3,4)$，$f'_y(5,12)$；

(2) $g(x,y)=\arctan x^y$，求 $g'_x(3,1)$，$g'_y(3,1)$．

4. 求下列函数的所有二阶偏导数．

(1) $z=x^3+y^3-2x^2y^2$；

(2) $z=\arctan\dfrac{x}{y}$；

(3) $z=x^{2y}$；

(4) $z=e^y\cos(x-y)$．

5. 设函数 $z=f(x,y,z)=xy^2+yz^2+zx^2$，求 $f''_{xx}(0,0,1)$，$f''_{xz}(1,0,2)$，$f''_{yz}(0,-1,0)$，$f'''_{zzx}(2,0,1)$．

6. 设函数 $u=\sqrt{x^2+y^2+z^2}$，证明此函数满足等式 $\dfrac{\partial^2 u}{\partial x^2}+\dfrac{\partial^2 u}{\partial y^2}+\dfrac{\partial^2 u}{\partial z^2}=\dfrac{2}{u}$．

7. 证明函数 $u=z\arctan\dfrac{y}{x}$ 满足拉普拉斯方程 $\dfrac{\partial^2 u}{\partial x^2}+\dfrac{\partial^2 u}{\partial y^2}+\dfrac{\partial^2 u}{\partial z^2}=0$．

第三节　全微分及其应用

一、全微分

我们以二元函数为例引入多元函数的全微分.

在第二章介绍了一元函数 $y=f(x)$ 在点 x_0 处的增量 Δy 可以表示为

$$\Delta y=f(x_0+\Delta x)-f(x_0)=f'(x_0)\Delta x+o(\Delta x)(\Delta x\to 0),$$

其中，$f'(x)$ 不依赖于 Δx，仅与 x_0 有关；当 $\Delta x\to 0$ 时，$o(\Delta x)$ 是 Δx 的高阶无穷小量.

在几何上，其微分 $dy=f'(x_0)\Delta x$ 表示曲线在该点处切线纵坐标的增量. 当 $\Delta x\to 0$ 时，Δy 可近似等于 dy，即

$$\Delta y\approx dy=f'(x_0)\Delta x.$$

类似地，在定义二元函数 $z=f(x,y)$ 的偏导数时，考虑如下两个增量

$$\Delta z_x=f(x_0+\Delta x,y_0)-f(x_0,y_0),$$
$$\Delta z_y=f(x_0,y_0+\Delta y)-f(x_0,y_0),$$

分别称它们为 $z=f(x,y)$ 在点 (x_0,y_0) 处对自变量 x 和 y 的**偏增量**. 当 $z=f(x,y)$ 在点 (x_0,y_0) 处的两个偏导数都存在时，可分别表示为

$$\Delta z_x=f(x_0+\Delta x,y_0)-f(x_0,y_0)=f'_x(x_0,y_0)\Delta x+o(\Delta x),$$
$$\Delta z_y=f(x_0,y_0+\Delta y)-f(x_0,y_0)=f'_y(x_0,y_0)\Delta y+o(\Delta y),$$

当 $|\Delta x|$ 与 $|\Delta y|$ 很小时，有

$$\Delta z_x\approx f'_x(x_0,y_0)\Delta x,$$
$$\Delta z_y\approx f'_y(x_0,y_0)\Delta y.$$

两式右端分别称为二元函数 $z=f(x,y)$ 在点 (x_0,y_0) 处对 x 与 y 的**偏微分**. 在几何上，对 x 的偏微分表示曲面 $z=f(x,y)$ 与平面 $y=y_0$ 的交线在空间点 (x_0,y_0,z_0) 处的切线 T_x 在该点处竖坐标的增量；对 y 的偏微分表示曲面 $z=f(x,y)$ 与平面 $x=x_0$ 的交线在空间点 (x_0,y_0,z_0) 处的切线 T_y 在该点处竖坐标的增量.

如果二元函数 $z=f(x,y)$ 在点 (x_0,y_0) 的两个自变量 x 与 y 分别有增量 Δx 与 Δy 时，相应的**全增量**为

$$\Delta z=f(x_0+\Delta x,y_0+\Delta y)-f(x_0,y_0).$$

一般来说，计算全增量比较复杂. 与一元函数的情形一样，我们希望全增量 Δz 可以用 Δx，Δy 的线性函数来近似代替，从而引出如下定义.

定义　设函数 $z=f(x,y)$ 在点 (x,y) 的某邻域内有定义，如果函数在点 (x,y) 的全增量

$$\Delta z=f(x+\Delta x,y+\Delta y)-f(x,y) \tag{1}$$

可表示为

$$\Delta z=A\Delta x+B\Delta y+o(\rho), \tag{2}$$

其中 A，B 不依赖于 Δx，Δy，而仅与 x，y 有关，$\rho=\sqrt{(\Delta x)^2+(\Delta y)^2}$，则称函数 $z=f(x,y)$ 在点 (x,y) 处**可微分**，而 $A\Delta x+B\Delta y$ 称为函数 $z=f(x,y)$ 在点 (x,y) 处的**全微分**，记作 dz，即

$$dz=A\Delta x+B\Delta y.$$

习惯上,自变量的增量 Δx 与 Δy 通常记为 dx 与 dy,并称为自变量 x, y 的微分,因此函数 $z=f(x,y)$ 的全微分也可写为
$$dz = Adx + Bdy.$$

例 1 某工厂有一长为 x_0,宽为 y_0 的矩形匀质薄铁板,薄铁板受热后膨胀,长和宽分别增加了 Δx 和 Δy,试计算薄铁板面积近似增加了多少?

解 薄铁板在加热前的面积为 $S=x_0 y_0$,加热后其面积为 $S'=(x_0+\Delta x)(y_0+\Delta y)$(图 7-8),面积的增量为
$$\Delta S = S' - S = (x_0+\Delta x)(y_0+\Delta y) - x_0 y_0$$
$$= y_0 \Delta x + x_0 \Delta y + \Delta x \Delta y.$$

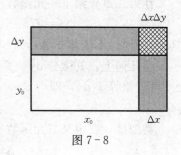

图 7-8

由于受热后薄铁板的长和宽增加不会太大,即 Δx 和 Δy 都很小,因而 $\Delta x \Delta y$ 也很小,我们可以用它们的线性主要部分 $y_0 \Delta x + x_0 \Delta y$(称为 ΔS 的线性主部)来近似代替 ΔS,因此铁板面积的增加值近似为
$$\Delta S \approx y_0 \Delta x + x_0 \Delta y.$$

如果函数 $z=f(x,y)$ 在平面区域 D 内的各点都可微,则称该函数在区域 D 内可微分.

下面讨论函数 $z=f(x,y)$ 在点 (x,y) 处可微分的条件.

定理 1(必要条件) 如果函数 $z=f(x,y)$ 在点 (x,y) 处可微分,则该函数在点 (x,y) 的偏导数 $\dfrac{\partial z}{\partial x}$, $\dfrac{\partial z}{\partial y}$ 必存在,且 $A=\dfrac{\partial z}{\partial x}$, $B=\dfrac{\partial z}{\partial y}$,即
$$dz = \frac{\partial z}{\partial x} dx + \frac{\partial z}{\partial y} dy. \tag{3}$$

证明 设函数 $z=f(x,y)$ 在点 $P(x,y)$ 处可微分,于是对点 P 的某邻域内任意点 $P'(x+\Delta x, y+\Delta y)$,(2)式总成立.特别地,当 $\Delta y=0$ 时,(2)式也应成立,此时 $\rho = |\Delta x|$,所以(2)式成为
$$f(x+\Delta x, y) - f(x, y) = A \cdot \Delta x + o(|\Delta x|),$$
上式两边同除以 Δx,且令 $\Delta x \to 0$,得
$$\lim_{\Delta x \to 0} \frac{f(x+\Delta x, y) - f(x, y)}{\Delta x} = A,$$
从而偏导数 $\dfrac{\partial z}{\partial x}$ 存在,且等于 A.

同理可知 $\dfrac{\partial z}{\partial y} = B$.即(3)式成立.

我们知道,一元函数在某点的导数存在是微分存在的充分必要条件.但对于多元函数来说,情形就不同了.当函数的各偏导数都存在时,虽然能形式地写出 $\dfrac{\partial z}{\partial x}\Delta x + \dfrac{\partial z}{\partial y}\Delta y$,但它与 Δz 之差并不一定是比 ρ 高阶的无穷小,因此它不一定是函数的全微分,换言之,各偏导数的存在只是全微分存在的必要条件,而不是充分条件.

例 2 已知函数
$$f(x,y) = \begin{cases} \dfrac{xy}{\sqrt{x^2+y^2}}, & x^2+y^2 \neq 0, \\ 0, & x^2+y^2 = 0, \end{cases}$$

讨论 $f(x, y)$ 在点 $(0, 0)$ 是否可微.

解 易求 $f_x'(0, 0)=0$ 及 $f_y'(0, 0)=0$，则
$$\Delta z-[f_x'(0, 0) \cdot \Delta x+f_y'(0, 0) \cdot \Delta y]=\frac{\Delta x \cdot \Delta y}{\sqrt{(\Delta x)^2+(\Delta y)^2}}.$$

如果考虑点 $P'(\Delta x, \Delta y)$ 沿直线 $y=x$ 趋于 $(0, 0)$，则
$$\frac{\frac{\Delta x \cdot \Delta y}{\sqrt{(\Delta x)^2+(\Delta y)^2}}}{\rho}=\frac{\Delta x \cdot \Delta y}{(\Delta x)^2+(\Delta y)^2}=\frac{\Delta x \cdot \Delta x}{(\Delta x)^2+(\Delta x)^2}=\frac{1}{2},$$

它不能随 $\rho \to 0$ 而趋于 0，这表示 $\rho \to 0$ 时，
$$\Delta z-[f_x'(0, 0) \cdot \Delta x+f_y'(0, 0) \cdot \Delta y]$$

并不是比 ρ 高阶的无穷小，因此函数在点 $(0, 0)$ 的全微分并不存在，即函数在点 $(0, 0)$ 是不可微的.

由定理1和例2可知，偏导数存在是函数可微的必要条件而不是充分条件. 但是，如果再假定函数的各个偏导数连续，则可以证明函数是可微分的，即有如下定理.

定理 2（充分条件） 如果函数 $z=f(x, y)$ 的偏导数 $\frac{\partial z}{\partial x}$，$\frac{\partial z}{\partial y}$ 在点 (x, y) 连续，则函数在该点可微分.（证明略）

以上关于二元函数全微分的定义及可微分的必要条件和充分条件，可以完全类似地推广到三元和三元以上的多元函数.

例3 求函数 $z=e^{\frac{x}{y}}$ 的全微分.

解 因为
$$\frac{\partial z}{\partial x}=\frac{1}{y}e^{\frac{x}{y}}, \quad \frac{\partial z}{\partial y}=-\frac{x}{y^2}e^{\frac{x}{y}},$$

所以
$$dz=\frac{1}{y}e^{\frac{x}{y}}dx-\frac{x}{y^2}e^{\frac{x}{y}}dy=\frac{1}{y^2}e^{\frac{x}{y}}(ydx-xdy).$$

全微分的概念及有关结论，都可以完全类似地推广到二元以上的多元函数. 例如，三元函数 $u=f(x, y, z)$ 可微时，
$$du=\frac{\partial u}{\partial x}dx+\frac{\partial u}{\partial y}dy+\frac{\partial u}{\partial z}dz.$$

例4 设函数 $u=x^2+e^{xy}+\sin\frac{z}{3}$，求全微分，并求该函数在点 $(1, -2, 0)$ 处的全微分.

解 因为
$$\frac{\partial u}{\partial x}=2x+ye^{xy}, \quad \frac{\partial u}{\partial y}=xe^{xy}, \quad \frac{\partial u}{\partial z}=\frac{1}{3}\cos\frac{z}{3},$$

所以
$$du=(2x+ye^{xy})dx+xe^{xy}dy+\frac{1}{3}\cos\frac{z}{3}dz.$$

将点 $(1, -2, 0)$ 代入上式，得
$$du\bigg|_{\substack{x=1 \\ y=-2 \\ z=0}}=(2-2e^{-2})dx+e^{-2}dy+\frac{1}{3}dz.$$

二、全微分在近似计算中的应用

由本节公式(1)可得全微分的近似公式

$$\Delta z = f(x_0+\Delta x, y_0+\Delta y) - f(x_0, y_0) \approx \mathrm{d}z = f'_x(x_0, y_0)\Delta x + f'_y(x_0, y_0)\Delta y, \tag{4}$$

可得

$$f(x_0+\Delta x, y_0+\Delta y) \approx f(x_0, y_0) + f'_x(x_0, y_0)\Delta x + f'_y(x_0, y_0)\Delta y. \tag{5}$$

例 5 现有一底面半径为 10cm，高为 20cm 的圆锥体，受热后底面半径增加了 0.02cm，高增加了 0.01cm，求体积增加的近似值．

解 由圆锥体的体积公式

$$V = f(r, h) = \frac{1}{3}\pi r^2 h$$

计算两个偏导数，得

$$f'_r(r, h) = \frac{2}{3}\pi rh, \quad f'_r(10, 20) = \frac{400}{3}\pi;$$

$$f'_h(r, h) = \frac{1}{3}\pi r^2, \quad f'_h(10, 20) = \frac{100}{3}\pi.$$

由公式(4)得

$$\Delta V \approx \mathrm{d}V = f'_r(10, 20)\Delta r + f'_h(10, 20)\Delta h$$

$$= \frac{400}{3}\pi \times 0.02 + \frac{100}{3}\pi \times 0.01 = 3\pi$$

$$= 9.4248(\mathrm{cm}^3)(\pi = 3.1416).$$

例 6 计算 $1.98^{3.05}$ 的近似值．

解 考虑函数 $f(x, y) = x^y$，取 $x_0 = 2$，$y_0 = 3$，则 $f(x_0, y_0) = 2^3 = 8$．
由题意 $\Delta x = -0.02$，$\Delta y = 0.05$，由公式(5)可得

$$1.98^{3.05} \approx f(2, 3) + f'_x(2, 3) \times (-0.02) + f'_y(2, 3) \times 0.05.$$

计算偏导数，得

$$f'_x(x, y) = yx^{y-1}, \quad f'_x(2, 3) = 3 \times 2^2 = 12;$$

$$f'_y(x, y) = x^y \ln x, \quad f'_y(2, 3) = 2^3 \times \ln 3 = 8\ln 3,$$

从而可得

$$1.98^{3.05} \approx 8 + 12 \times (-0.02) + 8\ln 3 \times 0.05$$

$$= 8 - 0.24 + 0.4\ln 3 = 8.19944(\ln 3 = 1.0986).$$

习 题 7-3

1. 求下列函数的全微分．

(1) $z = 6x^2 y^3$；

(2) $z = e^x \sin y$；

(3) $z = xy + \dfrac{x}{y}$；

(4) $z = \ln(1 + x^2 + y^2)$；

(5) $z = \dfrac{y}{\sqrt{x^2 + y^2}}$；

(6) $z = y^x$．

2. 求函数 $z = x^2 y$ 在点 $(3, 2)$ 处，当 $\Delta x = 0.2$，$\Delta y = 0.1$ 时的全增量和全微分．

3. 求函数 $z = \dfrac{y}{x}$ 在点 $(2, 1)$ 处，当 $\Delta x = 0.1$，$\Delta y = -0.2$ 时的全增量和全微分．

4. 近似计算下列各值.
(1) $1.04^{2.02}$；　　　　　　　　(2) $\sin 31°\tan 43°$ ($\pi=3.1416$).

5. 设圆锥的底面半径从 80cm 增大到 80.4cm，高从 160cm 减小到 159cm，近似计算其体积的变化. ($\pi=3.1416$)

6. 一个圆柱体受压后发生形变，半径由 20cm 增大到 20.05cm，高度由 100cm 减小到 99cm，求此圆柱体体积的近似改变量.

第四节　多元复合函数与隐函数的求导法则

一、多元复合函数的求导法则

对于可导的一元函数 $y=f(u)$ 和 $u=\varphi(x)$，则它们的复合函数 $y=f[\varphi(x)]$ 也可导，且
$$\frac{dy}{dx}=\frac{dy}{du}\cdot\frac{du}{dx}.$$

现在要将一元函数微分学中的复合函数求导法则推广到多元复合函数的情形. 多元函数的复合函数的求导法则在多元函数微分学中起着重要作用. 多元函数的复合运算多种多样，其实质都可归结于一元函数的求导运算. 因此一元函数的基本导数公式和各项求导法则（尤其是链式法则）在本节得到了广泛的应用.

先考虑较为简单的情形.

定理 1　如果函数 $u=\varphi(t)$，$v=\psi(t)$ 都在 t 可微，函数 $z=f(u,v)$ 在对应点 (u,v) 具有连续的偏导数，则复合函数 $z=f[\varphi(t),\psi(t)]$ 在点 t 可导，而且有
$$\frac{dz}{dt}=\frac{\partial z}{\partial u}\cdot\frac{du}{dt}+\frac{\partial z}{\partial v}\cdot\frac{dv}{dt}. \tag{1}$$

证明　此时的复合函数是关于 t 的一元函数. 设自变量 t 获得增量 Δt，则中间变量 $\varphi(t)$ 与 $\psi(t)$ 也有相应的增量
$$\Delta u=\varphi(t+\Delta t)-\varphi(t),\quad \Delta v=\psi(t+\Delta t)-\psi(t).$$
由此引起了因变量 $z=f(u,v)$ 有增量
$$\begin{aligned}\Delta z &= f[\varphi(t+\Delta t),\psi(t+\Delta t)]-f[\varphi(t),\psi(t)]\\ &=f(u+\Delta u,v+\Delta v)-f(u,v)\\ &\approx \frac{\partial z}{\partial u}\cdot\Delta u+\frac{\partial z}{\partial v}\cdot\Delta v,\end{aligned}$$
上式两端同时除以 Δt，得
$$\frac{\Delta z}{\Delta t}\approx\frac{\partial z}{\partial u}\cdot\frac{\Delta u}{\Delta t}+\frac{\partial z}{\partial v}\cdot\frac{\Delta v}{\Delta t}.$$
令 $\Delta t\to 0$，则 $\Delta u\to 0$，$\Delta v\to 0$，此时，
$$\frac{\Delta u}{\Delta t}\to\frac{du}{dt},\quad \frac{\Delta v}{\Delta t}\to\frac{dv}{dt},$$
取极限得
$$\lim_{\Delta t\to 0}\frac{\Delta z}{\Delta t}=\frac{\partial z}{\partial u}\cdot\frac{du}{dt}+\frac{\partial z}{\partial v}\cdot\frac{dv}{dt}.$$
这就证明了复合函数 $z=f[\varphi(t),\psi(t)]$ 在点 t 可导，所以公式 (1) 成立.

类似地，定理1可以推广到复合函数的中间变量多于两个的情形．

例1 设 $z=e^{3u}v^2$，$u=\sin t$，$v=\ln t$，求 $\dfrac{dz}{dt}$．

解 复合函数是关于 t 的一元函数，应用公式(1)，得

$$\frac{dz}{dt}=\frac{\partial z}{\partial u}\cdot\frac{du}{dt}+\frac{\partial z}{\partial v}\cdot\frac{dv}{dt}$$

$$=e^{3u}\cdot 3\cdot v^2\cdot\cos t+e^{3u}\cdot 2v\cdot\frac{1}{t}$$

$$=3e^{3\sin t}\cdot(\ln t)^2\cdot\cos t+\frac{2e^{3\sin t}\cdot\ln t}{t}.$$

注：如果把 $u=\sin t$，$v=\ln t$ 代入 $z=e^{3u}v^2$，则复合函数为 $z=e^{3\sin t}\cdot(\ln t)^2$，再用一元函数的求导法则可得同样的结果．

我们可将公式(1)推广到中间变量 u 和 v 均为二元函数的情形，有如下定理．

定理2 如果函数 $u=\varphi(x,y)$ 及 $v=\psi(x,y)$ 在点 (x,y) 处都是可微的，函数 $z=f(u,v)$ 在对应的点 (u,v) 处也可微，则复合函数 $z=f[\varphi(x,y),\psi(x,y)]$ 在点 (x,y) 的两个偏导数都存在，且有

$$\frac{\partial z}{\partial x}=\frac{\partial z}{\partial u}\cdot\frac{\partial u}{\partial x}+\frac{\partial z}{\partial v}\cdot\frac{\partial v}{\partial x}, \tag{2}$$

$$\frac{\partial z}{\partial y}=\frac{\partial z}{\partial u}\cdot\frac{\partial u}{\partial y}+\frac{\partial z}{\partial v}\cdot\frac{\partial v}{\partial y}. \tag{3}$$

例2 设 $z=u^2\ln v$，$u=x+y$，$v=xy$，求 $\dfrac{\partial z}{\partial x}$ 和 $\dfrac{\partial z}{\partial y}$．

解 由定理2，得

$$\frac{\partial z}{\partial x}=\frac{\partial z}{\partial u}\cdot\frac{\partial u}{\partial x}+\frac{\partial z}{\partial v}\cdot\frac{\partial v}{\partial x}=2u\ln v\cdot 1+\frac{u^2}{v}\cdot y$$

$$=2(x+y)\ln(xy)+\frac{(x+y)^2}{x},$$

$$\frac{\partial z}{\partial y}=\frac{\partial z}{\partial u}\cdot\frac{\partial u}{\partial y}+\frac{\partial z}{\partial v}\cdot\frac{\partial v}{\partial y}=2u\ln v\cdot 1+\frac{u^2}{v}\cdot x$$

$$=2(x+y)\ln(xy)+\frac{(x+y)^2}{y}.$$

在本例中，如果将中间变量代入函数，则复合函数为 $z=(x+y)^2\ln(xy)$，则不必写出两个中间变量，直接对 x 和 y 求偏导即可得到同样的结果．

由于多元函数的复合运算多种多样，其求导公式情形也较多，要掌握它们，需要充分运用一元函数微积分学的知识，加深理解和应用推广．

例3 设 $z=f(u,v)$，$u=\varphi(x,y)$，$v=\psi(y)$，求二元函数 $z=f[\varphi(x,y),\psi(y)]$ 的两个偏导数．

解 $\dfrac{\partial z}{\partial x}=\dfrac{\partial z}{\partial u}\cdot\dfrac{\partial u}{\partial x}$，

$\dfrac{\partial z}{\partial y}=\dfrac{\partial z}{\partial u}\cdot\dfrac{\partial u}{\partial y}+\dfrac{\partial z}{\partial v}\cdot\dfrac{dv}{dy}$．

事实上，本例是定理2的一种特例．

例 4 设 $z=f(x, y, u)$，$u=\varphi(x, y)$，求函数 $z=f[x, y, \varphi(x, y)]$ 的偏导数 $\dfrac{\partial z}{\partial x}$ 和 $\dfrac{\partial z}{\partial y}$．

解
$$\frac{\partial z}{\partial x}=\frac{\partial f}{\partial x}\cdot\frac{\partial x}{\partial x}+\frac{\partial f}{\partial y}\cdot\frac{\partial y}{\partial x}+\frac{\partial f}{\partial u}\cdot\frac{\partial u}{\partial x}$$
$$=\frac{\partial f}{\partial x}+\frac{\partial f}{\partial u}\cdot\frac{\partial u}{\partial x}.$$

同理，$\dfrac{\partial z}{\partial y}=\dfrac{\partial f}{\partial y}+\dfrac{\partial f}{\partial u}\cdot\dfrac{\partial u}{\partial y}.$

在本例中，$\dfrac{\partial z}{\partial x}$ 与 $\dfrac{\partial f}{\partial x}$ 不同，$\dfrac{\partial z}{\partial x}$ 是把复合函数 $f[x, y, \varphi(x, y)]$ 中的 y 看作常量而对 x 的偏导数，$\dfrac{\partial f}{\partial x}$ 是将 $f(x, y, u)$ 中的 u 及 y 看作常量而对 x 的偏导数．类似地，$\dfrac{\partial z}{\partial y}$ 和 $\dfrac{\partial f}{\partial y}$ 也不同．

例 5 设 $z=f\left(x^2 y, \dfrac{x}{y}\right)$，求 $\dfrac{\partial z}{\partial x}$ 及 $\dfrac{\partial^2 z}{\partial x \partial y}$．

解 令 $u=x^2 y$，$v=\dfrac{x}{y}$，则 $z=f(u, v)$．

为表达方便，引入记号：$f'_1=\dfrac{\partial f}{\partial u}$，$f'_2=\dfrac{\partial f}{\partial v}$．

由定理 2，得
$$\frac{\partial z}{\partial x}=f'_1\frac{\partial u}{\partial x}+f'_2\frac{\partial v}{\partial x}=f'_1\cdot 2xy+f'_2\cdot\frac{1}{y},$$
$$\frac{\partial^2 z}{\partial x \partial y}=\frac{\partial}{\partial y}\left(\frac{\partial z}{\partial x}\right)=\frac{\partial}{\partial y}\left(f'_1\cdot 2xy+f'_2\cdot\frac{1}{y}\right)$$
$$=2x\left[\left(f''_{11}\cdot x^2+f''_{12}\cdot\left(-\frac{x}{y^2}\right)\right)\cdot y+f'_1\cdot 1\right]+$$
$$\frac{1}{y}\left[f''_{21}\cdot x^2+f''_{22}\cdot\left(-\frac{x}{y^2}\right)\right]+f'_2\cdot\left(-\frac{1}{y^2}\right)$$
$$=2xf'_1+2x^3 y f''_{11}-\frac{x^2}{y}f''_{12}-\frac{x}{y^3}f''_{22}-\frac{1}{y^2}f'_2.$$

二、隐函数的求导公式

隐函数在理论研究和各类工程技术领域较为多见，下面讨论隐函数求导数问题．

1. 含两个变量的方程

已知方程
$$F(x, y)=0 \tag{4}$$
为隐函数方程，来讨论它所确定的隐函数的导数．

设隐函数 $y=f(x)$ 是由方程(4)确定的，则有
$$F(x, f(x))\equiv 0,$$
恒等式两端同时对 x 求导后仍然恒等，即

$$\frac{\partial F}{\partial x}+\frac{\partial F}{\partial y}\frac{\mathrm{d}y}{\mathrm{d}x}=0,$$

解得

$$\frac{\mathrm{d}y}{\mathrm{d}x}=-\frac{F'_x}{F'_y}. \tag{5}$$

公式(5)即为隐函数求导公式. 所谓的隐函数是与显函数相对而言的, 如果由方程(4)可解出 $y=f(x)$ 的具体表达式, 则为显函数, 否则为隐函数. 将隐函数转化为显函数形式的过程称为隐函数显化.

例 6 设 $\sin y+\mathrm{e}^x-xy^2=0$, 求 $\dfrac{\mathrm{d}y}{\mathrm{d}x}$.

解 令 $F(x,y)=\sin y+\mathrm{e}^x-xy^2$, 则

$$F'_x=\mathrm{e}^x-y^2, \quad F'_y=\cos y-2xy,$$

由公式(5)得

$$\frac{\mathrm{d}y}{\mathrm{d}x}=-\frac{F'_x}{F'_y}=\frac{y^2-\mathrm{e}^x}{\cos y-2xy}.$$

2. 含三个变量的方程

考虑方程

$$F(x,y,z)=0, \tag{6}$$

由空间解析几何可知, 方程(6)在空间中为一曲面, 该曲面确定了一个以 x 和 y 为自变量, 以 z 为因变量的函数, 称为隐函数. 设由方程(6)确定的函数为 $z=f(x,y)$, 则

$$F(x,y,f(x,y))\equiv 0,$$

运用复合函数求导法则, 上式两端分别对 x 和 y 求偏导数, 得

$$\frac{\partial F}{\partial x}+\frac{\partial F}{\partial z}\cdot\frac{\partial z}{\partial x}=0, \quad \frac{\partial F}{\partial y}+\frac{\partial F}{\partial z}\cdot\frac{\partial z}{\partial y}=0,$$

解得

$$\frac{\partial z}{\partial x}=-\frac{F'_x}{F'_z}, \quad \frac{\partial z}{\partial y}=-\frac{F'_y}{F'_z}. \tag{7}$$

公式(7)即为隐函数 $z=f(x,y)$ 的偏导数公式.

例 7 设 $\mathrm{e}^{-xy}+\sin y-z^2+\mathrm{e}^z+1=0$, 求 $\dfrac{\partial z}{\partial x}$, $\dfrac{\partial z}{\partial y}$.

解 令 $F(x,y,z)=\mathrm{e}^{-xy}+\sin y-z^2+\mathrm{e}^z+1$, 则

$$\frac{\partial F}{\partial x}=-y\mathrm{e}^{-xy}, \quad \frac{\partial F}{\partial y}=-x\mathrm{e}^{-xy}+\cos y, \quad \frac{\partial F}{\partial z}=-2z+\mathrm{e}^z,$$

故

$$\frac{\partial z}{\partial x}=-\frac{F'_x}{F'_z}=\frac{y\mathrm{e}^{-xy}}{-2z+\mathrm{e}^z}, \quad \frac{\partial z}{\partial y}=-\frac{F'_y}{F'_z}=\frac{x\mathrm{e}^{-xy}-\cos y}{-2z+\mathrm{e}^z}.$$

*3. 方程组的情形

对于方程组所确定的隐函数, 我们只针对一个例题进行讲解, 不进行一般推导.

例 8 考虑方程组

$$\begin{cases} x+2y+3z=1, \\ x^2+y^2+z^2=6, \end{cases} \tag{8}$$

如果取 $x=x_0$，则方程(8)变为含 y 和 z 的二元方程组，且可设 $y=f(x_0)$，$z=g(x_0)$ 为它的一组解，然后再让 x_0 在一定范围内变动，即用 x 代替 x_0，则可得到 $y=f(x)$，$z=g(x)$. 这就是由方程组(8)确定的两个隐函数.

下面讨论如何计算导数 $y'=f'(x)$ 和 $z'=g'(x)$.

将 y,z 视为关于 x 的一元函数，$y=f(x)$，$z=g(x)$，方程(8)两端同对 x 求导，得
$$\begin{cases} 1+2y'+3z'=0, \\ 2x+2yy'+2zz'=0, \end{cases}$$
由于该方程是关于 $y'=\dfrac{\mathrm{d}y}{\mathrm{d}x}$ 和 $z'=\dfrac{\mathrm{d}z}{\mathrm{d}x}$ 的二元一次方程组，从而求得
$$\frac{\mathrm{d}y}{\mathrm{d}x}=\frac{3x-z}{2z-3y}, \quad \frac{\mathrm{d}z}{\mathrm{d}x}=\frac{y-2x}{2z-3y}.$$

习 题 7-4

1. 设 $z=u^2+\ln v$，$u=x+y$，$v=x-y$，求 $\dfrac{\partial z}{\partial x}$，$\dfrac{\partial z}{\partial y}$.

2. 设 $z=x^2y-xy^2$，$x=r\cos\theta$，$y=r\sin\theta$，求 $\dfrac{\partial z}{\partial r}$，$\dfrac{\partial z}{\partial \theta}$.

3. 设 $z=\dfrac{x}{y}$，$x=\mathrm{e}^t$，$y=\ln t$，求 $\dfrac{\mathrm{d}z}{\mathrm{d}t}$.

4. 设 $z=\arctan(xy)$，$y=x\mathrm{e}^x$，求 $\dfrac{\mathrm{d}z}{\mathrm{d}x}$.

5. 设 $z=\mathrm{e}^u\cos v$，$u=xy$，$v=\dfrac{x}{y}$，求 $\dfrac{\partial z}{\partial x}$，$\dfrac{\partial z}{\partial y}$.

6. 求下列复合函数的偏导数，其中 f 是可微函数.
(1) $z=f(x^2-y^2,\ \mathrm{e}^{xy})$；
(2) $z=f(x^2y,\ \sin(xy))$；
(3) $z=f\left(x+\dfrac{1}{y},\ y+\dfrac{1}{x}\right)$；
(4) $u=f\left(x,\ \dfrac{x}{y},\ \dfrac{xy}{z}\right)$.

7. 设函数具有二阶连续导数或偏导数，求下列函数的二阶偏导数.
(1) $z=\sqrt{x}y+xy^4$；
(2) $z=\mathrm{e}^{xy}$；
(3) $z=x^{2y}$；
(4) $z=f(x+y,\ xy)$.

8. 求下列方程或方程组确定的隐函数的导数或偏导数.
(1) 设 $xy-\ln y=a$，求 $\dfrac{\mathrm{d}y}{\mathrm{d}x}$；

(2) 设 $\ln\sqrt{x^2+y^2}=\arctan\dfrac{y}{x}$，求 $\dfrac{\mathrm{d}y}{\mathrm{d}x}$；

(3) 设 $xz^2+xy-yz^3=0$，求 $\dfrac{\partial z}{\partial x}$，$\dfrac{\partial z}{\partial y}$；

(4) 设 $x+y+z=\mathrm{e}^{-(x+y+z)}$，求 $\dfrac{\partial z}{\partial x}$，$\dfrac{\partial z}{\partial y}$；

(5) 设 $\begin{cases} x+3y+5z=2, \\ x^2+2y^2+z^2=8, \end{cases}$ y 和 z 是 x 的函数，求 $\dfrac{\partial z}{\partial x}$，$\dfrac{\partial y}{\partial x}$.

9. 求由方程 $x^2+y^2+z^2=2z$ 所确定的函数 $z=f(x,y)$ 的全微分.

10. 设 $e^z-xyz=0$，求 $\dfrac{\partial^2 z}{\partial x^2}$，$\dfrac{\partial^2 z}{\partial y^2}$，$\dfrac{\partial^2 z}{\partial x \partial y}$.

11. 设 $F(x,y,z)=0$，求证：$\dfrac{\partial x}{\partial y} \cdot \dfrac{\partial y}{\partial z} \cdot \dfrac{\partial z}{\partial x}=-1$.

12. 设 $2\sin(x+2y-3z)=x+2y-3z$，证明：$\dfrac{\partial z}{\partial x}+\dfrac{\partial z}{\partial y}=1$.

第五节　多元函数的极值及其应用

在许多实际问题中，往往会遇到多元函数的最大值与最小值问题．例如，在物流配送中需要求运送成本与距离的最小值问题，在生产与设计中经常会遇到用料最省、利润最大等问题．

一、多元函数的极值

在一元函数中，我们曾引入了极值的概念，类似地，多元函数的最大值、最小值与极大值、极小值有密切联系，因此我们以二元函数为例，讨论多元函数的极值．首先给出二元函数极值的定义．

定义　设函数 $z=f(x,y)$ 在点 $P_0(x_0,y_0)$ 的某邻域内有定义，如果对于该邻域内异于 P_0 的任何点 (x,y)，都有

$$f(x,y)<f(x_0,y_0),$$

则称 $f(x_0,y_0)$ 为函数 $z=f(x,y)$ 的**极大值**，并称点 $P_0(x_0,y_0)$ 为 $z=f(x,y)$ 的**极大值点**．

相应地，如果对于该邻域内异于 P_0 的任何点 (x,y)，都有

$$f(x,y)>f(x_0,y_0),$$

则称 $f(x_0,y_0)$ 为函数 $z=f(x,y)$ 的**极小值**，并称点 $P_0(x_0,y_0)$ 为 $z=f(x,y)$ 的**极小值点**．极大值与极小值统称为**极值**．

例1　函数 $z=2x^2+y^2$ 在点 $(0,0)$ 处取得极小值．因为对于点 $(0,0)$ 的任一邻域内异于 $(0,0)$ 的点，总有 $f(x,y)>0$，因此函数 $z=2x^2+y^2$ 在点 $(0,0)$ 处取得极小值，极小值为 $f(0,0)=0$．在几何上 $z=2x^2+y^2$ 是一个以点 $(0,0,0)$ 为顶点开口向上的抛物面．

例2　函数 $z=2-\sqrt{x^2+y^2}$ 在点 $(0,0)$ 处有极大值．因为在点 $(0,0)$ 处函数值为 2，对于点 $(0,0)$ 的任一邻域内异于 $(0,0)$ 的点，其函数值均小于 2．点 $(0,0,2)$ 是位于平面 $z=2$ 下方的锥面 $z=2-\sqrt{x^2+y^2}$ 的顶点．

例3　函数 $z=x+y$ 在点 $(0,0)$ 处既不取得极大值也不取得极小值．该函数的图像为过原点的一个平面，而在点 $(0,0)$ 的任一邻域内，总有使函数值为正的点，也有使函数值为负的点.

以上关于二元函数的极值的概念可以推广到 n 元函数．在一元函数极值的讨论中，我们知道导数为零的点或导数不存在的点才可能是极值点，对于二元函数而言，一般可以利用偏导数来解决．于是有类似于一元函数极值存在性的定理．

定理 1（必要条件） 设函数 $z=f(x,y)$ 在点 (x_0,y_0) 具有偏导数，且在点 (x_0,y_0) 处有极值，则有
$$f'_x(x_0,y_0)=0,\ f'_y(x_0,y_0)=0.$$

证明 不妨设 $z=f(x,y)$ 在点 (x_0,y_0) 处取得极大值．由极大值的定义，在点 (x_0,y_0) 的某邻域 U 内，对异于 (x_0,y_0) 的任何点 (x,y)，都满足不等式
$$f(x,y)<f(x_0,y_0).$$
特殊地，在该邻域内取 $y=y_0$ 且 $x\neq x_0$ 的点，也适合不等式
$$f(x,y_0)<f(x_0,y_0).$$
这说明一元函数 $f(x,y_0)$ 在 $x=x_0$ 处取得极大值，因而若点 (x_0,y_0) 处极值存在，必有
$$f'_x(x_0,y_0)=0.$$
同理有
$$f'_y(x_0,y_0)=0.$$

使得 $f'_x(x_0,y_0)=0,\ f'_y(x_0,y_0)=0$ 的点称为函数 $z=f(x,y)$ 的**驻点**．

注：(1) 驻点不一定是极值点．例如，函数 $z=xy$ 为一个双曲抛物面，也称为马鞍面，易求其驻点为 $(0,0)$，但显然点 $(0,0)$ 并不是该函数的极值点．

(2) 偏导数不存在的点也可能是极值点．例如，函数 $z=\sqrt{x^2+y^2}$，其极值点为 $(0,0)$，但该函数表示一个顶点在点 $(0,0)$ 的圆锥面，在点 $(0,0)$ 处两个偏导并不存在．

那么如何判断一个驻点是否为极值点呢？下面的定理回答了这个问题．

定理 2（充分条件） 设函数 $z=f(x,y)$ 在其驻点 (x_0,y_0) 的某邻域内连续，且有一阶及二阶连续偏导数．令
$$A=f''_{xx}(x_0,y_0),\ B=f''_{xy}(x_0,y_0),\ C=f''_{yy}(x_0,y_0),$$
则 $z=f(x,y)$ 在点 (x_0,y_0) 处有如下结论：

(1) 若 $B^2-AC<0$，则有极值，且当 $A<0$ 时，有极大值，当 $A>0$ 时，有极小值；

(2) 若 $B^2-AC>0$，则无极值；

(3) 若 $B^2-AC=0$，则无法判定是否有极值，需另作讨论．

证明略．

由定理 1 和定理 2 可归纳出求二元函数 $z=f(x,y)$ 的极值的步骤：

第一步：解方程组
$$\begin{cases} f'_x(x,y)=0, \\ f'_y(x,y)=0, \end{cases}$$
求出 $f(x,y)$ 的全部驻点（只求实数解）．

第二步：求出二阶偏导数 $f''_{xx}(x,y),\ f''_{xy}(x,y),\ f''_{yy}(x,y)$，对每个驻点 (x_0,y_0)，分别求出对应的 A,B,C 和 B^2-AC．

第三步：根据定理 2 判断每个驻点 (x_0,y_0) 处函数有无极值、有何种极值．

例 4 求函数 $f(x,y)=x^3-y^3-3x^2+27y$ 的极值．

解 解方程组
$$\begin{cases} f'_x(x,y)=3x^2-6x=0, \\ f'_y(x,y)=-3y^2+27=0, \end{cases}$$

求得四个驻点：$(0, 3)$，$(0, -3)$，$(2, 3)$，$(2, -3)$.

求出二阶偏导数

$$A = f''_{xx}(x, y) = 6x - 6, \quad B = f''_{xy}(x, y) = 0, \quad C = f''_{yy}(x, y) = -6y,$$

将驻点分别代入，求出对应的 A，B，C 和 $B^2 - AC$.

因本题驻点较多，列表进行判别：

驻点	A	B	C	$B^2 - AC$	有无极值	极值
$(0, -3)$	-6	0	18	108	无	
$(0, 3)$	-6	0	-18	-108	有	极大值 54
$(2, -3)$	6	0	18	-108	有	极小值 -58
$(2, 3)$	6	0	-18	108	无	

注：二元函数的极值点可能是驻点或偏导数不存在的点，这些点都是可疑的极值点．

二、多元函数的最大值、最小值及其应用

与一元函数类似，我们可以利用函数的极值来求函数 $z = f(x, y)$ 的最大值和最小值．最值问题通常包含两个方面的内容．

首先，需要解决最值的存在性问题，即什么样的函数，自变量在什么样的范围内存在最值．对于多元函数理论可知：有界闭区域上的连续函数一定有最值．但是在其他情况下，往往需要对具体情况作具体分析．这个问题在数学上一直是很困难和复杂的问题．

其次，在函数最值存在的前提下如何求得最值．求最值的基本思想是在给定的区域 D 上找出全部可疑的最值点，在这些可疑的最值点上比较函数值的大小，最大者为最大值，最小者为最小值．最值可能在区域 D 内部取到，也可能在区域 D 边界上取到，当在 D 内部取到时，一定是在极值点处．

实际问题中，最值的存在性可以根据实际问题的情况来认定，不必再进行理论上的讨论．通常情况是 $f(x, y)$ 的最大值或最小值在 D 的内部取到，而函数在 D 内只有一个驻点，则该驻点的函数值就一定是最大值或最小值．

例 5 在 xOy 平面上求一点 $P(x, y)$，使得它到三个点 $P_1(0, 0)$，$P_2(1, 0)$，$P_3(0, 1)$ 的距离的平方和最小，并求最小值．

解 点 $P(x, y)$ 与 $P_1(0, 0)$，$P_2(1, 0)$，$P_3(0, 1)$ 的距离的平方分别为

$$|PP_1|^2 = x^2 + y^2, \quad |PP_2|^2 = (x-1)^2 + y^2, \quad |PP_3|^2 = x^2 + (y-1)^2,$$

它们的平方和为

$$z = f(x, y) = (x^2 + y^2) + [(x-1)^2 + y^2] + [x^2 + (y-1)^2]$$
$$= 3x^2 + 3y^2 - 2x - 2y + 2,$$

问题归结为在开区域 $\mathbf{R}^2$ 内求函数 z 的最小值．

解方程组

$$\begin{cases} \dfrac{\partial z}{\partial x} = 6x - 2 = 0, \\ \dfrac{\partial z}{\partial y} = 6y - 2 = 0, \end{cases}$$

得到驻点 $\left(\dfrac{1}{3}, \dfrac{1}{3}\right)$.

由实际问题考虑，z 的最小值存在且驻点是唯一的，可以断定在点 $\left(\dfrac{1}{3}, \dfrac{1}{3}\right)$ 处，函数取得最小值，最小值为 $f\left(\dfrac{1}{3}, \dfrac{1}{3}\right) = \dfrac{4}{3}$.

例 6 用铁板制作一个容积为 32m^3 的无盖长方体水箱，问如何设计，才能使用料最省？

解 若使用料最省，设计时应使表面积最小. 设水箱的长为 $x(\text{m})$、宽为 $y(\text{m})$，则高应为 $\dfrac{32}{xy}(\text{m})$，水箱的表面积为

$$S = S(x, y) = xy + 2y \cdot \dfrac{32}{xy} + 2x \cdot \dfrac{32}{xy}$$
$$= xy + \dfrac{64}{x} + \dfrac{64}{y},$$

因此，这个问题归结为在开区域 $D = \{(x, y) \mid x > 0, y > 0\}$ 上求函数 $S(x, y)$ 的最小值.

求偏导数并令其为零，得方程组

$$\begin{cases} \dfrac{\partial S}{\partial x} = y - \dfrac{64}{x^2} = 0, \\ \dfrac{\partial S}{\partial y} = x - \dfrac{64}{y^2} = 0, \end{cases}$$

解方程组，得

$$x = 4, \quad y = 4.$$

由实际问题考虑，最小值一定存在且驻点是唯一的，从而所得驻点是最小值点. 此时 $h = \dfrac{32}{4 \times 4} = 2$，因此当水箱的长和宽都为 4m、高为 2m 时用料最省.

三、条件极值——拉格朗日乘数法

前面我们讨论了多元函数的极值问题，从求解过程中可以看出，它只要求函数的自变量在函数的定义域内取值即可，除此之外没有任何其他附加条件，通常我们称这种多元函数的极值问题为**无条件极值**.

但是在很多求解多元函数极值的实际问题中，除了要求自变量在定义域内取值以外，还要求其满足某些附加条件. 例如，求内接于半径为 a 的半球面，而体积最大的长方体体积问题. 如果设长方体的一个顶点的坐标为 $(x, y, z)(x > 0, y > 0, z > 0)$，则长方体的体积为 $V = 2x \cdot 2y \cdot z = 4xyz$，而已知长方体内接于半径为 a 的半球面，所以自变量 x, y, z 还需要满足附加条件 $x^2 + y^2 + z^2 = a^2$，我们称这种有附加条件的极值为**条件极值**.

有些条件极值问题可以转化为无条件极值，如上例，可以从附加条件中解出 $z = \sqrt{a^2 - x^2 - y^2}$，再将其代入 $V = 4xyz$ 中，就可将条件极值问题转化为求 $V = 4xy\sqrt{a^2 - x^2 - y^2}$ 的无条件极值问题，然后用前面研究过的求解方法来解决即可.

然而在很多情形下，附加条件往往通过隐函数的形式给出，并且不易甚至不能写成显函数的形式，因此将条件极值问题转化为无条件极值问题就不这样简单了. 下面介绍一种方法——**拉格朗日乘数法**，它可以直接求条件极值，而不必先将条件极值问题转化为无条件极值问题.

首先来讨论二元函数 $z=f(x,y)$ 在条件 $\varphi(x,y)=0$ 下的极值问题. 设在点 (x,y) 的某一邻域内，$f(x,y)$ 与 $\varphi(x,y)$ 均有对自变量 x 与 y 的一阶连续偏导数，而且 $\varphi_y(x,y)\neq 0$，方程 $\varphi(x,y)=0$ 可确定一个可导且有连续导数的函数 $y=\psi(x)$，将其代入方程 $z=f(x,y)$，从而将条件极值转化为求函数 $z=f[x,\psi(x)]$ 的无条件极值，由一元函数极值的必要条件可知，函数 z 对 x 的全导数在极值点处必为零，因此

$$\frac{\mathrm{d}z}{\mathrm{d}x}=f_x(x,y)+f_y(x,y)\cdot\frac{\mathrm{d}y}{\mathrm{d}x}=0,$$

而

$$\frac{\mathrm{d}y}{\mathrm{d}x}=-\frac{\varphi_x(x,y)}{\varphi_y(x,y)},$$

代入上式即得

$$\frac{\mathrm{d}z}{\mathrm{d}x}=f_x(x,y)-f_y(x,y)\cdot\frac{\varphi_x(x,y)}{\varphi_y(x,y)}=0.$$

令 $\lambda=-\dfrac{f_y(x,y)}{\varphi_y(x,y)}$，则有 $f_y(x,y)+\lambda\varphi_y(x,y)=0$，$f_x(x,y)+\lambda\varphi_x(x,y)=0$，再考虑到附加条件 $\varphi(x,y)=0$，从而得到求极值的必要条件为

$$\begin{cases} f_x(x,y)+\lambda\varphi_x(x,y)=0, \\ f_y(x,y)+\lambda\varphi_y(x,y)=0, \\ \varphi(x,y)=0. \end{cases}$$

通过上面的讨论，可得到如下拉格朗日乘数法.

拉格朗日乘数法 为求函数 $z=f(x,y)$ 在条件 $\varphi(x,y)=0$ 下的极值，可以先构造辅助函数 $L(x,y)=f(x,y)+\lambda\varphi(x,y)$，其中 λ 为参数，称为**拉格朗日乘子**，然后求 $L(x,y)$ 对 x 与 y 的一阶偏导数，并使之为零，并与方程 $\varphi(x,y)=0$ 联立起来，得方程组

$$\begin{cases} L_x=f_x(x,y)+\lambda\varphi_x(x,y)=0, \\ L_y=f_y(x,y)+\lambda\varphi_y(x,y)=0, \\ \varphi(x,y)=0, \end{cases}$$

由此方程组可解出 x,y,λ，这样得到的 (x,y) 就是函数 $z=f(x,y)$ 在附加条件 $\varphi(x,y)=0$ 下的可能极值点.

这种方法还可以推广到自变量多余两个，而附加条件多于一个的情形. 例如，要求函数 $u=f(x,y,z)$ 在条件

$$\varphi(x,y,z)=0, \psi(x,y,z)=0,$$

下的条件极值，可以先构造辅助函数

$$L(x,y,z)=f(x,y,z)+\lambda_1\varphi(x,y,z)+\lambda_2\psi(x,y,z),$$

其中 λ_1,λ_2 为参数，再求 $L(x,y,z)$ 对自变量 x,y,z 的一阶偏导数，并使之为零，然后与两个方程 $\varphi(x,y,z)=0$，$\psi(x,y,z)=0$ 联立起来求解，这样得到的 (x,y,z) 就是函数 $u=f(x,y,z)$ 在附加条件 $\varphi(x,y,z)=0$，$\psi(x,y,z)=0$ 下可能的极值点.

例7 应用拉格朗日乘数法，求内接于半径为 a 的半球面的长方体的体积的最大值.

解 设长方体的一个顶点坐标为 (x,y,z)，其中 $x>0,y>0,z>0$，求长方体体积 V 的最大值，其实就是求函数 $V=f(x,y,z)=4xyz$，在附加条件 $\varphi(x,y,z)=x^2+y^2+z^2-a^2=0$ 下的最大值.

构造辅助函数 $L(x,y,z)=f(x,y,z)+\lambda\varphi(x,y,z)=4xyz+\lambda(x^2+y^2+z^2-a^2)$，分别求 $L(x,y,z)$ 对 x,y,z 的一阶偏导数，并使之为零，得

$$\begin{cases} L_x=4yz+2\lambda x=0, \\ L_y=4yx+2\lambda y=0, \\ L_z=4xy+2\lambda z=0, \end{cases}$$

把这些方程分别乘以 x,y,z 后相加，并注意附加条件 $x^2+y^2+z^2-a^2=0$，就得到 $12xyz+2\lambda a^2=0$，即 $\lambda=-\dfrac{6xyz}{a^2}$，再把 λ 值代入上面的三个方程，就得到 $x=y=z=\dfrac{a}{\sqrt{3}}$，是唯一极值点．由问题本身可知，体积的最大值一定存在，所以当 $x=y=z=\dfrac{a}{\sqrt{3}}$ 时，内接于半球面的长方体的体积最大，最大体积为

$$V=4xyz=4\times\left(\dfrac{a}{\sqrt{3}}\right)^3=\dfrac{4\sqrt{3}}{9}a^3.$$

习 题 7-5

1. 设 $z=4(x-y)-x^2-y^2$，求该函数的极值．
2. 设 $z=xy+\dfrac{50}{x}+\dfrac{20}{y}(x>0,y>0)$，求该函数的极值．
3. 将一个正数 a 分为三个正数之和，使得它们的乘积最大．
4. 设计一个容积为 27m^3 的长方体水箱，应如何选择水箱的尺寸可使得用料最省．
5. 应用拉格朗日乘数法，求函数 $u=xyz$ 在附加条件

$$\dfrac{1}{x}+\dfrac{1}{y}+\dfrac{1}{z}=\dfrac{1}{a}(x>0,y>0,z>0,a>0)$$

下的极小值．

第六节 二重积分的概念与性质

前面介绍了多元函数微分学，从本节开始，介绍多元函数积分学的内容．在一元函数积分学中我们知道，定积分是某种确定形式的和的极限．因其积分范围是直线上的区间，限制了定积分在更大范围上的应用．为了将这种和的极限的概念推广到定义在区域、曲线及曲面上多元函数的情形，于是产生了多元函数的积分学．被积函数从一元函数变成二元函数，积分范围从数轴上的闭区间变成平面上的闭区域，需要认真领会微元法在二重积分中的运用．本章将以二元函数的积分为主介绍二重积分的概念、性质及在不同的坐标系下的计算问题，并讲述二重积分在实际问题中的应用．

一、曲顶柱体的体积

在几何上，定积分解释为曲边梯形的面积，现在由曲顶柱体的体积引入二重积分．
设二元函数 $z=f(x,y)\geqslant 0$，其定义域是 xOy 平面上的有界闭区域 D，其图像曲面 Σ 位于

xOy 平面的上方,如图 7-9 所示. 以区域 D 为底,以母线平行 z 轴的柱面为侧面,以曲面 Σ 为顶围成的立体,叫作**曲顶柱体**.

如果曲顶 Σ 是某个平面 $z=f(x,y)=h$,则曲顶柱体变为平顶柱体,此时体积可用公式

$$\text{体积}=\text{底面积}\times\text{高}$$

来计算. 但是当 Σ 是一般曲面时,高度 $z=f(x,y)$ 随着点 (x,y) 的变化而变化,从而体积 V 无法用上述公式来计算. 回忆在定积分中求曲边梯形的面积问题,解决方法是在微小局部以"不变代变". 曲顶柱体的体积也可以用同样的方法来解决.

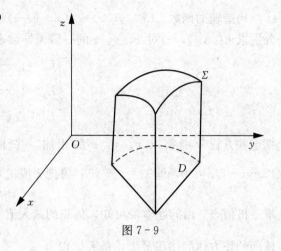

图 7-9

第一步:分割 首先用一组曲线网将 D 任意分割成 n 个小闭区域(图 7-10):

$$\Delta\sigma_1, \Delta\sigma_2, \cdots, \Delta\sigma_i, \cdots, \Delta\sigma_n,$$

也用这些记号表示相应的小闭区域的面积,则曲顶柱体也相应地分成 n 个小的曲顶柱体(以第 i 个为例,如图 7-11 所示),体积依次计为 $\Delta V_1, \Delta V_2, \cdots, \Delta V_i, \cdots, \Delta V_n$.

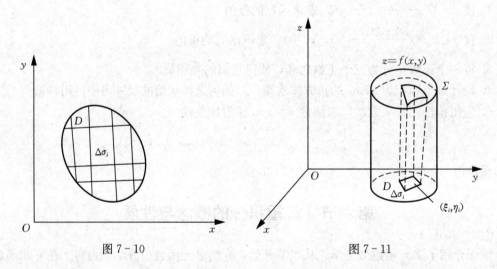

图 7-10　　　　　图 7-11

第二步:作乘积 当 n 很大,$\Delta\sigma_i$ 都很小时,由于 $f(x,y)$ 连续,因此在同一个小闭区域 $\Delta\sigma_i$ 上,高度 $f(x,y)$ 的变化幅度也很小. 此时,根据微元法以"不变代变"的思想,每一个小曲顶柱体都可以近似地看作平顶柱体. 在 $\Delta\sigma_i$ 上任取一点 (ξ_i, η_i),则

$$\Delta V_i \approx f(\xi_i, \eta_i)\Delta\sigma_i. \tag{1}$$

第三步:求和 根据(1)式,整个曲顶柱体被分成 n 个小曲顶柱体后,体积 V 近似地等于 n 个小平顶柱体的体积之和:

$$V=\sum_{i=1}^{n}\Delta V_i \approx \sum_{i=1}^{n}f(\xi_i, \eta_i)\Delta\sigma_i. \tag{2}$$

第四步:取极限 上式中如果分割得越细密,即 n 越大,则近似程度越好. 在分割无限加细的过程中,对(2)式右端取极限,得到体积的精确值

$$V = \lim_{n\to\infty} \sum_{i=1}^{n} f(\xi_i, \eta_i)\Delta\sigma_i. \tag{3}$$

二、二重积分的定义

事实上，(3)式右端就是一个二重积分．下面我们给出二重积分的定义．

定义 设 $z=f(x, y)$ 是有界闭区域 D 上的函数．将 D 任意分成 n 个小闭区域

$$\Delta\sigma_1, \Delta\sigma_2, \cdots, \Delta\sigma_n,$$

同时用 $\Delta\sigma_i$ 表示相应小闭区域的面积，$i=1, 2, \cdots, n$．在每个 $\Delta\sigma_i$ 内任取一点 (ξ_i, η_i)，作乘积 $f(\xi_i, \eta_i)\Delta\sigma_i$，并作和

$$\sum_{i=1}^{n} f(\xi_i, \eta_i)\Delta\sigma_i,$$

记 n 个小闭区域直径的最大值为 λ，如果极限

$$\lim_{\lambda\to 0} \sum_{i=1}^{n} f(\xi_i, \eta_i)\Delta\sigma_i$$

存在，则称此极限为函数 $f(x, y)$ 在闭区域 D 上的**二重积分**，记作

$$\iint\limits_{D} f(x, y)\mathrm{d}\sigma = \iint\limits_{D} f(x, y)\mathrm{d}x\mathrm{d}y = \lim_{\lambda\to 0} \sum_{i=1}^{n} f(\xi_i, \eta_i)\Delta\sigma_i, \tag{4}$$

其中函数 $f(x, y)$ 称为**被积函数**，$f(x, y)\mathrm{d}\sigma$ 称为被积表达式，$\mathrm{d}\sigma$ 称为**面积元素**，x 和 y 称为**积分变量**，D 称为**积分区域**．此时也称 $f(x, y)$ 在 D 上**可积**．

由定积分的定义，当 $f(x, y)\geqslant 0$ 时，(3)式中曲顶柱体的体积可表示为

$$V = \iint\limits_{D} f(x, y)\mathrm{d}\sigma = \iint\limits_{D} f(x, y)\mathrm{d}x\mathrm{d}y. \tag{5}$$

通常称之为二重积分的几何意义．

根据二重积分的几何意义可以得到如下结论(证明略)：

(1) 若函数 $f(x, y)$ 在有界闭区域 D 上可积，则 $f(x, y)$ 在 D 上有界；

(2) 若函数 $f(x, y)$ 在有界闭区域 D 上连续，则 $f(x, y)$ 在 D 上可积．

例1 设有一平面薄板占有 xOy 面上的闭区域 D，平板上点 (x, y) 处的面密度为 $\rho(x, y)$，其中 $\rho(x, y)\geqslant 0$ 且连续，试用二重积分表示该薄板的质量 M.

解 如果薄板上质量的分布是均匀的，即面密度为常数 c，则薄板的质量为

$$M = c\sigma,$$

σ 为区域 D 的面积．但是如果薄板上质量的分布是不均匀的，即面密度 $\rho(x, y)$ 随着点 (x, y) 的变化而变化，则其质量无法用上式计算．依据前面曲顶柱体的方法来处理这类质量问题．

首先对区域 D 进行分割，得

$$\Delta M_i \approx \rho(\xi_i, \eta_i)\Delta\sigma_i, \quad (\xi_i, \eta_i)\in\Delta\sigma_i, \tag{6}$$

其中 ΔM_i 为小块薄板 $\Delta\sigma_i$ 对应的质量，$i=1, 2, \cdots, n$，则

$$M = \sum_{i=1}^{n} \Delta M_i \approx \sum_{i=1}^{n} \rho(\xi_i, \eta_i)\Delta\sigma_i,$$

记 n 个小闭区域直径的最大值为 λ，并取极限得

$$M = \lim_{\lambda\to 0} \sum_{i=1}^{n} \rho(\xi_i, \eta_i)\Delta\sigma_i = \iint\limits_{D} \rho(x, y)\mathrm{d}\sigma. \tag{7}$$

例 2 试用二重积分表示半径为 r 的球体体积 V.

解 设半径为 r 的球以原点为球心，则位于 xOy 平面上方的半球面方程为
$$z=f(x,y)=\sqrt{r^2-x^2-y^2},\quad (x,y)\in D, \tag{8}$$
其中 $D=\{(x,y)\mid x^2+y^2\leqslant r^2\}$. (8)式对应的是特殊的"曲顶柱体"，因此按公式(5)得到此半球的体积
$$V_1=\iint\limits_D \sqrt{r^2-x^2-y^2}\,\mathrm{d}x\mathrm{d}y,$$
由对称性可得
$$V=2V_1=2\iint\limits_D \sqrt{r^2-x^2-y^2}\,\mathrm{d}x\mathrm{d}y. \tag{9}$$

三、二重积分的性质

由于二重积分与定积分的共性，所以二重积分具有类似于定积分的性质. 下面总是假定所给出的函数都在相应的区域上可积，我们不加证明地直接叙述二重积分的一些重要性质.

性质 1 函数的和（或差）的二重积分等于各函数二重积分的和（或差），即
$$\iint\limits_D [f(x,y)\pm g(x,y)]\mathrm{d}\sigma=\iint\limits_D f(x,y)\mathrm{d}\sigma\pm\iint\limits_D g(x,y)\mathrm{d}\sigma.$$

性质 2 被积函数的常数因子 k 可以提到二重积分符号的外面，即
$$\iint\limits_D kf(x,y)\mathrm{d}\sigma=k\iint\limits_D f(x,y)\mathrm{d}\sigma.$$

性质 3（区域可加性） 若把 D 分成两个不重叠的区域 D_1 和 D_2 $(D=D_1+D_2)$，则有
$$\iint\limits_D f(x,y)\mathrm{d}\sigma=\iint\limits_{D_1} f(x,y)\mathrm{d}\sigma+\iint\limits_{D_2} f(x,y)\mathrm{d}\sigma.$$

性质 4 若 D 的面积是 σ，则
$$\iint\limits_D 1\cdot\mathrm{d}\sigma=\iint\limits_D \mathrm{d}\sigma=\sigma.$$

性质 4 的几何解释是：高为 1 的平顶柱体的体积在数值上就等于该柱体的底面积.

性质 5 若在 D 上，$f(x,y)\leqslant g(x,y)$，则
$$\iint\limits_D f(x,y)\mathrm{d}\sigma\leqslant\iint\limits_D g(x,y)\mathrm{d}\sigma.$$

性质 6 若在 D 上，$m\leqslant f(x,y)\leqslant M$，其中 m,M 为常数，则
$$m\sigma\leqslant\iint\limits_D f(x,y)\mathrm{d}\sigma\leqslant M\sigma.$$

性质 7（二重积分的中值定理） 设函数 $f(x,y)$ 在有界闭区域 D 上连续，则在 D 上至少存在一点 (ξ,η)，使得
$$\iint\limits_D f(x,y)\mathrm{d}\sigma=f(\xi,\eta)\sigma,$$
其中 σ 为 D 的面积.

性质 7 的几何解释是：$f(\xi,\eta)$ 相当于曲顶柱体的平均高度，从而也可视为函数 $f(x,y)$ 在区域 D 上的平均值.

习 题 7-6

1. 不用计算，利用二重积分的性质判断下列二重积分的符号．

(1) $I = \iint\limits_{D} y^2 x \mathrm{e}^{-xy} \mathrm{d}\sigma$，其中 $D=\{(x, y) | 0 \leqslant x \leqslant 1, -1 \leqslant y \leqslant 0\}$；

(2) $I = \iint\limits_{D} \ln(1-x^2-y^2) \mathrm{d}\sigma$，其中 $D = \left\{(x, y) | x^2 + y^2 \leqslant \dfrac{1}{4}\right\}$．

2. 设平面区域 $D=\{(x, y)|x^2+y^2 \leqslant 4\}$，则二重积分 $I = \iint\limits_{D} 6 \mathrm{d}\sigma$ 表示一个什么样的几何体的体积？该积分值是多少？

3. 设二重积分 $I = \iint\limits_{D} \sqrt{9-x^2-y^2} \mathrm{d}\sigma$，其中 $D=\{(x, y)|x^2+y^2 \leqslant 9\}$ 表示怎样的几何体的体积？其体积是多少？

4. 比较二重积分 $I_1 = \iint\limits_{D} (x+y)^2 \mathrm{d}\sigma$ 与 $I_2 = \iint\limits_{D} (x+y)^3 \mathrm{d}\sigma$ 的大小，其中 D 是由 x 轴、y 轴与直线 $x+y=1$ 所围区域．

第七节　二重积分的计算

二重积分的计算以一元函数定积分的计算为基础．二重积分的计算是将其化为两个依次进行的定积分，称为两次单积分或两次定积分．本节分别介绍二重积分在直角坐标系和极坐标系下的计算．

一、直角坐标系下二重积分的计算

下面用几何观点来讨论二重积分 $\iint\limits_{D} f(x, y) \mathrm{d}\sigma$ 的计算问题，在讨论中我们假定 $f(x, y) \geqslant 0$．

设积分区域 D 可以表示为

$$D: a \leqslant x \leqslant b, \varphi_1(x) \leqslant y \leqslant \varphi_2(x),$$

如图 7-12 所示，其中函数 $\varphi_1(x), \varphi_2(x)$ 在区间 $[a, b]$ 上连续．

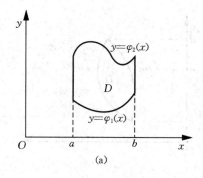
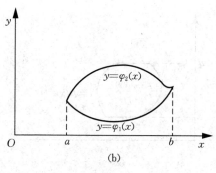

图 7-12

按照二重积分的几何意义，二重积分 $\iint\limits_{D} f(x, y) d\sigma$ 的值等于以 D 为底，以曲面 $z = f(x, y)$ 为顶的曲顶柱体(图 7-13)的体积. 下面我们应用第三章中计算"平行截面面积为已知的立体的体积"的方法来计算这个曲顶柱体的体积.

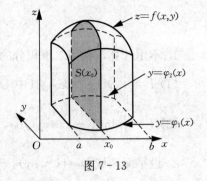

图 7-13

先计算截面面积，为此，在区间 $[a, b]$ 上任意取定一点 x_0，作平行于 yOz 面的平面 $x = x_0$，则此平面截曲顶柱体所得截面是一个以 $[\varphi_1(x_0), \varphi_2(x_0)]$ 为底、曲线 $z = f(x_0, y)$ 为曲边的曲边梯形(图 7-13 中阴影部分)，所以这截面的面积为

$$S(x_0) = \int_{\varphi_1(x_0)}^{\varphi_2(x_0)} f(x_0, y) dy.$$

一般地，过区间 $[a, b]$ 上任一点 x 且平行于 yOz 面的平面截曲顶柱体所得截面的面积为

$$S(x) = \int_{\varphi_1(x)}^{\varphi_2(x)} f(x, y) dy,$$

因此应用计算平行截面面积为已知的立体体积的方法，得曲顶柱体的体积为

$$V = \int_a^b S(x) dx = \int_a^b \left[\int_{\varphi_1(x)}^{\varphi_2(x)} f(x, y) dy \right] dx. \tag{1}$$

我们称上式右端为先对 y 后对 x 的二次积分. 即先把 x 看作常数，把 $f(x, y)$ 只看作 y 的函数，并对 y 计算从 $\varphi_1(x)$ 到 $\varphi_2(x)$ 的定积分；然后把算得的结果(是 x 的函数)再对 x 计算在区间 $[a, b]$ 上的定积分. 这个先对 y 后对 x 的二次积分也常记作

$$\iint\limits_{D} f(x, y) d\sigma = \int_a^b dx \int_{\varphi_1(x)}^{\varphi_2(x)} f(x, y) dy. \tag{1'}$$

这就是把二重积分化为先对 y 后对 x 的二次积分的公式.

在上述讨论中，我们假定 $f(x, y) \geqslant 0$，但实际上公式(1)的成立并不受此条件的限制.

类似地，如果积分区域 D 可用不等式

$$c \leqslant y \leqslant d, \quad \psi_1(y) \leqslant x \leqslant \psi_2(y)$$

来表示(图 7-14)，其中函数 $\psi_1(y), \psi_2(y)$ 在区间 $[c, d]$ 上连续，则有

$$\iint\limits_{D} f(x, y) d\sigma = \int_c^d \left[\int_{\psi_1(y)}^{\psi_2(y)} f(x, y) dx \right] dy. \tag{2}$$

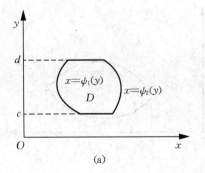
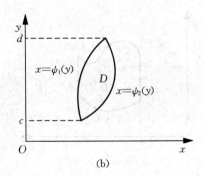

图 7-14

上式右端的积分叫作先对 x 后对 y 的二次积分,这个积分也常记作

$$\int_c^d dy \int_{\psi_1(y)}^{\psi_2(y)} f(x, y) dx,$$

因此(2)式也可写成

$$\iint_D f(x, y) d\sigma = \int_c^d dy \int_{\psi_1(y)}^{\psi_2(y)} f(x, y) dx. \qquad (2')$$

这就是把二重积分化为先对 x 后对 y 的二次积分公式.

以后我们称图 7-12 为 X 型区域,图 7-14 为 Y 型区域,应用公式(1)时,积分区域必须是 X 型区域,X 型区域的特点是:穿过 D 内部且平行于 y 轴的直线与 D 相交不多于两点;而应用公式(2)时,积分区域必须是 Y 型区域,Y 型区域的特点是:穿过 D 内部且平行于 x 轴的直线与 D 相交不多于两点. 如果积分区域 D 如图 7-15 所示,既有一部分使穿过 D 内部且平行于 y 轴的直线与 D 的边界相交多于两点,又有一部分使穿过 D 内部且平行于 x 轴的直线与 D 的边界相交多于两点,那么 D 既不是 X 型区域,也不是 Y 型区域. 对于这种情形,我们可以把 D 分成几部分,使每个部分为 X 型区域或为 Y 型区域. 例如,图 7-15 中,把 D 分成三部分,它们都是 X 型区域,从而在这三部分上都可以应用公式(1). 各部分上的二重积分求得后,根据二重积分的性质 2,它们的和就是在 D 上的二重积分.

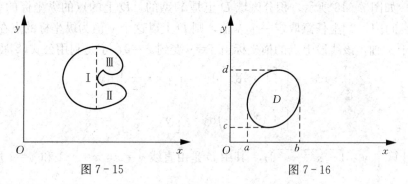

图 7-15　　　　图 7-16

如果积分区域 D 既是 X 型的,可用不等式 $a \leqslant x \leqslant b$,$\varphi_1(x) \leqslant y \leqslant \varphi_2(x)$ 表示,又是 Y 型的,可用不等式 $c \leqslant y \leqslant d$,$\psi_1(y) \leqslant x \leqslant \psi_2(y)$ 表示(图 7-16),则由公式(1')及(2'),则可得

$$\int_a^b dx \int_{\varphi_1(x)}^{\varphi_2(x)} f(x, y) dy = \int_c^d dy \int_{\psi_1(y)}^{\psi_2(y)} f(x, y) dx. \qquad (3)$$

上式表明,这两个不同次序的二次积分相等,因为它们都等于同一个二重积分

$$\iint_D f(x, y) d\sigma.$$

在将二重积分化为二次积分时,确定积分限是重要的一步. 积分限是根据积分区域 D 来确定的,先画出积分区域 D 的图形. 假如积分区域 D 是 X 型的,如图 7-17 所示,在区间 $[a, b]$ 上任意取定一个 x 值,积分区域上以这个 x 值为横坐标的点在一线段上,这线段平行于 y 轴,该线段上点的纵坐标从 $\varphi_1(x)$ 变到 $\varphi_2(x)$,这就是公式(1)中先把 x 看作常量而对 y 积分时的下限和上限. 因为上面的 x 值是在 $[a, b]$ 上任意取定的,所以再把 x 看作变量而对 x 积分时,积分区间即为 $[a, b]$.

例 1 计算 $\iint_D xy d\sigma$,其中 D 是由直线 $y=1$,$x=2$ 和 $y=x$ 所围成的闭区域.

解 解法一 首先画出积分区域 D 如图 7-18 所示. D 是 X 型的, D 上的点的横坐标变动范围为 $[1, 2]$. 在区间 $[1, 2]$ 上任意取定一个 x 值, 则 D 上以这个 x 值为横坐标的点在一线段上, 这线段平行于 y 轴, 该线段上点的纵坐标由 $y=1$ 变到 $y=x$, 利用公式(1)得

$$\iint_D xy\,d\sigma = \int_1^2 \left(\int_1^x xy\,dy \right)dx = \int_1^2 \left[x \cdot \frac{y^2}{2} \right]_1^x dx$$

$$= \int_1^2 \left(\frac{x^3}{2} - \frac{x}{2} \right)dx = \left[\frac{x^4}{8} - \frac{x^2}{4} \right]_1^2 = \frac{9}{8}.$$

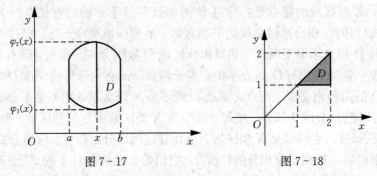

图 7-17 图 7-18

解法二 如图 7-18 所示, 积分区域 D 也是 Y 型的, D 上的点的纵坐标的变动范围是 $[1, 2]$. 在区间 $[1, 2]$ 上任意取定一个 y 值, 则 D 上以这个 y 值为纵坐标的点在一线段上, 这线段平行于 x 轴, 该线段上点的横坐标由 $x=y$ 变到 $x=2$, 于是利用公式(2)得

$$\iint_D xy\,d\sigma = \int_1^2 \left[\int_y^2 xy\,dx \right]dy = \int_1^2 \left[y \cdot \frac{x^2}{2} \right]_y^2 dy$$

$$= \int_1^2 \left(2y - \frac{y^3}{2} \right)dy = \left[y^2 - \frac{y^4}{8} \right]_1^2 = \frac{9}{8}.$$

例 2 计算 $\iint_D y\sqrt{1+x^2-y^2}\,d\sigma$, 其中 D 是由直线 $y=x$, $x=-1$ 和 $y=1$ 所围成的闭区域.

解 画出积分区域 D, 如图 7-19 所示. D 既是 X 型的, 又是 Y 型的. 若将 D 看作 X 型的, 则由公式(1), 得

$$\iint_D y\sqrt{1+x^2-y^2}\,d\sigma = \int_{-1}^1 \left(\int_x^1 y\sqrt{1+x^2-y^2}\,dy \right)dx = -\frac{1}{3}\int_{-1}^1 \left[(1+x^2-y^2)^{\frac{3}{2}} \right]_x^1 dx$$

$$= -\frac{1}{3}\int_{-1}^1 (|x|^3 - 1)dx = -\frac{2}{3}\int_0^1 (x^3 - 1)dx = \frac{1}{2}.$$

若将 D 看作 Y 型的, 如图 7-20 所示, 则由公式(2), 有

$$\iint_D y\sqrt{1+x^2-y^2}\,d\sigma = \int_{-1}^1 y\left(\int_{-1}^y \sqrt{1+x^2-y^2}\,dx \right)dy,$$

其中关于 x 的积分计算比较麻烦, 所以这里选用公式(1)计算较为方便.

例 3 计算 $\iint_D xy\,d\sigma$, 其中 D 是由抛物线 $y^2=x$ 及直线 $y=x-2$ 所围成的闭区域.

解 画出积分区域 D, 如图 7-21 所示.

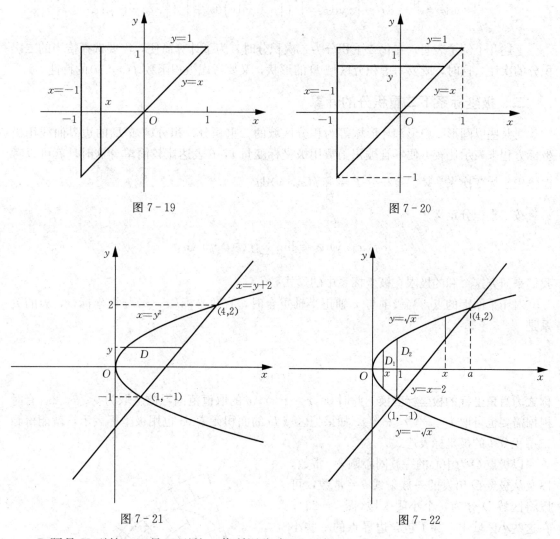

图 7-19　　　　　　　　　图 7-20

图 7-21　　　　　　　　　图 7-22

D 既是 X 型的，又是 Y 型的．若利用公式(2)，得

$$\iint_D xy\,d\sigma = \int_{-1}^{2}\left(\int_{y^2}^{y+2} xy\,dx\right)dy = \int_{-1}^{2}\left[y\frac{x^2}{2}\right]_{y^2}^{y+2}dy$$

$$= \frac{1}{2}\int_{-1}^{2}[y(y+2)^2 - y^5]dy$$

$$= \frac{1}{2}\left[\frac{y^4}{4} + \frac{4y^3}{3} + 2y^2 - \frac{y^6}{6}\right]_{-1}^{2} = \frac{45}{8}.$$

若利用公式(1)来计算，则由于横坐标区间$[0,1]$及$[1,4]$上表示$\varphi_1(x)$的式子不同，所以要用经过交点$(1,-1)$且平行于 y 轴的直线 $x=1$ 把区域 D 分成 D_1 和 D_2 两部分(图 7-22)，其中

$$D_1 = \{(x,y)\,|\,0 \leqslant x \leqslant 1,\ -\sqrt{x} \leqslant y \leqslant \sqrt{x}\},$$
$$D_2 = \{(x,y)\,|\,1 \leqslant x \leqslant 4,\ x-2 \leqslant y \leqslant \sqrt{x}\},$$

因此根据二重积分的性质 2，有

$$\iint_D xy\,d\sigma = \iint_{D_1} xy\,d\sigma + \iint_{D_2} xy\,d\sigma = \int_0^1 \left(\int_{-\sqrt{x}}^{\sqrt{x}} xy\,dy\right)dx + \int_1^4 \left(\int_{x-2}^{\sqrt{x}} xy\,dy\right)dx.$$

上述几个例子表明, 在化二重积分为二次积分时, 为了计算简便, 需要选择恰当的二次积分的次序. 这时, 既要考虑积分区域 D 的形状, 又要考虑被积函数 $f(x, y)$ 的特性.

二、极坐标系下二重积分的计算

对某些以圆形、扇形和环形域等为积分区域的二重积分, 积分区域 D 的边界曲线用极坐标方程来表示比较方便, 且被积函数用极坐标变量 r, θ 表达比较简单. 这时, 就可以考虑作极坐标变换来计算二重积分 $I = \iint_D f(x, y)\,d\sigma$.

按二重积分定义

$$\iint_D f(x, y)\,d\sigma = \lim_{\lambda \to 0} \sum_{i=1}^n f(\xi_i, \eta_i)\Delta\sigma_i,$$

我们来研究这个和的极限在极坐标系中的形式.

对于平面上的点, 当极轴与 x 轴正半轴重合时, 直角坐标 (x, y) 与极坐标 (r, θ) 的关系是

$$\begin{cases} x = r\cos\theta, \\ y = r\sin\theta, \end{cases}$$

称之为**直角坐标的极坐标变换**. 此时 $0 \leqslant r < +\infty$, θ 的取值范围习惯上取为 $0 \leqslant \theta < 2\pi$ (有时根据需要也可取为 $-\pi < \theta \leqslant \pi$ 等). 如果把区域 D 的面积元素 $d\sigma$ 也用极坐标表示, 就能得到二重积分 I 的极坐标表达式.

以极点 O 为中心的一族同心圆 $r =$ 常数, 以及从极点 O 出发的一族射线 $\theta =$ 常数, 可以将区域 D 分为 n 个小闭区域 (图 7-23). 在这些小区域中, 除了包含边界点的一些小闭区域外, 小闭区域的面积 $\Delta\sigma_i$ 可计算如下:

$$\Delta\sigma_i = \frac{1}{2}(r_i + \Delta r_i)^2 \cdot \Delta\theta_i - \frac{1}{2}r_i^2 \cdot \Delta\theta_i$$

$$= \frac{1}{2}(2r_i + \Delta r_i)\Delta r_i \cdot \Delta\theta_i$$

$$= \frac{r_i + (r_i + \Delta r_i)}{2} \cdot \Delta r_i \cdot \Delta\theta_i$$

$$= \bar{r}_i \cdot \Delta r_i \cdot \Delta\theta_i,$$

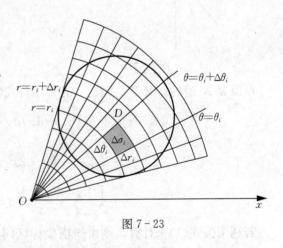

图 7-23

其中 $\bar{r}_i$ 表示相邻两圆弧的半径的平均值. 在这个小闭区域 $\Delta\sigma_i$ 取极坐标下的点为 $(\bar{r}_i, \bar{\theta}_i)$, 它对应 $\Delta\sigma_i$ 上直角坐标下的点 (ξ_i, η_i), 即 $\xi_i = \bar{r}_i\cos\bar{\theta}_i$, $\eta_i = \bar{r}_i\sin\bar{\theta}_i$, 于是

$$\lim_{\lambda \to 0} \sum_{i=1}^n f(\xi_i, \eta_i)\Delta\sigma_i = \lim_{\lambda \to 0} \sum_{i=1}^n f(\bar{r}_i\cos\bar{\theta}_i, \bar{r}_i\sin\bar{\theta}_i)\bar{r}_i\Delta r_i \cdot \Delta\theta_i,$$

即
$$\iint_D f(x, y)d\sigma = \iint_D f(r\cos\theta, r\sin\theta)rdrd\theta.$$

这里我们把点(r, θ)看作是在同一平面上的点(x, y)的极坐标表示,因此上式右端仍然将积分区域记作D. 由于直角坐标系中, $\iint_D f(x, y)d\sigma$ 也常写作 $\iint_D f(x, y)dxdy$, 所以上式又可写成

$$I = \iint_D f(x, y)dxdy = \iint_D f(r\cos\theta, r\sin\theta)rdrd\theta. \tag{4}$$

这就是二重积分的变量从直角坐标变换为极坐标的变换公式,其中$rdrd\theta$就是极坐标系中的面积元素.

由此可见,极坐标系下二重积分的形式就是将被积函数中的x和y分别换成$r\cos\theta$, $r\sin\theta$, 并把直角坐标中的面积微元$dxdy$换成$rdrd\theta$.

极坐标系下的二重积分同样可以化为二次积分来计算. 习惯上我们先对r后对θ积分. 设积分区域D在极坐标系下可以表示为

$$D: \alpha \leqslant \theta \leqslant \beta, \varphi_1(\theta) \leqslant r \leqslant \varphi_2(\theta),$$

其中$\varphi_1(\theta)$, $\varphi_2(\theta)$在区间$[\alpha, \beta]$上连续,如图7-24所示. 可以证明,如果$f(x, y)$在D上连续,则

$$\iint_D f(r\cos\theta, r\sin\theta)rdrd\theta = \int_\alpha^\beta d\theta \int_{\varphi_1(\theta)}^{\varphi_2(\theta)} f(r\cos\theta, r\sin\theta)rdr. \tag{5}$$

这时积分区域D的特点是:它夹在两条射线$\theta=\alpha$和$\theta=\beta$之间,从原点出发穿过D的射线l与D的边界至多有两个交点,这两个交点一个离原点较近,一个离原点较远. 当l与x轴的夹角在$[\alpha, \beta]$上变化时,与l的这些交点构成了D的两条边界线,近边界$r=\varphi_1(\theta)$及远边界$r=\varphi_2(\theta)$.

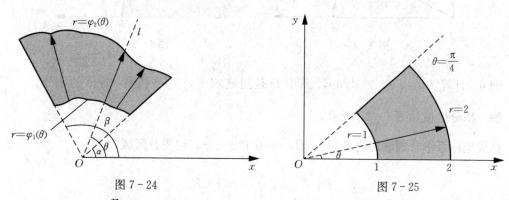

图 7-24　　　　　　　　　　　图 7-25

例4 计算 $I = \iint_D \arctan\dfrac{y}{x}dxdy$, 其中$D$为由圆$x^2+y^2=1$及$x^2+y^2=4$与直线$y=0$, $y=x$所围图形在第一象限的区域.

解 如图7-25所示,圆$x^2+y^2=1$及$x^2+y^2=4$的极坐标方程分别为$r=1$和$r=2$. 直线$y=0$及$y=x$的极坐标方程分别为$\theta=0$, $\theta=\dfrac{\pi}{4}$, 区域D可表示为

$$D: 0 \leqslant \theta \leqslant \dfrac{\pi}{4}, 1 \leqslant r \leqslant 2,$$

则
$$I = \iint_D \arctan \frac{y}{x} dx dy = \int_0^{\frac{\pi}{4}} d\theta \int_1^2 \theta r dr$$
$$= \int_0^{\frac{\pi}{4}} \theta \left(\frac{r^2}{2} \bigg|_1^2 \right) d\theta = \frac{3\pi^2}{64}.$$

例 5 计算 $I = \iint_D xy dx dy$，其中 D 是由曲线 $x^2+y^2=2x$ 与 x 轴所围成的上半圆．

解 如图 7-26 所示，圆 $x^2+y^2=2x$ 的极坐标方程为 $r=2\cos\theta$．区域 D 可表示为
$$D: 0 \leqslant \theta \leqslant \frac{\pi}{2}, \ 0 \leqslant r \leqslant 2\cos\theta,$$

故
$$I = \iint_D r\cos\theta \cdot r\sin\theta \cdot r dr d\theta = \int_0^{\frac{\pi}{2}} d\theta \int_0^{2\cos\theta} r^3 \sin\theta \cos\theta dr$$
$$= \int_0^{\frac{\pi}{2}} \left[\sin\theta\cos\theta \cdot \frac{r^4}{4} \right]_0^{2\cos\theta} d\theta = \int_0^{\frac{\pi}{2}} 4\cos^5\theta \sin\theta d\theta$$
$$= 4\left[-\frac{1}{6} \cos^6\theta \right]_0^{\frac{\pi}{2}} = \frac{2}{3}.$$

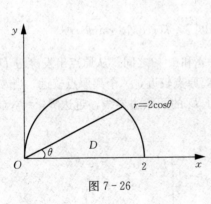

图 7-26

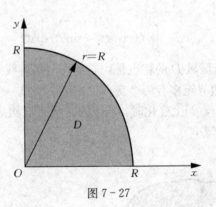

图 7-27

例 6 计算 $I = \iint_D e^{-x^2-y^2} dx dy$，其中 D 是圆域 $x^2+y^2 \leqslant R^2$ 在第一象限的部分．

解 积分区域如图 7-27 所示．

在极坐标系下，圆域的边界为 $r=R$，$\theta=0$ 和 $\theta=\frac{\pi}{2}$，则积分区域为
$$D: 0 \leqslant \theta \leqslant \frac{\pi}{2}, \ 0 \leqslant r \leqslant R,$$

所以
$$I = \iint_D e^{-x^2-y^2} dx dy = \int_0^{\frac{\pi}{2}} d\theta \int_0^R e^{-r^2} r dr$$
$$= \int_0^{\frac{\pi}{2}} \left(-\frac{1}{2} e^{-r^2} \bigg|_0^R \right) d\theta = \frac{\pi}{4}(1 - e^{-R^2}).$$

注：本题如果在直角坐标系下计算，由于积分 $\int e^{-x^2} dx$，$\int e^{-y^2} dy$ 不能用初等函数表示，所以无论是先对 x 还是先对 y 积分都不可能计算出结果．

习 题 7-7

1. 计算下列二重积分.

(1) $I = \iint_D 3xy^2 \mathrm{d}x\mathrm{d}y$，其中 D：$0 \leqslant x \leqslant 2$，$-1 \leqslant y \leqslant 1$；

(2) $I = \iint_D x\mathrm{e}^{xy} \mathrm{d}x\mathrm{d}y$，其中 D：$0 \leqslant x \leqslant 1$，$-1 \leqslant y \leqslant 0$；

(3) $I = \iint_D \dfrac{\mathrm{d}x\mathrm{d}y}{(x-y)^2}$，其中 D：$1 \leqslant x \leqslant 2$，$3 \leqslant y \leqslant 4$；

(4) $I = \iint_D \sin x \cos \dfrac{y}{2} \mathrm{d}x\mathrm{d}y$，其中 D：$0 \leqslant x \leqslant \dfrac{\pi}{2}$，$0 \leqslant y \leqslant \dfrac{\pi}{2}$；

(5) $I = \iint_D (3x+2y) \mathrm{d}x\mathrm{d}y$，其中 D 是由两个坐标轴及直线 $x+y=2$ 所围成的区域；

(6) $I = \iint_D xy^2 \mathrm{d}x\mathrm{d}y$，其中 D 是由抛物线 $y^2 = 2x$ 和直线 $x = \dfrac{1}{2}$ 所围成的区域；

(7) $I = \iint_D x\sqrt{y}\, \mathrm{d}x\mathrm{d}y$，其中 D 是由抛物线 $y = \sqrt{x}$ 和直线 $y = x^2$ 所围成的区域.

2. 计算二重积分 $I = \iint_D \dfrac{y}{x} \mathrm{d}x\mathrm{d}y$，$D$ 是由 $y=x$，$y=2x$，$xy=1$，$xy=2$ 在第一象限所围成的闭区域.

3. 按两种顺序把二重积分 $I = \iint_D \dfrac{x}{\sqrt{1-y^2}} \mathrm{d}x\mathrm{d}y$ 化成二次积分来计算，其中 D 是由 $y = \sin x \left(0 \leqslant x \leqslant \dfrac{\pi}{3}\right)$、$x$ 轴及 $x = \dfrac{\pi}{3}$ 所围成的闭区域.

4. 将下列积分区域 D 对应的二重积分 $I = \iint_D f(x,y) \mathrm{d}x\mathrm{d}y$ 按两种次序化为二次积分.

(1) D 是由直线 $y=x$ 及抛物线 $y^2 = 4x$ 所围成的区域；

(2) D 是 x 轴及半圆周 $x^2+y^2=4(y \geqslant 0)$ 所围成的区域.

5. 改变下列二次积分的次序.

(1) $I = \int_0^1 \mathrm{d}y \int_y^{\sqrt{y}} f(x,y) \mathrm{d}x$；　　(2) $I = \int_0^1 \mathrm{d}y \int_{-\sqrt{1-y^2}}^{\sqrt{1-y^2}} f(x,y) \mathrm{d}x$；

(3) $I = \int_1^{\mathrm{e}} \mathrm{d}x \int_0^{\ln x} f(x,y) \mathrm{d}y$；　　(4) $I = \int_{-1}^1 \mathrm{d}x \int_{-\sqrt{1-x^2}}^{1-x^2} f(x,y) \mathrm{d}y$.

6. 用极坐标计算下列二重积分.

(1) $I = \iint_D (6-3x-2y) \mathrm{d}x\mathrm{d}y$，其中 D：$x^2+y^2 \leqslant R^2$；

(2) $I = \iint_D \sqrt{R^2-x^2-y^2} \, \mathrm{d}x\mathrm{d}y$，其中 D：$x^2+y^2 \leqslant Rx$；

(3) $I = \iint_D \sin\sqrt{x^2+y^2} \, \mathrm{d}x\mathrm{d}y$，其中 D：$\pi^2 \leqslant x^2+y^2 \leqslant 4\pi^2$；

(4) $I = \iint\limits_{D} \ln(1+x^2+y^2)\mathrm{d}x\mathrm{d}y$,其中 D 是 $x^2+y^2 \leqslant 1$ 在第一象限的部分.

7. 计算 $\iint\limits_{D} \sqrt{x^2+y^2}\,\mathrm{d}\sigma$,其中 D 是 $y=x$,$y=0$,$x=a(a>0)$ 所围成的闭区域.

8. 选择适当的坐标计算下列二重积分.

(1) $I = \iint\limits_{D} y^2\mathrm{d}\sigma$,其中 D:$-\dfrac{\pi}{2} \leqslant x \leqslant \dfrac{\pi}{4}$,$0 \leqslant y \leqslant \cos x$;

(2) $I = \iint\limits_{D} \mathrm{e}^{x^2+y^2}\mathrm{d}\sigma$,其中 D:$x^2+y^2 \leqslant 4$.

9. 利用二重积分计算由抛物线 $y^2=2x$ 与直线 $y=x-4$ 所围平面图形的面积.

10. 计算由曲线 $y=\cos x$ 在 $[0, 2\pi]$ 内的部分与直线 $y=1$ 所围平面图形的面积.

第八节　二重积分的应用

由前面的讨论可知,曲顶柱体的体积、平面薄片的质量都可用二重积分计算.本节我们把定积分的元素法推广到二重积分的应用中,其应用远不止这些,利用重积分的元素法来讨论重积分在几何和物理上的一些其他应用.

一、二重积分的微元法

与定积分类似,可以归纳二重积分微元法的思路和步骤:

(1)在一个具体问题中,有一个待求的量(甚至是尚未被明确定义的量),记作字母 G,则将 G 视为总量,并设它的存在对应于 xOy 平面上的某一有界闭区域 D,且对 D 的任一分割都相应地产生对总量 G 的一个分割.

(2)在 D 内部适当的分割出小区域 $\Delta\sigma$,将总量 G 的对应于小区域 $\Delta\sigma$ 的那一部分记作 ΔG,称其为总量 G 的部分量.

(3)通过运用与具体问题相关联的学科知识和数学知识,探究部分量 ΔG 的近似等式,即寻求函数 $f(x,y)((x,y)\in D)$,满足

$$\Delta G \approx f(\xi,\eta)\cdot\Delta\sigma((\xi,\eta)\in\Delta\sigma), \qquad (1)$$

其中近似等式是指:如果函数 $f(x,y)$ 在小区域 $\Delta\sigma$ 上取常数值,则 $f(\xi,\eta)\cdot\Delta\sigma((\xi,\eta)\in\Delta\sigma)$ 即为 ΔG 的精确值.即(1)式为局部以常量代变量的结果.

(4)由(1)式即可得

$$G = \iint\limits_{D} f(x,y)\mathrm{d}\sigma, \qquad (2)$$

其中上式对总量 G 同时实现了定义与计算.

(5)计算上面的二重积分.

总之,二重积分微元法的关键在于寻求总量的部分量的近似等式.

二、体积的计算

在本章第六节中,我们通过讨论导出了曲顶柱体的计算公式.

例1 求曲面 $z=x^2+y^2$，$y=x^2$ 和平面 $z=0$，$y=1$ 所围立体的体积.

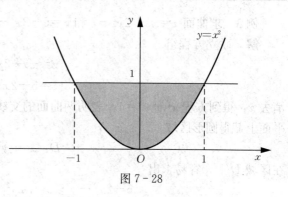

图 7-28

解 $z=0$ 即为 xOy 平面，且曲面 $z=x^2+y^2$ 位于 xOy 平面上方．同时 $y=1$ 和 $y=x^2$ 作为母线平行于 z 轴的柱面构成此立体的侧面．即该立体是顶部为曲面 $z=x^2+y^2$ 的曲顶柱体，底部是由直线 $y=1$ 和抛物线 $y=x^2$ 在 xOy 平面所围成的区域 D，如图 7-28 所示，因而立体的体积为

$$\iint_D (x^2+y^2)\mathrm{d}x\mathrm{d}y = \int_{-1}^1 \mathrm{d}x\int_{x^2}^1 (x^2+y^2)\mathrm{d}y = \int_{-1}^1 \left[\left(x^2 y + \frac{y^3}{3}\right)\bigg|_{y=x^2}^{y=1}\right]\mathrm{d}x$$

$$= \int_{-1}^1 \left[x^2(1-x^2) + \frac{1}{3}(1-x^6)\right]\mathrm{d}x$$

$$= \left[\left(\frac{x^3}{3} - \frac{x^5}{5}\right) + \frac{1}{3}\left(x - \frac{x^7}{7}\right)\right]_{-1}^1 = \frac{88}{105}.$$

例2 计算由球面 $x^2+y^2+z^2=4$ 内部与圆柱面 $x^2+y^2=1$ 内部公共部分的立体体积.

解 因球的半径大于圆柱体的半径，故先考虑立体在 xOy 平面上方的部分 V_1．显然 V_1 为曲顶柱体，其顶部曲面（即半球面）的方程为

$$z=\sqrt{4-x^2-y^2},$$

且其底部是单位圆

$$D: x^2+y^2 \leqslant 1,$$

因此
$$V_1 = \iint_D \sqrt{4-x^2-y^2}\,\mathrm{d}x\mathrm{d}y = \iint_D \sqrt{4-r^2}\, r\mathrm{d}r\mathrm{d}\theta$$

$$= \int_0^{2\pi}\mathrm{d}\theta\int_0^1 \sqrt{4-r^2}\, r\mathrm{d}r = 2\pi \cdot \left(-\frac{1}{2}\right)\cdot \frac{2}{3}(4-r^2)^{\frac{3}{2}}\bigg|_0^1$$

$$= \frac{2}{3}(8-3\sqrt{3})\pi,$$

由对称性，所求体积为

$$V = 2V_1 = \frac{4}{3}(8-3\sqrt{3})\pi.$$

现在我们来讨论夹在两个曲面之间的立体，设曲面 $\Sigma_1: z=f_1(x, y)$ 和 $\Sigma_2: z=f_2(x, y)$ 满足
$$f_1(x, y) \leqslant f_2(x, y), (x, y)\in D,$$
则由底部曲面 Σ_1、顶部曲面 Σ_2 和以区域 D 的边界为准线而母线平行于 z 轴的柱面所围成的立体就叫作曲底曲顶柱体．

设以 D 为底，分别以 Σ_1 和 Σ_2 为顶的曲顶柱体的体积分别为 V_1 和 V_2，则所求立体的体积为 $V=V_2-V_1$.

由二重积分微元法原理得

$$V = \iint_D [f_2(x, y) - f_1(x, y)]\mathrm{d}\sigma. \tag{3}$$

例3 求曲面 $z=x^2+2y^2-7$ 和 $z=5-2x^2-y^2$ 所围立体的体积.

解 联立方程组
$$\begin{cases} z=x^2+2y^2-7, \\ z=5-2x^2-y^2, \end{cases}$$

消去 z,得到方程 $x^2+y^2=4$,表明两曲面的交线位于圆柱面 $x^2+y^2=4$ 上. 该柱面在 xOy 平面上截得圆形区域

$$D: x^2+y^2 \leqslant 4,$$

在区域 D 上,容易求出

$$5-2x^2-y^2 \geqslant x^2+2y^2-7, \quad (x,y) \in D,$$

则所求立体是对应于区域 D,以曲面 $z=5-2x^2-y^2$ 为顶,以曲面 $z=x^2+2y^2-7$ 为底的曲顶柱体,由公式(3),得到所求立体的体积为

$$V = \iint\limits_{D} [(5-2x^2-y^2)-(x^2+2y^2-7)] dxdy$$

$$= \iint\limits_{D} [12-3(x^2+y^2)] dxdy = \int_0^{2\pi} d\theta \int_0^2 (12-3r^2) r dr$$

$$= 2\pi \left(6r^2 - \frac{3}{4}r^4 \right) \Big|_0^2 = 24\pi,$$

*三、平面匀质薄板的质心

设 xOy 平面上有质量为 $m_1, m_2, \cdots, m_n$ 的 n 个质点,坐标依次为 $(x_1, y_1), (x_2, y_2), \cdots, (x_n, y_n)$. 记

$$M = \sum_{i=1}^n m_i, \quad M_x = \sum_{i=1}^n m_i y_i, \quad M_y = \sum_{i=1}^n m_i x_i,$$

其中 M 是质点组的总质量,M_x 是质点组关于 x 轴的质量矩,M_y 是质点组关于 y 轴的质量矩. 由力学知识,质点组的质心坐标 $(\bar{x}, \bar{y})$ 满足 $M\bar{x}=M_y$, $M\bar{y}=M_x$,由此得到

$$\bar{x} = \frac{M_y}{M}, \quad \bar{y} = \frac{M_x}{M}. \tag{4}$$

设一平面薄板占位于 xOy 平面上的闭区域 D,面密度 $\rho(x,y)$ 为常数,记为 ρ. 现在来计算板的质心坐标 $(\bar{x}, \bar{y})$. 由于公式(4)是普遍成立的,因此问题归结为 M,M_x,M_y 的计算.

用 S 表示平板的面积,则

$$M = \rho S = \rho \iint\limits_{D} 1 d\sigma.$$

为计算 M_y,在 D 内分割出小区域 $\Delta\sigma$,相应的小块薄板的质量为 $\Delta M = \rho \cdot \Delta\sigma$. 取定 $(x,y) \in \Delta\sigma$,则质量矩 M_y 的近似等式为

$$\Delta M_y \approx \rho x \Delta\sigma,$$

于是由二重积分微元法的原理得到 $M_y = \rho \iint\limits_{D} x d\sigma$,同理有 $M_x = \rho \iint\limits_{D} y d\sigma$,所以

$$\bar{x} = \frac{M_y}{M} = \frac{\rho \iint\limits_{D} x d\sigma}{\rho S} = \frac{\iint\limits_{D} x d\sigma}{S}, \quad \bar{y} = \frac{M_x}{M} = \frac{\rho \iint\limits_{D} y d\sigma}{\rho S} = \frac{\iint\limits_{D} y d\sigma}{S}.$$

例 4 从半径为 2 的圆形均质薄板上贴边挖掉一个半径为 1 的圆洞，求所余部分的质心位置.

解 如图 7-29 所示，坐标原点在圆板与圆洞的切点处，y 轴通过两圆心. 两圆周的极坐标方程分别为

$$r=4\sin\theta, \quad r=2\sin\theta, \quad \theta\in[0,\pi],$$

于是所余薄板的占位为区域

$$D: 0\leqslant\theta\leqslant\pi, \quad 2\sin\theta\leqslant r\leqslant 4\sin\theta.$$

设质心为 $M(\bar{x},\bar{y})$，则

$$\iint_D y\,d\sigma = \iint_D r\sin\theta \cdot r\,dr\,d\theta$$
$$= \int_0^\pi \sin\theta\,d\theta \int_{2\sin\theta}^{4\sin\theta} r^2\,dr$$
$$= \frac{56}{3}\int_0^\pi \sin^4\theta\,d\theta = 7\pi,$$

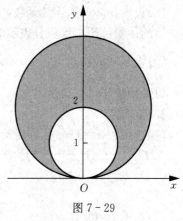

图 7-29

于是 $\bar{y}=\dfrac{7\pi}{S}=\dfrac{7\pi}{3\pi}=\dfrac{7}{3}$. 由对称性可知 $\bar{x}=0$，故所求质心为 $M\left(0,\dfrac{7}{3}\right)$.

习 题 7-8

1. 计算由 $x=0$，$x=2$，$y=0$，$y=2$ 所围成的柱体被平面 $z=0$ 和 $2x+3y+z=6$ 截得立体的体积.

2. 计算由抛物面 $z=x^2+y^2$ 与平面 $z=h$ 所围立体的体积.

3. 设以原点为圆心、以 a 为半径的非均匀平面薄圆板的密度函数 $\rho(x,y)=x^2+y^2$，求该薄片的质量.

4. 求质量均匀分布的半圆形薄板的形心坐标.

复 习 题 七

1. 填空题.

(1) 二元函数 $z=\dfrac{1}{\ln(x+y)}$ 的定义域为 _____.

(2) 若函数 $f(x,y)=\dfrac{xy}{x^2+y^2}$，则 $f\left(\dfrac{y}{x},1\right)=$ _____.

(3) 设函数 $f(x,y)=\ln(x+\sqrt{x^2+y^2})\,(x>y>0)$，则 $f(x+y,x-y)=$ _____.

(4) 函数 $f(x,y)$ 在点 (x,y) 可微是 $f(x,y)$ 在该点连续的 _____ 条件，$f(x,y)$ 在点 (x,y) 连续是 $f(x,y)$ 在该点可微的 _____ 条件.（填"充分""必要""充分必要"）

(5) 由方程 $xyz+\sqrt{x^2+y^2+z^2}=\sqrt{2}$ 所确定的函数 $z=z(x,y)$ 在点 $(1,0,-1)$ 处的全微分 $dz=$ _____.

(6) 设 $z=f(u,v,w)$ 可微，$u=x^2$，$v=\sin e^y$，$w=\ln y$，则 $\dfrac{\partial z}{\partial y}=$ _____.

(7) 设 D 是以三点 $(0,0)$，$(1,0)$，$(0,1)$ 为顶点的三角形区域，则由二重积分的几何

意义知 $\iint\limits_{D}(1-x-y)\mathrm{d}x\mathrm{d}y=$ _____.

(8) 设 $f(x, y)$ 为连续函数，则由平面 $z=0$，柱面 $x^2+y^2=1$ 和曲面 $z=[f(x, y)]^2$ 所围立体的体积可用二重积分表示为_____.

(9) 设区域 D：$x^2+y^2 \leqslant a^2(a>0)$，且 $\iint\limits_{D}(x^2+y^2)\mathrm{d}x\mathrm{d}y=8\pi$，则 $a=$ _____.

(10) 函数 $f(x, y)=x^3-4x^2+2xy-y^2$ 的极大值点是_____.

2. 选择题.

(1) 若函数 $z=x^2+y^2$ 在所给的区域 D 上有最大值和最小值，则 D 为（　　）.

A. D：$(x-4)^2+(y+5)^2<100$；   B. D：$(x-4)^2+(y+5)^2\leqslant 4$；
C. D：$x>0, y\geqslant 0$；   D. D：$x+y\leqslant 2$.

(2) 设函数 $f(x, y)=\begin{cases}(x^2+y^2)\sin\dfrac{1}{x^2+y^2}, & x^2+y^2\neq 0,\\ 0, & x^2+y^2=0,\end{cases}$ 则 $f(x, y)$ 在原点 $(0,0)$ 处（　　）.

A. 偏导数不存在；   B. 不可微；   C. 偏导数连续；   D. 可微.

(3) 设函数 $z=z(x, y)$ 是由方程 $\mathrm{e}^z-xyz=0$ 确定的函数，则 $\dfrac{\partial z}{\partial x}=$（　　）.

A. $\dfrac{z}{1+z}$；   B. $\dfrac{y}{x(1+z)}$；   C. $\dfrac{z}{x(z-1)}$；   D. $\dfrac{y}{x(1-z)}$.

(4) 设函数 $f(x, y)$ 是连续函数，$a>0$，则 $\int_0^a \mathrm{d}x \int_0^x f(x, y)\mathrm{d}y=$（　　）.

A. $\int_0^a \mathrm{d}y \int_0^y f(x, y)\mathrm{d}x$；   B. $\int_0^a \mathrm{d}y \int_y^a f(x, y)\mathrm{d}x$；
C. $\int_0^a \mathrm{d}y \int_a^y f(x, y)\mathrm{d}x$；   D. $\int_0^a \mathrm{d}y \int_0^a f(x, y)\mathrm{d}x$.

(5) 设区域 D 由圆 $x^2+y^2=2ax(a>0)$ 围成，则二重积分 $\iint\limits_{D}\mathrm{e}^{-x^2-y^2}\mathrm{d}\sigma=$（　　）.

A. $2\int_0^{\frac{\pi}{2}}\mathrm{d}\theta\int_0^{2a\cos\theta}\mathrm{e}^{-r^2}\mathrm{d}r$；   B. $2\int_{-\frac{\pi}{2}}^{\frac{\pi}{2}}\mathrm{d}\theta\int_0^{2a\cos\theta}\mathrm{e}^{-r^2}\mathrm{d}r$；
C. $2\int_0^{\pi}\mathrm{d}\theta\int_0^{2a\cos\theta}\mathrm{e}^{-r^2}\mathrm{d}r$；   D. $2\int_{-\frac{\pi}{2}}^{\frac{\pi}{2}}\mathrm{d}\theta\int_0^{2a\cos\theta}\mathrm{e}^{-r}\mathrm{d}r$.

3. 综合题.

(1) 设函数 $f\left(x+y, \dfrac{y}{x}\right)=x^2+y^2$，求 $f(x, y)$.

(2) 设函数 $f(x, y)=x^2+y^2-xy\arctan\dfrac{x}{y}$，证明：$f(tx, ty)=t^2 f(x, y)$.

(3) 求函数 $z=(x^2+y^2)\mathrm{e}^{\frac{x^2+y^2}{xy}}$ 的偏导数.

(4) 已知矩形的宽为 6m，长为 8m. 如果宽增加 5cm，长减少 10cm，问该矩形的对角线大约改变了多少？（提示：利用全微分）

(5) 设 $z^3-3xyz=a^3$，求 $\dfrac{\partial^2 z}{\partial x \partial y}$.

(6) 设 $z(x,y)$ 是由方程 $\sin(xyz)-\dfrac{1}{z-xy}=1$ 所确定的函数，求 $z_x(0,1)$.

(7) 计算二重积分 $\iint\limits_{D} e^{x+y} dxdy$，其中 D：$|x|+|y|\leqslant 1$.

(8) 计算二重积分 $\iint\limits_{D}\sqrt{x^2+y^2}\,dxdy$，其中 D 是由圆 $x^2+y^2=a^2$ 及 $x^2+y^2=ax$ 所围区域在第一象限的部分.

(9) 计算二重积分 $\iint\limits_{D}\dfrac{\sin y}{y}dxdy$，其中 D 是由 $y^2=x$ 及 $y=x$ 所围成的区域.

(10) 已知工厂生产某种产品的数量 S（单位：t）与所用的两种原料 A，B 的数量 x，y（单位：t）的关系为 $S=0.005x^2y$. 现准备向银行贷款 150 万元购进原料，已知 A，B 两种原料每吨的价格分别为 1 万元和 2 万元，问怎样购进两种原料才能使产品的产量最大？

第八章 微分方程

函数是客观事物的内部联系在数量方面的反映,利用函数关系可以对客观事物的规律性进行研究,因此如何寻求函数关系,在实践中具有重要意义. 在研究实际问题时,常常不能直接得出变量之间的关系,而是易得到包含变量及其导数在内的关系式,这样的关系式就是所谓的**微分方程**. 通过求解微分方程,对所研究的问题做进一步分析,预测事物的发展趋势. 因此建立并求解微分方程是利用机理分析方法研究问题的重要工具,已被广泛用于经济、工程、军事、医学等领域.

本章主要介绍微分方程的一些基本概念和几种常用的微分方程的解法.

第一节 微分方程的基本概念

下面我们通过几个具体的例题来说明微分方程的基本概念.

例1 一曲线经过点 $(1,2)$,且曲线上任意一点 (x,y) 处的切线的斜率等于该点的横坐标,试确定此曲线的方程.

解 由题意及导数的几何意义,有

$$y' = x, \tag{1}$$

不难得出

$$y = \frac{x^2}{2} + C. \tag{2}$$

又因为曲线经过点 $(1,2)$,即

$$y(1) = 2, \tag{3}$$

可得

$$C = \frac{3}{2}, \tag{4}$$

则所求曲线方程为

$$y = \frac{x^2}{2} + \frac{3}{2}. \tag{5}$$

例2 列车在平直线路上以 20m/s(相当于 72km/h)的速度行驶,当制动时列车获得加速度 -0.4m/s^2,问开始制动后多少时间列车才能停住,以及列车在这段时间内行驶了多少路程?

解 设列车在开始制动后 $t(\text{s})$ 时行驶了 $s(\text{m})$. 根据题意,反映制动阶段列车运动规律的函数 $s=s(t)$ 应满足关系式

$$\frac{d^2 s}{dt^2} = -0.4. \tag{6}$$

此外,未知函数 $s=s(t)$ 还应满足条件:当 $t=0$ 时,$s=0$,$v=\frac{ds}{dt}=20$,简记为

$$s|_{t=0}=0,\ s'|_{t=0}=20. \tag{7}$$

把(6)式两端积分一次，得

$$v=\frac{\mathrm{d}s}{\mathrm{d}t}=-0.4t+C_1, \tag{8}$$

再积分一次，得

$$s=-0.2t^2+C_1t+C_2, \tag{9}$$

这里 C_1，C_2 都是任意常数．

把条件 $v|_{t=0}=20$ 代入(8)式得 $C_1=20$；

把条件 $s|_{t=0}=0$ 代入(9)式得 $C_2=0$．

把 C_1，C_2 的值代入(8)式及(9)式得

$$v=-0.4t+20, \tag{10}$$
$$s=-0.2t^2+20t. \tag{11}$$

在(10)式中令 $v=0$，得到列车从开始制动到完全停住所需的时间

$$t=\frac{20}{0.4}=50(\text{s}).$$

再把 $t=50$ 代入(11)式，得到列车在制动阶段行驶的路程

$$s=-0.2\times 50^2+20\times 50=500(\text{m}). \tag{12}$$

我们可以发现，在上述两个例子中的关系式(1)和(6)都含有未知函数的导数，它们都是微分方程．一般地，凡表示未知函数、未知函数的导数与自变量之间的关系的方程，叫作**微分方程**，有时也简称为**方程**．

微分方程中所出现的未知函数导数的最高阶数叫作**微分方程的阶**．如(1)式是一阶微分方程，(6)式是二阶微分方程，方程 $x^3y'''+x^6y''-4x^8y=\sin x$ 是三阶微分方程．

一般地，n 阶微分方程的形式是

$$F(x,\ y,\ y',\ \cdots,\ y^{(n)})=0. \tag{13}$$

这里必须指出，在 n 阶微分方程中，$y^{(n)}$ 是必须出现的，而 x，y，y'，$\cdots$，$y^{(n-1)}$ 等变量则可以不出现．例如，n 阶微分方程

$$y^{(n)}+1=0$$

中，除 $y^{(n)}$ 外，其他变量都没出现．

如果能从(13)式中解出最高阶导数，则可得微分方程

$$y^{(n)}=f(x,\ y,\ y',\ \cdots,\ y^{(n-1)}), \tag{14}$$

以后我们讨论的微分方程都是已解出最高阶导数的微分方程或能解出最高阶导数的微分方程．

由前面的例子我们看到，在研究某些实际问题时，首先要建立微分方程(如(1)式、(6)式)，然后找出满足微分方程的函数(如(5)式、(9)式)．这就是我们所说的解微分方程，也就是说，找出某函数，把这个函数代入到微分方程中能使该方程成为恒等式，这个函数就叫作该**微分方程的解**．确切地说，函数(2)、(5)都是微分方程(1)的解；函数(9)、(11)都是微分方程(6)的解．

如果微分方程的解中含有任意常数，且任意常数的个数与微分方程的阶数相同，这样的解叫作**微分方程的通解**．如函数(2)是微分方程(1)的通解；函数(9)是微分方程(6)的通解．

注意：这里所说的任意常数是相互独立的，也就是说它们不能合并而使任意常数的个数减少．

但由于通解中含有任意常数，所以它还不能完全确定地反映某一客观事物的规律性．要想完全确定地反映客观事物的规律性，就必须确定这些常数的值．为此，我们要根据问题的实际情况，提出确定这些常数的条件．如例 1 中的条件(3)和例 2 中的条件(7)便是这样的条件．我们把用来确定方程通解中任意常数的条件称为微分方程的**初始条件**．

当我们确定好通解中的任意常数以后，就可以得到**微分方程的特解**，也就是微分方程通解中任意常数被确定之后的解．如(5)是微分方程(1)的满足条件(3)的特解；(11)是微分方程(6)满足条件(7)的特解．求微分方程满足初始条件的特解问题，叫作微分方程的**初值问题**．

微分方程的解的图形是一条曲线，叫作**微分方程的积分曲线**．通解的几何意义就是以任意常数为参数的积分曲线族．一阶微分方程初值问题

$$\begin{cases} y' = f(x, y), \\ y|_{x=x_0} = y_0 \end{cases}$$

的几何意义是求微分方程通过点(x_0, y_0)的那条积分曲线；二阶微分方程初值问题

$$\begin{cases} y'' = f(x, y, y'), \\ y|_{x=x_0} = y_0, \quad y'|_{x=x_0} = y_0'(x_0) \end{cases}$$

的几何意义是求微分方程通过点(x_0, y_0)且在该点处的切线斜率为y_0'的那条积分曲线．

例 3 验证：函数$x = C_1 \cos kt + C_2 \sin kt$是微分方程$\dfrac{d^2 x}{dt^2} + k^2 x = 0$的解．

解 求所给函数的导数：

$\dfrac{dx}{dt} = -kC_1 \sin kt + kC_2 \cos kt$,

$\dfrac{d^2 x}{dt^2} = -k^2 C_1 \cos kt - k^2 C_2 \sin kt = -k^2(C_1 \cos kt + C_2 \sin kt)$.

将$\dfrac{d^2 x}{dt^2}$及x的表达式代入所给方程，得

$$-k^2(C_1 \cos kt + C_2 \sin kt) + k^2(C_1 \cos kt + C_2 \sin kt) \equiv 0,$$

这表明函数$x = C_1 \cos kt + C_2 \sin kt$满足方程$\dfrac{d^2 x}{dt^2} + k^2 x = 0$，因此所给函数是所给方程的解．

例 4 已知函数$x = C_1 \cos kt + C_2 \sin kt (k \neq 0)$是微分方程$\dfrac{d^2 x}{dt^2} + k^2 x = 0$的通解，求满足初始条件$x|_{t=0} = A$，$x'|_{t=0} = 0$的特解．

解 由条件$x|_{t=0} = A$及$x = C_1 \cos kt + C_2 \sin kt$，得$C_1 = A$.
再由条件$x'|_{t=0} = 0$及$x'(t) = -kC_1 \sin kt + kC_2 \cos kt$，得$C_2 = 0$.
把C_1，C_2的值代入$x = C_1 \cos kt + C_2 \sin kt$中，得

$$x = A \cos kt.$$

习 题 8-1

1. 下列方程中是二阶微分方程的是( )．

A. $(y-3)\ln x\mathrm{d}x-x\mathrm{d}y=0$；　　　　　　B. $x\dfrac{\mathrm{d}y}{\mathrm{d}x}=y(\ln y-\ln x)$；

C. $xy'=y^2+x^2\sin x$；　　　　　　　　D. $y''+y'-2y=0$.

2. 微分方程 $x^3y'''-2(y')^2+y^{(5)}-\dfrac{1}{3}=0$ 的阶数为（　　）.

A. 5；　　　　　B. 1；　　　　　C. 2；　　　　　D. 3.

3. 设 $y=y(x,C_1,C_2,\cdots,C_n)$ 是微分方程 $y'''-xy'+2y=1$ 的通解，则任意常数的个数 $n=$（　　）.

A. 3；　　　　　B. 2；　　　　　C. 1；　　　　　D. 0.

4. 在下列函数中，是微分方程 $y''+y=0$ 的解的函数是（　　）.

A. $y=1$；　　　B. $y=x$；　　　C. $y=\sin x$；　　　D. $y=e^x$.

5. 设某微分方程的通解为 $y=e^{2x}(C_1+C_2x)$，且 $y|_{x=0}=0$，$y'|_{x=0}=1$，则 $C_2=$ _____．

6. 求微分方程 $(1+x^4)y'-2x=0$ 的通解．

7. 求微分方程 $(1+\cos x)y'+\sin x=0$ 的通解．

8. 求微分方程 $y'-x\cdot 2^x\cdot \ln 2=0$ 的通解．

9. 求微分方程 $y''=3x+\dfrac{1}{x^3}$ 的通解，并求该方程满足初始条件 $y|_{x=-1}=-3$，$y'|_{x=1}=5$ 的特解．

10. 求微分方程 $(4+x^3)y'-x^2=0$ 满足初始条件 $y(-2)=\ln 2$ 的特解．

第二节　可分离变量的微分方程

从本节开始，我们将在微分方程基本概念的基础上，从求最简单的微分方程——可分离变量的微分方程入手，由简单到复杂、由低阶到高阶、由易到难地介绍一些最常用的微分方程的解法．

我们先来研究一阶微分方程．一阶微分方程是微分方程中最基本、最常见的一类方程，它的一般形式为

$$F(x,y,y')=0.$$

若记 $y'=\dfrac{\mathrm{d}y}{\mathrm{d}x}$，则一阶微分方程又可以写作：

$$F\left(x,y,\dfrac{\mathrm{d}y}{\mathrm{d}x}\right)=0,$$

其中未知函数为 $y=y(x)$.

如果从一阶微分方程中可以解出 y'，那么有

$$y'=f(x,y).$$

本节只讨论这种导数已解出的方程，这种方程的微分形式为

$$M(x,y)\mathrm{d}x+N(x,y)\mathrm{d}y=0.$$

在这个方程中，变量 x 和 y 对称，它既可以看作是以 x 为自变量 y 为因变量的方程

$$\dfrac{\mathrm{d}y}{\mathrm{d}x}=-\dfrac{M(x,y)}{N(x,y)},$$

这时 $N(x, y) \neq 0$，也可以看作是以 y 为自变量 x 为因变量的方程

$$\frac{dx}{dy} = -\frac{N(x, y)}{M(x, y)},$$

这时 $M(x, y) \neq 0$.

在第一节例 1 中，我们遇到一阶微分方程

$$y' = x,$$

即

$$\frac{dy}{dx} = x \text{ 或 } dy = x dx,$$

把上式两端分别积分就得到这个方程的通解

$$y = \frac{1}{2}x^2 + C.$$

但是并不是所有的一阶微分方程都能这样求解，例如，对于一阶微分方程

$$\frac{dy}{dx} = xy,$$

就不能像上面那样用直接对方程两端分别积分的方法求出它的通解.

下面我们介绍一种最简单的基本类型的一阶微分方程的解法.

一般地，如果一阶微分方程 $F\left(x, y, \frac{dy}{dx}\right) = 0$ 可以改写为

$$X(x) dx = Y(y) dy,$$

也就是说，使微分方程的一端只含 x 的函数和 dx，另一端只含 y 的函数和 dy，那么则称 $F\left(x, y, \frac{dy}{dx}\right) = 0$ 为**可分离变量的微分方程**.

如果 $y = y(x)$ 是方程的解，则

$$X(x) dx \equiv Y[y(x)] d(y(x)),$$

即

$$X(x) dx \equiv Y[y(x)] y'(x) dx.$$

上式表明，两个函数的微分相等，从而其导数相等：

$$X(x) \equiv Y[y(x)] y'(x),$$

则其原函数最多相差一个常数，即

$$\int X(x) dx - \int Y[y(x)] y'(x) dx = C,$$

或

$$\int X(x) dx = \int Y[y(x)] y'(x) dx + C.$$

因为不定积分符号 $\int$ 中已包含任意常数，故通常写作：

$$\int X(x) dx = \int Y[y(x)] y'(x) dx,$$

或

$$\int X(x) dx = \int Y(y) dy,$$

现在我们即可得到该方程的通解.

注：(1) 求解这类方程的关键是将方程变形为 $X(x) dx = Y(y) dy$ 的形式；

(2) 求解可分离变量微分方程的方法是：分离变量后两边分别积分.

可分离变量的微分方程经常以微分的形式出现,即
$$M(x)N(y)dx+P(x)Q(y)dy=0.$$

例1 求微分方程 $y'=-\lambda y$ 的通解.

解 $\dfrac{dy}{dx}=-\lambda y,$

分离变量,得
$$\frac{1}{y}dy=-\lambda dx,$$

两边积分
$$\int\frac{1}{y}dy=-\lambda\int dx,$$

得
$$\ln|y|=-\lambda x+C_1,$$

整理,得
$$|y|=e^{-\lambda x+C_1}=e^{C_1}\cdot e^{-\lambda x},$$

即
$$y=\pm e^{C_1}\cdot e^{-\lambda x}.$$

令 $\pm e^{C_1}=C$,则方程的通解为
$$y=Ce^{-\lambda x}.$$

注:事实上,$\dfrac{1}{y}dy=-\lambda dx$,积分后得 $\ln y=-\lambda x+\ln C$,即 $y=e^{-\lambda x+\ln C}=Ce^{-\lambda x}$.

例2 求微分方程 $\dfrac{dy}{dx}=\dfrac{x(1+y^2)}{y(1+x^2)}$ 满足初始条件 $y(0)=1$ 的特解.

解 分离变量,得
$$\frac{y}{1+y^2}dy=\frac{x}{1+x^2}dx,$$

两边积分
$$\int\frac{y}{1+y^2}dy=\int\frac{x}{1+x^2}dx,$$

得
$$\frac{1}{2}\ln(1+y^2)=\frac{1}{2}\ln(1+x^2)+\frac{1}{2}\ln C,$$

整理,得
$$\ln(1+y^2)=\ln(1+x^2)+\ln C,$$

即
$$\ln(1+y^2)=\ln[C(1+x^2)],$$

则方程的通解为
$$1+y^2=C(1+x^2).$$

由初始条件 $y(0)=1$,得
$$1+1=C(1+0^2),$$

所以
$$C=2,$$

则所求特解为
$$1+y^2=2(1+x^2) \text{ 或 } 2x^2-y^2+1=0.$$

例3 设 $y=f(x)(x\geqslant 0)$ 连续可微,且 $f(0)=1$,已知曲线 $y=f(x)$、x 轴、x 轴上过原点及点 x 的两条垂线所围成的图形的面积值与曲线 $y=f(x)$ 上对应的这段弧的弧长相等,求 $f(x)$.

解 由已知条件,得
$$\int_0^x f(t)\mathrm{d}t = \int_0^x \sqrt{1+[f'(t)]^2}\,\mathrm{d}t,$$
两边求导,得
$$f(x)=\sqrt{1+[f'(x)]^2},$$
即
$$y=\sqrt{1+(y')^2} \text{ 或 } y'=\pm\sqrt{y^2-1},$$
整理,得
$$\frac{\mathrm{d}y}{\mathrm{d}x}=\pm\sqrt{y^2-1},$$
得到可分离变量的微分方程
$$\frac{1}{\sqrt{y^2-1}}\mathrm{d}y=\pm\mathrm{d}x,$$
积分,得
$$\ln(y+\sqrt{y^2-1})=\pm x+C.$$
又 $y(0)=1$,则 $C=0$,所以所求特解为
$$\ln(y+\sqrt{y^2-1})=\pm x \text{ 或 } y+\sqrt{y^2-1}=\mathrm{e}^{\pm x}.$$

习 题 8-2

1. 微分方程 $y'=xy+x+y+1$ 的通解为( ).

A. $Ce^{x+\frac{x^2}{2}}+1$; B. $Ce^{x+\frac{x^2}{2}}-1$; C. $Ce^{x+\frac{x^2}{2}}$; D. $Ce^{\frac{x^2}{2}}-1$.

2. 微分方程 $\sin y\cos x\,\mathrm{d}y=\cos y\sin x\,\mathrm{d}x$ 满足初始条件 $y|_{x=0}=\frac{\pi}{4}$ 的特解为( ).

A. $\cos y=\frac{\sqrt{2}}{2}\cos x$; B. $\cos x=\frac{\sqrt{2}}{2}\cos y$;

C. $\cos y=\cos x$; D. $\cos y=-\frac{\sqrt{2}}{2}\cos x$.

3. 求微分方程 $xy'-y\ln y=0$ 的通解.

4. 求微分方程 $\frac{\mathrm{d}y}{\mathrm{d}x}=\mathrm{e}^{x+y}$ 的通解.

5. 求微分方程 $y'=-\frac{x}{y}$ 的通解.

6. 求微分方程 $\frac{\mathrm{d}y}{\mathrm{d}x}=\frac{1+y^2}{xy(x^2+1)}$ 满足初始条件 $y|_{x=1}=0$ 的特解.

7. 求微分方程 $y'=\frac{\sin x}{\cos y}$ 满足初始条件 $y|_{x=0}=0$ 的特解.

8. 求微分方程 $y'-\frac{6xy}{1+x^2}=0$ 的通解.

9. 求微分方程 $y'=\mathrm{e}^y\sin x$ 满足初始条件 $y\left(\frac{\pi}{3}\right)=\ln 2$ 的特解.

10. 求微分方程 $(xy^2+x)\mathrm{d}x+(y-x^2y)\mathrm{d}y=0$ 满足初始条件 $y(0)=-2$ 的特解.

11. 求微分方程 $y' = \dfrac{\sqrt{1-y^2}}{\sqrt{1-x^2}}$ 满足初始条件 $y(0) = \dfrac{1}{2}$ 的特解.

12. 求微分方程 $\left(y + \dfrac{1}{y}\right)y' - \tan x = 0$ 的通解.

13. 求微分方程 $y\,dx + (x^2 - 4x)\,dy = 0$ 的通解.

14. 牛顿冷却(或升温)定律指出,物体温度(随时间)的变化率与当时物体温度跟环境温度之差成正比. 设室内温度为 25℃,而移入室内的一杯热奶(或冷饮)的温度为 $y = y(t)$,则可列出微分方程

$$\dfrac{dy}{dt} = -k(y - 25),\ k > 0.$$

该方程表明:当 $y > 25$ 时,物体温度下降;当 $y < 25$ 时,物体温度上升.
(1) 求该方程的通解;
(2) 分别按初始条件 $y(0) = 95$ 和 $y(0) = 4$ 求出两个特解.

第三节　齐次方程

一、齐次方程

如果一阶微分方程可化为

$$\dfrac{dy}{dx} = f\left(\dfrac{y}{x}\right)$$

的形式,那么就称这个方程为**齐次方程**. 例如,

$$(xy - y^2)dx - (x^2 - 2xy)dy = 0$$

就是齐次方程,因为它可化为

$$\dfrac{dy}{dx} = \dfrac{xy - y^2}{x^2 - 2xy},$$

即

$$\dfrac{dy}{dx} = \dfrac{\dfrac{y}{x} - \left(\dfrac{y}{x}\right)^2}{1 - 2\left(\dfrac{y}{x}\right)}.$$

在齐次方程

$$\dfrac{dy}{dx} = f\left(\dfrac{y}{x}\right)$$

中,引入新的未知函数

$$u = \dfrac{y}{x}$$

作代换,则

$$y = ux,$$
$$\dfrac{dy}{dx} = u + x\dfrac{du}{dx},$$

代入方程,得

$$u + x\frac{du}{dx} = f(u),$$

移项，得

$$x\frac{du}{dx} = f(u) - u,$$

得到可分离变量的微分方程

$$\frac{1}{f(u)-u}du = \frac{1}{x}dx.$$

例1 求微分方程 $\dfrac{dy}{dx} = \dfrac{x+y}{x-y}$ 的通解．

解 对齐次方程 $\dfrac{dy}{dx} = \dfrac{1+\dfrac{y}{x}}{1-\dfrac{y}{x}}$，令 $\dfrac{y}{x} = u$，则 $y = xu$，$\dfrac{dy}{dx} = u + x\dfrac{du}{dx}$，代入方程，得

$$u + x\frac{du}{dx} = \frac{1+u}{1-u},$$

$$x\frac{du}{dx} = \frac{1+u}{1-u} - u = \frac{1+u^2}{1-u},$$

$$\frac{1-u}{1+u^2}du = \frac{1}{x}dx,$$

积分，得

$$\arctan u - \ln\sqrt{1+u^2} = \ln x + \ln C,$$

整理，得

$$e^{\arctan u} = Cx\sqrt{1+u^2},$$

将 $u = \dfrac{y}{x}$ 代回，得原方程的通解为

$$e^{\arctan\frac{y}{x}} = Cx\sqrt{1+\frac{y^2}{x^2}},$$

即

$$e^{\arctan\frac{y}{x}} = C\sqrt{x^2+y^2}.$$

例2 求微分方程 $x\dfrac{dy}{dx} + y = 2\sqrt{xy}$ 满足 $y(1)=0$ 的特解．

解 对齐次微分方程 $\dfrac{dy}{dx} + \dfrac{y}{x} = 2\sqrt{\dfrac{y}{x}}$，令 $u = \dfrac{y}{x}$，则

$$\frac{dy}{dx} = u + x\frac{du}{dx},$$

代入方程，得

$$u + x\frac{du}{dx} + u = 2\sqrt{u},$$

即

$$x\frac{du}{dx} = 2(\sqrt{u} - u),$$

得可分离变量的微分方程

$$\frac{1}{\sqrt{u}-u}du = \frac{2}{x}dx,$$

两边分别积分,得

$$\int \frac{1}{\sqrt{u}-u}\mathrm{d}u = 2\int \frac{1}{x}\mathrm{d}x,$$

$$2\int \frac{1}{1-\sqrt{u}}\mathrm{d}\sqrt{u} = 2\int \frac{1}{x}\mathrm{d}x,$$

$$2\int \frac{1}{1-\sqrt{u}}\mathrm{d}(1-\sqrt{u}) = -2\int \frac{1}{x}\mathrm{d}x,$$

解得

$$\ln(1-\sqrt{u}) = -\ln x + \ln C,$$

$$\ln(1-\sqrt{u}) = \ln \frac{C}{x},$$

$$1-\sqrt{u} = \frac{C}{x},$$

即原方程的通解为

$$x\left(1-\sqrt{\frac{y}{x}}\right) = C.$$

利用初始条件 $y(1)=0$,可得 $C=1$,则所求特解为

$$x\left(1-\sqrt{\frac{y}{x}}\right) = 1.$$

二、经过适当的代换可化为齐次方程的方程

1. 形如 $\dfrac{\mathrm{d}y}{\mathrm{d}x} = \dfrac{a_1 x + b_1 y + c_1}{a_2 x + b_2 y + c_2}$ 的微分方程

此类方程一定可化为齐次方程

(1) 当 $c_1 = c_2 = 0$ 时,本身就是齐次方程;

(2) 若 c_1, c_2 不同时为零,则不是齐次方程. 作代换:$x = X + h$,$y = Y + k$,只要选取适当的 h, k,就可以使方程变为齐次方程.

例 3 求微分方程 $(x-y-1)\mathrm{d}x + (x+4y-1)\mathrm{d}y = 0$ 的通解.

解 $\dfrac{\mathrm{d}y}{\mathrm{d}x} = -\dfrac{x-y-1}{x+4y-1}$,作代换:$x=X+h$,$y=Y+k$,则

$$\frac{\mathrm{d}Y}{\mathrm{d}X} = -\frac{(X+h)-(Y+k)-1}{(X+h)+4(Y+k)-1},$$

即

$$\frac{\mathrm{d}Y}{\mathrm{d}X} = -\frac{X-Y+h-k-1}{X+4Y+h+4k-1}.$$

令 $\begin{cases} h-k-1=0, \\ h+4k-1=0, \end{cases}$ 解得

$$h=1,\ k=0,$$

即

$$x=X+1,\ y=Y,$$

则得到齐次方程

$$\frac{\mathrm{d}Y}{\mathrm{d}X} = -\frac{X-Y}{X+4Y},$$

$$\frac{dY}{dX} = -\frac{1-\dfrac{Y}{X}}{1+4\dfrac{Y}{X}},$$

作代换 $\dfrac{Y}{X} = u$，则

$$u + X\frac{du}{dX} = -\frac{1-u}{1+4u},$$

$$X\frac{du}{dX} = -\frac{1-u}{1+4u} - u,$$

$$X\frac{du}{dX} = -\frac{1+4u^2}{1+4u},$$

$$\frac{1+4u}{1+4u^2}du = -\frac{1}{X}dX,$$

对两边分别积分

$$\int \frac{1+4u}{1+4u^2}du = -\int \frac{1}{X}dX,$$

积分，得

$$\frac{1}{2}\arctan 2u + \frac{1}{2}\ln(1+4u^2) = -\ln X + \frac{1}{2}\ln C,$$

整理，得

$$\arctan\left(\frac{2Y}{X}\right) + \ln(X^2 + 4Y^2) = C,$$

即原方程的通解为

$$\arctan \frac{2y}{x-1} + \ln[(x-1)^2 + 4y^2] = C.$$

2. 适当的代换转化为可分离变量或齐次方程的方程

例 4 求微分方程 $\dfrac{dy}{dx} = \dfrac{1}{x-y} + 1$ 的通解．

解 令 $x - y = u$，则

$$1 - \frac{dy}{dx} = \frac{du}{dx},$$

代入方程，得

$$1 - \frac{du}{dx} = \frac{1}{u} + 1,$$

$$\frac{du}{dx} = -\frac{1}{u},$$

$$u\,du = -dx,$$

积分，得

$$\frac{u^2}{2} = -x + \frac{1}{2}C,$$

$$u^2 = -2x + C,$$

所以通解为

$$(x-y)^2 = -2x + C.$$

例 5 求微分方程 $\dfrac{dy}{dx} = \dfrac{3x^2 + y^2 - 6x + 3}{2xy - 2y}$ 的通解．

解 $\dfrac{dy}{dx}=\dfrac{3x^2+y^2-6x+3}{2xy-2y}=\dfrac{3(x-1)^2+y^2}{2y(x-1)}$,

令 $t=x-1$，则

$$\frac{dy}{dx}=\frac{dy}{dt}\cdot\frac{dt}{dx}=\frac{dy}{dt},$$

即得齐次方程

$$\frac{dy}{dt}=\frac{3t^2+y^2}{2yt}=\frac{3}{2}\cdot\frac{t}{y}+\frac{1}{2}\cdot\frac{y}{t}.$$

令 $u=\dfrac{y}{t}$，则

$$\frac{dy}{dt}=u+t\frac{du}{dt},$$

代入方程，得

$$u+t\frac{du}{dt}=\frac{3}{2}\cdot\frac{1}{u}+\frac{1}{2}u=\frac{3+u^2}{2u},$$

$$t\frac{du}{dt}=\frac{3+u^2}{2u}-u=\frac{3-u^2}{2u},$$

分离变量，得

$$\frac{2u}{3-u^2}du=\frac{1}{t}dt,$$

积分，得

$$-\ln(3-u^2)=\ln t-\ln C,$$
$$\ln C=\ln(3-u^2)+\ln t,$$
$$C=(3-u^2)\cdot t,$$
$$\left(3-\left(\frac{y}{t}\right)^2\right)\cdot t=C,$$
$$3t^2-y^2=Ct,$$

则原方程的通解为

$$3(x-1)^2-y^2=C(x-1).$$

例 6 求微分方程 $y'=y^2+2(\sin x-1)y+\sin^2 x-2\sin x-\cos x+1$ 的通解．

解 将方程变形为

$$y'=y^2+2(\sin x-1)y+(\sin x-1)^2-\cos x,$$

即

$$\frac{dy}{dx}+\cos x=y^2+2(\sin x-1)y+(\sin x-1)^2,$$

$$\frac{d}{dx}(y+\sin x)=y^2+2(\sin x-1)y+(\sin x-1)^2,$$

即

$$\frac{d}{dx}(y+\sin x-1)=(y+\sin x-1)^2.$$

若采用代换 $y+\sin x-1=u$，则方程变形为

$$\frac{du}{dx}=u^2,\quad \frac{du}{u^2}=dx,$$

积分，得

$$-\frac{1}{u}=x+C \text{ 或 } u(x+C)=-1,$$

即通解为 $(y+\sin x-1)(x+C)=-1.$

习 题 8-3

1. 求齐次方程 $xy'-y-\sqrt{y^2-x^2}=0$ 的通解.
2. 求齐次方程 $x\dfrac{dy}{dx}=y\ln\dfrac{y}{x}$ 的通解.
3. 求齐次方程 $(x^2+y^2)dx-xydy=0$ 的通解.
4. 求齐次方程 $(x^3+y^3)dx-3xy^2dy=0$ 的通解.
5. 求齐次方程 $\left(2x\sin\dfrac{y}{x}+3y\cos\dfrac{y}{x}\right)dx-3x\cos\dfrac{y}{x}dy=0$ 的通解.
6. 求齐次方程 $(1+2e^{\frac{x}{y}})dx+2e^{\frac{x}{y}}\left(1-\dfrac{x}{y}\right)dy=0$ 的通解.
7. 化方程 $(2x-5y+3)dx-(2x+4y-6)dy=0$ 为齐次方程,并求出通解.
8. 化方程 $(x-y-1)dx-(x+4y-1)dy=0$ 为齐次方程,并求出通解.

第四节 一阶线性微分方程

一阶微分方程 $F(x,y,y')=0$ 如果可以写为
$$y'+p(x)y=q(x),$$
则称之为一阶线性微分方程,所谓线性是指方程关于未知函数 y 及其导数 y' 是一次方程.

当 $q(x)\equiv 0$ 时,则方程
$$\frac{dy}{dx}+p(x)y=0$$
称为**一阶齐次线性微分方程**;如果 $q(x)$ 不恒等于 0,则称这个一阶线性微分方程为**一阶非齐次线性微分方程**.

1. 一阶齐次线性微分方程

我们可以看出,一阶齐次线性微分方程
$$y'+p(x)y=0$$
是可分离变量的方程,用前面所学的方法很容易求出通解.

方程整理为
$$\frac{dy}{y}=-p(x)dx,$$
两边分别积分,得
$$\ln y=-\int p(x)dx+\ln C,$$
即
$$y=Ce^{-\int p(x)dx}.$$
上式即为一阶齐次线性微分方程的通解,其中不定积分 $\int p(x)dx$ 只取一个原函数.

例 1 求微分方程 $\dfrac{dy}{dx}=xy$ 的通解.

解 该方程是可分离变量的微分方程,分离变量,得

$$\frac{dy}{y} = x dx,$$

两边分别积分,得

$$\ln|y| = \frac{1}{2}x^2 + C_1,$$

从而

$$y = \pm e^{\frac{1}{2}x^2 + C_1} = \pm e^{C_1} e^{\frac{1}{2}x^2}.$$

因为 $\pm e^{C_1}$ 仍为常数,把它记作 C,便得通解为

$$y = Ce^{\frac{1}{2}x^2}.$$

易知,$y=0$ 也是方程的解,但通解中当 $C=0$ 时,包括了该解.

注意:(1)在运算时,可根据需要将任意常数写成 $\ln C$,从而使通解的表达式简明;

(2)为了方便,在计算 $\int \frac{dy}{y}$ 时,可将结果 $\ln|y|$ 直接写成 $\ln y$,只要记住最后得到的任意常数可正可负即可.

例 2 求微分方程 $x(y^2-1)dx + y(x^2-1)dy = 0$ 的解.

解 首先,易看出 $y=\pm 1$,$x=\pm 1$ 为方程的解.分离变量,得

$$\frac{ydy}{y^2-1} = -\frac{xdx}{x^2-1},$$

两边分别积分,得

$$\ln(y^2-1) = -\ln(x^2-1) + \ln C (C \neq 0),$$

从而

$$(x^2-1)(y^2-1) = C (C \neq 0).$$

这个通解中当 $C=0$ 时,包括了前面的特解 $y=\pm 1$ 和 $x=\pm 1$.

例 3 求微分方程 $\frac{dy}{dx} = \frac{y}{1+4x^2}$ 满足初始条件 $y|_{x=0}=1$ 的特解.

解 该方程是可分离变量的微分方程,分离变量,得

$$\frac{dy}{y} = \frac{dx}{1+4x^2},$$

两边分别积分,得

$$\ln|y| = \frac{1}{2}\arctan 2x + \ln C,$$

从而得通解为

$$y = Ce^{\frac{1}{2}\arctan 2x}.$$

将 $y|_{x=0}=1$ 代入,得 $C=1$,故所求特解为

$$y = e^{\frac{1}{2}\arctan 2x}.$$

2. 一阶非齐次线性微分方程

现在我们使用所谓的**常数变易法**来求一阶非齐次线性微分方程

$$y' + p(x)y = q(x)$$

的通解.这种方法就是把相应齐次方程的通解中的任意常数 C 换成 x 的未知函数 $C(x)$,即作变换

$$y = C(x)e^{-\int p(x)dx},$$

于是
$$\frac{dy}{dx} = C'(x)e^{-\int p(x)dx} - C(x)p(x)e^{-\int p(x)dx}.$$

将 y 和 y' 代入一阶非齐次线性微分方程，得
$$C'(x)e^{-\int p(x)dx} - C(x)p(x)e^{-\int p(x)dx} + p(x)C(x)e^{-\int p(x)dx} = q(x),$$

即
$$C'(x) = q(x)e^{\int p(x)dx},$$

两边同时积分，得
$$C(x) = \int q(x)e^{\int p(x)dx}dx + C.$$

现在我们可以整理出一阶非齐次线性微分方程的通解
$$y = e^{-\int p(x)dx}\left[\int q(x)e^{\int p(x)dx}dx + C\right],$$

也可写成
$$y = Ce^{-\int p(x)dx} + e^{-\int p(x)dx}\int q(x)e^{\int p(x)dx}dx.$$

上式右端第一项是对应的齐次方程的通解，第二项是非齐次方程的一个特解（通解中 $C=0$）. 由此可知：**一阶非齐次线性微分方程的通解等于对应的齐次方程的通解与非齐次方程的一个特解之和**.

注：①求解一阶非齐次线性微分方程的方法称为常数变易法；

②上述公式中的不定积分均只取一个原函数；

③ $y^* = e^{-\int p(x)dx}\int q(x)e^{\int p(x)dx}dx$ 是非齐次线性方程 $y' + p(x)y = q(x)$ 的一个特解，$Y = Ce^{-\int p(x)dx}$ 是齐次线性方程的通解，故非齐次线性方程的通解可以改写为 $y = Y + y^*$.

例 4 求微分方程 $\dfrac{dy}{dx} - \dfrac{2y}{x+1} = (x+1)^{\frac{5}{2}}$ 的通解.

解 这是一个非齐次方程，先求对应的齐次方程
$$\frac{dy}{dx} - \frac{2y}{x+1} = 0$$

的通解. 分离变量，得
$$\frac{dy}{y} = \frac{2}{x+1}dx,$$

两边同时积分，得
$$\ln y = 2\ln(x+1) + \ln C,$$

即
$$y = C(x+1)^2.$$

将通解中的常数 C 换成待定函数 $C(x)$，即令
$$y = C(x)(x+1)^2,$$

则有
$$y' = C'(x)(x+1)^2 + 2C(x)(x+1),$$

代入原方程，得
$$C'(x)(x+1)^2 + 2C(x)(x+1) - \frac{2C(x)(x+1)^2}{x+1} = (x+1)^{\frac{5}{2}},$$

即
$$C'(x)=(x+1)^{\frac{1}{2}},$$
两边同时积分，得
$$C(x)=\frac{2}{3}(x+1)^{\frac{3}{2}}+C,$$
于是得到所求方程的通解为
$$y=(x+1)^2\left[\frac{2}{3}(x+1)^{\frac{3}{2}}+C\right].$$

例 5 求微分方程 $y'\cos x-y\sin x=2x$ 的通解．

解 方程化为标准方程为
$$y'-y\tan x=\frac{2x}{\cos x},$$
其中
$$p(x)=-\tan x,\ q(x)=\frac{2x}{\cos x},$$
则方程的通解为
$$y=e^{-\int p(x)dx}\left[\int q(x)e^{\int p(x)dx}dx+C\right]=e^{\int \tan x dx}\left(\int \frac{2x}{\cos x}e^{-\int \tan x dx}dx+C\right)$$
$$=e^{-\ln\cos x}\left(\int \frac{2x}{\cos x}e^{\ln\cos x}dx+C\right)=\frac{1}{\cos x}\left(\int \frac{2x}{\cos x}\cdot\cos x dx+C\right)$$
$$=\frac{1}{\cos x}\left(\int 2x dx+C\right)=\frac{1}{\cos x}(x^2+C).$$

例 6 求微分方程 $x^2y'+xy+1=0$ 在 $y(2)=1$ 时的特解．

解 将原方程化为标准方程，得到非齐次线性方程
$$y'+\frac{1}{x}y=-\frac{1}{x^2},$$
其中
$$p(x)=\frac{1}{x},\ q(x)=-\frac{1}{x^2},$$
则方程的通解为
$$y=e^{-\int p(x)dx}\left[\int q(x)e^{\int p(x)dx}dx+C\right]=e^{-\int \frac{1}{x}dx}\left[\int\left(-\frac{1}{x^2}e^{\int \frac{1}{x}dx}\right)dx+C\right]$$
$$=e^{-\ln x}\left[\int\left(-\frac{1}{x^2}e^{\ln x}\right)dx+C\right]=\frac{1}{x}\left[\int\left(-\frac{1}{x^2}\cdot x\right)dx+C\right]=\frac{1}{x}(-\ln x+C).$$

由初始条件 $y(2)=1$，得 $1=\frac{-\ln 2+C}{2}$，$C=2+\ln 2$，所以满足初始条件的特解为
$$y=\frac{-\ln x+2+\ln 2}{x}.$$

注：对于方程 $2y'+3y=5$，其对应的齐次线性方程 $2y'+3y=0$ 的通解为
$$Y=Ce^{-\frac{3}{2}x}.$$
观察可得非齐次线性方程 $2y'+3y=5$ 的一个特解为
$$y^*=\frac{5}{3},$$
从而可以直接得到非齐次线性方程 $2y'+3y=5$ 的通解为
$$y=Y+y^*=Ce^{-\frac{3}{2}x}+\frac{5}{3}.$$

例7 求解微分方程 $y^2 dx+(xy+1)dy=0$.

解 显然此方程关于 y, y' 不是线性的, 若将方程改写为
$$\frac{dx}{dy}+\frac{1}{y}x=-\frac{1}{y^2},$$
则该方程关于 x, x' 是线性的.

令 $p(y)=\frac{1}{y}$, $q(y)=-\frac{1}{y^2}$, 此时未知函数为 $x=x(y)$. 利用例 6 的结论可知, 方程的通解为
$$x=\frac{-\ln y+C}{y}.$$

注: 在一阶微分方程中, x 和 y 的地位是对等的, 通常视 y 为未知函数, x 为自变量; 为求解方便, 有时也视 x 为未知函数, 而 y 为自变量. 求解某些微分方程时, 需要特别注意.

例8 设 $y=e^x$ 是微分方程 $xy'+l(x)y=x$ 的一个解, 求此微分方程满足初始条件 $y(\ln 2)=0$ 的特解.

解 将 $y=e^x$ 代入方程 $xy'+l(x)y=x$, 得
$$xe^x+l(x)e^x=x,$$
所以
$$l(x)=xe^{-x}-x.$$
对应的一阶线性微分方程为
$$xy'+(xe^{-x}-x)y=x,$$
即
$$y'+(e^{-x}-1)y=1,$$
其中,
$$p(x)=e^{-x}-1, \quad q(x)=1,$$
则原方程的通解为
$$y=e^{-\int p(x)dx}\left[\int q(x)e^{\int p(x)dx}dx+C\right]=e^{-\int(e^{-x}-1)dx}\left[\int 1\cdot e^{\int(e^{-x}-1)dx}dx+C\right]$$
$$=e^{e^{-x}+x}\left(\int e^{-e^{-x}-x}dx+C\right)=e^{e^{-x}+x}\left(\int e^{-e^{-x}}e^{-x}dx+C\right)$$
$$=e^{e^{-x}+x}(e^{-e^{-x}}+C)=e^x+Ce^{e^{-x}+x}.$$

由 $y(\ln 2)=0$, 得
$$0=e^{\ln 2}+Ce^{e^{-\ln 2}+\ln 2},$$
即
$$0=2+2Ce^{\frac{1}{2}}, \quad C=-e^{-\frac{1}{2}},$$
所以所求特解为
$$y=e^x-e^{-\frac{1}{2}}\cdot e^{e^{-x}+x}=e^x-e^{e^{-x}+x-\frac{1}{2}}.$$

习题 8-4

1. 下列方程中是一阶线性微分方程的是( ).

A. $y'+x^2=0$; B. $y'+y^2=e^x$; C. $y'=x^2+y^2$; D. $y'-y=xy^2$.

2. 方程 $xy'+y=3$ 的通解是( ).

A. $y=\frac{C}{x}+3$; B. $y=\frac{3}{x}+C$; C. $y=-\frac{C}{x}-3$; D. $y=\frac{C}{x}-3$.

3. 若函数 $y=\cos 2x$ 是微分方程 $y'+p(x)y=0$ 的一个特解，则该方程满足初始条件 $y(0)=2$ 的特解为（　）．

　　A. $y=\cos 2x+2$;　　　　B. $y=\cos 2x+1$;　　C. $y=2\cos x$;　　　　D. $y=2\cos 2x$.

4. 微分方程 $y'+2xy=4x$ 的通解为_____．

5. 微分方程 $xy'+y=x^2+3x+2$ 的通解为_____．

6. 微分方程 $\dfrac{dy}{dx}-\dfrac{y}{x}=2x^2$ 的通解为_____．

7. 求微分方程 $\dfrac{dy}{dx}+y=e^{-x}$ 的通解．

8. 求微分方程 $y'+y\cos x=e^{-\sin x}$ 的通解．

9. 求微分方程 $(y+x^3)dx-2xdy=0$ 满足 $y|_{x=1}=\dfrac{6}{5}$ 的特解．

10. 求微分方程 $(x-2)\dfrac{dy}{dx}=y+2(x-2)^3$ 的通解．

11. 求微分方程 $y'-y\tan x=\sec x$ 满足 $y|_{x=0}=0$ 的特解．

12. 求微分方程 $(x^2+1)y'+2xy=4x^2$ 的通解．

13. 求微分方程 $y'-y\cos x+\sin xe^{\sin x}=0$ 满足 $y(0)=-1$ 的特解．

14. 求微分方程 $y\ln y dx+(x-\ln y)dy=0$ 的通解．

15. 求微分方程 $(x-2xy-y^2)dy+y^2dx=0$ 的通解．

第五节　可降阶的高阶微分方程

从这一节起我们将讨论二阶及二阶以上的微分方程，即所谓的**高阶微分方程**．对于有些高阶微分方程，我们可以通过代换将它转化成较低阶的方程来求解．以二阶微分方程
$$y''=f(x,y,y')$$
而论，如果我们能设法作代换把它从二阶降至一阶，就有可能用上一节中所讲的方法求出它的解．

下面我们介绍三种容易降阶的高阶微分方程的求解方法．

一、$y^{(n)}=f(x)$ 型的微分方程

因为
$$y^{(n)}=\dfrac{d(y^{(n-1)})}{dx},$$
则原方程变为可分离变量的微分方程：
$$\dfrac{d(y^{(n-1)})}{dx}=f(x),$$
即
$$d(y^{(n-1)})=f(x)dx,$$
两边同时积分，得
$$\int d(y^{(n-1)})=\int f(x)dx,$$

$$y^{(n-1)} = \int f(x)\,dx + C_1.$$

依此类推，$y^{(n-1)} = \int f(x)\,dx + C_1$，即

$$\frac{d(y^{(n-2)})}{dx} = \int f(x)\,dx + C_1,$$

$$d(y^{(n-2)}) = \left(\int f(x)\,dx + C_1\right)dx,$$

$$y^{(n-2)} = \int \left(\int f(x)\,dx + C_1\right)dx = \int \left(\int f(x)\,dx\right)dx + C_1 x + C_2,$$

……

经过 n 次积分后，可得 n 阶微分方程 $y^{(n)} = f(x)$ 的通解.

例1 求三阶微分方程 $y''' = e^x + x^2$ 满足初始条件 $y(0) = 1$，$y'(0) = 0$，$y''(0) = 3$ 的特解.

解 对 $y''' = e^x + x^2$ 两边同时积分

$$\int y'''\,dx = \int (e^x + x^2)\,dx,$$

得

$$y'' = e^x + \frac{1}{3}x^3 + C_1.$$

由 $y''(0) = 3$，可得 $C_1 = 2$，代入得

$$y'' = e^x + \frac{1}{3}x^3 + 2,$$

对上述方程两边同时积分

$$\int y''\,dx = \int \left(e^x + \frac{1}{3}x^3 + 2\right)dx,$$

得

$$y' = e^x + \frac{1}{12}x^4 + 2x + C_2.$$

由 $y'(0) = 0$，得 $C_2 = -1$，代入得

$$y' = e^x + \frac{1}{12}x^4 + 2x - 1,$$

对上述方程两边同时积分

$$\int y'\,dx = \int \left(e^x + \frac{1}{12}x^4 + 2x - 1\right)dx,$$

得

$$y = e^x + \frac{1}{60}x^5 + x^2 - x + C_3.$$

由 $y(0) = 1$，得 $C_3 = 0$，则所求特解为

$$y = e^x + \frac{1}{60}x^5 + x^2 - x.$$

二、$y'' = f(x, y')$ 型的微分方程

此类微分方程的特点是方程中不显含"y"，作代换 $y' = p$，则

$$y'' = p' = \frac{dp}{dx},$$

代入原方程后原方程变为以 $p=p(x)$ 为未知函数的一阶微分方程

$$p'=f(x, p) \text{ 或 } \frac{\mathrm{d}p}{\mathrm{d}x}=f(x, p).$$

例 2 求微分方程 $x^2y''+xy'=1$ 的通解.

解 方程中不显含 y，属于 $y''=f(x, y')$ 型，故作代换 $y'=p$，$y''=p'=\dfrac{\mathrm{d}p}{\mathrm{d}x}$，则原方程变为

$$x^2p'+xp=1, \text{ 即 } p'+\frac{1}{x}p=\frac{1}{x^2},$$

这是关于 p，p' 的一阶非齐次线性微分方程，用常数变易法，求得其通解为

$$p=\frac{\ln x+C_1}{x},$$

即

$$\frac{\mathrm{d}y}{\mathrm{d}x}=\frac{\ln x+C_1}{x},$$

分离变量，得

$$\mathrm{d}y=\frac{\ln x+C_1}{x}\mathrm{d}x,$$

两边同时积分

$$\int \mathrm{d}y=\int \frac{\ln x+C_1}{x}\mathrm{d}x,$$

则原方程的通解为

$$y=\frac{1}{2}(\ln x)^2+C_1\ln x+C_2.$$

三、$y''=f(y, y')$ 型的微分方程

这一类微分方程的特点是方程中不显含"x"，作代换 $y'=p$，则

$$y''=p'=\frac{\mathrm{d}p}{\mathrm{d}x}=\frac{\mathrm{d}p}{\mathrm{d}y}\frac{\mathrm{d}y}{\mathrm{d}x}=p\frac{\mathrm{d}p}{\mathrm{d}y},$$

代入原方程后原方程变为以 $p=p(y)$ 为未知函数的一阶微分方程

$$p\frac{\mathrm{d}p}{\mathrm{d}y}=f(y, p).$$

例 3 求微分方程 $yy''-(y')^2=0$ 的通解.

解 方程中不显含"x"，属于 $y''=f(y, y')$ 型，故作代换 $y'=p$，$y''=p\dfrac{\mathrm{d}p}{\mathrm{d}y}$，则原方程变为

$$yp\frac{\mathrm{d}p}{\mathrm{d}y}-p^2=0, \text{ 即 } \left(y\frac{\mathrm{d}p}{\mathrm{d}y}-p\right)p=0.$$

(1) 若 $p=0$，即 $y'=0$，则方程的解为

$$y=C.$$

(2) 若 $p\neq 0$，则

$$y\frac{\mathrm{d}p}{\mathrm{d}y}-p=0,$$

分离变量，得

$$y\frac{\mathrm{d}p}{\mathrm{d}y}=p, \quad 即 \frac{\mathrm{d}p}{p}=\frac{\mathrm{d}y}{y},$$

两边同时积分

$$\int\frac{\mathrm{d}p}{p}=\int\frac{\mathrm{d}y}{y},$$

解得
$$\ln p=\ln y+\ln C_1,$$
$$p=C_1 y,$$

即
$$y'=C_1 y,$$
$$\frac{\mathrm{d}y}{\mathrm{d}x}=C_1 y,$$
$$\frac{\mathrm{d}y}{y}=C_1 \mathrm{d}x,$$

积分得
$$\ln y=C_1 x+\ln C_2,$$
$$\ln\frac{y}{C_2}=C_1 x,$$
$$y=C_2 \mathrm{e}^{C_1 x},$$

所以原方程的通解为

$$y=C_2 \mathrm{e}^{C_1 x}(方程的解 y=C 含于其中).$$

四、其他类型微分方程

对某些微分方程，除了常规的解法外，可能有一些特殊的非常简便的方法．

例 4 求解微分方程 $yy''+(y')^2=1$．

解 因为此方程属于 $y''=f(y, y')$ 型，故作代换 $y'=p$，$y''=p\dfrac{\mathrm{d}p}{\mathrm{d}y}$，则原方程变为

$$yp\frac{\mathrm{d}p}{\mathrm{d}y}+p^2=1,$$

整理得可分离变量的微分方程

$$yp\frac{\mathrm{d}p}{\mathrm{d}y}=1-p^2,$$
$$\frac{p\mathrm{d}p}{1-p^2}=\frac{\mathrm{d}y}{y},$$

解得
$$-\frac{1}{2}\ln(1-p^2)=\ln y+\ln C_1,$$
$$1-p^2=\frac{1}{C_1^2 y^2},$$
$$p=\pm\sqrt{1-\frac{1}{C_1^2 y^2}}=\pm\sqrt{\frac{C_1^2 y^2-1}{C_1^2 y^2}},$$

即
$$\frac{\mathrm{d}y}{\mathrm{d}x}=\pm\sqrt{\frac{C_1^2 y^2-1}{C_1^2 y^2}},$$

$$\frac{C_1 y}{\sqrt{C_1^2 y^2 - 1}} dy = \pm dx,$$

$$\frac{1}{C_1}\sqrt{C_1^2 y^2 - 1} = \pm(x + C_2),$$

整理可得原方程的通解为

$$y^2 = (x + C_1^*)^2 + C_2^*.$$

事实上，注意到 $yy'' + (y')^2 = (yy')'$，故原方程可以写为

$$(yy')' = 1 \text{ 或 } \frac{d(yy')}{dx} = 1,$$

$$d(yy') = dx,$$

$$\int d(yy') = \int dx,$$

$$yy' = x + C_1,$$

即

$$y\frac{dy}{dx} = x + C_1, \quad ydy = (x + C_1)dx,$$

积分得

$$\frac{y^2}{2} = \frac{(x + C_1)^2}{2} + \frac{C_2}{2},$$

故通解为

$$y^2 = (x + C_1)^2 + C_2.$$

例 5 求解微分方程 $y'' = 1 + y'$.

解 (1) 属于 $y'' = f(x, y')$ 型，作代换 $y' = p$，$y'' = p' = \frac{dp}{dx}$，则

$$\frac{dp}{dx} = 1 + p,$$

$$\frac{dp}{1+p} = dx,$$

$$\ln(1+p) = x + C_1,$$

$$1 + p = e^{x + C_1},$$

$$p = C_2 e^x - 1,$$

$$y' = C_2 e^x - 1,$$

所以

$$y = C_2 e^x - x + C_1^*.$$

(2) $y'' = 1 + y'$，$y'' - y' = 1$，$(y' - y)' = 1$，两边同时积分得一阶线性微分方程

$$y' - y = x + C_1,$$

其通解为

$$y = e^{-\int (-1)dx}\left[\int (x + C_1)e^{\int (-1)dx}dx + C_2\right] = e^x\left[\int (x + C_1)e^{-x}dx + C_2\right]$$

$$= e^x[-(x + C_1)e^{-x} - e^{-x} + C_2] = -(x + C_1) - 1 + C_2 e^x$$

$$= C_2 e^x - x + C_1^*.$$

习 题 8-5

1. 求微分方程 $y'' = x$ 的通解．

2. 求微分方程 $y''=\sin x$ 的通解.

3. 求微分方程 $y''=e^{2x}-\cos x$ 的通解.

4. 求微分方程 $y''=\dfrac{1}{1+x^2}$ 的通解.

5. 求微分方程 $y''=xe^x$ 的通解.

6. 求微分方程 $y''=1+(y')^2$ 的通解.

7. 求微分方程 $y''=y'+x$ 的通解.

8. 求微分方程 $y''=(y')^3+y'$ 的通解.

9. 求微分方程 $(1+x^2)y''=2xy'$ 的通解.

第六节 二阶线性微分方程解的结构

对于 n 阶线性微分方程

$$y^{(n)}+p_1(x)y^{(n-1)}+p_2(x)y^{(n-2)}+\cdots+p_{n-1}(x)y'+p_n(x)y=f(x),$$

其特点是关于未知函数及其各阶导数都是一次的,其中 $f(x)$ 称为自由项.

若 $f(x)\equiv 0$,称为 n 阶齐次线性微分方程,否则为 n 阶非齐次线性微分方程.

我们主要讨论:二阶齐次线性微分方程

$$y''+p(x)y'+q(x)y=0 \qquad (*)$$

和二阶非齐次线性微分方程

$$y''+p(x)y'+q(x)y=f(x) \qquad (**)$$

解的结构.

一、二阶齐次线性微分方程解的结构

定理 1 设 y 是齐次线性方程 $(*)$ 的解,则对任意常数 C,Cy 也是方程 $(*)$ 的解.

定理 2 设 y_1,y_2 是二阶齐次线性微分方程 $(*)$ 的解,则对任意常数 C_1,C_2,线性组合 $C_1y_1+C_2y_2$ 也是方程 $(*)$ 的解.

我们产生这样一个问题:在定理 2 中,$y=C_1y_1+C_2y_2$ 是方程 $(*)$ 的解,那么它会不会是方程 $(*)$ 的通解呢?

如方程 $y''-y=0$,$y_1=e^x$,$y_2=2e^x$ 均为其解,由定理 2,$y=C_1y_1+C_2y_2=(C_1+2C_2)e^x$ 也是方程的解,但实际上此解为 $y=Ce^x$,不可能是方程 $y''-y=0$ 的通解.为了找到方程 $(*)$ 的通解,我们引入函数的线性相关性.

定义 若存在一组不全为零的常数 k_1,k_2,$\cdots$,k_n,使得定义在区间 I 上的函数 y_1,y_2,$\cdots$,y_n 的线性组合为零,即 $k_1y_1+k_2y_2+\cdots+k_ny_n\equiv 0$,则称 y_1,y_2,$\cdots$,y_n 在区间 I 上是**线性相关的**,否则是**线性无关的**.

注:由定义不难得出,函数 y_1,y_2 线性相关的充要条件是 $\dfrac{y_1}{y_2}=C$,其中 C 是常数;y_1,y_2 线性无关的充要条件是 $\dfrac{y_1}{y_2}\neq C$ 或 $\dfrac{y_1}{y_2}=C(x)$.

定理 3 设 y_1, y_2 是齐次线性方程(*)的两个线性无关的解, 则 $C_1 y_1 + C_2 y_2$ 是方程(*)的通解, 其中 C_1, C_2 是两个独立的任意常数.

如方程 $y'' - y = 0$, $y_1 = e^x$, $y_2 = e^{-x}$ 是方程的两个解, 且 $\dfrac{y_1}{y_2} = e^{2x} \neq C$, 即 y_1, y_2 线性无关, 此时 $C_1 y_1 + C_2 y_2 = C_1 e^x + C_2 e^{-x}$ 是方程 $y'' - y = 0$ 的通解.

二、二阶非齐次线性微分方程解的结构

定理 4 若 Y 是齐次线性方程(*)的通解, y^* 是非齐次线性方程(**)的一个特解, 则 $Y + y^*$ 是非齐次线性方程(**)的通解.

证明 由 Y 是方程(*)的通解, 有
$$Y'' + p(x) Y' + q(x) Y = 0,$$
由 y^* 是方程(**)的一个特解, 有
$$y^{*''} + p(x) y^{*'} + q(x) y^* = f(x),$$
则
$$(Y + y^*)'' + p(x)(Y + y^*)' + q(x)(Y + y^*)$$
$$= [Y'' + p(x) Y' + q(x) Y] + [y^{*''} + p(x) y^{*'} + q(x) y^*]$$
$$= 0 + f(x) = f(x),$$

表明 $Y + y^*$ 是方程(**)的解. 又因为 $Y + y^*$ 中含有个数与方程的阶数相同的任意常数(含在 Y 内), 故 $Y + y^*$ 是方程(**)的通解.

定理 5 设 y_k 是方程 $y'' + p(x) y' + q(x) y = f_k(x)$ ($k = 1, 2$) 的解, 则 $y_1 + y_2$ 是方程 $y'' + p(x) y' + q(x) y = f_1(x) + f_2(x)$ 的解.

定理 6 若 y_1, y_2 是非齐次线性方程(**)的两个解, 则 $y_1 - y_2$ 是齐次线性方程(*)的解.

例 已知非齐次线性方程 $y'' + p(x) y' + q(x) y = f(x)$ 的三个解为 y_1, y_2, y_3, 且 $y_2 - y_1$ 与 $y_3 - y_1$ 线性无关, 证明: $(1 - C_1 - C_2) y_1 + C_1 y_2 + C_2 y_3$ 是该方程的通解.

证明 $(1 - C_1 - C_2) y_1 + C_1 y_2 + C_2 y_3 = C_1 (y_2 - y_1) + C_2 (y_3 - y_1) + y_1$.

利用解的结构可知, $y_2 - y_1$ 与 $y_3 - y_1$ 均为齐次线性方程 $y'' + p(x) y' + q(x) y = 0$ 的解, 并且由条件 $y_2 - y_1$ 与 $y_3 - y_1$ 线性无关, 从而 $C_1 (y_2 - y_1) + C_2 (y_3 - y_1)$ 是齐次方程 $y'' + p(x) y' + q(x) y = 0$ 的通解, 即 $Y = C_1 (y_2 - y_1) + C_2 (y_3 - y_1)$.

取 $y^* = y_1$ 是非齐次线性方程 $y'' + p(x) y' + q(x) y = f(x)$ 的一个特解, 从而
$$Y + y^* = C_1 (y_2 - y_1) + C_2 (y_3 - y_1) + y_1$$
$$= (1 - C_1 - C_2) y_1 + C_1 y_2 + C_2 y_3$$

是方程 $y'' + p(x) y' + q(x) y = f(x)$ 的通解.

习 题 8-6

1. 判断下列函数组在其定义域内的线性相关性.

(1) x, x^2;
(2) x, $2x$;
(3) e^{2x}, $3e^{2x}$;
(4) e^{-x}, e^x;
(5) $\cos 2x$, $\sin 2x$;
(6) xe^{x^2}, e^{x^2};
(7) $\sin x \cos x$, $\sin 2x$;
(8) $e^x \cos 2x$, $e^x \sin 2x$.

2. 若 $y_1(x)$，$y_2(x)$ 是某二阶齐次线性方程的解，则 $C_1y_1(x)+C_2y_2(x)$（C_1，C_2 为任意常数）必是该方程的（ ）.

  A. 通解；　　　　B. 特解；　　　　C. 解；　　　　D. 全部解.

3. 下列齐次方程中，以 $y_1=\sin x$，$y_2=\cos x$ 为特解的二阶齐次线性方程是（ ）.

  A. $y''-y=0$；　B. $y''+y=0$；　C. $y''+y'=0$；　D. $y''-y'=0$.

4. 已知 $f(x)=\mathrm{e}^{x^2+\frac{1}{x^2}}$，$g(x)=\mathrm{e}^{x^2-\frac{1}{x^2}}$，$h(x)=\mathrm{e}^{\left(\frac{1}{x}-x\right)^2}$，则（ ）.

  A. $f(x)$ 与 $g(x)$ 线性相关；　　　　B. $g(x)$ 与 $h(x)$ 线性相关；

  C. $f(x)$ 与 $h(x)$ 线性相关；　　　　D. 任意两个都线性相关.

5. 验证 $y_1=\cos\omega x$，$y_2=\sin\omega x$ 都是方程 $y''+\omega^2 y=0$ 的解，并写出该方程的通解.

6. 验证 $y_1=\mathrm{e}^{x^2}$，$y_2=x\mathrm{e}^{x^2}$ 都是方程 $y''-4xy'+(4x^2-2)y=0$ 的解，并写出该方程的通解.

7. 验证 $y=C_1\mathrm{e}^x+C_2\mathrm{e}^{2x}+\dfrac{1}{12}\mathrm{e}^{5x}$（$C_1$，$C_2$ 是任意常数）是方程 $y''-3y'+2y=\mathrm{e}^{5x}$ 的通解.

8. 验证 $y=C_1\cos 3x+C_2\sin 3x+\dfrac{1}{32}(4x\cos x+\sin x)$（$C_1$，$C_2$ 是任意常数）是方程 $y''+9y=x\cos x$ 的通解.

9. 验证 $y=C_1x^2+C_2x^2\ln x$（C_1，C_2 是任意常数）是方程 $x^2y''-3xy'+4y=0$ 的通解.

10. 验证 $y=\dfrac{1}{x}(C_1\mathrm{e}^x+C_2\mathrm{e}^{-x})+\dfrac{1}{2}\mathrm{e}^x$（$C_1$，$C_2$ 是任意常数）是方程 $xy''+2y'-xy=\mathrm{e}^x$ 的通解.

第七节　二阶常系数齐次线性微分方程

对于二阶常系数齐次线性微分方程
$$y''+py'+qy=0,$$
其中 p，q 为常数. 根据解的结构，只要能得到方程
$$y''+py'+qy=0$$
的两个线性无关的解 y_1，y_2，即可得方程的通解为
$$C_1y_1+C_2y_2.$$

考虑方程 $y''+py'+qy=0$ 是否有 $y=\mathrm{e}^{rx}$ 类型的解，其中 r 待定，则有
$$y=\mathrm{e}^{rx},\ y'=r\mathrm{e}^{rx},\ y''=r^2\mathrm{e}^{rx},$$
代入方程 $y''+py'+qy=0$ 中，得
$$r^2\mathrm{e}^{rx}+pr\mathrm{e}^{rx}+q\mathrm{e}^{rx}=0,$$
整理得如下方程，称为齐次方程 $y''+py'+qy=0$ 的特征方程.
$$r^2+pr+q=0,$$
由特征方程解出特征根 r_1，r_2，则
$$y_1=\mathrm{e}^{r_1x},\ y_2=\mathrm{e}^{r_2x}$$
均为 $y''+py'+qy=0$ 的解.

（1）如果 $p^2-4q>0$，则特征方程 $r^2+pr+q=0$ 有两个不相等的实根
$$r_{1,2}=\dfrac{-p\pm\sqrt{p^2-4q}}{2}\ (r_1\neq r_2),$$

则
$$\frac{y_1}{y_2}=\frac{e^{r_1 x}}{e^{r_2 x}}=e^{(r_1-r_2)x}\neq C,$$
即
$$y_1=e^{r_1 x},\quad y_2=e^{r_2 x}$$
线性无关,从而方程的通解为
$$C_1 y_1+C_2 y_2=C_1 e^{r_1 x}+C_2 e^{r_2 x}.$$

(2) 如果 $p^2-4q<0$,则特征方程 $r^2+pr+q=0$ 有一对共轭复根
$$r_{1,2}=\frac{-p\pm i\sqrt{4q-p^2}}{2}=\alpha\pm i\beta(r_1\neq r_2),$$
此时方程的两个复函数形式的解为
$$y_1=e^{(\alpha+i\beta)x},\quad y_2=e^{(\alpha-i\beta)x},$$
并且一定是线性无关的,方程的通解为
$$y=C_1 e^{(\alpha+i\beta)x}+C_2 e^{(\alpha-i\beta)x}.$$

那么是否可以得到方程的两个线性无关的实函数形式的解?由欧拉公式
$$e^{ix}=\cos x+i\sin x,$$
则
$$y_1=e^{(\alpha+i\beta)x}=e^{\alpha x}e^{i\beta x}=e^{\alpha x}(\cos\beta x+i\sin\beta x),$$
$$y_2=e^{(\alpha-i\beta)x}=e^{\alpha x}e^{i(-\beta)x}=e^{\alpha x}(\cos\beta x-i\sin\beta x),$$
根据解的性质
$$y_1^*=\frac{1}{2}(y_1+y_2)=e^{\alpha x}\cos\beta x$$
和
$$y_2^*=\frac{1}{2i}(y_1-y_2)=e^{\alpha x}\sin\beta x$$
仍然是方程的解,并且线性无关,从而方程的通解为
$$y=C_1 y_1^*+C_2 y_2^*=e^{\alpha x}(C_1\cos\beta x+C_2\sin\beta x).$$

(3) 如果 $p^2-4q=0$,则特征方程 $r^2+pr+q=0$ 有两个相等的实根
$$r=r_1=r_2=\frac{-p}{2},$$
因此只能得到方程的一个解
$$y_1=e^{rx}.$$
如果另有方程的一个与 y_1 线性无关的解 y_2,则
$$\frac{y_2}{y_1}=C(x)\neq C,$$
即必有
$$y_2=e^{rx}C(x),$$
则
$$y_2'=e^{rx}[C'(x)+rC(x)],$$
$$y_2''=e^{rx}[C''(x)+2rC'(x)+r^2 C(x)],$$
代入方程,得
$$[C''(x)+2rC'(x)+r^2 C(x)]e^{rx}+p[C'(x)+rC(x)]e^{rx}+qC(x)e^{rx}=0.$$
因为 $e^{rx}\neq 0$,故有
$$[C''(x)+2rC'(x)+r^2 C(x)]+p[C'(x)+rC(x)]+qC(x)=0,$$

即 $$C''(x)+(2r+p)C'(x)+(r^2+pr+q)C(x)=0.$$

因为 r 是特征根且 $r=-\dfrac{p}{2}$，故

$$r^2+pr+q=0,\ 2r+p=0,$$

上式变为 $C''(x)=0$，只要取 $C(x)=x$ 即可，从而

$$y_2=C(x)\mathrm{e}^{rx}=x\mathrm{e}^{rx},$$

此时方程的通解为

$$y=C_1y_1+C_2y_2=C_1\mathrm{e}^{rx}+C_2x\mathrm{e}^{rx}=(C_1+C_2x)\mathrm{e}^{rx}=(C_1+C_2x)\mathrm{e}^{-\frac{p}{2}x}.$$

二阶常系数齐次线性微分方程的通解形式总结见表 8-1.

表 8-1　二阶常系数齐次线性微分方程的通解形式

特征方程 $r^2+pr+q=0$ 的特征根 r_1, r_2 情形	齐次微分方程 $y''+py'+qy=0$ 的通解形式
实根 $r_1\neq r_2$	$y=C_1\mathrm{e}^{r_1x}+C_2\mathrm{e}^{r_2x}$
实根 $r_1=r_2=r$	$y=(C_1+C_2x)\mathrm{e}^{rx}$
共轭复根 $r_{1,2}=\alpha\pm\mathrm{i}\beta$	$y=\mathrm{e}^{\alpha x}(C_1\cos\beta x+C_2\sin\beta x)$

注：① n 阶常系数齐次线性微分方程：

$$y^{(n)}+p_1y^{(n-1)}+p_2y^{(n-2)}+\cdots+p_{n-1}y'+p_ny=0.$$

② 若特征方程含有一个三重实根 $r=r_0$，则对应的通解中必然含有三项：$(C_1+C_2x+C_3x^2)\mathrm{e}^{r_0x}$.

③ 若特征方程含有一个三重共轭复根 $r=\alpha+\mathrm{i}\beta$，则对应的通解中必然有六项：$\mathrm{e}^{\alpha x}[(a_1+a_2x+a_3x^2)\cos\beta x+(b_1+b_2x+b_3x^2)\sin\beta x]$.

例　求解下列微分方程：

(1) $y''+3y'+2y=0$；　　(2) $y''+2y'+y=0$；　　(3) $y''+2y'+3=0$.

解　(1) $y''+3y'+2y=0$ 的特征方程为

$$r^2+3r+2=0,$$

其有两个不相等的实根 $r_1=-1$, $r_2=-2$，故通解为

$$y=C_1\mathrm{e}^{-x}+C_2\mathrm{e}^{-2x}.$$

(2) $y''+2y'+y=0$ 的特征方程为

$$r^2+2r+1=0,$$

其有两个相等的实根 $r_1=r_2=-1$，故通解为

$$y=(C_1+C_2x)\mathrm{e}^{-x}.$$

(3) $y''+2y'+3=0$ 的特征方程为

$$r^2+2r+3=0,$$

其有一对共轭复根 $r_{1,2}=-1\pm\mathrm{i}\sqrt{2}$，其中 $\alpha=-1$, $\beta=\sqrt{2}$，故通解为

$$y=\mathrm{e}^{-x}(C_1\cos\sqrt{2}x+C_2\sin\sqrt{2}x).$$

习　题　8-7

1. 下列方程是二阶线性微分方程的是(　　).

A. $y''+2y^2=1+x$; B. $y'^2+y=\cos x$;
C. $y''-2y=2x^2$; D. $x\mathrm{d}x+y^2\mathrm{d}y=0$.

2. 下列微分方程是线性的是(　　).
A. $y''+xy'+y=x^2$; B. $y'=x^2+y^2$;
C. $y''-xy^2=f(x)$; D. $y''-y'=y^3$.

3. 微分方程 $y''+2y'+y=0$ 的通解为(　　).
A. $y=C_1\cos x+C_2\sin x$; B. $y=C_1\mathrm{e}^x+C_2\mathrm{e}^{2x}$;
C. $y=(C_1+C_2 x)\mathrm{e}^{-x}$; D. $y=C_1\mathrm{e}^x+C_2\mathrm{e}^{-x}$.

4. 微分方程 $\dfrac{\mathrm{d}^2 y}{\mathrm{d}x^2}+y=0$ 的通解为(　　).
A. $y=A\sin x$; B. $y=B\cos x$;
C. $y=\sin x+B\cos x$; D. $y=A\sin x+B\cos x$.

5. 微分方程 $y''-y=0$ 的通解为(　　).
A. $y=C_1\cos x+C_2\sin x$; B. $y=C_1\mathrm{e}^x+C_2\mathrm{e}^{2x}$;
C. $y=(C_1+C_2 x)\mathrm{e}^{-x}$; D. $y=C_1\mathrm{e}^x+C_2\mathrm{e}^{-x}$.

6. 通解为 $y=C_1\mathrm{e}^{3x}+C_2\mathrm{e}^{4x}$ 的微分方程是(　　).
A. $y''-7y'+12y=0$; B. $y''+7y'+12y=0$;
C. $y''-7y'-12y=0$; D. $y''-7y'+6y=0$.

7. 已知 $y_1=\sin x$ 和 $y_2=\cos x$ 是 $y''+py'+qy=0$(其中 p,q 均为常数)的两个解，则该方程的通解为_____.

8. 设 $r_1=3$, $r_2=4$ 为方程 $y''+py'+qy=0$(其中 p,q 均为常数)的特征方程的两个根，则该方程的通解为_____.

9. 设 $r=3$ 为方程 $y''+py'+qy=0$(其中 p,q 均为常数)的特征方程的唯一实根，则该方程的通解为_____.

10. 微分方程 $y''-y=0$ 满足 $y|_{x=0}=0$，$y'|_{x=0}=1$ 的特解为_____.

11. 微分方程 $y''-6y'+10y=0$ 的通解为_____.

12. 求微分方程 $y''-2\sqrt{3}\,y'+3y=0$ 的通解.

13. 求微分方程 $y''-4y'+4y=0$ 满足初始条件 $y(0)=1$，$y'(0)=\dfrac{5}{2}$ 的特解.

14. 求微分方程 $y''+2y'-6y=0$ 的通解.

第八节　二阶常系数非齐次线性微分方程

对于二阶常系数非齐次线性微分方程
$$y''+py'+qy=f(x),$$
其中 p,q 为常数. 根据解的结构，其通解为
$$y=Y+y^*,$$
其中 Y 是相应的齐次线性微分方程 $y''+py'+qy=0$ 的通解，而 y^* 则是 $y''+py'+qy=f(x)$ 的一个特解.

关于齐次线性微分方程 $y''+py'+qy=0$ 的通解的计算问题已经解决,本节主要讨论 $y''+py'+qy=f(x)$ 的一个特解的计算方法.

一、自由项 $f(x)=P_m(x)\mathrm{e}^{\lambda x}$,$P_m(x)$ 是一个 m 次多项式

对于二阶非齐次线性微分方程
$$y''+py'+qy=P_m(x)\mathrm{e}^{\lambda x},$$
由于右端是多项式与指数函数的积,方程必有形如 $y=Q(x)\mathrm{e}^{\lambda x}$ 的一个特解,其中 $Q(x)$ 是一个待定次数和系数的多项式.将
$$y=Q(x)\mathrm{e}^{\lambda x},$$
$$y'=[Q'(x)+\lambda Q(x)]\mathrm{e}^{\lambda x},$$
$$y''=[Q''(x)+2\lambda Q'(x)+\lambda^2 Q(x)]\mathrm{e}^{\lambda x}$$
代入方程,得
$$[Q''(x)+2\lambda Q'(x)+\lambda^2 Q(x)]\mathrm{e}^{\lambda x}+p[Q'(x)+\lambda Q(x)]\mathrm{e}^{\lambda x}+qQ(x)\mathrm{e}^{\lambda x}=P_m(x)\mathrm{e}^{\lambda x}.$$
由于 $\mathrm{e}^{\lambda x}\neq 0$,所以有
$$[Q''(x)+2\lambda Q'(x)+\lambda^2 Q(x)]+p[Q'(x)+\lambda Q(x)]+qQ(x)=P_m(x)$$
或
$$Q''(x)+(2\lambda+p)Q'(x)+(\lambda^2+p\lambda+q)Q(x)=P_m(x).$$

(1)若 $\lambda^2+p\lambda+q\neq 0$,则 $Q(x)$ 必须是一个 m 次多项式,即
$$Q(x)=Q_m(x),$$
$\lambda^2+p\lambda+q\neq 0$ 表明 λ 不是特征根,从而当 λ 不是特征根时,
$$Q(x)=Q_m(x),$$
此时,方程的一个特解为
$$y=Q(x)\mathrm{e}^{\lambda x}=Q_m(x)\mathrm{e}^{\lambda x}.$$

(2)若 $\lambda^2+p\lambda+q=0$,但 $2\lambda+p\neq 0$,则 $Q'(x)$ 必须是一个 m 次多项式,$Q(x)$ 应该是一个 $m+1$ 次多项式,可取 $Q(x)=xQ_m(x)$,而 $\lambda^2+p\lambda+q=0$ 表明 λ 是特征根,$2\lambda+p\neq 0$ 表明 λ 不是特征方程的重根,此时 $Q(x)=xQ_m(x)$,从而方程的一个特解为
$$y=Q(x)\mathrm{e}^{\lambda x}=xQ_m(x)\mathrm{e}^{\lambda x}.$$

(3)若 $\lambda^2+p\lambda+q=0$,且 $2\lambda+p=0$,则 $Q''(x)$ 必须是一个 m 次多项式,$Q(x)$ 应该是一个 $m+2$ 次多项式,可取 $Q(x)=x^2Q_m(x)$,而 $\lambda^2+p\lambda+q=0$ 表明 λ 是特征根,$2\lambda+p=0$ 表明 λ 是特征方程的重根,此时 $Q(x)=x^2Q_m(x)$,从而方程的一个特解为
$$y=Q(x)\mathrm{e}^{\lambda x}=x^2Q_m(x)\mathrm{e}^{\lambda x}.$$

综上讨论,方程 $y''+py'+qy=P_m(x)\mathrm{e}^{\lambda x}$ 的一个特解为
$$y=x^k Q_m(x)\mathrm{e}^{\lambda x},$$
其中 $k=0,1,2$,若 λ 不是特征根,则 $k=0$;若 λ 是单根,则 $k=1$;若 λ 是重根,则 $k=2$.

将 $y=x^k Q_m(x)\mathrm{e}^{\lambda x}$ 代入方程 $y''+py'+qy=P_m(x)\mathrm{e}^{\lambda x}$,即可确定 m 次多项式 $Q_m(x)$ 的系数,从而求出 $y''+py'+qy=P_m(x)\mathrm{e}^{\lambda x}$ 的一个特解.求 $y''+py'+qy=P_m(x)\mathrm{e}^{\lambda x}$ 的一个特解的主要步骤:

(1)写出特征方程 $r^2+pr+q=0$,求出特征根 r_1,r_2;

(2)根据 λ 是否是特征根,以及是单根还是重根来确定 k 的值(0,1 或 2),写出方程的一个特解的形式:$y=x^k Q_m(x)\mathrm{e}^{\lambda x}$;

(3)将 $y=x^k Q_m(x)e^{\lambda x}$ 代入方程 $y''+py'+qy=P_m(x)e^{\lambda x}$，确定 $Q_m(x)$，从而求得方程的一个特解.

例1 求方程 $y''-2y'-3y=3x+1$ 的一个特解.

解 (1)特征方程为 $r^2-2r-3=0$，解得
$$r_1=-1, \quad r_2=3.$$

(2)微分方程 $y''-2y'-3y=3x+1$，即
$$y''-2y'-3y=(3x+1)e^{0\cdot x},$$

则 $\lambda=0, m=1$，而 $\lambda=0$ 不是特征根，故 $k=0$，从而
$$y=x^k Q_m(x)e^{\lambda x}=Q_1(x)=ax+b.$$

(3)将 $y=ax+b, y'=a, y''=0$ 代入方程 $y''-2y'-3y=3x+1$，得
$$0-2\cdot a-3(ax+b)=3x+1,$$

即
$$-3ax-2a-3b=3x+1,$$

比较可得
$$\begin{cases}-3a=3,\\-2a-3b=1,\end{cases}$$

解得 $a=-1, b=\dfrac{1}{3}$，故方程的一个特解为
$$y=-x+\frac{1}{3}.$$

例2 求方程 $y''-2y'-3y=xe^{-x}$ 的通解.

解 (1)求 $y''-2y'-3y=0$ 的通解 Y：求解特征方程 $r^2-2r-3=0$，得 $r_1=-1, r_2=3$，则
$$Y=C_1 e^{-x}+C_2 e^{3x}.$$

(2)求 $y''-2y'-3y=xe^{-x}$ 的一个特解 y^*：因为 $\lambda=-1, m=1$，故 $k=1$，设
$$y^*=x^k Q(x)e^{\lambda x}=x(ax+b)e^{-x}=(ax^2+bx)e^{-x},$$

则
$$y^{*\prime}=(2ax+b-ax^2-bx)e^{-x}=[-ax^2+(2a-b)x+b]e^{-x},$$
$$y^{*\prime\prime}=[-2ax+(2a-b)+ax^2-(2a-b)x-b]e^{-x}$$
$$=[ax^2-(4a-b)x+2a-2b]e^{-x},$$

将 $y^*, y^{*\prime}, y^{*\prime\prime}$ 代入原方程，得
$$[ax^2-(4a-b)x+2a-2b]e^{-x}-2[-ax^2+(2a-b)x+b]e^{-x}-3(ax^2+bx)e^{-x}=xe^{-x},$$

化简，得
$$-8ax+2a-4b=x,$$

比较可得
$$\begin{cases}-8a=1,\\2a-4b=0,\end{cases}$$

即
$$a=-\frac{1}{8}, \quad b=-\frac{1}{16},$$

故
$$y^*=\left(-\frac{1}{8}x^2-\frac{1}{16}x\right)e^{-x}=-\frac{1}{16}(2x^2+x)e^{-x}.$$

(3)求 $y''-2y'-3y=xe^{-x}$ 的通解：
$$y=Y+y^*=C_1 e^{-x}+C_2 e^{3x}-\frac{1}{16}(2x^2+x)e^{-x}.$$

若给定初始条件 $y(0)=1, y'(0)=\dfrac{15}{16}$，则由

$$y = C_1 e^{-x} + C_2 e^{3x} - \frac{1}{16}(2x^2 + x)e^{-x},$$

$$y' = -C_1 e^{-x} + 3C_2 e^{3x} - \frac{1}{16}(-2x^2 + 3x + 1)e^{-x},$$

有
$$\begin{cases} C_1 + C_2 = 1, \\ -C_1 + 3C_2 - \dfrac{1}{16} = \dfrac{15}{16}, \end{cases}$$

解得 $C_1 = C_2 = \dfrac{1}{2}$，从而 $y'' - 2y' - 3y = xe^{-x}$ 满足初始条件的特解为

$$y = \frac{1}{2}e^{-x} + \frac{1}{2}e^{3x} - \frac{1}{16}(2x^2 + x)e^{-x}.$$

二、自由项 $f(x) = e^{\lambda x}[P_m(x)\cos\omega x + R_n(x)\sin\omega x]$ 型

应用欧拉公式 $e^{i\theta} = \cos\theta + i\sin\theta$，有

$$\cos x = \frac{1}{2}(e^{i\theta} + e^{-i\theta}), \quad \sin x = \frac{1}{2i}(e^{i\theta} - e^{-i\theta}),$$

代入 $f(x)$ 中，将其表示为复变指数函数的形式，有

$$\begin{aligned}
f(x) &= e^{\lambda x}[P_m(x)\cos\omega x + R_n(x)\sin\omega x] \\
&= e^{\lambda x}\left[P_m(x)\frac{1}{2}(e^{i\omega x} + e^{-i\omega x}) + R_n(x)\frac{1}{2i}(e^{i\omega x} - e^{-i\omega x})\right] \\
&= \left(\frac{P_m(x)}{2} + \frac{R_n(x)}{2i}\right)e^{(\lambda + \omega i)x} + \left(\frac{P_m(x)}{2} - \frac{R_n(x)}{2i}\right)e^{(\lambda - \omega i)x} \\
&= P(x)e^{(\lambda + \omega i)x} + \bar{P}(x)e^{(\lambda - \omega i)x},
\end{aligned}$$

其中，

$$P(x) = \frac{P_m(x)}{2} + \frac{R_n(x)}{2i} = \frac{P_m(x)}{2} - \frac{R_n(x)}{2}i,$$

$$\bar{P}(x) = \frac{P_m(x)}{2} - \frac{R_n(x)}{2i} = \frac{P_m(x)}{2} + \frac{R_n(x)}{2}i$$

是互成共轭的 M 次多项式（即它们对应项的系数是共轭复数），而 $M = \max\{m, n\}$.

对于 $f(x)$ 中的第一项 $P(x)e^{(\lambda + \omega i)x}$，可用前面的结果求出一个 M 次多项式 $A_M(x)$，使得 $y_1^* = x^k A_M(x) e^{(\lambda + \omega i)x}$ 为方程

$$y'' + py' + qy = P(x)e^{(\lambda + \omega i)x}$$

的特解，其中 $k = 0, 1$，如果 $\lambda + i\omega$ 不是特征根，则 $k = 0$；如果 $\lambda + i\omega$ 是特征根，则 $k = 1$.

同理，对于 $f(x)$ 中的第二项 $\bar{P}(x)e^{(\lambda + \omega i)x}$，求出一个 M 次多项式 $B_M(x)$，使得 $y_2^* = x^k B_M(x)e^{(\lambda + \omega i)x}$ 为方程

$$y'' + py' + qy = \bar{P}(x)e^{(\lambda + \omega i)x}$$

的特解，其中 $k = 0, 1$，如果 $\lambda + i\omega$ 不是特征根，则 $k = 0$；如果 $\lambda + i\omega$ 是特征根，则 $k = 1$. 特别需要指出 $A_M(x)$ 和 $B_M(x)$ 是成共轭的 M 次多项式.

于是，二阶常系数非齐次线性微分方程具有形如

$$y^* = x^k(A_M(x)e^{(\lambda + \omega i)x} + B_M(x)e^{(\lambda - \omega i)x})$$

的特解. 再利用欧拉公式 $e^{(\lambda+\omega i)x}=e^{\lambda x}\cos\omega x+ie^{\lambda x}\sin\omega x$，上式可写为

$$y^*=x^k(A_M(x)e^{(\lambda+\omega i)x}+B_M(x)e^{(\lambda-\omega i)x})$$
$$=x^k e^{\lambda x}(A_M(x)(\cos\omega x+i\sin\omega x)+B_M(x)(\cos\omega x-i\sin\omega x)).$$

由于 $\cos\omega x+i\sin\omega x$ 和 $\cos\omega x-i\sin\omega x$ 互为共轭，$A_M(x)$ 和 $B_M(x)$ 互为共轭，因此相加后即无虚部，所以可以写成实函数形式

$$y^*=x^k e^{\lambda x}(Q_M(x)\cos\omega x+K_M(x)\sin\omega x),$$

其中，$Q_M(x)$ 和 $K_M(x)$ 是 M 次多项式，$M=\max\{m,n\}$，如果 $\lambda+i\omega$ 不是特征根，则 $k=0$；如果 $\lambda+i\omega$ 是特征根，则 $k=1$.

例 3 求微分方程 $y''-y=x\cos x$ 的一个解.

解 所给方程是二阶常系数非齐次线性微分方程，自由项 $f(x)=x\cos x$ 属于 $f(x)=e^{\lambda x}[P_m(x)\cos\omega x+R_n(x)\sin\omega x]$ 型，其中 $\lambda=0$，$\omega=1$，$P_m(x)=1$，$R_n(x)=0$.

与所给方程对应的齐次方程为

$$y''-y=0,$$

它的特征方程为

$$r^2-1=0,$$

有两个不相等的实根 $r_1=-1$，$r_2=1$，而 $\lambda+i\omega=i$ 不是特征根，故 $k=0$，从而方程 $y''-y=xe^{ix}$ 的一个解形如:

$$y^*=(ax+b)\cos x+(cx+d)\sin x,$$

代入所给方程，得

$$(2c-2ax-2b)\cos x-(2a+2cx+2d)\sin x=x\cos x,$$

比较两端同类项的系数，得

$$-2a=1,\ 2c-2b=0,\ 2c=0,\ 2a+2d=0,$$

由此解得

$$a=-\frac{1}{2},\ b=c=0,\ d=\frac{1}{2},$$

于是求得一个特解为

$$y_1=-\frac{1}{2}x\cos x+\frac{1}{2}\sin x=-\frac{1}{2}(x\cos x-\sin x).$$

事实上，同时也得到微分方程 $y''-y=x\sin x$ 的一个解（取 y^* 的虚部）：

$$y_2=\mathrm{Im}(y^*)=-\frac{1}{2}(\cos x+x\sin x).$$

自由项 $f(x)$ 除了上述两种情况外，还可能是两种情况的结合. 这时我们在求特解时，要根据具体情况进行分析.

例 4 求方程 $y''-y=e^x+x\cos x$ 的通解.

解 与所给方程对应的齐次方程为

$$y''-y=0,$$

它的特征方程为

$$r^2-1=0,$$

有两个不相等的实根 $r=\pm 1$，故

$$Y=C_1 e^x+C_2 e^{-x}.$$

现求 $y''-y=e^x$ 的一个解，观察可得

$$y_0 = \frac{x}{2}e^x.$$

再求 $y''-y=x\cos x$ 的一个解：

$$y_1 = -\frac{1}{2}(x\cos x - \sin x).$$

所以原方程的通解为

$$y = Y + y_0 + y_1 = C_1 e^x + C_2 e^{-x} + \frac{x}{2}e^x - \frac{1}{2}(x\cos x - \sin x).$$

二阶常系数非齐次线性微分方程的特解形式总结见表 8-2.

表 8-2 二阶常系数非齐次线性微分方程的特解形式

$y''+py'+qy=f(x)$	特解 $y^*(x)$ 的形式
$f(x)=P_m(x)e^{\lambda x}$，其中 $P_m(x)$ 是一个 m 次多项式.	λ 不是特征根，$y^* = Q_m(x)e^{\lambda x}$，其中 $Q_m(x)$ 同上.
	λ 是特征方程的单根，$y^* = xQ_m(x)e^{\lambda x}$，其中 $Q_m(x)$ 同上.
	λ 是特征方程的重根，$y^* = x^2 Q_m(x)e^{\lambda x}$，其中 $Q_m(x)$ 同上.
$f(x)=e^{\lambda x}[P_m(x)\cos\omega x + R_n(x)\sin\omega x]$，其中 $P_m(x)$ 是一个 m 次的多项式，$R_n(x)$ 是一个 n 次多项式，λ, ω 均为常数.	$\lambda \pm i\omega$ 不是特征根，$y^* = xe^{\lambda x}(Q_M(x)\cos\beta x + K_M(x)\sin\beta x)$，其中 $Q_M(x), K_M(x)$ 均为 M 次多项式，$M=\max\{m, n\}$.
	$\lambda \pm i\omega$ 是特征根，$y^* = e^{\lambda x}(Q_M(x)\cos\beta x + K_M(x)\sin\beta x)$，其中 $Q_M(x), K_M$ 同上.

习 题 8-8

1. $y'' - 6y' + 9y = x^2 e^{3x}$ 的一个特解形式是（   ）.

A. $y = ax^2 e^{3x}$；　　　　　　　　　　B. $y = x^2(ax^2 + bx + c)e^{3x}$；

C. $y = x(ax^2 + bx + c)e^{3x}$；　　　　　D. $y = ax^4 e^{3x}$.

2. 关于微分方程 $\dfrac{d^2 y}{dx^2} + 2\dfrac{dy}{dx} + y = e^x$，下列结论正确的是（   ）.

(1) 该方程是齐次微分方程；　　　(2) 该方程是线性微分方程；
(3) 该方程是常系数微分方程；　　(4) 该方程是二阶微分方程.

A. (1)、(2)、(3)；　　　　　　　　B. (1)、(2)、(4)；

C. (1)、(3)、(4)；　　　　　　　　D. (2)、(3)、(4).

3. 求微分方程 $y'' + 5y' + 6y = 2e^{-x}$ 的通解.

4. 求微分方程 $y''+3y'+2y=3xe^{-x}$ 的通解.

5. 求微分方程 $2y''+y'-y=2e^x$ 的通解.

6. 求微分方程 $y''+a^2y=e^x$ 的通解.

7. 求微分方程 $2y''+5y'=5x^2-2x-1$ 的通解.

8. 求微分方程 $y''-5y'+6y=3e^{2x}$ 满足初始条件 $y(0)=1$，$y(1)=-2e^3$ 的特解.

9. 求微分方程 $y''+y+\sin2x=0$ 满足初始条件 $y(\pi)=1$，$y'(\pi)=1$ 的特解.

第九节 数学建模——微分方程的应用举例

我们在前面介绍了微分方程，微分方程在物理学、力学、经济学、生物学和社会学等实际问题中具有广泛的应用. 本节我们将集中讨论微分方程的实际应用，即如何将实际问题转换成微分方程模型，从而建立出实际问题的微分方程.

建立微分方程模型很关键的一点是要掌握元素法. 所谓的元素法，从某种角度上讲，就是分析的方法，通过以下步骤建立模型：

(1) 理解表示导数的常用词，如在经济学中常用的"边际成本"、"边际收益"；在生物学中常用的种群的"增长速率"；在化学反应中常用的"扩散速率"等.

(2) 建立瞬时表达式，根据自变量 Δt 有微小改变时，因变量的增量 Δy，建立起在 Δt 时段上的增量表达式，令 $\Delta t \to 0$，得到 $\dfrac{dy}{dt}$ 的表达式.

(3) 根据已给的实际问题确定条件，这些条件是关于系统在模拟特定时刻或边界上的信息，它们独立于微分方程而成立，用以确定有关常数. 当然给定的条件和已建立的方程能完整地以数学形式描述实际问题.

除了采用元素法建立微分方程，还常用下面的两种方法建立模型：

(1) 由已知的变化规律直接建模. 如牛顿第二定律、物体冷却规律、放射性物质衰变规律、溶液稀释规律等.

(2) 模拟确定参数建立模型. 这种方法主要用于研究的问题比较复杂，而且也不清楚诸多现象所满足的规律，因而需要采集大量实验数据，提出各种假设，在一定的假设条件下模拟确定参数，再建立微分方程，进行曲线拟合或对问题进行参数估计.

例1 著名科学家伽利略在研究自由落体运动时发现，如果自由落体在 t 时刻下落的距离为 x，则加速度 $\dfrac{d^2x}{dt^2}$ 是一个常数，即有微分方程

$$\frac{d^2x}{dt^2}=g,$$

从而解出落体运动的规律：

$$x(t)=\frac{1}{2}gt^2.$$

这是微分方程应用中最早的一个例子.

例2 某地区在 t 时刻某种群数量为 $P(t)$，在没有种群个体迁入或迁出的情况下，种群数量增长率与 t 时刻种群数量 $P(t)$ 成正比，于是微分方程

$$\frac{dP(t)}{dt} = rP(t),$$

其中 r 为种群数量的单位时间增长率，是一个常数，方程表述的定律称为群体增长的马尔萨斯律，从而解出

$$P(t) = Ce^{rt}.$$

假设初始时刻 $(t=t_0)$ 种群数量为 P_0，则有

$$P(t) = P_0 e^{r(t-t_0)}.$$

例3 在推广某项新技术时，若设该项技术需要推广的总人数为 N，t 时刻掌握技术的人数为 $P(t)$，则新技术推广的速度与已推广的人数和尚待推广的人数成正比，即有微分方程

$$\frac{dP}{dt} = kP(N-P) \quad (k>0),$$

这个方程称为**逻辑斯谛方程**，其在很多领域有广泛应用，从而解出

$$P(t) = \frac{N}{1+Ce^{-kNt}}.$$

由

$$\frac{dP}{dt} = \frac{CN^2 k e^{-kNt}}{(1+Ce^{-kNt})^2},$$

$$\frac{d^2 P}{dt^2} = \frac{CN^3 k^2 e^{kNt}(Ce^{-kNt}-1)}{(1+Ce^{-kNt})^2},$$

当 $P(t) < N$ 时，有 $\frac{dP}{dt} > 0$，表明掌握技术人数 $P(t)$ 单调增加。当 $P(t) = \frac{N}{2}$ 时，$\frac{d^2 P}{dt^2} = 0$；当 $P(t) > \frac{N}{2}$ 时，$\frac{d^2 P}{dt^2} < 0$；当 $P(t) < \frac{N}{2}$ 时，$\frac{d^2 P}{dt^2} > 0$. 即当掌握技术人数达到推广的总人数 N 的一半时，推广最顺利；当掌握技术人数不足 N 的一半时，推广速度将不断增大；当掌握技术人数超过 N 的一半时，推广速度将逐渐减小。

例4 某人的食量是 10467J/天，最基本的新陈代谢要自动消耗其中的 5038J/天，每天的体育运动消耗热量大约是 69J/(kg·天)乘以他的体重(kg)。假设以脂肪形式贮存的热量 100% 有效，而 1kg 脂肪含热量 41868J，试建立微分方程模型来研究此人的体重随时间变化的规律。

解 由于体重是时间的函数，设此人的体重为 $W(t)$（单位：kg），且 $W(t)$ 是时间 t 的连续可微函数。由问题可知

体重的变化/天=净吸收量/天-净输出量/天，

净吸收量/天=10467(J/天)-5038(J/天)=5429(J/天)，

净输出量/天=69(J/(kg·天))×$W(t)$(kg)=69W(J/天)，

体重的变化/天=$\frac{\Delta W}{\Delta t}$(kg/天)，

取极限 $\lim\limits_{\Delta t \to 0} \frac{\Delta W}{\Delta t} = \frac{dW}{dt}$，再经过单位换算后有

$$\begin{cases} \dfrac{dW}{dt} = \dfrac{5429 - 69W}{41868}, \\ W|_{t=0} = W_0, \end{cases}$$

从而解出

$$W(t)=\frac{69\,W_0-5429}{69\mathrm{e}^{\frac{23t}{13956}}}+\frac{5429}{69}.$$

由上式知，随着时间的增加，即当 t 趋于无穷时，最终体重会趋于一个恒定的量，即

$$W=\frac{5429}{69}\approx 78.68(\mathrm{kg}).$$

习 题 8-9

1. 经测定，一段从松树上砍伐下来的圆木，其水分挥发速度与被砍伐的天数 t 有如下关系：

$$\frac{\mathrm{d}w}{\mathrm{d}t}=\frac{12}{\sqrt{16t+9}},$$

式中 w 表示自砍伐之日算起，圆木水分挥发的总量（单位：kg）. 如果 $t=0$ 时，$w=0$，试求 w 与时间 t 的函数关系，以及自砍伐起 100 日内挥发的水分总量.

2. 某培养基内细菌数量 p 按以下速率增长：

$$\frac{\mathrm{d}p}{\mathrm{d}t}=\frac{3000}{1+0.25t},$$

其中 t 是细菌生长的天数，假设细菌的初始数量为 1000，试求 3 天后培养基内细菌的总数.

3. 渗入物体的 X 射线被物体吸收的吸收率定义为 X 射线的强度 I 关于渗透深度 r 的变化率. 已知吸收率与物体的密度 ρ 和 X 射线的强度 I 之积成正比，即 $\frac{\mathrm{d}I}{\mathrm{d}r}=-k\rho I$，求出 X 射线强度 I 关于渗透深度 r 的函数关系（设 $r=0$ 时，$I=I_0$，ρ 为正常数）.

4. 设一物体的温度为 100℃，将其放置在空气温度为 20℃ 的环境中冷却，试求物体温度随时间 t 的变化规律.

5. 为了研究药物注射到血管后，血液中药品浓度 c（单位：mol/mL）的变化规律，我们来考虑血管上的某一体积为 V（单位：mL）的小段，假定在 $t=0$ 的瞬间，药品经注射进入这段血管，假设流入这段血管的血液即刻与血管内含有药品的血液均匀混合，若流进与流出的血量相等，都是 R（单位：mL/min），则这段血管中药品的浓度 c 满足

$$\frac{\mathrm{d}c}{\mathrm{d}t}=\left(-\frac{R}{V}\right)c,\ c|_{t=0}=c_0,$$

解此方程，求出浓度函数 $c=c(t)$ 及 $t\to+\infty$ 时 $c(t)$ 的极限.

6. 在某池塘内养鱼，该池塘最多能养鱼 1000 条，鱼数 y 是时间 t 的函数 $y=y(t)$，其变化率与鱼数 y 及 $1000-y$ 的乘积成正比. 已知池塘内放养鱼 100 条，3 个月后池塘内有鱼 250 条，求放养 t 个月后池塘内鱼数 $y(t)$ 的公式.

复 习 题 八

1. 求下列微分方程的通解.

(1) $x\dfrac{\mathrm{d}y}{\mathrm{d}x}-2y=2x$；

(2) $xy'+y-\mathrm{e}^x=0$；

(3) $yy''-(y')^2=0$；

(4) $yy''+(y')^2-1=0$.

(5) $y''-y'-e^x=0$; (6) $y''-y'-2y=0$;
(7) $y''-6y'+10y=0$; (8) $y''-4y'+4y=0$;
(9) $y''+5y'+6y=2e^{-x}$; (10) $y''+9y=5x^2$.

2. 求微分方程 $y''-4y'+3y=0$ 满足初始条件 $y|_{x=0}=6$,$y'|_{x=0}=10$ 的特解.

3. 选择题.

(1) 微分方程 $xyy''+x(y')^3-y^4y'=0$ 的阶数是( ).

A. 3; B. 4; C. 5; D. 2.

(2) 在下列函数中,能够是微分方程 $y''+y=0$ 的解的函数是( ).

A. $y=1$; B. $y=x$; C. $y=\sin x$; D. $y=e^x$.

(3) 下列方程中是一阶线性方程的是( ).

A. $(y-3)\ln x dx-x dy=0$; B. $x\dfrac{dy}{dx}=y(\ln y-\ln x)$;

C. $xy'=y^2+x^2\sin x$; D. $y''+y'-2y=0$.

(4) 若函数 $y=\cos 2x$ 是微分方程 $y'+p(x)y=0$ 的一个特解,则该方程满足初始条件 $y(0)=2$ 的特解为( ).

A. $y=\cos 2x+2$; B. $y=\cos 2x+1$;

C. $y=2\cos x$; D. $y=2\cos 2x$.

(5) 微分方程 $\dfrac{dx}{y}+\dfrac{dy}{x}=0$ 满足初始条件 $y|_{x=3}=4$ 的特解是( ).

A. $x^2+y^2=25$; B. $3x+4y=C$; C. $x^2+y^2=C$; D. $y^2-x^2=7$.

4. 填空题.

(1) 设某微分方程的通解为 $y=(C_1+C_2x)e^{2x}$,且 $y|_{x=0}=0$,$y'|_{x=0}=1$,则 $C_1=$ ____,$C_2=$ ____.

(2) 满足条件 $f(x)+2\displaystyle\int_0^x f(x)dx=x^2$ 的微分方程是 ____.

(3) 设 $y=y(x,C_1,C_2,\cdots,C_n)$ 是微分方程 $y'''-xy'+2y=1$ 的通解,则任意常数的个数 $n=$ ____.

(4) 已知 $y_1=\sin x$ 和 $y_2=\cos x$ 是 $y''+py'+qy=0$(p,q 均为常数)的两个解,则该方程的通解为 ____.

(5) 设 $r_1=3$,$r_2=4$ 为方程 $y''+py'+qy=0$(其中 p,q 均为常数)的特征方程的两个根,则该方程的通解为 ____.

第九章 无穷级数

无穷级数是微积分学的一个重要组成部分,它是表示数与函数、研究函数的性质以及进行数值计算的有力工具,它在自然科学、工程技术以及数理统计等数学分支中都有广泛的应用.本章主要讨论无穷级数的概念和性质,介绍各类无穷级数收敛和发散的判别法,并着重讨论如何将一个函数展开成幂级数.

第一节 无穷级数的概念和性质

一、无穷级数的概念

定义 1 设一个无穷数列

$$u_1, u_2, u_3, \cdots, u_n, \cdots,$$

则由这个数列构成的表达式 $u_1+u_2+u_3+\cdots+u_n+\cdots$ 称为(常数项)**无穷级数**,简称(常数项)**级数**,记作 $\sum_{n=1}^{\infty} u_n$,即

$$\sum_{n=1}^{\infty} u_n = u_1 + u_2 + u_3 + \cdots + u_n + \cdots, \tag{1}$$

其中第 n 项 u_n 称为级数的**一般项**;称级数 $\sum_{n=1}^{\infty} u_n$ 的前 n 项和 $s_n = u_1 + u_2 + u_3 + \cdots + u_n = \sum_{i=1}^{n} u_i$ 为级数的**部分和**;称数列 $\{s_n\}$: $s_1=u_1$, $s_2=u_1+u_2$, $\cdots$, $s_n=u_1+u_2+\cdots+u_n$, $\cdots$ 为级数的**部分和数列**.

例如,$\dfrac{1}{1\times 4}+\dfrac{a}{4\times 7}+\dfrac{a^2}{7\times 10}+\dfrac{a^3}{10\times 13}+\dfrac{a^4}{13\times 16}+\cdots$ 是一个无穷级数,它的一般项为 $u_n=\dfrac{a^{n-1}}{(3n-2)(3n+1)}$,故原级数可记为 $\sum_{n=1}^{\infty} \dfrac{a^{n-1}}{(3n-2)(3n+1)}$.

定义 2 如果级数 $\sum_{n=1}^{\infty} u_n$ 的部分和数列 $\{s_n\}$ 存在极限,即

$$\lim_{n\to\infty} s_n = s,$$

则称级数 $\sum_{n=1}^{\infty} u_n$ **收敛**,称 s 为级数的**和**,记为 $s=\sum_{n=1}^{\infty} u_n$;如果 $\{s_n\}$ 不存在极限,则称级数 $\sum_{n=1}^{\infty} u_n$ **发散**.称级数的和 s 与部分和 s_n 的差值 $r_n = s - s_n = u_{n+1} + u_{n+2} + \cdots$ 为级数的**余项**,称 $|r_n|$ 为 s_n 代替 s 所产生的**误差**.

例 1 证明级数

$$\sum_{n=1}^{\infty} n = 1 + 2 + \cdots + n + \cdots$$

是发散的.

证明 级数的部分和为
$$s_n = 1 + 2 + \cdots + n = \frac{n(n+1)}{2},$$

因此有 $\lim\limits_{n\to\infty} s_n = \lim\limits_{n\to\infty} \frac{n(n+1)}{2} = \infty$，所以级数是发散的.

例 2 证明级数
$$\sum_{n=1}^{\infty} \frac{1}{(2n-1)(2n+1)} = \frac{1}{1\times 3} + \frac{1}{3\times 5} + \cdots + \frac{1}{(2n-1)(2n+1)} + \cdots$$

是收敛的，并求其和.

证明 一般项
$$u_n = \frac{1}{(2n-1)(2n+1)} = \frac{1}{2}\left(\frac{1}{2n-1} - \frac{1}{2n+1}\right),$$

则部分和
$$\begin{aligned}s_n &= \frac{1}{1\times 3} + \frac{1}{3\times 5} + \cdots + \frac{1}{(2n-1)(2n+1)} \\ &= \frac{1}{2}\left[\left(1 - \frac{1}{3}\right) + \left(\frac{1}{3} - \frac{1}{5}\right) + \cdots + \left(\frac{1}{2n-1} - \frac{1}{2n+1}\right)\right] \\ &= \frac{1}{2}\left(1 - \frac{1}{2n+1}\right),\end{aligned}$$

因此有
$$\lim_{n\to\infty} s_n = \lim_{n\to\infty} \frac{1}{2}\left(1 - \frac{1}{2n+1}\right) = \frac{1}{2},$$

所以级数收敛，且和为 $s = \frac{1}{2}$.

例 3 定义级数
$$\sum_{i=0}^{\infty} aq^i = a + aq + aq^2 + \cdots + aq^i + \cdots$$

为**等比级数**（又称**几何级数**），其中 $a \neq 0$，q 叫作级数的公比，试讨论等比级数的敛散性.

解 只需按照 $|q| = 1$ 和 $|q| \neq 1$ 两种情况进行讨论.

(1) 若 $|q| = 1$.

当 $q = 1$ 时，$\lim\limits_{n\to\infty} s_n = \lim\limits_{n\to\infty} na = \infty$，级数发散；

当 $q = -1$ 时，部分和 $s_n = \begin{cases} 0, & n\text{ 为偶数}, \\ a, & n\text{ 为奇数}, \end{cases}$ 此时 s_n 不存在极限，级数发散.

(2) 若 $|q| \neq 1$.

此时级数的部分和
$$s_n = a + aq + \cdots + aq^{n-1} = \frac{a(1-q^n)}{1-q} = \frac{a}{1-q} - \frac{aq^n}{1-q}.$$

当 $|q| > 1$ 时，$\lim\limits_{n\to\infty} s_n = \infty$，级数发散；

当 $|q| < 1$ 时，$\lim\limits_{n\to\infty} s_n = \frac{a}{1-q}$，级数收敛.

综上所述，当 $|q| < 1$ 时，等比级数 $\sum\limits_{i=0}^{\infty} aq^i$ 收敛；当 $|q| \geq 1$ 时，等比级数 $\sum\limits_{i=0}^{\infty} aq^i$ 发散.

二、无穷级数的基本性质

性质 1 如果级数 $\sum_{n=1}^{\infty} u_n$ 收敛于和 s，则级数 $\sum_{n=1}^{\infty} k u_n$ 也收敛，且其和为 ks.

证明 设级数 $\sum_{n=1}^{\infty} u_n$ 的部分和为 $s_n = u_1 + u_2 + \cdots + u_n$，则级数 $\sum_{n=1}^{\infty} k u_n$ 的部分和为
$$\sigma_n = k u_1 + k u_2 + \cdots + k u_n = k(u_1 + u_2 + \cdots + u_n) = k s_n,$$
所以
$$\lim_{n \to \infty} \sigma_n = \lim_{n \to \infty} k s_n = k \lim_{n \to \infty} s_n = ks,$$
显然，级数 $\sum_{n=1}^{\infty} k u_n$ 收敛，且和为 ks.

注：根据性质 1 的证明，当 $k \neq 0$ 时，如果级数 $\sum_{n=1}^{\infty} u_n$ 发散，则级数 $\sum_{n=1}^{\infty} k u_n$ 也发散. 即级数的每一项同乘一个不为零的常数后，它的敛散性不发生改变.

性质 2 如果级数 $\sum_{n=1}^{\infty} u_n$ 与 $\sum_{n=1}^{\infty} v_n$ 分别收敛于和 s 与 σ，则级数 $\sum_{n=1}^{\infty} (u_n \pm v_n)$ 也收敛，且其和为 $s \pm \sigma$.

证明 设级数 $\sum_{n=1}^{\infty} u_n$ 与 $\sum_{n=1}^{\infty} v_n$ 的部分和分别为 s_n 与 σ_n，则级数 $\sum_{n=1}^{\infty} (u_n \pm v_n)$ 的部分和为
$$\begin{aligned} \omega_n &= (u_1 \pm v_1) + (u_2 \pm v_2) + \cdots + (u_n \pm v_n) \\ &= (u_1 + u_2 + \cdots + u_n) \pm (v_1 + v_2 + \cdots + v_n) = s_n \pm \sigma_n, \end{aligned}$$
所以
$$\lim_{n \to \infty} \omega_n = \lim_{n \to \infty} (s_n \pm \sigma_n) = s \pm \sigma,$$
显然，级数 $\sum_{n=1}^{\infty} (u_n \pm v_n)$ 收敛，且其和为 $s \pm \sigma$.

性质 2 说明两个收敛级数可以逐项相加或相减.

性质 3 如果在级数 $\sum_{n=1}^{\infty} u_n$ 中去掉、加上或改变有限项，不改变级数的敛散性.

证明 首先证明在级数 $\sum_{n=1}^{\infty} u_n$ 的前面部分去掉有限项的情形. 设将级数 $\sum_{n=1}^{\infty} u_n$ 的前 k 项去掉，则得到新级数 $\sum_{n=k+1}^{\infty} u_n$，此级数的部分和为
$$\sigma_n = u_{k+1} + u_{k+2} + \cdots + u_{k+n} = s_{k+n} - s_k,$$
于是
$$\lim_{n \to \infty} \sigma_n = \lim_{n \to \infty} (s_{k+n} - s_k) = \lim_{n \to \infty} s_{k+n} - s_k,$$
显然，部分和 σ_n 与 s_{k+n} 同时收敛或发散，故在级数 $\sum_{n=1}^{\infty} u_n$ 的前面部分去掉有限项，并没有改变级数的敛散性.

同理可证，在级数的前面加上或改变有限项，不会改变级数的敛散性.

对于在级数中任意去掉、加上或改变有限项的情形，都可以看成是上述已证情形的变形，结论同样成立.

性质 4 如果级数 $\sum_{n=1}^{\infty} u_n$ 收敛，则对级数的项任意加括号后所成的级数仍收敛，且其和

不变.

证明 设对级数 $\sum_{n=1}^{\infty} u_n$ 的项任意加括号后所成的级数为

$$(u_1+\cdots+u_{n_1})+(u_{n_1+1}+\cdots+u_{n_2})+\cdots+(u_{n_{k-1}+1}+\cdots+u_{n_k})+, \qquad (2)$$

它的部分和数列为 $\{\sigma_k\}$，则

$$\sigma_1 = u_1+\cdots+u_{n_1} = s_{n_1},$$
$$\sigma_2 = (u_1+\cdots+u_{n_1})+(u_{n_1+1}+\cdots+u_{n_2}) = s_{n_2},$$
$$\cdots\cdots\cdots\cdots$$
$$\sigma_k = (u_1+\cdots+u_{n_1})+(u_{n_1+1}+\cdots+u_{n_2})+\cdots+(u_{n_{k-1}+1}+\cdots+u_{n_k}) = s_{n_k},$$
$$\cdots\cdots\cdots\cdots$$

显然，数列 $\{\sigma_k\}$ 是数列 $\{s_n\}$ 的一个子数列，所以 $\lim_{k\to\infty}\sigma_k = \lim_{n\to\infty}s_n$，即加括号后级数收敛，且其和不变.

注：(1) 反之不一定成立，即一个级数加括号后得到的新级数是收敛的，不能推出原级数一定是收敛的. 例如，级数

$$(1-1)+(1-1)+\cdots+(1-1)+\cdots$$

收敛于零，但去掉括号后得到的级数

$$1-1+1-1+\cdots+(-1)^{n-1}+\cdots$$

是发散的.

(2) 如果加括号后得到的新级数是发散的，则原级数一定是发散的.

性质 5（级数收敛的必要条件） 如果级数 $\sum_{n=1}^{\infty} u_n$ 收敛，则级数的一般项趋于零，即 $\lim_{n\to\infty} u_n = 0$.

证明 设级数 $\sum_{n=1}^{\infty} u_n$ 的部分和为 s_n，则 $\lim s_n = s$，于是有

$$\lim_{n\to\infty} u_n = \lim_{n\to\infty}(s_n - s_{n-1}) = s - s = 0.$$

注：(1) 如果 $\lim_{n\to\infty} u_n \neq 0$，则级数 $\sum_{n=1}^{\infty} u_n$ 一定是发散的.

(2) 由 $\lim_{n\to\infty} u_n = 0$ 不能判定级数 $\sum_{n=1}^{\infty} u_n$ 一定是收敛的，如下面的例 5.

例 4 判断级数 $\sum_{n=1}^{\infty}(-1)^{n-1}\dfrac{n}{n+1}$ 的敛散性.

解 因为 $\lim_{n\to\infty}(-1)^{n-1}\dfrac{n}{n+1} \neq 0$，不满足级数收敛的必要条件，所以此级数发散.

例 5 判断级数 $\sum_{n=1}^{\infty}\ln\dfrac{n+2}{n+1}$ 的敛散性.

解 因为级数的部分和

$$s_n = \ln\dfrac{3}{2} + \ln\dfrac{4}{3} + \cdots + \ln\dfrac{n+2}{n+1}$$
$$= (\ln 3 - \ln 2) + (\ln 4 - \ln 3) + \cdots + (\ln(n+1) - \ln n) +$$
$$\quad (\ln(n+2) - \ln(n+1))$$
$$= \ln(n+2) - \ln 2,$$

则
$$\lim_{n\to\infty}s_n = \lim_{n\to\infty}\ln(n+2) - \ln 2 = \infty,$$
所以此级数发散.

在例 5 中,虽然有 $\lim\limits_{n\to\infty}u_n = \lim\limits_{n\to\infty}\ln\dfrac{n+2}{n+1} = 0$,但是级数也是发散的.

习 题 9-1

1. 写出下列级数的一般项.

(1) $1 + \dfrac{1}{4} + \dfrac{1}{7} + \dfrac{1}{10} + \cdots$;

(2) $\tan\dfrac{1}{3} + 2\tan\dfrac{1}{9} + 3\tan\dfrac{1}{27} + 4\tan\dfrac{1}{81} + \cdots$;

(3) $1 - \dfrac{2}{2^2} + \dfrac{3!}{3^3} - \dfrac{4!}{4^4} + \cdots$;

(4) $\dfrac{a^3}{3} - \dfrac{a^4}{5} + \dfrac{a^5}{7} - \dfrac{a^6}{9} + \cdots$.

2. 判断下列级数的敛散性.

(1) $\sum\limits_{n=1}^{\infty}\left(\dfrac{1}{3^n} + \dfrac{1}{5^n}\right)$;   (2) $\sum\limits_{n=1}^{\infty}\dfrac{5^n}{4^n}$;

(3) $\sum\limits_{n=1}^{\infty}\dfrac{2n}{(n+1)!}$;   (4) $\sum\limits_{n=1}^{\infty}\dfrac{1}{\sqrt[n]{5}}$.

第二节 正项级数

一、正项级数的概念

定义 如果级数 $\sum\limits_{n=1}^{\infty}u_n$ 的一般项 $u_n \geq 0 (n=1, 2, \cdots)$,则称级数 $\sum\limits_{n=1}^{\infty}u_n$ 为**正项级数**.

设 $\sum\limits_{n=1}^{\infty}u_n$ 是正项级数,则它的部分和 $s_1, s_2, \cdots, s_n, \cdots$ 满足
$$s_1 \leq s_2 \leq \cdots \leq s_n \leq \cdots, \tag{1}$$
显然部分和数列 $\{s_n\}$ 是单调递增数列.根据 $\{s_n\}$ 的这个性质,可以得出如下重要结论.

定理 1 正项级数收敛的充分必要条件是:它的部分和数列 $\{s_n\}$ 有界.

证明 必要性 如果正项级数 $\sum\limits_{n=1}^{\infty}u_n$ 收敛,则 $\lim\limits_{n\to\infty}s_n = s$,所以部分和数列 $\{s_n\}$ 有界.

充分性 设数列 $\{s_n\}$ 有界,又由(1)式知,数列 $\{s_n\}$ 单调递增,则根据单调有界数列必存在极限的准则,可得数列 $\{s_n\}$ 存在极限,即 $\lim\limits_{n\to\infty}s_n = s$,所以正项级数收敛.

二、正项级数的审敛法

定理 2(比较审敛法) 设 $\sum\limits_{n=1}^{\infty}u_n$ 和 $\sum\limits_{n=1}^{\infty}v_n$ 都是正项级数,且 $u_n \leq v_n$,

(1) 若级数 $\sum\limits_{n=1}^{\infty}v_n$ 收敛,则级数 $\sum\limits_{n=1}^{\infty}u_n$ 也收敛;

(2)若级数 $\sum\limits_{n=1}^{\infty}u_n$ 发散，则级数 $\sum\limits_{n=1}^{\infty}v_n$ 也发散；

证明 (1)设级数 $\sum\limits_{n=1}^{\infty}u_n$ 的部分和为 s_n，级数 $\sum\limits_{n=1}^{\infty}v_n$ 的和为 σ，则
$$s_n = u_1 + u_2 + \cdots + u_n \leqslant v_1 + v_2 + \cdots + v_n + \cdots = \sigma,$$
即部分和数列 $\{s_n\}$ 有界，由定理1可知，级数 $\sum\limits_{n=1}^{\infty}u_n$ 收敛.

(2)设级数 $\sum\limits_{n=1}^{\infty}u_n$ 发散，则级数 $\sum\limits_{n=1}^{\infty}v_n$ 一定发散. 因为如果级数 $\sum\limits_{n=1}^{\infty}v_n$ 收敛，则由(1)的结论可知，级数 $\sum\limits_{n=1}^{\infty}u_n$ 应该是收敛的，与假设矛盾.

例1 无穷级数
$$\sum_{n=1}^{\infty}\frac{1}{n} = 1 + \frac{1}{2} + \frac{1}{3} + \cdots + \frac{1}{n} + \cdots$$
叫作**调和级数**，试判断调和级数的敛散性.

解 因为
$$\begin{aligned}\sum_{n=1}^{\infty}\frac{1}{n} &= 1 + \frac{1}{2} + \frac{1}{3} + \frac{1}{4} + \cdots + \frac{1}{n} + \cdots \\ &= \left(1 + \frac{1}{2}\right) + \left(\frac{1}{3} + \frac{1}{4}\right) + \left(\frac{1}{5} + \frac{1}{6} + \frac{1}{7} + \frac{1}{8}\right) + \cdots \\ &> \frac{1}{2} + \left(\frac{1}{4} + \frac{1}{4}\right) + \left(\frac{1}{8} + \frac{1}{8} + \frac{1}{8} + \frac{1}{8}\right) + \cdots \\ &= \frac{1}{2} + \frac{1}{2} + \frac{1}{2} + \frac{1}{2} + \cdots \\ &= \sum_{n=1}^{\infty}\frac{n}{2},\end{aligned}$$
而级数 $\sum\limits_{n=1}^{\infty}\frac{n}{2}$ 发散，故由比较审敛法可知，调和级数发散.

例2 无穷级数
$$\sum_{n=1}^{\infty}\frac{1}{n^p} = 1 + \frac{1}{2^p} + \frac{1}{3^p} + \cdots + \frac{1}{n^p} + \cdots$$
叫作 p **级数**，其中常数 $p > 0$，试判断 p 级数的敛散性.

解 对 p 进行分类讨论如下：

(1)当 $0 < p \leqslant 1$ 时，显然有 $\frac{1}{n^p} \geqslant \frac{1}{n}$，而调和级数 $\sum\limits_{n=1}^{\infty}\frac{1}{n}$ 发散，则由比较审敛法可知，p 级数 $\sum\limits_{n=1}^{\infty}\frac{1}{n^p}$ 发散.

(2)当 $p > 1$ 时，
$$\begin{aligned}\sum_{n=1}^{\infty}\frac{1}{n^p} &= 1 + \frac{1}{2^p} + \frac{1}{3^p} + \frac{1}{4^p} \cdots + \frac{1}{n^p} + \cdots \\ &= 1 + \left(\frac{1}{2^p} + \frac{1}{3^p}\right) + \left(\frac{1}{4^p} + \frac{1}{5^p} + \frac{1}{6^p} + \frac{1}{7^p}\right) + \cdots\end{aligned}$$

$$\leqslant 1+\left(\frac{1}{2^p}+\frac{1}{2^p}\right)+\left(\frac{1}{4^p}+\frac{1}{4^p}+\frac{1}{4^p}+\frac{1}{4^p}\right)+\cdots$$

$$=1+\frac{1}{2^{p-1}}+\frac{1}{2^{2(p-1)}}+\cdots$$

$$=\sum_{n=0}^{\infty}\left(\frac{1}{2^{p-1}}\right)^n,$$

而级数 $\sum_{n=0}^{\infty}\left(\frac{1}{2^{p-1}}\right)^n$ 是收敛的等比级数（公比 $q=\frac{1}{2^{p-1}}<1$），故由比较审敛法可知，p 级数 $\sum_{n=1}^{\infty}\frac{1}{n^p}$ 收敛.

综上所述，当 $0<p\leqslant 1$ 时，p 级数 $\sum_{n=1}^{\infty}\frac{1}{n^p}$ 发散；当 $p>1$ 时，p 级数 $\sum_{n=1}^{\infty}\frac{1}{n^p}$ 收敛.

例 3 判断级数 $\sum_{n=1}^{\infty}\frac{1}{(n+1)(n+2)}$ 的敛散性.

解 因为级数的一般项 $u_n=\frac{1}{(n+1)(n+2)}\leqslant\frac{1}{n^2}$，而级数 $\sum_{n=1}^{\infty}\frac{1}{n^2}$ 收敛，由比较审敛法可知，级数 $\sum_{n=1}^{\infty}\frac{1}{(n+1)(n+2)}$ 是收敛的.

例 4 判断级数 $\sum_{n=1}^{\infty}\frac{1}{\ln(n+1)}$ 的敛散性.

解 容易验证 $\ln(n+1)<n$，因此有 $\frac{1}{\ln(n+1)}>\frac{1}{n}$，而调和级数 $\sum_{n=1}^{\infty}\frac{1}{n}$ 发散，由比较审敛法可知，级数 $\sum_{n=1}^{\infty}\frac{1}{\ln(n+1)}$ 是发散的.

定理 3（比值审敛法，也称达朗贝尔判别法） 设 $\sum_{n=1}^{\infty}u_n$ 是正项级数，如果 $\lim_{n\to\infty}\frac{u_{n+1}}{u_n}=\rho$，则

(1) 若 $\rho<1$，则级数 $\sum_{n=1}^{\infty}u_n$ 收敛；

(2) 若 $\rho>1$ $\left(\text{或}\lim_{n\to\infty}\frac{u_{n+1}}{u_n}=\infty\right)$，则级数 $\sum_{n=1}^{\infty}u_n$ 发散；

(3) 若 $\rho=1$，则级数 $\sum_{n=1}^{\infty}u_n$ 可能收敛，也可能发散.

证明 (1) 当 $\rho<1$ 时，设 α 是 $n\to\infty$ 时的无穷小，满足 $\rho+\alpha<1$，则根据极限的性质，$\frac{u_{n+1}}{u_n}=\rho+\alpha$，所以

$$u_{n+1}=(\rho+\alpha)u_n=(\rho+\alpha)^2u_{n-1}=\cdots=(\rho+\alpha)^nu_1,$$

而级数 $\sum_{n=1}^{\infty}(\rho+\alpha)^nu_1$ 是公比小于 1 的等比级数，是收敛的，故原级数 $\sum_{n=1}^{\infty}u_n$ 收敛.

(2) 当 $\rho>1$ 时，设 α 是 $n\to\infty$ 时的无穷小，满足 $\rho-\alpha>1$，则根据极限的性质，$\frac{u_{n+1}}{u_n}=$

$\rho-\alpha$，所以
$$u_{n+1}=(\rho-\alpha)u_n=(\rho-\alpha)^2 u_{n-1}=\cdots=(\rho-\alpha)^n u_1,$$
而级数 $\sum_{n=1}^{\infty}(\rho-\alpha)^n u_1$ 是公比大于 1 的等比级数，是发散的，故原级数 $\sum_{n=1}^{\infty} u_n$ 发散．

同理可证 $\lim_{n\to\infty}\dfrac{u_{n+1}}{u_n}=\infty$ 的情况．

(3) 当 $\rho=1$ 时，不能判定级数 $\sum_{n=1}^{\infty} u_n$ 的敛散性，需要另寻他法进行判定．例如，p 级数 $\sum_{n=1}^{\infty}\dfrac{1}{n^p}$，极限 $\rho=\lim_{n\to\infty}\dfrac{u_{n+1}}{u_n}=\lim_{n\to\infty}\dfrac{1}{(n+1)^p}\Big/\dfrac{1}{n^p}=1$，但我们知道当 $0<p\leq 1$ 时，p 级数 $\sum_{n=1}^{\infty}\dfrac{1}{n^p}$ 发散；当 $p>1$ 时，p 级数 $\sum_{n=1}^{\infty}\dfrac{1}{n^p}$ 收敛．

例 5 判断级数 $\sum_{n=1}^{\infty}\dfrac{1}{(n+1)!}$ 的敛散性．

解 因为
$$\rho=\lim_{n\to\infty}\dfrac{u_{n+1}}{u_n}=\lim_{n\to\infty}\dfrac{1}{(n+2)!}\Big/\dfrac{1}{(n+1)!}=\lim_{n\to\infty}\dfrac{1}{n+2}=0<1,$$
故由比值审敛法可知，级数 $\sum_{n=1}^{\infty}\dfrac{1}{(n+1)!}$ 收敛．

例 6 判断级数 $\sum_{n=1}^{\infty}\dfrac{4^n}{n\cdot 3^n}$ 的敛散性．

解 因为
$$\rho=\lim_{n\to\infty}\dfrac{u_{n+1}}{u_n}=\lim_{n\to\infty}\dfrac{4^{n+1}}{(n+1)\cdot 3^{n+1}}\Big/\dfrac{4^n}{n\cdot 3^n}=\lim_{n\to\infty}\dfrac{4}{3}\cdot\dfrac{n}{n+1}=\dfrac{4}{3}>1,$$
故由比值审敛法可知，级数 $\sum_{n=1}^{\infty}\dfrac{4^n}{n\cdot 3^n}$ 发散．

例 7 判断级数 $\sum_{n=1}^{\infty}\dfrac{1}{2n(2n+1)}$ 的敛散性．

解 因为
$$\rho=\lim_{n\to\infty}\dfrac{u_{n+1}}{u_n}=\lim_{n\to\infty}\dfrac{1}{(2n+2)(2n+3)}\Big/\dfrac{1}{2n(2n+1)}=\lim_{n\to\infty}\dfrac{2n(2n+1)}{(2n+2)(2n+3)}=1,$$
故由比值审敛法不能判断级数的敛散性．但 $2n+1>2n>n$，所以 $\dfrac{1}{2n\cdot(2n+1)}<\dfrac{1}{n^2}$，而级数 $\sum_{n=1}^{\infty}\dfrac{1}{n^2}$ 收敛，因此由比较审敛法可知，级数 $\sum_{n=1}^{\infty}\dfrac{1}{2n\cdot(2n+1)}$ 收敛．

定理 4（根值审敛法，也称柯西判别法） 设 $\sum_{n=1}^{\infty} u_n$ 是正项级数，如果 $\lim_{n\to\infty}\sqrt[n]{u_n}=\rho$，则

(1) 若 $\rho<1$，则级数 $\sum_{n=1}^{\infty} u_n$ 收敛；

(2) 若 $\rho>1$，则级数 $\sum_{n=1}^{\infty} u_n$ 发散；

(3) 若 $\rho=1$，则级数 $\sum\limits_{n=1}^{\infty}u_n$ 可能收敛，也可能发散.

定理 4 的证明与定理 3 相似，留给读者自己证明.

例 8 判断级数 $\sum\limits_{n=1}^{\infty}\left(\dfrac{2n}{6n+1}\right)^n$ 的敛散性.

解 因为

$$\rho=\lim_{n\to\infty}\sqrt[n]{u_n}=\lim_{n\to\infty}\sqrt[n]{\left(\dfrac{2n}{6n+1}\right)^n}=\lim_{n\to\infty}\dfrac{2n}{6n+1}=\dfrac{1}{3}<1,$$

所以由根值审敛法可知，级数 $\sum\limits_{n=1}^{\infty}\left(\dfrac{2n}{6n+1}\right)^n$ 收敛.

例 9 判断级数 $\sum\limits_{n=1}^{\infty}\left(\dfrac{n}{2n+1}\right)^{n-1}$ 的敛散性.

解 因为

$$\rho=\lim_{n\to\infty}\sqrt[n]{u_n}=\lim_{n\to\infty}\sqrt[n]{\left(\dfrac{n}{2n+1}\right)^{n-1}}=\lim_{n\to\infty}\left(\dfrac{n}{2n+1}\right)^{1-\frac{1}{n}}$$

$$=\lim_{n\to\infty}\dfrac{n}{2n+1}\cdot\left(2+\dfrac{1}{n}\right)^{\frac{1}{n}}$$

$$=\dfrac{1}{2}\mathrm{e}^{\lim\limits_{n\to\infty}\frac{1}{n}\ln\left(2+\frac{1}{n}\right)}=\dfrac{1}{2}<1,$$

所以由根值审敛法可知，级数 $\sum\limits_{n=1}^{\infty}\left(\dfrac{n}{2n+1}\right)^{n-1}$ 收敛.

习 题 9-2

1. 用比较审敛法判断下列级数的敛散性.

(1) $\dfrac{1}{2}+\dfrac{1}{5}+\dfrac{1}{8}+\cdots+\dfrac{1}{3n-1}+\cdots$；

(2) $\dfrac{1}{2\cdot 4}+\dfrac{1}{3\cdot 5}+\cdots+\dfrac{1}{(n+1)(n+3)}+\cdots$；

(3) $\dfrac{1}{4}+\dfrac{1}{7}+\cdots+\dfrac{1}{n^2+3}+\cdots$；

(4) $\sin\dfrac{\pi}{3}+\sin\dfrac{\pi}{3^2}+\sin\dfrac{\pi}{3^3}+\cdots+\sin\dfrac{\pi}{3^n}+\cdots$.

2. 用比值审敛法判断下列级数的敛散性.

(1) $\dfrac{5}{1\cdot 2}+\dfrac{5^2}{2\cdot 2^2}+\dfrac{5^2}{3\cdot 2^3}+\cdots+\dfrac{5^n}{n\cdot 2^n}+\cdots$；

(2) $\dfrac{3}{1!}+\dfrac{3^2}{2!}+\dfrac{3^3}{3!}+\cdots+\dfrac{3^n}{n!}+\cdots$；

(3) $\dfrac{3}{4}+2\cdot\left(\dfrac{3}{4}\right)^2+3\cdot\left(\dfrac{3}{4}\right)^3+\cdots+n\cdot\left(\dfrac{3}{4}\right)^n+\cdots$；

(4) $2+\dfrac{3}{2}+\dfrac{4}{2^2}+\cdots+\dfrac{n+1}{2^{n-1}}+\cdots$.

3. 用根值审敛法判断下列级数的敛散性.

(1) $\sum_{n=1}^{\infty} \frac{1}{[\ln(n+3)]^n}$;

(2) $\sum_{n=1}^{\infty} \left(\frac{a}{b_n}\right)^n$,其中$\lim\limits_{n\to\infty} b_n = \frac{1}{2}a$,$a>0$,$b_n>0$.

第三节 任意项级数

一般地,如果级数 $\sum_{n=1}^{\infty} u_n$ 的各项是任意实数,则称级数 $\sum_{n=1}^{\infty} u_n$ 为**任意项级数**. 上节讨论的正项级数就是各项都为正数的任意项级数,本节将介绍另一种重要的任意项级数,即交错级数及其审敛法.

一、交错级数的概念及其审敛法

定义 1 各项是正负交错的级数称为**交错级数**. 一般形式为

$$\sum_{n=1}^{\infty} (-1)^{n-1} u_n = u_1 - u_2 + u_3 - u_4 + \cdots \tag{1}$$

或

$$\sum_{n=1}^{\infty} (-1)^n u_n = -u_1 + u_2 - u_3 + u_4 - \cdots, \tag{2}$$

其中 $u_n > 0 (n=1, 2, \cdots)$.

例如,级数

$$\sum_{n=1}^{\infty} (-1)^{n-1} \frac{1}{n} = 1 - \frac{1}{2} + \frac{1}{3} - \frac{1}{4} + \cdots,$$

$$\sum_{n=1}^{\infty} (-1)^n \cos \frac{1}{2^n} = -\cos \frac{1}{2} + \cos \frac{1}{2^2} - \cos \frac{1}{2^3} + \cdots$$

都是交错级数.

因为级数(2)的每一项都乘以 -1 就可以得到级数(1),由级数的性质可知,级数(2)的敛散性不会发生改变,所以我们只需讨论形如(1)式的级数审敛法即可,见如下定理.

定理 1(莱布尼茨定理) 如果交错级数 $\sum_{n=1}^{\infty} (-1)^{n-1} u_n$ 满足条件:

(1) $u_n \geqslant u_{n+1} (n=1, 2, \cdots)$;

(2) $\lim\limits_{n\to\infty} u_n = 0$,

则级数收敛,且其和 $s \leqslant u_1$,其余项 r_n 的绝对值 $|r_n| \leqslant u_{n+1}$.

证明 只需证明交错级数的前 $2n$ 项的和 s_{2n} 与前 $2n+1$ 项的和 s_{2n+1} 的极限都存在且相等即可.

先证明前 $2n$ 项的和 s_{2n} 的极限存在. 为了证明需要,将 s_{2n} 写成如下两种形式:

$$s_{2n} = (u_1 - u_2) + (u_3 - u_4) + \cdots + (u_{2n-1} - u_{2n}) \tag{3}$$

及

$$s_{2n} = u_1 - (u_2 - u_3) - (u_4 - u_5) - \cdots - (u_{2n-2} - u_{2n-1}) - u_{2n}. \tag{4}$$

由(3)式可知,数列$\{s_{2n}\}$是单调递增的,由(4)式可知$s_{2n}<u_1$,所以,根据单调有界数列必有极限的准则,数列$\{s_{2n}\}$存在极限,即$\lim\limits_{n\to\infty}s_{2n}=s\leqslant u_1$.

再证明前$2n+1$项的和s_{2n+1}的极限存在. 由定理的条件(2)可知$\lim\limits_{n\to\infty}u_{2n+1}=0$,故有
$$\lim_{n\to\infty}s_{2n+1}=\lim_{n\to\infty}(s_{2n}+u_{2n+1})=s.$$

由上面的证明可见,交错级数的前偶数项的和与前奇数项的和趋于同一极限s,所以$\lim\limits_{n\to\infty}s_n=s\leqslant u_1$,而且余项的绝对值满足:
$$|r_n|=u_{n+1}-u_{n+2}+\cdots\leqslant u_{n+1}.$$

例 1 判断交错级数
$$\sum_{n=1}^{\infty}(-1)^{n-1}\frac{1}{n}=1-\frac{1}{2}+\frac{1}{3}-\frac{1}{4}+\cdots$$
的敛散性.

解 因为该级数满足定理 1 的两个条件:

(1)$u_n=\dfrac{1}{n}>u_{n+1}=\dfrac{1}{n+1}(n=1,2,\cdots)$;

(2)$\lim\limits_{n\to\infty}u_n=\lim\limits_{n\to\infty}\dfrac{1}{n}=0$,

所以该级数是收敛的,且其和$s<u_1=1$,其余项r_n的绝对值$|r_n|\leqslant u_{n+1}=\dfrac{1}{n+1}$.

例 2 判断交错级数
$$\sum_{n=1}^{\infty}(-1)^{n-1}\frac{1}{\ln(n+2)}=\frac{1}{\ln3}-\frac{1}{\ln4}+\frac{1}{\ln5}-\frac{1}{\ln6}+\cdots$$
的敛散性.

解 因为该级数满足定理 1 的两个条件:

(1)$u_n=\dfrac{1}{\ln(n+2)}>u_{n+1}=\dfrac{1}{\ln(n+3)}(n=1,2,\cdots)$;

(2)$\lim\limits_{n\to\infty}u_n=\lim\limits_{n\to\infty}\dfrac{1}{\ln(n+2)}=0$,

所以该级数是收敛的,且其和$s<u_1=\dfrac{1}{\ln3}$,其余项r_n的绝对值$|r_n|\leqslant u_{n+1}=\dfrac{1}{\ln(n+3)}$.

例 3 判断交错级数$\sum\limits_{n=2}^{\infty}(-1)^n\dfrac{\sqrt{n}}{n-1}$的敛散性.

解 设函数$f(x)=\dfrac{\sqrt{x}}{x-1}(x\geqslant 2)$,则
$$f'(x)=\left(\frac{\sqrt{x}}{x-1}\right)'=-\frac{1+x}{2\sqrt{x}(x-1)^2}<0(x\geqslant 2),$$

可知,函数$f(x)=\dfrac{\sqrt{x}}{x-1}(x\geqslant 2)$是单调递减函数,故当$n\geqslant 2$时,数列$\left\{\dfrac{\sqrt{n}}{n-1}\right\}$是单调递减数列. 因此该级数满足定理 1 的两个条件:

(1)$u_n=\dfrac{\sqrt{n}}{n-1}>u_{n+1}=\dfrac{\sqrt{n+1}}{n}(n=2,3,\cdots)$;

(2) $\lim\limits_{n\to\infty}u_n=\lim\limits_{n\to\infty}\dfrac{\sqrt{n}}{n-1}=0$,

所以该级数是收敛的.

二、绝对收敛与条件收敛

设级数 $\sum\limits_{n=1}^{\infty}u_n$ 是任意项级数,现将其各项都取绝对值,就可以得到一个新的级数 $\sum\limits_{n=1}^{\infty}|u_n|$,显然 $\sum\limits_{n=1}^{\infty}|u_n|$ 是一个正项级数,此正项级数可能收敛,也可能发散. 例如,级数 $\sum\limits_{n=1}^{\infty}|u_n|=\sum\limits_{n=1}^{\infty}\left|(-1)^{n-1}\dfrac{1}{n^2}\right|=\sum\limits_{n=1}^{\infty}\dfrac{1}{n^2}$ 是收敛的,而级数 $\sum\limits_{n=1}^{\infty}|u_n|=\sum\limits_{n=1}^{\infty}\left|(-1)^{n-1}\dfrac{1}{n}\right|=\sum\limits_{n=1}^{\infty}\dfrac{1}{n}$ 是发散的.

下面我们就根据级数 $\sum\limits_{n=1}^{\infty}|u_n|$ 的敛散性给出绝对收敛和条件收敛的定义.

定义 2 设级数 $\sum\limits_{n=1}^{\infty}u_n$ 是任意项级数,

(1) 如果正项级数 $\sum\limits_{n=1}^{\infty}|u_n|$ 收敛,则称级数 $\sum\limits_{n=1}^{\infty}u_n$ **绝对收敛**;

(2) 如果级数 $\sum\limits_{n=1}^{\infty}u_n$ 收敛,而正项级数 $\sum\limits_{n=1}^{\infty}|u_n|$ 发散,则称级数 $\sum\limits_{n=1}^{\infty}u_n$ **条件收敛**.

例 4 判断交错级数 $\sum\limits_{n=1}^{\infty}(-1)^{n-1}\dfrac{1}{n}$ 是条件收敛,还是绝对收敛.

解 正项级数 $\sum\limits_{n=1}^{\infty}\left|(-1)^{n-1}\dfrac{1}{n}\right|=\sum\limits_{n=1}^{\infty}\dfrac{1}{n}$ 是发散的,而由例 1 可知,级数 $\sum\limits_{n=1}^{\infty}(-1)^{n-1}\dfrac{1}{n}$ 是收敛的,因此级数 $\sum\limits_{n=1}^{\infty}(-1)^{n-1}\dfrac{1}{n}$ 是条件收敛.

例 5 判断交错级数 $\sum\limits_{n=1}^{\infty}(-1)^{n-1}\dfrac{n}{6^{n-1}}$ 是条件收敛,还是绝对收敛.

解 设 $u_n=(-1)^{n-1}\dfrac{n}{6^{n-1}}$,则

$$\sum\limits_{n=1}^{\infty}|u_n|=\sum\limits_{n=1}^{\infty}\left|(-1)^{n-1}\dfrac{n}{6^{n-1}}\right|=\sum\limits_{n=1}^{\infty}\dfrac{n}{6^{n-1}}.$$

因为 $\lim\limits_{n\to\infty}\left|\dfrac{u_{n+1}}{u_n}\right|=\lim\limits_{n\to\infty}\dfrac{n+1}{6^n}\bigg/\dfrac{n}{6^{n-1}}=\lim\limits_{n\to\infty}\dfrac{1}{6}\cdot\dfrac{n+1}{n}=\dfrac{1}{6}<1$,

由比值审敛法可知,$\sum\limits_{n=1}^{\infty}\dfrac{n}{6^{n-1}}$ 是收敛的,所以级数 $\sum\limits_{n=1}^{\infty}(-1)^{n-1}\dfrac{n}{6^{n-1}}$ 是绝对收敛的.

例 6 判断交错级数 $\sum\limits_{n=1}^{\infty}(-1)^{n-1}\sin\dfrac{1}{n^2}$ 是条件收敛,还是绝对收敛.

解 设 $u_n=(-1)^{n-1}\sin\dfrac{1}{n^2}$,则

$$\sum_{n=1}^{\infty}|u_n| = \sum_{n=1}^{\infty}\left|(-1)^{n-1}\sin\frac{1}{n^2}\right| = \sum_{n=1}^{\infty}\sin\frac{1}{n^2}.$$

因为 $\sin\frac{1}{n^2} \leqslant \frac{1}{n^2}$，而级数 $\sum_{n=1}^{\infty}\frac{1}{n^2}$ 收敛，由比较审敛法可知，$\sum_{n=1}^{\infty}\sin\frac{1}{n^2}$ 是收敛的，所以级数 $\sum_{n=1}^{\infty}(-1)^{n-1}\sin\frac{1}{n^2}$ 是绝对收敛的.

定理 2　如果级数 $\sum_{n=1}^{\infty}u_n$ 绝对收敛，则级数 $\sum_{n=1}^{\infty}u_n$ 必定收敛.

证明　设 $v_n = \frac{1}{2}(u_n + |u_n|)(n=1, 2, \cdots)$，则 $v_n = \begin{cases} u_n, & u_n > 0 \\ 0, & u_n \leqslant 0, \end{cases}$ 故 $0 \leqslant v_n \leqslant |u_n|$. 因为级数 $\sum_{n=1}^{\infty}u_n$ 绝对收敛，即 $\sum_{n=1}^{\infty}|u_n|$ 收敛，故由比较审敛法可知，$\sum_{n=1}^{\infty}v_n$ 收敛，进而 $\sum_{n=1}^{\infty}2v_n$ 收敛，所以

$$\sum_{n=1}^{\infty}u_n = \sum_{n=1}^{\infty}(2v_n - |u_n|) = \sum_{n=1}^{\infty}2v_n - \sum_{n=1}^{\infty}|u_n|$$

是收敛的.

由定理 2 可知，我们可以将判断任意项级数的敛散性问题转化为判断正项级数的敛散性问题，从而借助于正项级数敛散性的审敛法，能够更容易判断任意项级数的敛散性. 如上面例 5 和例 6 的两个交错级数绝对收敛，因此很容易判断它们是收敛的.

例 7　判断级数 $\sum_{n=1}^{\infty}\frac{\sin n\alpha}{n^4}$ 的敛散性.

解　因为 $\left|\frac{\sin n\alpha}{n^4}\right| \leqslant \frac{1}{n^4}$，而级数 $\sum_{n=1}^{\infty}\frac{1}{n^4}$ 是收敛的，所以级数 $\sum_{n=1}^{\infty}\left|\frac{\sin n\alpha}{n^4}\right|$ 是收敛的. 由定理 2 可知，级数 $\sum_{n=1}^{\infty}\frac{\sin n\alpha}{n^4}$ 收敛.

习　题　9-3

判断下列交错级数是绝对收敛，还是条件收敛.

(1) $1 - \frac{1}{\sqrt[3]{2}} + \frac{1}{\sqrt[3]{3}} - \frac{1}{\sqrt[3]{4}} + \cdots$；

(2) $\frac{1}{2} - \frac{1}{2 \cdot 2^2} + \frac{1}{3 \cdot 2^3} - \frac{1}{4 \cdot 2^4} + \cdots$；

(3) $1 - \frac{3}{2} + \frac{5}{4} - \frac{7}{8} + \cdots + (-1)^{n-1}\frac{2n-1}{2^{n-1}} + \cdots$；

(4) $\sum_{n=1}^{\infty}(-1)^n\sin\frac{1}{n^5}$.

第四节　幂　级　数

一、函数项级数的一般概念

前面讲过常数项级数，其各项均为一个常数. 若将各项改变为定义在区间 I 上的一个函

数,便为函数项级数.

设 $u_n(x)$, $n=1, 2, \cdots$ 是定义在区间 I 上的函数,序列
$$u_1(x), u_2(x), \cdots, u_n(x), \cdots$$
是一个函数列,对于 I 上某一固定的点,它为一数列,对另外一点,它又为另外一个数列.将其各项相加,便得到由这函数列构成的表达式:
$$u_1(x)+u_2(x)+\cdots+u_n(x)+\cdots, \tag{1}$$
简记为 $\sum\limits_{n=1}^{\infty} u_n(x)$,称为定义在 I 上的函数项级数.

注:事实上,我们已经接触过函数项级数了,只不过出现的形式不同.如 p 级数 $\sum\limits_{n=1}^{\infty}\dfrac{1}{n^p}$,$\sum\limits_{n=1}^{\infty} nx^n$,$\sum\limits_{n=1}^{\infty}\dfrac{\alpha^n}{n!}$ 等.

对于 $x=x_0 \in I$ 处,上述函数项级数即为一个常数项级数:
$$\sum_{n=1}^{\infty} u_n(x_0) = u_1(x_0)+u_2(x_0)+\cdots+u_n(x_0)+\cdots. \tag{2}$$
若级数(2)收敛,就称 $x=x_0$ 是函数项级数(1)的一个**收敛点**;若级数(2)发散,就称 $x=x_0$ 是函数项级数(1)的一个**发散点**.显然,对于 $\forall x \in I$,x 不是收敛点,就是发散点,二者必居其一.所有收敛点的全体称为函数项级数(1)的**收敛域**,所有发散点的全体称为函数项级数(1)的**发散域**.若对于 I 中的每一点 x_0,级数(2)均收敛,就称函数项级数(1)在 I 上收敛.

对于收敛域中的每一个点 x,函数项级数 $\sum\limits_{n=1}^{\infty} u_n(x)$ 为一个收敛的常数项级数,且对于不同的点,收敛于不同的数(和),因此,在收敛域上,函数项级数的和是点 x 的函数,记为 $s(x)$,则 $\sum\limits_{n=1}^{\infty} u_n(x) = s(x)$,$s(x)$ 又称为和函数.

若将其部分和函数记为 $s_n(x)$,则 $\lim\limits_{n\to\infty} s_n(x)=s(x)$.同理,称 $r_n(x)=s(x)-s_n(x)$ 为 $\sum\limits_{n=1}^{\infty} u_n(x)$ 的余项.$|r_n(x)|$ 为 $s_n(x)$ 代替 $s(x)$ 时的误差.显然,也有 $\lim\limits_{n\to\infty} r_n(x)=0$($x$ 为收敛域中任一点).

二、幂级数及其敛散性

幂级数是函数项级数中最简单的一类级数,它具有如下形式:
$$\sum_{n=0}^{\infty} a_n x^n = a_0+a_1 x+a_2 x^2+\cdots+a_n x^n+\cdots,$$
其中 a_0, a_1, a_2, $\cdots$, a_n, $\cdots$ 叫作幂级数的系数.显然,幂级数在 $(-\infty, +\infty)$ 上都有定义.

从幂级数的形式不难看出,任何幂级数在 $x=0$ 处总是收敛的.而对 $\forall x \neq 0$ 的点处,幂级数的敛散性如何呢?先看一个例子.考察幂级数
$$1+x+x^2+\cdots+x^n+\cdots$$
的敛散性.由第一节例3知道,当 $|x|<1$ 时,此级数收敛于和 $\dfrac{1}{1-x}$;当 $|x|\geqslant 1$ 时,这级数发散.因此,这级数的收敛域是 $(-1, 1)$,发散域是 $(-\infty, -1]\cup[1, +\infty)$,并有

$$\frac{1}{1-x} = 1 + x + x^2 + \cdots + x^n + \cdots \quad (-1 < x < 1).$$

在这个例子中我们看到，这个幂级数的收敛域是一个区间．事实上，这个结论对于一般的幂级数也是成立的．先看如下定理．

定理 1（阿贝尔（Abel）定理） 设幂级数

$$\sum_{n=0}^{\infty} a_n x^n = a_0 + a_1 x + a_2 x^2 + \cdots + a_n x^n + \cdots, \tag{3}$$

若幂级数(3)在 $x = x_0 (x_0 \neq 0)$ 处收敛，则对于满足条件 $|x| < |x_0|$ 的一切 x，幂级数(3)绝对收敛．反之，若它在 $x = x_0$ 处发散，则对一切适合不等式 $|x| > |x_0|$ 的 x，幂级数(3)发散．

证明 因为 $a_0 + a_1 x_0 + a_2 x_0^2 + \cdots + a_n x_0^n + \cdots$ 收敛，所以 $\lim_{n \to \infty} a_n x_0^n = 0$，所以 $\exists M > 0$，对 $\forall n = 0, 1, 2, \cdots$，有 $|a_n x_0^n| \leqslant M$.

又

$$|a_n x^n| = \left| a_n x_0^n \cdot \frac{x^n}{x_0^n} \right| = |a_n x_0^n| \cdot \left| \frac{x^n}{x_0^n} \right| \leqslant M \left| \frac{x}{x_0} \right|^n,$$

当 $|x| < |x_0|$ 时，$\left| \frac{x}{x_0} \right| < 1$，所以 $\sum_{n=0}^{\infty} M \left| \frac{x}{x_0} \right|^n$ 收敛，即 $\sum_{n=0}^{\infty} |a_n x^n|$ 收敛，所以 $\sum_{n=0}^{\infty} a_n x^n$ 绝对收敛．

发散的情形用反证法即可证明，留给读者自证．

由定理 1 可知：若幂级数在 $x = x_0$ 处收敛，那么对于开区间 $(-|x_0|, |x_0|)$ 内的任何幂级数都收敛；若它在 $x = x_0$ 处发散，则对于闭区间 $[-|x_0|, |x_0|]$ 外的一切的 x，级数发散，从而有：

推论 如果幂级数(3)不是在 $(-\infty, +\infty)$ 上的每一点都收敛，也不是只在 $x = 0$ 处收敛，那么必存在一个唯一的正数 R，使得

(1) 当 $|x| < R$ 时，幂级数(3)收敛；

(2) 当 $|x| > R$ 时，幂级数(3)发散；

(3) 当 $x = R$ 或 $x = -R$ 时，幂级数(3)可能收敛，也可能发散．

正数 R 称为幂级数(3)的收敛半径．开区间 $(-R, R)$ 叫作幂级数(3)的收敛区间．再由幂级数 $x = \pm R$ 的敛散性就可以决定它的收敛域是 $(-R, R)$、$[-R, R)$、$(-R, R]$ 或 $[-R, R]$ 这四个区间之一．若幂级数(3)在 $(-\infty, +\infty)$ 上的每一点都收敛，就规定 $R = +\infty$；若幂级数(3)仅在 $x = 0$ 处收敛，就规定 $R = 0$．下面来求 R．

定理 2 设幂级数 $\sum_{n=0}^{\infty} a_n x^n$，当 $n \geqslant N$ 时，其系数 $a_n \neq 0$（N 为某一个正整数），且存在极限

$$\lim_{n \to \infty} \left| \frac{a_{n+1}}{a_n} \right| = \rho,$$

则 (1) 当 $0 < \rho < +\infty$ 时，收敛半径 $R = \frac{1}{\rho}$；

(2) 当 $\rho = 0$ 时，收敛半径 $R = +\infty$；

(3) 当 $\rho = +\infty$ 时，收敛半径 $R = 0$．

证明 当 $x = 0$ 时级数必收敛．下面考察 $x \neq 0$ 的情形，对幂级数 $\sum_{n=0}^{\infty} a_n x^n$，各项取绝对

值，形成级数

$$\sum_{n=0}^{\infty}|a_n x^n| = |a_0| + |a_1 x| + |a_2 x^2| + \cdots + |a_n x^n| + \cdots, \qquad (4)$$

对级数(4)直接用比值审敛法，得

$$\lim_{n\to\infty}\left|\frac{a_{n+1}x^{n+1}}{a_n x^n}\right| = |x|\lim_{n\to\infty}\left|\frac{a_{n+1}}{a_n}\right| = \rho|x|.$$

(1) 如果 $0<\rho<+\infty$，则当 $\rho|x|<1$，即 $|x|<\frac{1}{\rho}$ 时，级数(4)收敛，从而级数 $\sum_{n=0}^{\infty}|a_n x^n|$ 收敛，即 $\sum_{n=0}^{\infty}a_n x^n$ 绝对收敛；当 $\rho|x|>1$，即 $|x|>\frac{1}{\rho}$ 时，从某一个 n 开始，有 $|a_{n+1}x^{n+1}|>|a_n x^n|$，因此，级数(4)的通项 $|a_n x^n|$ 当 $n\to\infty$ 时不趋于零，所以当 $n\to\infty$ 时 $a_n x^n$ 也不趋于零，从而级数 $\sum_{n=0}^{\infty}a_n x^n$ 发散，于是得收敛半径 $R=\frac{1}{\rho}=\lim_{n\to\infty}\left|\frac{a_n}{a_{n+1}}\right|$.

(2) 当 $\rho=0$ 时，则对任一 x，$\rho|x|=0<1$，因此对任一 x（包括 $x=0$），级数(4)收敛，从而级数(3)绝对收敛，于是收敛半径 $R=+\infty$.

(3) 当 $\rho=+\infty$ 时，对一切 $x\neq 0$ 及充分大的 n，都有 $\left|\frac{a_{n+1}}{a_n}x\right|>1$，此时，

$$|a_{n+1}x^{n+1}| = |a_n x^n|\cdot\left|\frac{a_{n+1}}{a_n}x\right| > |a_n x^n|,$$

则当 n 趋向于无穷大时幂级数(3)的一般项不趋于零，从而级数(3)也必发散，于是得 $R=0$.

例1 求幂级数 $\sum_{n=1}^{\infty}\frac{1}{n^2}x^n$ 的收敛半径与收敛域.

解 因为 $a_n=\frac{1}{n^2}$，所以

$$\lim_{n\to\infty}\left|\frac{a_{n+1}}{a_n}\right| = \lim_{n\to\infty}\left(\frac{n}{n+1}\right)^2 = 1,$$

故收敛半径为 $R=1$.

又当 $|x|=1$ 时，$\sum_{n=1}^{\infty}\left|\frac{1}{n^2}x^n\right|=\sum_{n=1}^{\infty}\frac{1}{n^2}$ 收敛，所以 $\sum_{n=1}^{\infty}\frac{1}{n^2}$ 绝对收敛，所以收敛域为 $[-1,1]$.

例2 求幂级数 $\sum_{n=1}^{\infty}\frac{1}{n}x^n$ 的收敛半径与收敛域.

解 因为 $a_n=\frac{1}{n}$，所以

$$\lim_{n\to\infty}\left|\frac{a_{n+1}}{a_n}\right| = \lim_{n\to\infty}\frac{n}{n+1} = 1,$$

故收敛半径为 $R=1$.

又当 $x=1$ 时，$\sum_{n=1}^{\infty}\frac{1}{n}x^n=\sum_{n=1}^{\infty}\frac{1}{n}$ 是调和级数，发散；

当 $x=-1$ 时，$\sum_{n=1}^{\infty}\frac{1}{n}x^n=\sum_{n=1}^{\infty}\frac{(-1)^n}{n}$ 是交错级数，收敛，

所以收敛域为 $[-1,1)$.

例3 求幂级数 $\sum\limits_{n=1}^{\infty} n^n x^n$ 的收敛半径与收敛域.

解 因为 $a_n = n^n$,所以
$$\lim_{n\to\infty}\left|\frac{a_{n+1}}{a_n}\right|=\lim_{n\to\infty}\frac{(n+1)^{n+1}}{n^n}=+\infty,$$
所以收敛半径为 $R=0$,收敛域为原点.

例4 求幂级数 $\sum\limits_{n=0}^{\infty} \dfrac{x^n}{n!} = 1+x+\dfrac{x^2}{2!}+\cdots+\dfrac{x^n}{n!}+\cdots$ 的收敛域.

解 因为
$$\rho=\lim_{n\to\infty}\left|\frac{a_{n+1}}{a_n}\right|=\lim_{n\to\infty}\frac{\frac{1}{(n+1)!}}{\frac{1}{n!}}=\lim_{n\to\infty}\frac{1}{n+1}=0,$$
所以收敛半径为 $R=+\infty$,收敛域为 $(-\infty,+\infty)$.

例5 求 $\sum\limits_{n=1}^{\infty}\dfrac{(2n)!}{(n!)^2}x^{2n}$ 的收敛域.

解 观察幂级数的形式发现,$\sum\limits_{n=1}^{\infty}\dfrac{(2n)!}{(n!)^2}x^{2n}$ 是缺项级数,那么就不能直接利用定理2求级数的收敛半径.

方法一:令 $y=x^2$,则所给级数变为 $\sum\limits_{n=1}^{\infty}\dfrac{(2n)!}{(n!)^2}y^n$,收敛半径为
$$R=\lim_{n\to\infty}\left|\frac{a_n}{a_{n+1}}\right|=\lim_{n\to\infty}\left|\frac{(n+1)^2}{(2n+1)(2n+2)}\right|=\frac{1}{4},$$
故级数 $\sum\limits_{n=1}^{\infty}\dfrac{(2n)!}{(n!)^2}y^n$,当 $|y|<\dfrac{1}{4}$ 时收敛;当 $|y|>\dfrac{1}{4}$ 时发散;当 $y=\dfrac{1}{4}$ 时,级数为 $\sum\limits_{n=1}^{\infty}\dfrac{(2n)!}{(n!)^2}\left(\dfrac{1}{4}\right)^n$,发散,因此 $\sum\limits_{n=1}^{\infty}\dfrac{(2n)!}{(n!)^2}y^n$ 的收敛域为 $\left[0,\dfrac{1}{4}\right)$.

因为 $y=x^2$,所以当 $x^2<\dfrac{1}{4}$ 时,原级数收敛;当 $x^2\geqslant\dfrac{1}{4}$ 时,原级数发散,所以收敛域为 $\left(-\dfrac{1}{2},\dfrac{1}{2}\right)$.

方法二:对原级数直接用比值审敛法.
$$\lim_{n\to\infty}\left|\frac{u_{n+1}(x)}{u_n(x)}\right|=\lim_{n\to\infty}\left|\frac{(2n+1)(2n+2)}{(n+1)^2}x^2\right|=4x^2,$$
当 $4x^2<1$ 时,原级数收敛;当 $4x^2\geqslant 1$ 时,原级数发散,所以收敛域为 $\left(-\dfrac{1}{2},\dfrac{1}{2}\right)$.

例6 求 $\sum\limits_{n=1}^{\infty}\dfrac{2^n}{n+1}(x-2)^n$ 的收敛域.

解 同例5,可用两种解法.

方法一:令 $y=x-2$,所给级数转化为 $\sum\limits_{n=1}^{\infty}\dfrac{2^n}{n+1}y^n$,收敛半径为
$$R=\lim_{n\to\infty}\left|\frac{a_n}{a_{n+1}}\right|=\lim_{n\to\infty}\left|\frac{n+2}{2(n+1)}\right|=\frac{1}{2},$$

故级数 $\sum_{n=1}^{\infty} \frac{2^n}{n+1} y^n$ 当 $|y|<\frac{1}{2}$ 时收敛；当 $|y|>\frac{1}{2}$ 时发散；当 $y=\frac{1}{2}$ 或 $-\frac{1}{2}$ 时，级数分别为 $\sum_{n=1}^{\infty} \frac{2^n}{n+1}\left(\frac{1}{2}\right)^n$ 和 $\sum_{n=1}^{\infty} \frac{2^n}{n+1}\left(-\frac{1}{2}\right)^n$，前者发散，后者收敛，故 $\sum_{n=1}^{\infty} \frac{2^n}{n+1} y^n$ 的收敛域为 $\left[-\frac{1}{2}, \frac{1}{2}\right)$.

又 $y=x-2$，所以 $-\frac{1}{2} \leqslant x-2 < \frac{1}{2} \Rightarrow \frac{3}{2} \leqslant x < \frac{5}{2}$，所以收敛域为 $\left[\frac{3}{2}, \frac{5}{2}\right)$.

方法二：直接用比值审敛法，这里不再详述．

三、幂级数的运算性质

定理 3 设幂级数 $a_0 + a_1 x + a_2 x^2 + \cdots + a_n x^n + \cdots$ 和 $b_0 + b_1 x + b_2 x^2 + \cdots + b_n x^n + \cdots$ 的收敛半径分别为 R_1 和 R_2（均为正数），取 $R = \min\{R_1, R_2\}$，则在区间 $(-R, R)$ 内有

(1) 加法与减法：$\sum_{n=0}^{\infty}(a_n \pm b_n) x^n = \sum_{n=0}^{\infty} a_n x^n \pm \sum_{n=0}^{\infty} b_n x^n$ 在区间 $(-R, R)$ 内收敛．

(2) 乘法：$\left(\sum_{n=0}^{\infty} a_n x^n\right)\left(\sum_{n=0}^{\infty} b_n x^n\right) = \sum_{n=0}^{\infty}(a_0 b_n + a_1 b_{n-1} + \cdots + a_n b_0) x^n$ 在区间 $(-R, R)$ 内收敛．

定理 4 设幂级数 $\sum_{n=0}^{\infty} a_n x^n$ 在 $(-R, R)$ 内的和函数为 $s(x)$，则

(1) 幂级数 $\sum_{n=0}^{\infty} a_n x^n$ 的和函数 $s(x)$ 在其收敛域 I 上连续．若幂级数在 $x=R$（或 $x=-R$）处也收敛，则 $s(x)$ 在 $x=R$ 处左连续（或在 $x=-R$ 处右连续）．

(2) 幂级数 $\sum_{n=0}^{\infty} a_n x^n$ 的和函数 $s(x)$ 在其收敛区间 $(-R, R)$ 内可导，并有逐项求导公式：

$$s'(x) = \left(\sum_{n=0}^{\infty} a_n x^n\right)' = \sum_{n=0}^{\infty}(a_n x^n)' = \sum_{n=1}^{\infty} n a_n x^{n-1},$$

求导后的幂级数与原幂级数有相同的收敛半径 R．

(3) 幂级数 $\sum_{n=0}^{\infty} a_n x^n$ 的和函数 $s(x)$ 在其收敛域 I 上可积，并有逐项积分公式：

$$\int_0^x s(t) dt = \int_0^x \left(\sum_{n=0}^{\infty} a_n t^n\right) dt = \sum_{n=0}^{\infty} a_n \int_0^x t^n dt = \sum_{n=0}^{\infty} \frac{a_n}{n+1} x^{n+1},$$

其中 x 是 $(-R, R)$ 内任一点，积分后的幂级数与原幂级数有相同的收敛半径 R．

注：(1) 若逐项求导或逐项积分后的幂级数在 $x=R$ 或 $x=-R$ 处收敛，则 $s'(x) = \sum_{n=0}^{\infty} n a_n x^{n-1}$ 或 $\int_0^x s(t) dt = \sum_{n=0}^{\infty} \frac{a_n}{n+1} x^{n+1}$ 对 $x=R$ 或 $x=-R$ 处也成立．

(2) 反复应用定理 4(2) 可得：幂级数 $\sum_{n=0}^{\infty} a_n x^n$ 的和函数 $s(x)$ 在收敛区间内具有任意阶导数．

例 7 证明 $1 - \frac{1}{2} + \frac{1}{3} - \frac{1}{4} + \cdots + (-1)^{n+1} \frac{1}{n} + \cdots = \ln 2.$

证明 不难知

$$1+x+x^2+\cdots+x^n+\cdots=\frac{1}{1-x}(-1<x<1),$$

逐项从 0 到 x 积分,得

$$-\ln(1-x)=x+\frac{x^2}{2}+\frac{x^3}{3}+\cdots+\frac{x^{n+1}}{n+1}+\cdots(-1<x<1),$$

上式右端级数对 $x=-1$ 也收敛. 由注(1)知, 令 $x=-1$, 上式成立, 即

$$-\ln[1-(-1)]=-1+\frac{(-1)^2}{2}+\frac{(-1)^3}{3}+\cdots+\frac{(-1)^{n+1}}{n+1}+\cdots,$$

所以

$$1-\frac{1}{2}+\frac{1}{3}-\frac{1}{4}+\cdots+(-1)^{n+1}\frac{1}{n}+\cdots=\ln 2.$$

例 8 求 $\sum_{n=1}^{\infty}n^2x^n$ 的和函数以及收敛半径.

解 令 $s(x)=\sum_{n=1}^{\infty}n^2x^n$, $f(x)=\sum_{n=1}^{\infty}n^2x^{n-1}$. 显然 $s(x)=xf(x)$. 现在对 $f(x)$ 求积分:

$$\int_0^x f(t)\mathrm{d}t=\int_0^x\sum_{n=1}^{\infty}n^2t^{n-1}\mathrm{d}t=\sum_{n=1}^{\infty}n^2\int_0^x t^{n-1}\mathrm{d}t=\sum_{n=1}^{\infty}nx^n.$$

令 $g(x)=\sum_{n=1}^{\infty}nx^{n-1}$, 则 $\int_0^x f(t)\mathrm{d}t=xg(x)$. 又对 $g(x)$ 求积分:

$$\int_0^x g(t)\mathrm{d}t=\int_0^x\sum_{n=1}^{\infty}nt^{n-1}\mathrm{d}t=\sum_{n=1}^{\infty}n\int_0^x t^{n-1}\mathrm{d}t=\sum_{n=1}^{\infty}x^n.$$

显然 $\sum_{n=1}^{\infty}x^n$ 的和函数为 $\frac{x}{1-x}$, 收敛半径为 1, 进而由定理 4 知, $\sum_{n=1}^{\infty}n^2x^n$ 的收敛半径也为 1. 下面求和函数 $s(x)$:

由

$$\int_0^x g(t)\mathrm{d}t=\frac{x}{1-x}\Rightarrow g(x)=\left(\frac{x}{1-x}\right)'=\frac{1}{(1-x)^2}$$

$$\Rightarrow \int_0^x f(t)\mathrm{d}t=xg(x)=\frac{x}{(1-x)^2}$$

$$\Rightarrow f(x)=\left(\frac{x}{(1-x)^2}\right)'=\frac{1+x}{(1-x)^3},$$

则 $s(x)=xf(x)=\frac{x(1+x)}{(1-x)^3}$ 即为所求和函数.

习 题 9-4

1. 求下列幂级数的收敛域.

(1) $1-x+\frac{x^2}{2^2}-\cdots+(-1)^{n-1}\frac{x^{n-1}}{(n-1)^2}+\cdots$;

(2) $\frac{x}{1\cdot 3}+\frac{x^2}{2\cdot 3^2}+\frac{x^3}{3\cdot 3^3}+\cdots+\frac{x^n}{n\cdot 3^n}+\cdots$;

(3) $\frac{2}{2}x+\frac{2^2}{5}x^2+\frac{2^3}{10}x^3+\cdots+\frac{2^n}{n^2+1}x^n+\cdots$;

(4) $-\frac{1}{3}x^3+\frac{1}{5}x^5-\frac{1}{7}x^7+\cdots+\frac{(-1)^n}{2n+1}x^{2n+1}+\cdots$.

2. 利用逐项求导或逐项积分，求下列幂级数的和函数．

(1) $x - \dfrac{1}{3}x^3 + \dfrac{1}{5}x^5 - \dfrac{1}{7}x^7 + \cdots$；

(2) $2x + 4x^3 + 6x^5 + 8x^7 + \cdots$；

(3) $\sum\limits_{n=1}^{\infty} \dfrac{x^{4n+1}}{4n+1}$；

(4) $1 - 2x + 3x^2 - 4x^3 + \cdots$．

第五节　函数展开成幂级数

一、泰勒级数

在实际问题中会遇到这样的问题，对于已知的函数 $f(x)$，能否在某个区间内展开成幂级数，也就是说能否找到这样一个幂级数，该幂级数在某个区间内恰好收敛于 $f(x)$，即 $f(x)$ 是该幂级数的和函数，如果能找到这样的幂级数，我们就说函数 $f(x)$ 在该区间能展开成幂级数．

以前我们学过一个函数的泰勒公式，具体是：如果 $f(x)$ 在点 $x=x_0$ 的某邻域内具有直到 $n+1$ 阶导数，则有其 n 阶泰勒公式：

$$f(x) = f(x_0) + f'(x_0)(x-x_0) + \dfrac{f''(x_0)}{2!}(x-x_0)^2 + \cdots + \dfrac{f^{(n)}(x_0)}{n!}(x-x_0)^n + R_n(x), \tag{1}$$

其中 $R_n(x)$ 为拉格朗日型余项：

$$R_n(x) = \dfrac{f^{(n+1)}(\xi)}{(n+1)!}(x-x_0)^{n+1}, \tag{2}$$

ξ 介于 x_0 与 x 之间．换而言之，$|R_n(x)|$ 就是用

$$P_n(x) = f(x_0) + f'(x_0)(x-x_0) + \dfrac{f''(x_0)}{2!}(x-x_0)^2 + \cdots + \dfrac{f^{(n)}(x_0)}{n!}(x-x_0)^n$$

代替 $f(x)$ 时所产生的误差．如果随着 n 的增大，误差越来越小，则说明近似代替的效果越来越好．

下面我们系统地介绍一下：$f(x)$ 在 $x=x_0$ 的某邻域内具有各阶导数 $f'(x)$，$f''(x)$，$\cdots$，$f^{(n)}(x)$，$\cdots$，且其余项有 $\lim\limits_{n\to\infty} R_n(x) = 0$，则有 $\lim\limits_{n\to\infty}[f(x) - P_n(x)] = 0$，即 $f(x) = \lim\limits_{n\to\infty} P_n(x)$．

定义 1　若 $f(x)$ 在点 $x=x_0$ 有各阶导数 $f'(x_0)$，$f''(x_0)$，$\cdots$，$f^{(n)}(x_0)$，$\cdots$，就称

$$f(x_0) + f'(x_0)(x-x_0) + \dfrac{f''(x_0)}{2!}(x-x_0)^2 + \cdots + \dfrac{f^{(n)}(x_0)}{n!}(x-x_0)^n + \cdots \tag{3}$$

为 $f(x)$ 在 $x=x_0$ 处的**泰勒级数**(Taylor)．

$f(x)$ 在 $x=x_0$ 处的泰勒级数显然为一个函数项级数，它有其敛散性，综合前述我们有如下定理：

定理　设 $f(x)$ 在 x_0 的某邻域内有各阶导数，$f(x)$ 在 $x=x_0$ 处的泰勒级数在 x_0 的某邻域内收敛于 $f(x)$ 的充要条件为 $\lim\limits_{n\to\infty} R_n(x) = 0$．

注：(1) 若 $f(x)$ 在 $x=x_0$ 处的泰勒级数在 x_0 的某邻域内收敛于 $f(x)$，或者说和函数为

$f(x)$，这时我们写成

$$f(x)=f(x_0)+f'(x_0)(x-x_0)+\frac{f''(x_0)}{2!}(x-x_0)^2+\cdots+\frac{f^{(n)}(x_0)}{n!}(x-x_0)^n+\cdots,$$

且说 $f(x)$ 展开成泰勒级数(或称 $f(x)$ 在 $x=x_0$ 处的泰勒展开式).

(2)并非任一函数都可展开成泰勒级数. 如考虑 $f(x)=\begin{cases} e^{-\frac{1}{x^2}}, & x\neq 0 \\ 0, & x=0 \end{cases}$ 在 $x=0$ 处的各阶导数都存在，且 $f^{(n)}(0)=0$，$n=1, 2, \cdots$，此时，$f(x)$ 在 $x=0$ 处有泰勒级数：

$$0+0x+\frac{0}{2!}x^2+\cdots+\frac{0}{n!}x^n+\cdots,$$

显然，它在 $(-\infty, +\infty)$ 上收敛，且和函数为 0，而不是 $f(x)$. 事实上，其泰勒级数未必收敛，即使收敛也未必收敛于 $f(x)$.

二、函数展开成幂级数

定义 2 设 $f(x)$ 在 $x_0=0$ 的某邻域内有各阶导数时，$f(x)$ 的泰勒级数变为

$$f(0)+f'(0)x+\frac{f''(0)}{2!}x^2+\cdots+\frac{f^{(n)}(0)}{n!}x^n+\cdots,$$

称为函数 $f(x)$ 的**麦克劳林级数**.

将函数 $f(x)$ 展开成幂级数，也就是将函数 $f(x)$ 展开成麦克劳林级数，通常有下面几个步骤：

(1)求出 $f(x)$ 的各阶导数：$f'(x)$，$f''(x)$，$\cdots$，$f^{(n)}(x)$，$\cdots$，若在 $x=0$ 处，$f(x)$ 的某阶导数不存在，即终止，此函数不能展开成幂级数.

(2)求出 $f(0)$，$f'(0)$，$f''(0)$，$\cdots$，$f^{(n)}(0)$，$\cdots$.

(3)求出幂级数 $f(0)+f'(0)x+\frac{f''(0)}{2!}x^2+\cdots+\frac{f^{(n)}(0)}{n!}x^n+\cdots$ 的收敛半径 R.

(4)观察当 $|x|<R$ 时，是否有 $\lim\limits_{n\to\infty}R_n(x)=0$，若无，则说明 $f(x)$ 不能展开成幂级数；若有，则说明 $f(x)$ 可以展开成幂级数，且有

$$f(x)=f(0)+f'(0)x+\frac{f''(0)}{2!}x^2+\cdots+\frac{f^{(n)}(0)}{n!}x^n+\cdots, \quad |x|<R.$$

例 1 将 $f(x)=e^x$ 在 $x=0$ 展开成幂级数.

解 不难得出

$$f^{(n)}(x)=e^x, \quad n=1, 2, \cdots,$$

进而 $f^{(n)}(0)=1$，$n=1, 2, \cdots$，所以幂级数为

$$1+x+\frac{1}{2!}x^2+\cdots+\frac{1}{n!}x^n+\cdots,$$

其收敛半径为 $R=+\infty$.

对 $\forall x$，$R_n(x)=\frac{e^\xi}{(n+1)!}x^{n+1}$（$\xi$ 在 0 与 x 之间），显然

$$|R_n(x)|=\left|\frac{e^\xi}{(n+1)!}x^{n+1}\right|\leqslant \frac{e^{|x|}}{(n+1)!}|x|^{n+1},$$

而对 $\forall x$，

$$\lim_{n\to\infty}\frac{e^{|x|}}{(n+1)!}|x|^{n+1}=e^{|x|}\lim_{n\to\infty}\frac{|x|^{n+1}}{(n+1)!}=0,$$

故有 $\lim_{n\to\infty}R_n(x)=0$ 对 $\forall x\in(-\infty,+\infty)$ 成立.

所以 $f(x)=e^x$ 可展开成幂级数

$$e^x=1+x+\frac{1}{2!}x^2+\cdots+\frac{1}{n!}x^n+\cdots,\quad x\in(-\infty,+\infty).$$

例2 将 $f(x)=\sin x$ 展开为 x 的幂级数.

解 由于 $f^{(n)}(x)=\sin\left(x+\frac{n\pi}{2}\right),\ n=1,2,\cdots,$

令 $x=0$,则

$$f(0)=0,\ f^{(2n)}(0)=0,\ f^{(2n-1)}(0)=(-1)^{n-1},\ n=1,2,\cdots,$$

所以幂级数为

$$x-\frac{x^3}{3!}+\frac{x^5}{5!}-\cdots+(-1)^{n-1}\frac{x^{2n-1}}{(2n-1)!}+\cdots,$$

其收敛半径为 $R=+\infty$.

又对 $\forall x,\ R_n(x)=\dfrac{\sin\left(\xi+(n+1)\dfrac{\pi}{2}\right)}{(n+1)!}x^{n+1}$ (ξ 在 0 与 x 之间), 显然

$$|R_n(x)|\leqslant\frac{|x|^{n+1}}{(n+1)!}\to 0,$$

所以 $\lim_{n\to\infty}R_n(x)=0$ 对 $\forall x\in(-\infty,+\infty)$ 成立.

所以 $\sin x=x-\dfrac{x^3}{3!}+\dfrac{x^5}{5!}-\cdots+(-1)^{n-1}\dfrac{x^{2n-1}}{(2n-1)!}+\cdots,\ \forall x\in(-\infty,+\infty).$

同理: $\cos x=1-\dfrac{x^2}{2!}+\dfrac{x^4}{4!}-\cdots+(-1)^n\dfrac{x^{2n}}{(2n)!}+\cdots,\ \forall x\in(-\infty,+\infty),$

$\dfrac{1}{1+x}=1-x+x^2-x^3+\cdots+(-1)^n x^n+\cdots,\ \forall x\in(-1,1),$

$\ln(1+x)=x-\dfrac{x^2}{2}+\dfrac{x^3}{3}-\dfrac{x^4}{4}+\cdots+(-1)^{n-1}\dfrac{x^n}{n}+\cdots,\ \forall x\in(-1,1],$

$(1+x)^m=1+mx+\dfrac{m(m-1)}{2!}x^2+\cdots+\dfrac{m(m-1)\cdots(m-n+1)}{n!}x^n+\cdots,\ \forall x\in(-1,1).$

函数的幂级数展开式一般比较难求,能直接从前面所讲的四个步骤来求的为数不多,因此,通常是从已知的展开式出发,通过变量代换、四则运算、逐项求导、逐项积分等办法间接求出其展开式. 这种方法称为间接法. 以上几个展开式在间接法中有很重要的位置,故需将之记住.

例3 将 $\arctan x$ 展开成 x 的幂级数.

解 因为 $\dfrac{1}{1+x}=1-x+x^2-x^3+\cdots+(-1)^n x^n+\cdots,\ \forall x\in(-1,1),$

所以 $\dfrac{1}{1+x^2}=1-x^2+x^4-x^6+\cdots+(-1)^n x^{2n}+\cdots,\ \forall x\in(-1,1),$

所以 $\arctan x=\displaystyle\int_0^x\dfrac{1}{1+t^2}dt=\int_0^x\sum_{n=0}^\infty(-1)^n t^{2n}dt$

$$= \sum_{n=0}^{\infty}(-1)^n \int_0^x t^{2n}\mathrm{d}t = \sum_{n=0}^{\infty}(-1)^n \frac{x^{2n+1}}{2n+1}$$
$$= x - \frac{1}{3}x^3 + \frac{1}{5}x^5 - \cdots + (-1)^n \frac{1}{2n+1}x^{2n+1} + \cdots, \quad \forall x \in (-1, 1).$$

例 4 将 $\ln x$ 展开为 $x-1$ 的幂级数.

解 $\ln(1+x) = x - \dfrac{x^2}{2} + \dfrac{x^3}{3} - \dfrac{x^4}{4} + \cdots + (-1)^{n-1}\dfrac{x^n}{n} + \cdots, \quad \forall x \in (-1, 1],$

而 $\ln x = \ln[1+(x-1)]$，故在上式中，将 x 换成 $x-1$，得

$$\ln x = (x-1) - \frac{(x-1)^2}{2} + \frac{(x-1)^3}{3} - \frac{(x-1)^4}{4} + \cdots + (-1)^{n-1}\frac{(x-1)^n}{n} + \cdots, \quad \forall x \in (0, 2].$$

例 5 将 $\dfrac{1}{x}$ 展成 $x-2$ 的幂级数.

解 $\dfrac{1}{x} = \dfrac{1}{2+(x-2)} = \dfrac{1}{2} \dfrac{1}{1+\dfrac{x-2}{2}} \quad \left(-1 < \dfrac{x-2}{2} < 1\right)$

$$= \frac{1}{2}\left[1 - \frac{x-2}{2} + \frac{(x-2)^2}{4} + \cdots + (-1)^n \frac{(x-2)^n}{2^n} + \cdots\right] \quad (0 < x < 4).$$

习 题 9-5

1. 将函数 $\dfrac{1}{1+x^2}$ 展开成 x 的幂级数.

2. 用间接展开法将下列函数展开成 x 的幂级数，并求出展开式成立的区间.
   (1) $f(x) = \mathrm{e}^{-x^2}$；　　　　　　　　(2) $f(x) = x\sin x$；
   (3) $f(x) = x^2 \mathrm{e}^x$；　　　　　　　　(4) $f(x) = (1+x)\ln(1+x)$.

*第六节　傅里叶级数

一、三角级数　三角级数的正交性

在科学实验和工程技术中常碰到一些周期运动，这种运动要用函数来表示．这就是周期函数．设 $f(x)$ 为周期为 λ 的周期函数，它必满足 $f(x+\lambda) = f(x)$．通常我们希望 λ 能是最小正周期，但有时达不到．

最简单的一种周期运动——简谐运动．可用正弦函数来描述：
$$y = A\sin(\omega t + \varphi),$$
其中 A 为振幅，φ 为初相角，ω 为角频率．y 的周期为 $\dfrac{2\pi}{\omega}$.

对于一般的较复杂的周期函数，人们不禁会问，它们能否用一系列的（多个）正弦函数来表示，这也就是我们下面所要讲的问题．

首先，我们来介绍什么是三角函数．把无穷多个简谐振动进行叠加便得到一个无穷级数
$$A_0 + \sum_{n=1}^{\infty} A_n \sin(n\omega t + \varphi_n), \tag{1}$$
其中 $A_0, A_n, \varphi_n (n=1, 2, \cdots)$ 均为常数．若 (1) 收敛于 $f(t)$，即有

$$f(t) = A_0 + \sum_{n=1}^{\infty} A_n \sin(n\omega t + \varphi_n). \tag{2}$$

显然 $f(t)$ 是一个周期为 $\dfrac{2\pi}{\omega}$ 的周期函数.(2)式说明了 $f(t)$ 是由许多不同频率的简谐振动叠加而成的.通常称 A_0 为 $f(t)$ 的直流分量,$A_1\sin(\omega t+\varphi_1)$ 称为一次谐波,$A_2\sin(2\omega t+\varphi_2)$ 称为二次谐波等.在电工学上都有其一套称呼.

为方便起见,我们将 $A_n\sin(n\omega t+\varphi_n)$ 展开,得
$$A_n\sin(n\omega t+\varphi_n)=A_n\sin\varphi_n\cos n\omega t+A_n\cos\varphi_n\sin n\omega t,$$
记 $\dfrac{a_0}{2}=A_0$,$a_n=A_n\sin\varphi_n$,$b_n=A_n\cos\varphi_n$,$x=\omega t$,则(1)式为
$$\frac{a_0}{2}+\sum_{n=1}^{\infty}(a_n\cos nx+b_n\sin nx). \tag{3}$$

我们称形如(3)式的级数为三角级数,其中 a_0,a_n,$b_n(n=1, 2, \cdots)$ 都是常数,且称为该三角函数的系数.

显然,若级数(3)收敛,其和必为一个以 2π 为周期的函数.

从三角级数的形式上我们不难得到下列定理:

定理 1 若级数 $\dfrac{|a_0|}{2}+\sum_{n=1}^{\infty}(|a_n|+|b_n|)$ 收敛,则级数(3)在整个数轴上绝对收敛.

该定理的证明不难,在此就不证了.为了进一步讨论级数(3)的敛散性,我们介绍三角函数系:
$$1, \cos x, \sin x, \cos 2x, \sin 2x, \cdots, \cos nx, \sin nx, \cdots \tag{4}$$
的一些特性:

(Ⅰ)三角函数系(4)具有共同的周期 2π.

(Ⅱ)三角函数系(4)在 $[-\pi, \pi]$ 上具有正交性,即三角函数系(4)中任何两个不同的函数的乘积在 $[-\pi, \pi]$ 上的积分均为零,表现在:
$$\int_{-\pi}^{\pi}\cos nx\,dx=\int_{-\pi}^{\pi}\sin nx\,dx=0\ (n=1, 2, \cdots),$$
$$\int_{-\pi}^{\pi}\cos nx\sin mx\,dx=0\ (n, m=1, 2, \cdots),$$
$$\int_{-\pi}^{\pi}\cos nx\cos mx\,dx=\int_{-\pi}^{\pi}\sin nx\sin mx\,dx=0\ (n, m=1, 2, \cdots; n\neq m).$$

(Ⅲ)三角函数系(4)中任一个函数的平方在 $[-\pi, \pi]$ 上的积分都不等于零,且有
$$\int_{-\pi}^{\pi}1^2\,dx=2\pi,$$
$$\int_{-\pi}^{\pi}\cos^2 nx\,dx=\int_{-\pi}^{\pi}\sin^2 nx\,dx=\pi\ (n=1, 2, \cdots).$$

二、函数展开成傅里叶级数

定理 2 设 $f(x)$ 是周期为 2π 的周期函数,且能展开成三角级数
$$f(x)=\frac{a_0}{2}+\sum_{n=1}^{\infty}(a_n\cos nx+b_n\sin nx), \tag{5}$$
且右边级数一致收敛,则有

$$a_n = \frac{1}{\pi}\int_{-\pi}^{\pi} f(x)\cos nx\,\mathrm{d}x, \quad n=0,1,2,\cdots,$$
$$b_n = \frac{1}{\pi}\int_{-\pi}^{\pi} f(x)\sin nx\,\mathrm{d}x, \quad n=1,2,\cdots. \tag{6}$$

证明 (1)先对(5)式逐项积分,得
$$\int_{-\pi}^{\pi} f(x)\,\mathrm{d}x = \int_{-\pi}^{\pi}\frac{a_0}{2}\mathrm{d}x + \sum_{n=1}^{\infty}\left(a_n\int_{-\pi}^{\pi}\cos nx\,\mathrm{d}x + b_n\int_{-\pi}^{\pi}\sin nx\,\mathrm{d}x\right) = \frac{a_0}{2}\cdot 2\pi = a_0\pi,$$

所以
$$a_0 = \frac{1}{\pi}\int_{-\pi}^{\pi} f(x)\,\mathrm{d}x.$$

(2)现用 $\cos nx$ 乘以(5)式两边,再从 $-\pi$ 到 π 逐项积分,得
$$\int_{-\pi}^{\pi} f(x)\cos nx\,\mathrm{d}x = \int_{-\pi}^{\pi}\frac{a_0}{2}\cos nx\,\mathrm{d}x + \sum_{k=1}^{\infty}\left(a_k\int_{-\pi}^{\pi}\cos kx\cos nx\,\mathrm{d}x + b_k\int_{-\pi}^{\pi}\sin kx\sin nx\,\mathrm{d}x\right)$$
$$= a_n\int_{-\pi}^{\pi}\cos^2 nx\,\mathrm{d}x = a_n\pi,$$

所以
$$a_n = \frac{1}{\pi}\int_{-\pi}^{\pi} f(x)\cos nx\,\mathrm{d}x, \quad n=1,2,\cdots.$$

(3)类似地,用 $\sin nx$ 同乘(5)式两边,再从 $-\pi$ 到 π 逐项积分,得
$$b_n = \frac{1}{\pi}\int_{-\pi}^{\pi} f(x)\sin nx\,\mathrm{d}x, \quad n=1,2,\cdots.$$

注1:定理中,我们对 $f(x)$ 有一些条件限制.这是"抛砖引玉"导出(6)式;但要算出 a_n,b_n,从(6)式中知,只需 $f(x)$ 是以 2π 为周期且在 $[-\pi,\pi]$ 上可积的函数.这时,我们称 a_n,b_n 为 $f(x)$(关于三角级数)的傅里叶(Fourier)系数.以 $f(x)$ 的傅里叶系数为系数的三角级数(5)为 $f(x)$(关于三角级数)的傅里叶级数.

注2:对一般的以 2π 为周期的函数 $f(x)$,它有傅里叶级数和能展开成傅里叶级数,并不是一回事.因为按(6)式可计算出 a_n,b_n,便有了傅里叶级数.但此时出现下列问题:其一,该傅里叶级数是否收敛;其二,即使收敛,又是否收敛于 $f(x)$.为解决这个问题,有如下定理:

定理3(狄利克雷(Dirichlet)定理,收敛定理) 设 $f(x)$ 是以 2π 为周期的函数,如果它满足:

(1)在一个周期内连续或只有有限个第一类间断点;

(2)至多只有有限个极值点(即不作无限次振荡),

则 $f(x)$ 的傅里叶级数在 $(-\infty,+\infty)$ 上处处收敛,且其和

(Ⅰ)当 x 为 $f(x)$ 的连续点时,等于 $f(x)$;

(Ⅱ)当 x 为 $f(x)$ 的间断点时,等于左、右极限的平均值 $\frac{1}{2}[f(x^-)+f(x^+)]$;

(Ⅲ)当 x 为 $[-\pi,\pi]$ 的端点 $x=\pi$ 或 $x=-\pi$ 时,等于 $\frac{1}{2}[f(\pi^-)+f(\pi^+)]$.

注:定理的条件简称为狄氏条件,工程技术中的非正弦周期函数,一般都能满足狄氏条件.

例1 设 $f(x)$ 为以 2π 为周期的函数,它在 $[-\pi,\pi]$ 上的表达式为 $f(x)=x$,将 $f(x)$ 展开成傅里叶级数.

解 显然 $f(x)=x$ 满足狄氏条件，它仅在点
$$x=(2k+1)\pi, \ k=0, \pm 1, \pm 2, \cdots$$
处不连续，故相应的傅里叶级数在这些点处收敛于
$$\frac{1}{2}[f(\pi^-)+f(\pi^+)]=\frac{1}{2}(-\pi+\pi)=0,$$
而在其他点处收敛于 $f(x)$. 现求 a_n, b_n:
$$a_0=\frac{1}{\pi}\int_{-\pi}^{\pi}f(x)\mathrm{d}x=\frac{1}{\pi}\int_{-\pi}^{\pi}x\mathrm{d}x=0,$$
$$a_n=\frac{1}{\pi}\int_{-\pi}^{\pi}f(x)\cos nx\mathrm{d}x=\frac{1}{\pi}\int_{-\pi}^{\pi}x\cos nx\mathrm{d}x=0, \ n=1,2,\cdots,$$
$$b_n=\frac{1}{\pi}\int_{-\pi}^{\pi}f(x)\sin nx\mathrm{d}x=\frac{1}{\pi}\int_{-\pi}^{\pi}x\sin nx\mathrm{d}x=(-1)^{n+1}\frac{2}{n}, \ n=1,2,\cdots,$$
所以
$$f(x)=2\sum_{n=1}^{\infty}(-1)^{n+1}\frac{1}{n}\sin nx, \ x\neq(2k+1)\pi, \ k=0, \pm 1, \pm 2, \cdots.$$

例 2 把 $f(x)=\begin{cases}-\dfrac{\pi}{4}, & -\pi\leqslant x<0, \\ \dfrac{\pi}{4}, & 0\leqslant x<\pi\end{cases}$ 展开成傅里叶级数，并由此推出：

(1) $\dfrac{\pi}{4}=1-\dfrac{1}{3}+\dfrac{1}{5}-\dfrac{1}{7}+\cdots$；

(2) $\dfrac{\pi}{3}=1+\dfrac{1}{5}-\dfrac{1}{7}+\dfrac{1}{11}+\dfrac{1}{13}+\dfrac{1}{17}-\dfrac{1}{19}-\dfrac{1}{23}+\dfrac{1}{25}+\cdots$；

(3) $\dfrac{\sqrt{3}}{6}\pi=1-\dfrac{1}{5}+\dfrac{1}{7}-\dfrac{1}{11}+\dfrac{1}{13}-\dfrac{1}{17}+\cdots$.

解 在 $[-\pi,\pi]$ 上 $f(x)$ 满足狄氏条件，由于 $f(x)$ 不是周期函数，则将 $f(x)$ 延拓为以 2π 为周期的函数 $F(x)$，即在 $[(2n-1)\pi,(2n+1)\pi](n=\pm 1,\pm 2,\cdots)$ 上重复取它在区间 $[-\pi,\pi)$ 上的值．按这种方式拓展函数的定义域称为周期延拓．将 $F(x)$ 展开成傅里叶级数，最后再限制在 $[-\pi,\pi)$ 上即可．延拓后，$F(x)$ 仅在 $x=k\pi(k=0,\pm 1,\pm 2,\cdots)$ 处不连续． 由它的图形不难知，在不连续点处，相应的傅里叶级数收敛于 $\dfrac{1}{2}\left(-\dfrac{\pi}{4}+\dfrac{\pi}{4}\right)=0$，在连续点处都收敛于 $f(x)$. 下求 a_n, b_n:

$a_n=0, \ n=0,1,2,\cdots,$
$b_n=\dfrac{1}{\pi}\int_{-\pi}^{\pi}f(x)\sin nx\mathrm{d}x=\dfrac{1}{\pi}\left[\int_{0}^{\pi}\dfrac{\pi}{4}\sin nx\mathrm{d}x+\int_{-\pi}^{0}\left(-\dfrac{\pi}{4}\right)\sin nx\mathrm{d}x\right]$
$=\begin{cases}\dfrac{1}{n}, & n=1,3,5,\cdots, \\ 0, & n=2,4,6,\cdots,\end{cases}$

所以 $f(x)=\sin x+\dfrac{1}{3}\sin 3x+\dfrac{1}{5}\sin 5x+\cdots+\dfrac{1}{2n-1}\sin(2n-1)x+\cdots, \ -\pi<x<\pi, \ x\neq 0.$

(1) 上式中，令 $x=\dfrac{\pi}{2}$，立即可得
$$\frac{\pi}{4}=1-\frac{1}{3}+\frac{1}{5}-\frac{1}{7}+\cdots;$$

(2) 将上式两边同乘以 $\frac{1}{3}$，得

$$\frac{\pi}{12}=\frac{1}{3}-\frac{1}{9}+\frac{1}{15}-\frac{1}{21}+\cdots,$$

将此式与上式相加，得

$$\frac{\pi}{4}+\frac{\pi}{12}=1+\frac{1}{5}-\frac{1}{7}-\frac{1}{11}+\frac{1}{13}+\frac{1}{17}-\frac{1}{19}-\cdots,$$

即

$$\frac{\pi}{3}=1+\frac{1}{5}-\frac{1}{7}-\frac{1}{11}+\frac{1}{13}+\frac{1}{17}-\frac{1}{19}-\frac{1}{23}+\frac{1}{25}+\cdots.$$

(3) 又在傅里叶级数中，令 $x=\frac{\pi}{3}$，此时左边 $=\frac{\pi}{4}$，现在看右边：

当 $n=2$, 5, 8, $\cdots$ 时，$\sin(2n-1)x=\sin n\cdot\frac{\pi}{3}=0$；

当 $n=1$, 4, 7, $\cdots$ 时，$\sin(2n-1)x=\sin\frac{\pi}{3}=\frac{\sqrt{3}}{2}$；

当 $n=3$, 6, 9, $\cdots$ 时，$\sin(2n-1)x=-\sin\frac{\pi}{3}=-\frac{\sqrt{3}}{2}$，代入，得

$$\frac{\pi}{4}=\frac{\sqrt{3}}{2}-\frac{1}{5}\frac{\sqrt{3}}{2}+\frac{1}{7}\frac{\sqrt{3}}{2}-\frac{1}{11}\frac{\sqrt{3}}{2}+\frac{1}{13}\frac{\sqrt{3}}{2}-\frac{1}{17}\frac{\sqrt{3}}{2}+\cdots$$

$$=\frac{\sqrt{3}}{2}\left(1-\frac{1}{5}+\frac{1}{7}-\frac{1}{11}+\frac{1}{13}-\frac{1}{17}+\cdots\right),$$

所以

$$\frac{\sqrt{3}}{6}\pi=1-\frac{1}{5}+\frac{1}{7}-\frac{1}{11}+\frac{1}{13}-\frac{1}{17}+\cdots.$$

三、奇函数和偶函数的傅里叶级数

设 $f(x)$ 为以 2π 为周期的奇函数，故不难得 $f(x)\cos nx$ 是奇函数，$f(x)\sin nx$ 是偶函数，由此我们来计算 $f(x)$ 的傅里叶系数：

$$a_n=\frac{1}{\pi}\int_{-\pi}^{\pi}f(x)\cos nx\,\mathrm{d}x=0, \quad n=0, 1, 2, \cdots,$$

$$b_n=\frac{1}{\pi}\int_{-\pi}^{\pi}f(x)\sin nx\,\mathrm{d}x=\frac{2}{\pi}\int_{0}^{\pi}f(x)\sin nx\,\mathrm{d}x, \quad n=1, 2, \cdots, \tag{7}$$

于是 $f(x)$ 的傅里叶级数只有正弦项：

$$\sum_{n=1}^{\infty}b_n\sin nx, \tag{8}$$

其中 b_n 为(7)中所示．级数(8)称为正弦级数．

同理，设 $f(x)$ 为以 2π 为周期的偶函数，故 $f(x)\cos nx$ 为偶函数，$f(x)\sin nx$ 是奇函数，由此得 $f(x)$ 的傅里叶系数为

$$a_n=\frac{1}{\pi}\int_{-\pi}^{\pi}f(x)\cos nx\,\mathrm{d}x=\frac{2}{\pi}\int_{0}^{\pi}f(x)\cos nx\,\mathrm{d}x, \quad n=0, 1, 2, \cdots,$$

$$b_n=\frac{1}{\pi}\int_{-\pi}^{\pi}f(x)\sin nx\,\mathrm{d}x=0, \quad n=1, 2, \cdots, \tag{9}$$

于是 $f(x)$ 的傅里叶级数只有余弦项：

$$\frac{a_0}{2} + \sum_{n=1}^{\infty} a_n \cos nx, \tag{10}$$

其中 a_n 为(9)中所示. 级数(10)称为余弦级数.

例3 设 $f(x) = |\sin x|$，$x \in [-\pi, \pi)$，将 $f(x)$ 展开成傅里叶级数.

解 显然 $f(x) = |\sin x|$ 在整个数轴上连续，由收敛定理知，其傅里叶级数处处收敛于 $f(x)$，又 $f(x) = |\sin x|$ 是偶函数，故由上面的讨论知，其傅里叶级数是余弦级数：

$$\frac{a_0}{2} + \sum_{n=1}^{\infty} a_n \cos nx,$$

其中
$$a_n = \frac{1}{\pi} \int_{-\pi}^{\pi} f(x) \cos nx \, dx = \frac{2}{\pi} \int_{0}^{\pi} f(x) \cos nx \, dx = \frac{2}{\pi} \int_{0}^{\pi} \sin x \cos nx \, dx$$
$$= \frac{1}{\pi} \int_{0}^{\pi} [\sin(1-n)x + \sin(1+n)x] dx, \quad n = 0, 1, 2, \cdots.$$

当 $n \neq 1$ 时，

$$a_n = \frac{1}{\pi} \cdot \left[\frac{\cos(n-1)x}{n-1} - \frac{\cos(n+1)x}{n+1} \right] \Big|_0^{\pi}$$
$$= \begin{cases} 0, & n = 3, 5, \cdots, \\ -\frac{4}{\pi} \frac{1}{n^2-1}, & n = 0, 2, 4, \cdots. \end{cases}$$

当 $n = 1$ 时，$a_n = \frac{2}{\pi} \int_0^{\pi} \sin x \cos x \, dx = \frac{1}{\pi} \int_0^{\pi} \sin 2x \, dx = 0$,

所以
$$a_n = \begin{cases} 0, & n = 1, 3, 5, \cdots, \\ -\frac{4}{\pi} \frac{1}{n^2-1}, & n = 0, 2, 4, \cdots, \end{cases}$$

则所求傅里叶级数为

$$f(x) = |\sin x| = \frac{2}{\pi} - \sum_{m=1}^{\infty} \frac{4}{\pi(4m^2-1)} \cos 2mx, \quad x \in [-\pi, \pi).$$

四、函数展开成正弦级数或余弦级数

在实际中，有时需把定义在 $[0, \pi]$ 上的函数展开成正弦级数或余弦级数. 为此，首先把定义在 $[0, \pi]$ 上的函数奇延拓或偶延拓到 $[-\pi, \pi]$ 上去，并记为 $F(x)$. 显然当 $x \in (0, \pi]$ 时，有 $F(x) \equiv f(x)$. 且 $F(x)$ 在 $(-\pi, \pi)$ 上分别为奇函数或偶函数. 这时，求 $F(x)$ 的傅里叶级数，便得到正弦级数(8)或余弦级数(10). 这便是我们所要求的 $f(x)$ 的正弦级数或余弦级数. 这两种级数的敛散性仍可用狄利克雷定理的结论. 由(8)和(10)知，此时的傅里叶系数只需在 $[0, \pi]$ 上求积分便得，无需在 $[-\pi, \pi]$ 上进行积分. 因此，在把 $[0, \pi]$ 上的函数展开成正弦级数和余弦级数时，无需作延拓，而直接用(7)和(9)计算出系数就行了.

例4 把定义在 $[0, \pi]$ 上的函数 $f(x) = \begin{cases} 1, & 0 \leq x < h, \\ \frac{1}{2}, & x = h, \\ 0, & h < x \leq \pi, \end{cases}$ 其中 $0 < h < \pi$，展开成正弦级数.

解 此函数满足收敛定理的条件，可以展开成正弦级数，其系数为

$$b_n = \frac{2}{\pi} \int_0^{\pi} f(x) \sin nx \, dx = \frac{2}{\pi} \int_0^h \sin nx \, dx = \frac{2}{n\pi}(1 - \cos nh),$$

所以当 x 为连续点时,有
$$f(x) = \frac{2}{\pi} \sum_{n=1}^{\infty} \frac{1-\cos nh}{n} \sin nx.$$

当 $x=0$ 时,该级数收敛于 $\frac{1+(-1)}{2}=0$;

当 $x=h$ 时,该级数收敛于 $\frac{1+0}{2}=\frac{1}{2}$;

当 $x=\pi$ 时,该级数收敛于 $\frac{0+0}{2}=0.$

习 题 9-6

1. 在 $(0,\pi)$ 内把 $f(x)=\cos\frac{x}{2}$ 展开成以 2π 为周期的傅里叶级数.

2. 在 $(0,\pi)$ 内把 $f(x)=\pi-x$ 展开成以 2π 为周期的正弦级数.

*第七节 周期为 2λ 的周期函数的傅里叶级数

在实际问题中,考虑的周期函数的周期未必都是以 2π 为周期,因此,有必要研究周期为一般实数时的情况.设 $f(x)$ 的周期为 $2\lambda(\lambda>0)$.现在将 $f(x)$ 展开成傅里叶级数.然而现在用的三角函数系并不是

$$1, \cos x, \sin x, \cos 2x, \sin 2x, \cdots, \cos nx, \sin nx, \cdots,$$

而是以 2λ 为周期的三角函数系:

$$1, \cos\frac{\pi}{\lambda}x, \sin\frac{\pi}{\lambda}x, \cos\frac{2\pi}{\lambda}x, \sin\frac{2\pi}{\lambda}x, \cdots, \cos\frac{n\pi}{\lambda}x, \sin\frac{n\pi}{\lambda}x, \cdots,$$

具体的见下面的定理:

定理 (1)设周期为 2λ 的周期函数 $f(x)$ 满足收敛定理的条件,则其傅里叶级数的展开式为

$$f(x) = \frac{a_0}{2} + \sum_{n=1}^{\infty} \left(a_n \cos\frac{n\pi}{\lambda}x + b_n \sin\frac{n\pi}{\lambda}x \right), \tag{1}$$

其中,系数 a_n,b_n 为

$$a_n = \frac{1}{\lambda} \int_{-\lambda}^{\lambda} f(x) \cos\frac{n\pi}{\lambda}x \, dx, \quad n=0, 1, 2, \cdots,$$

$$b_n = \frac{1}{\lambda} \int_{-\lambda}^{\lambda} f(x) \sin\frac{n\pi}{\lambda}x \, dx, \quad n=1, 2, \cdots. \tag{2}$$

(2)若 $f(x)$ 为奇函数,其傅里叶级数的展开式为

$$f(x) = \sum_{n=1}^{\infty} b_n \sin\frac{n\pi}{\lambda}x, \tag{3}$$

其中,

$$b_n = \frac{2}{\lambda} \int_0^{\lambda} f(x) \sin\frac{n\pi}{\lambda}x \, dx, \quad n=1, 2, \cdots. \tag{4}$$

(3)若 $f(x)$ 为偶函数,其傅里叶级数的展开式为

$$f(x) = \frac{a_0}{2} + \sum_{n=1}^{\infty} a_n \cos\frac{n\pi}{\lambda}x, \tag{5}$$

其中，
$$a_n = \frac{2}{\lambda}\int_0^\lambda f(x)\cos\frac{n\pi}{\lambda}x\,\mathrm{d}x, \quad n=0, 1, 2, \cdots, \tag{6}$$

证明 (1)首先，令 $\frac{\pi x}{\lambda}=z$，把 $f(x)$ 变换为以 2π 为周期的周期函数 $F(z)=f\left(\frac{\lambda z}{\pi}\right)$，并且它满足收敛定理的条件. 现在将 $F(z)$ 展开成傅里叶级数：
$$F(z) = \frac{a_0}{2} + \sum_{n=1}^\infty (a_n\cos nz + b_n\sin nz),$$

其中，
$$a_n = \frac{1}{\pi}\int_{-\pi}^\pi F(z)\cos nz\,\mathrm{d}z, \quad n=0, 1, 2, \cdots,$$
$$b_n = \frac{1}{\pi}\int_{-\pi}^\pi F(z)\sin nz\,\mathrm{d}z, \quad n=1, 2, \cdots,$$

在上式中，令 $z=\frac{\pi x}{\lambda}$，将 z 全转化为 x，得
$$f(x) = \frac{a_0}{2} + \sum_{n=1}^\infty \left(a_n\cos\frac{n\pi}{\lambda}x + b_n\sin\frac{n\pi}{\lambda}x\right),$$

其中，
$$a_n = \frac{1}{\pi}\int_{-\pi}^\pi F(z)\cos nz\,\mathrm{d}z = \frac{1}{\lambda}\int_{-\lambda}^\lambda f(x)\cos\frac{n\pi}{\lambda}x\,\mathrm{d}x, \quad n=0, 1, 2, \cdots,$$
$$b_n = \frac{1}{\pi}\int_{-\pi}^\pi F(z)\sin nz\,\mathrm{d}z = \frac{1}{\lambda}\int_{-\lambda}^\lambda f(x)\sin\frac{n\pi}{\lambda}x\,\mathrm{d}x, \quad n=1, 2, \cdots.$$

定理中的(1)便得证. (2)和(3)可类似证明.

例1 把函数 $f(x)=x^2$，$x\in(-1, 1]$ 展成傅里叶级数.

解 显然 $f(x)=x^2$ 是偶函数，且 $\lambda=1$，故 $b_n=0$，$n=1, 2, \cdots$，下面来求 $a_n(n=0, 1, 2, \cdots)$：
$$a_0 = \frac{2}{\lambda}\int_0^\lambda f(x)\,\mathrm{d}x = 2\int_0^1 x^2\,\mathrm{d}x = \frac{2}{3},$$
$$a_n = \frac{2}{\lambda}\int_0^\lambda f(x)\cos\frac{n\pi}{\lambda}x\,\mathrm{d}x = 2\int_0^1 x^2\cos n\pi x\,\mathrm{d}x = (-1)^n\frac{4}{n^2\pi^2}, \quad n=1, 2, \cdots.$$

又 $f(x)$ 在 $(-1, 1]$ 上处处连续，故其傅里叶级数处处收敛于 $f(x)=x^2$，所以
$$f(x) = x^2 = \frac{1}{3} + \frac{4}{\pi^2}\sum_{n=1}^\infty (-1)^n\frac{1}{n^2}\cos n\pi x, \quad x\in(-1, 1].$$

例2 把 $f(x)=x$ 在 $[0, 2]$ 内展开成(1)正弦级数；(2)余弦级数.

解 显然 $f(x)=x$ 满足收敛定理中的条件，且 $\lambda=2$.

(1)现将 $f(x)$ 展开成正弦级数，为此，先将 $f(x)$ 延拓成奇函数，利用(4)式求其系数 $b_n(n=1, 2, \cdots)$：
$$b_n = \frac{2}{\lambda}\int_0^\lambda f(x)\sin\frac{n\pi}{\lambda}x\,\mathrm{d}x = \int_0^2 x\sin\frac{n\pi}{2}x\,\mathrm{d}x = (-1)^{n+1}\frac{4}{n\pi}, \quad n=1, 2, \cdots,$$

因为在 $[0, 2]$ 内，$f(x)$ 连续，所以
$$f(x) = \frac{4}{\pi}\sum_{n=1}^\infty (-1)^{n+1}\frac{1}{n}\sin\frac{n\pi}{2}x.$$

(2)现将 $f(x)$ 展开成余弦级数，为此，先将 $f(x)$ 延拓成偶函数，利用(6)式求其系数 $a_n(n=0, 1, 2, \cdots)$：
$$a_n = \frac{2}{\lambda}\int_0^\lambda f(x)\cos n\frac{\pi}{\lambda}x\,\mathrm{d}x = \int_0^2 x\cos\frac{n\pi}{2}x\,\mathrm{d}x.$$

当 $n=0$ 时，$a_0 = \int_0^2 x\mathrm{d}x = 2$；

当 $n\neq 0$ 时，$a_n = \int_0^2 x\cos\frac{n\pi}{2}x\mathrm{d}x = \frac{4}{n^2\pi^2}[(-1)^n-1] = \begin{cases} 0, & n=2, 4, \cdots, \\ -\frac{8}{n^2\pi^2}, & n=1, 3, \cdots, \end{cases}$

由于 $f(x)$ 在 $[0, 2]$ 上连续，所以 $f(x)$ 的傅里叶级数收敛于 $f(x)$，则

$$f(x) = 1 - \sum_{n=1}^{\infty} \frac{8}{\pi^2} \frac{1}{(2n-1)^2} \cos\frac{(2n-1)\pi}{2}x, \quad x\in[0, 2].$$

习 题 9-7

1. 在 $(0, 1)$ 内把 $f(x)=1-x$ 展开成以 2 为周期的正弦级数.

2. 设 $f(x)$ 是周期为 4 的周期函数，它在 $[-2, 2)$ 上的表达式为

$$f(x) = \begin{cases} 0, & -2 \leqslant x < 0, \\ h, & 0 \leqslant x < 2 \end{cases} \text{(常数 } h \neq 0\text{)},$$

将其展开成傅里叶级数.

复 习 题 九

1. 求下列幂级数的收敛区间.

(1) $\sum_{n=1}^{\infty} \frac{n}{2^n}x^{2n}$；

(2) $\sum_{n=1}^{\infty} \frac{3^n-5^n}{n}x^n$；

(3) $\sum_{n=1}^{\infty} \left(1+\frac{1}{n}\right)^{n^2}x^n$；

(4) $\sum_{n=1}^{\infty} n(x+1)^n$.

2. 求下列幂级数的和函数.

(1) $\sum_{n=1}^{\infty} n(n+1)x^n$；

(2) $\sum_{n=1}^{\infty} nx^{n+1}$.

3. 利用幂级数的和函数求下列级数的和.

(1) $\sum_{n=1}^{\infty} n\left(\frac{2}{3}\right)^n$；

(2) $\sum_{n=1}^{\infty} \frac{1}{n\cdot 2^n}$；

(3) $\sum_{n=1}^{\infty} \frac{1}{n(n+1)}\left(\frac{1}{3}\right)^{n+1}$；

(4) $\sum_{n=1}^{\infty} \frac{n^2}{n!}$.

4. 求下列函数的幂级数展开式.

(1) $f(x)=a^x$；

(2) $f(x)=\mathrm{e}^{-x^2}$；

(3) $f(x)=\sin^2 x$；

(4) $f(x)=x\mathrm{e}^{-x}$.

习题参考答案

习题 1-1

1. (1)不同；(2)不同；(3)不同；(4)相同.

2. (1)$(1, 2) \cup (2, 4)$；(2)$[-2, 4]$；(3)$[-3, 0) \cup (2, 3]$；(4)$[-1, 2]$；
   (5)$(-\infty, -1] \cup [1, +\infty)$；(6)$(2, 3) \cup (3, 6]$.

3. $f(x) = x^2 + 2x + 3$.

习题 1-2

1. (1)1；(2)1；(3)0；(4)0.

2. (1)3；(2)1；(3)0；(4)0；(5)1；(6)$\dfrac{5}{4}$；(7)1；(8)1.

3. (1)4；(2)-1；(3)$\dfrac{12}{5}$；(4)$\dfrac{2\sqrt{2}}{3}$；(5)2；(6)1；(7)$\dfrac{1}{3}$；(8)$\left(\dfrac{3}{2}\right)^{20}$.

4. (1)3；(2)$\dfrac{2}{3}$；(3)$\dfrac{1}{3}$；(4)e；(5)e^3；(6)e^3；(7)$\log_2 e$；(8)e^{-4}.

5. 因为 $\lim\limits_{x \to -1^+} f(x) = \lim\limits_{x \to -1^+} x^2 = 1$，$\lim\limits_{x \to -1^-} f(x) = \lim\limits_{x \to -1^-} (x+1) = 0$，
因此 $\lim\limits_{x \to -1^+} x^2 \neq \lim\limits_{x \to -1^-} (x+1)$，所以 $f(x)$ 在 $x_0 = -1$ 不存在极限.

6. 因为 $\lim\limits_{x \to 1^+} f(x) = 1$，$\lim\limits_{x \to 1^-} f(x) = 0$，故 $\lim\limits_{x \to 1} f(x)$ 不存在；因为 $\lim\limits_{x \to 2^+} f(x) = \lim\limits_{x \to 2^-} f(x) = 2$，故 $\lim\limits_{x \to 2} f(x) = 2$.

7. $\lim\limits_{x \to 0^-} f(x) = \lim\limits_{x \to 0^-} (-x-1) = -1$，$\lim\limits_{x \to 0^+} f(x) = \lim\limits_{x \to 0^+} (x - \cos x) = -1$，故 $\lim\limits_{x \to 0} f(x) = -1$.

习题 1-3

1. (1)1，可去；(2)1，跳跃；(3)0，可去；(4)0，无穷；(5)0，可去.

2. $\lim\limits_{x \to 0} \dfrac{\arctan x}{x} = 1$，$f(0) = 3$，故 $f(x)$ 在 $x = 0$ 处不连续.

3. 因为 $\lim\limits_{x \to 0^+} f(x) = 1$，$\lim\limits_{x \to 0^-} f(x) = a$，则 $\lim\limits_{x \to 0} f(x) = 1 = f(0) = a$，故 $a = 1$.

4. 因为 $\lim\limits_{x \to 0^+} f(x) = 1$，$\lim\limits_{x \to 0^-} f(x) = 1$，则 $\lim\limits_{x \to 0} f(x) = 1 = f(0) = k^2$，故 $k = \pm 1$.

5. 令 $f(x) = x^5 - 3x - 1$ 在 $[1, 2]$ 上连续，且 $f(1) = -3 < 0$，$f(2) = 25 > 0$，即 $f(1) \cdot f(2) < 0$，由零点定理知，在 $(1, 2)$ 内至少存在一点 ξ，使得 $f(\xi) = \xi^5 - 3\xi - 1 = 0$，即 ξ 是方程 $x^5 - 3x = 1$ 的一个根.

6. 令 $f(x) = x - \cos x$ 在 $\left[0, \dfrac{\pi}{2}\right]$ 上连续，$f(0) \cdot f\left(\dfrac{\pi}{2}\right) < 0$，由零点定理知，在 $\left(0, \dfrac{\pi}{2}\right)$ 内至少存在一点 ξ，使得 $f(\xi) = \xi - \cos \xi = 0$，即 ξ 是方程 $x = \cos x$ 的一个根.

复习题一

1. (1)D；(2)C；(3)D；(4)A；(5)C；(6)D.

2. (1)$\left[-\dfrac{3}{2},\dfrac{5}{2}\right]$；(2)0；(3)1；(4)$\dfrac{2}{5}$；(5)2；(6)1；(7)3，$-3$；(8)1.

3. (1)×；(2)×；(3)×；(4)√；(5)×；(6)×；(7)×；(8)×.

4. (1)$\dfrac{3}{8}$；(2)0；(3)$\dfrac{1}{3}$；(4)2；(5)e^{-k}；(6)e；(7)1；(8)$\dfrac{1}{2}$.

5. 略.

习题 2-1

1. $f'(x)=3x^2$，$f'(1)=3$，$f'\left(\dfrac{1}{3}\right)=\dfrac{1}{3}$.

2. 因 $\lim\limits_{x\to 0}f(x)=\lim\limits_{x\to 0}x^2\sin\dfrac{1}{x}=0=f(0)$，故函数在 $x_0=0$ 处连续.

又 $f'(0)=\lim\limits_{x\to 0}\dfrac{f(x)-f(0)}{x-0}=\lim\limits_{x\to 0}\dfrac{x^2\sin\dfrac{1}{x}}{x}=\lim\limits_{x\to 0}x\sin\dfrac{1}{x}=0$，故函数在 $x=0$ 处可导.

3. $y'|_{x=1}=2x|_{x=1}=2$，切线方程：$y-2=2(x-1)$，即 $y-2x=0$；

法线方程：$y-2=-\dfrac{1}{2}(x-1)$，即 $2y+x-5=0$.

4. 设曲线上一点(x,y)，且过该点的切线平行于直线 $x-2y+1=0$，又切线斜率 $k_{切}=(\ln x)'=\dfrac{1}{x}$，应等于 $x-2y+1=0$ 的斜率 $k=\dfrac{1}{2}$，即 $\dfrac{1}{x}=\dfrac{1}{2}$，所以 $x=2$，当 $x=2$ 时，$f(x)=\ln 2$，所以要求的点为$(2,\ln 2)$.

5. 证明：因 $\lim\limits_{x\to 0}f(x)=\lim\limits_{x\to 0}|x|=0=f(0)$，故 $y=|x|$ 在 $x_0=0$ 处连续.

又
$$f'_-(0)=\lim\limits_{x\to 0^-}\dfrac{f(x)-f(0)}{x-0}=\lim\limits_{x\to 0^-}\dfrac{-x}{x}=-1,$$
$$f'_+(0)=\lim\limits_{x\to 0^+}\dfrac{f(x)-f(0)}{x-0}=\lim\limits_{x\to 0^+}\dfrac{x}{x}=1,$$

显然 $f'_-(0)\ne f'_+(0)$，故 $y=|x|$ 在 $x_0=0$ 处不可导.

习题 2-2

1. (1)$y'=a^{5x}\cdot\ln a\cdot 5=5a^{5x}\cdot\ln a$；(2)$y'=-\sin 6x\cdot 6=-6\sin 6x$；

(3)$y'=3(\ln x)^2\cdot\dfrac{1}{x}=\dfrac{3(\ln x)^2}{x}$；(4)$y'=\cos(3x+4)\cdot 3=3\cos(3x+4)$；

(5)$y'=5e^{5x}$；(6)$y'=\dfrac{3}{2}(x^2+2x+3)^{\frac{1}{2}}\cdot(2x+2)=3(x+1)\sqrt{x^2+2x+3}$；

(7)$y'=\dfrac{1}{2\sqrt{x^2+1}}\cdot 2x=\dfrac{x}{\sqrt{x^2+1}}$；(8)$y'=\dfrac{1}{\ln x}\cdot\dfrac{1}{x}=\dfrac{1}{x\ln x}$；

(9)$y'=\dfrac{1}{x^3+\sqrt{x}}\cdot\left(3x^2+\dfrac{1}{2\sqrt{x}}\right)=\dfrac{6x^2\sqrt{x}+1}{2(x^3\sqrt{x}+x)}$；

(10)$y'=3(\arccos x)^2\cdot\left(-\dfrac{1}{\sqrt{1-x^2}}\right)=-\dfrac{3(\arccos x)^2}{\sqrt{1-x^2}}$；(11)$y'=\dfrac{-x}{1-x^2}$；

(12) $y' = \dfrac{1}{\dfrac{x-1}{x+1}} \cdot \dfrac{(x-1)'(x+1)-(x-1)(x+1)'}{(x+1)^2} = \dfrac{x+1}{x-1} \cdot \dfrac{x+1-(x-1)}{(x+1)^2} = \dfrac{2}{x^2-1}$;

(13) $y' = \dfrac{1}{\sqrt{x^2+a^2}}$;

(14) $y' = 2\sec(\ln x) \cdot \sec(\ln x) \cdot \tan(\ln x) \cdot \dfrac{1}{x} = \dfrac{2}{x} \sec^2(\ln x)\tan(\ln x)$;

(15) $y' = 3\tan^2(x^2+2) \cdot \sec^2(x^2+2) \cdot 2x = 6x\tan^2(x^2+2) \cdot \sec^2(x^2+2)$;

(16) $y' = 3\cos^2 x \cdot (-\sin x) \cdot \sin 3x + \cos^3 x \cdot (\cos 3x) \cdot 3 = 3\cos^2 x \cdot \cos 4x$;

(17) $y' = e^x \sin 5x + e^x \cdot \cos 5x \cdot 5 = e^x(\sin 5x + 5\cos 5x)$;

(18) $y' = 3(2x+1)^2 \cdot 2 \cdot (3x-2)^4 + (2x+1)^3 \cdot 4(3x-2)^3 \cdot 3$
$= 42x(2x+1)^2(3x-2)^3$;

(19) $y' = -e^{-x}\arctan\sqrt{x} + e^{-x} \cdot \dfrac{1}{1+(\sqrt{x})^2} \cdot \dfrac{1}{2\sqrt{x}} = e^{-x}\left[\dfrac{1}{2\sqrt{x}(1+x)} - \arctan\sqrt{x}\right]$;

(20) $y' = 2x\arctan x + \dfrac{1+x^2}{1+x^2} = 2x\arctan x + 1$;

(21) $y' = \arcsin x + x \cdot \dfrac{1}{\sqrt{1-x^2}} - \dfrac{1}{2\sqrt{1-x^2}} \cdot (-2x) = \arcsin x + \dfrac{2x}{\sqrt{1-x^2}}$;

(22) $y' = e^{\sin\frac{1}{x}} \cdot \cos\dfrac{1}{x} \cdot \left(-\dfrac{1}{x^2}\right) + 2\operatorname{arccot} x \cdot \left(-\dfrac{1}{1+x^2}\right) = -\dfrac{1}{x^2} e^{\sin\frac{1}{x}} \cdot \cos\dfrac{1}{x} - \dfrac{2\operatorname{arccot} x}{1+x^2}$;

(23) $y' = 2x\arcsin 3x + \dfrac{3x^2}{\sqrt{1-9x^2}} + \dfrac{-18x}{2\sqrt{1-9x^2}}$.

2. (1) $y' = \cos(6x+3) \cdot 6 = 6\cos(6x+3)$, $y'' = -36\sin(6x+3)$;

(2) $y' = \cos x - x\sin x$, $y'' = -2\sin x - x\cos x$;

(3) $y' = \dfrac{1}{\dfrac{x-4}{x+4}} \cdot \dfrac{(x-4)'(x+4)-(x-4)(x+4)'}{(x+4)^2} = \dfrac{x+4}{x-4} \cdot \dfrac{x+4-(x-4)}{(x+4)^2} = \dfrac{8}{x^2-16}$,

$y'' = \dfrac{-16x}{(x^2-16)^2}$;

(4) $y' = \dfrac{1}{1+x^2}$, $y'' = \dfrac{-2x}{(1+x^2)^2}$.

3. (1) $y' = \dfrac{e^x - y}{x + e^y}$; (2) $y' = \dfrac{y - 2\sqrt{x}}{4y\sqrt{x} - 2x}$; (3) $y' = \dfrac{ye^{xy} - 6xy}{3x^2 - xe^{xy}}$;

(4) $y' = \dfrac{y - e^{x+y}}{e^{x+y} - x}$; (5) $y' = -\dfrac{1 + y\sin(xy)}{x\sin(xy)}$; (6) $y' = -\dfrac{e^y}{1 + xe^y}$.

4. (1) $y' = y\left(\ln\dfrac{x}{1+x} + \dfrac{1}{1+x}\right) = \left(\dfrac{x}{1+x}\right)^x \left(\ln\dfrac{x}{1+x} + \dfrac{1}{1+x}\right)$;

(2) $y' = (\tan 2x)^{\cot\frac{x}{2}} \cdot \left(-\dfrac{1}{2}\csc^2\dfrac{x}{2} \cdot \ln(\tan 2x) + 2\cot\dfrac{x}{2} \cdot \cot 2x \cdot \sec^2 2x\right)$;

(3) $y' = \sqrt{\dfrac{x-5}{\sqrt[5]{x^2+2}}} \cdot \left[\dfrac{1}{2(x-5)} - \dfrac{x}{5(x^2+2)}\right]$.

5. $x_0 x + y_0 y = r^2$.

习题 2-3

(1) $dy = \left(-\dfrac{1}{x^2} + \dfrac{3}{2\sqrt{x}}\right)dx$；(2) $dy = \dfrac{-\sin x(1-x^2) + 2x\cos x}{(1-x^2)^2}dx$；

(3) $dy = 2(e^{2x} - e^{-2x})dx$；(4) $dy = e^{\cos x} \cdot (-\sin x)dx = -e^{\cos x}\sin x\,dx$；

(5) $dy = -\dfrac{3}{2x\sqrt{x}}dx$；(6) $dy = (\cos 3x - 3x\sin 3x)dx$；

(7) $dy = \dfrac{\sqrt{1+x^2} - x\dfrac{x}{\sqrt{1+x^2}}}{(\sqrt{1+x^2})^2}dx = \dfrac{dx}{(1+x^2)^{\frac{3}{2}}}$；

(8) $dy = (2xe^{2x} + 2x^2e^{2x})dx = 2x(1+x)e^{2x}dx$；

(9) $dy = -e^{-x}(\sin(2-x) + \cos(2-x))dx$；

(10) $dy = 2\ln(1-x) \cdot \dfrac{1}{1-x} \cdot (-1)dx = \dfrac{2}{x-1}\ln(1-x)dx$；

(11) $dy = 8x\tan(1+2x^2)\sec^2(1+2x^2)dx$；

(12) $dy = \dfrac{1}{1+\left(\dfrac{1-x^2}{1+x^2}\right)^2} \cdot \dfrac{(-2x)(1+x^2) - (1-x^2) \cdot 2x}{(1+x^2)^2}dx = -\dfrac{2x}{1+x^4}dx$.

习题 2-4

1. $f(x) = x\sqrt{3-x}$ 在 $[0, 3]$ 上连续，在 $(0, 3)$ 内可导，又 $f(0) = 0\sqrt{3-0} = 0$，$f(3) = 3\sqrt{3-3} = 0$，即 $f(0) = f(3)$，故 $f(x)$ 在 $[0, 3]$ 上满足罗尔定理的条件. 由罗尔定理知，至少存在一点 $\xi \in (0, 3)$，使 $f'(\xi) = 0$. 又 $f'(x) = \sqrt{3-x} + x \cdot \dfrac{-1}{2\sqrt{3-x}} = \dfrac{6-3x}{2\sqrt{3-x}}$，令 $f'(x) = 0$，得 $x = 2$，所以 $\xi = 2$.

2. $f(x) = \dfrac{1}{3}x^3 - x$ 在区间 $[-\sqrt{3}, \sqrt{3}]$ 上连续，在 $(-\sqrt{3}, \sqrt{3})$ 内可导，故 $f(x)$ 在 $[-\sqrt{3}, \sqrt{3}]$ 上满足拉格朗日中值定理的条件. 由拉格朗日中值定理知，至少存在一点 $\xi \in (-\sqrt{3}, \sqrt{3})$，使

$$f'(\xi) = \dfrac{f(\sqrt{3}) - f(-\sqrt{3})}{\sqrt{3} - (-\sqrt{3})} = \dfrac{\dfrac{1}{3}(\sqrt{3})^3 - \sqrt{3} - \left[\dfrac{1}{3}(-\sqrt{3})^3 - (-\sqrt{3})\right]}{2\sqrt{3}} = \xi^2 - 1,\text{即 }\xi = \pm 1.$$

3. $f(x) = x^2$，$g(x) = x^3 - 1$ 在区间 $[1, 2]$ 上连续，在 $(1, 2)$ 内可导，$g'(x) = 3x^2 \neq 0$，故 $f(x)$，$g(x)$ 满足柯西中值定理的条件，从而至少存在一点 $\xi \in (1, 2)$，使 $\dfrac{f(2) - f(1)}{g(2) - g(1)} = \dfrac{f'(\xi)}{g'(\xi)}$，即 $\dfrac{4-1}{7-0} = \dfrac{2\xi}{3\xi^2}$，得 $\xi = \dfrac{14}{9}$.

4. 令 $f(x) = a_0 x + \dfrac{a_1 x^2}{2} + \cdots + \dfrac{a_n x^{n-1}}{n+1}$，知 $f(x)$ 在 $[0, 1]$ 上连续，在 $(0, 1)$ 内可导，且 $f(0) = 0$，$f(1) = a_0 + \dfrac{a_1}{2} + \cdots + \dfrac{a_n}{n+1} = 0$，即 $f(0) = f(1)$，故 $f(x)$ 在 $[0, 1]$ 上满足罗尔定理的条件，由罗尔定理知，至少存在一点 $\xi \in (0, 1)$，使 $f'(\xi) = 0$，即 $f'(\xi) = a_0 + a_1\xi + \cdots + a_n\xi^{n+1} = 0$，所以结论正确.

5. (1) 当 $a=b$ 时，显然成立. 当 $a\neq b$ 时，取函数 $f(x)=\sin x$, $f(x)$ 在 $[a,b]$ 或 $[b,a]$ 上连续，在 (a,b) 或 (b,a) 内可导，由拉格朗日中值定理知，至少存在一点 $\xi\in(a,b)$ 或 (b,a)，使 $f(a)-f(b)=f'(\xi)(a-b)$，即 $\sin a-\sin b=\cos\xi\cdot(a-b)$. 又 $|\cos\xi|\leqslant 1$，故 $|\sin a-\sin b|=|\cos\xi|\cdot|a-b|\leqslant|a-b|$.

(2) 取函数 $f(t)=e^t$, $f(t)$ 在 $[1,x]$ 上连续，在 $(1,x)$ 内可导，由拉格朗日中值定理知，至少存在一点 $\xi\in(1,x)$，使 $f(x)-f(1)=f'(\xi)(x-1)$，即 $e^x-e=e^\xi(x-1)$. 又 $1<\xi<x$，故 $e^\xi>e$，因此 $e^x-e>e(x-1)$，即 $e^x\geqslant x\cdot e$. 特别地，当 $x=1$ 时，$e^x=e=e\cdot 1=ex$，所以结论正确.

习题 2-5

1. (1) $\lim\limits_{x\to+\infty}\dfrac{x^2}{e^x}=\lim\limits_{x\to+\infty}\dfrac{2x}{e^x}=\lim\limits_{x\to+\infty}\dfrac{2}{e^x}=0$;

(2) $\lim\limits_{x\to 0^+}x\ln x=\lim\limits_{x\to 0^+}\dfrac{\ln x}{x^{-1}}=\lim\limits_{x\to 0^+}\dfrac{x^{-1}}{-x^{-2}}=0$;

(3) $\lim\limits_{x\to 0^+}x^{\sin x}=e^{\lim\limits_{x\to 0^+}(\sin x\cdot\ln x)}=e^{\lim\limits_{x\to 0^+}\frac{\ln x}{\csc x}}=e^{\lim\limits_{x\to 0^+}\frac{x^{-1}}{-\csc x\cot x}}=e^{\lim\limits_{x\to 0^+}\frac{-\sin x\tan x}{x}}=e^0=1$;

(4) $\lim\limits_{x\to 0}\left(\dfrac{1}{x}-\dfrac{1}{e^x-1}\right)=\lim\limits_{x\to 0}\dfrac{e^x-1-x}{x(e^x-1)}=\lim\limits_{x\to 0}\dfrac{e^x-1-x}{x^2}=\lim\limits_{x\to 0}\dfrac{e^x-1}{2x}=\dfrac{1}{2}$;

(5) $\lim\limits_{x\to 0}\dfrac{\arctan x-x}{\ln(1+2x^2)}=\lim\limits_{x\to 0}\dfrac{\frac{1}{1+x^2}-1}{\frac{6x^2}{1+2x^2}}=-\dfrac{1}{6}$;

(6) $\lim\limits_{x\to 0}\dfrac{\sin x-x}{x^3}=\lim\limits_{x\to 0}\dfrac{\cos x-1}{3x^2}=\lim\limits_{x\to 0}\dfrac{-\sin x}{6x}=-\dfrac{1}{6}$;

(7) $\lim\limits_{x\to 0}\dfrac{(1-\cos x)^2\sin x^2}{x^6}=\lim\limits_{x\to 0}\dfrac{\left(\frac{1}{2}x^2\right)^2\cdot x^2}{x^6}=\dfrac{1}{4}$;

(8) $\lim\limits_{x\to 0^+}x^m\ln x=\lim\limits_{x\to 0^+}\dfrac{\ln x}{x^{-m}}=\lim\limits_{x\to 0^+}\dfrac{x^{-1}}{-mx^{-m-1}}=0$;

(9) $\lim\limits_{x\to\frac{\pi}{2}^-}(\tan x)^{2x-\pi}=\lim\limits_{x\to\frac{\pi}{2}^-}e^{\ln(\tan x)^{2x-\pi}}=\lim\limits_{x\to\frac{\pi}{2}^-}e^{\frac{\ln\tan x}{\frac{1}{2x-\pi}}}=e^{\lim\limits_{x\to\frac{\pi}{2}^-}\frac{\frac{1}{\tan x}\cdot\sec^2 x}{-\frac{1}{(2x-\pi)^2}\cdot 2}}=e^{\lim\limits_{x\to\frac{\pi}{2}^-}\frac{-(2x-\pi)^2}{\sin 2x}}$
$=e^{\lim\limits_{x\to\frac{\pi}{2}^-}\frac{-4(2x-\pi)}{2\cos 2x}}=e^0=1.$

2. (1) 由于 $\lim\limits_{x\to 0}\dfrac{\left(x^2\sin\frac{1}{x}\right)'}{(\sin x)'}=\lim\limits_{x\to 0}\dfrac{2x\sin\frac{1}{x}-\cos\frac{1}{x}}{\cos x}$ 不存在，故不能使用洛必达法则求极限.

(2) 由于 $\lim\limits_{x\to+\infty}\dfrac{(e^x+e^{-x})'}{(e^x-e^{-x})'}=\lim\limits_{x\to+\infty}\dfrac{e^x-e^{-x}}{e^x+e^{-x}}$ 仍是"$\dfrac{\infty}{\infty}$"型，无论分子、分母求多少次导数，仍是"$\dfrac{\infty}{\infty}$"型，求不尽极限，故不能使用洛必达法则求极限.

习题 2-6

1. $xe^x=x+x^2+\dfrac{x^3}{2!}+\cdots+\dfrac{x^{n+1}}{n!}+\dfrac{1}{(n+1)!}e^{\theta x}x^{n+2}\ (0<\theta<1)$.

2. $-\dfrac{1}{12}$.

习题 2-7

1. (1) $(-\infty, -1]$, $[3, +\infty)$ 单调增加，$[-1, 3]$ 单调减少；

(2) $\left(0, \dfrac{1}{2}\right]$ 单调增加，$\left[\dfrac{1}{2}, +\infty\right)$ 单调减少；

(3) $\left[0, \dfrac{\pi}{3}\right]$, $\left[\dfrac{5\pi}{3}, 2\pi\right]$ 单调减少，$\left[\dfrac{\pi}{3}, \dfrac{5\pi}{3}\right]$ 单调增加.

2. (1) 设 $f(x) = 3 - \dfrac{1}{x} - 2\sqrt{x}$，且 $f'(x) = \dfrac{1}{x^2} - \dfrac{1}{\sqrt{x}} = \dfrac{1 - x^{\frac{3}{2}}}{x^2} < 0 \, (x > 1)$，则 $f(x)$ 在 $(1, +\infty)$ 上单调减少，因此，$f(x) < f(1) = 0$，即 $3 - \dfrac{1}{x} < 2\sqrt{x} \, (x > 1)$.

(2) 令 $f(x) = x - \ln x - 1$，$x \in (0, +\infty)$，则 $f'(x) = 1 - \dfrac{1}{x}$. 令 $f'(x) = 0$，得驻点 $x = 1$，$x = 1$ 将 $(0, +\infty)$ 分成两部分 $(0, 1)$，$(1, +\infty)$.

当 $0 < x < 1$ 时，$f'(x) < 0$，此时，$f(x)$ 在 $(0, 1]$ 上单调减少，即有 $\forall x \in (0, 1]$，$f(x) \geqslant f(1) = 0$；

当 $x > 1$ 时，$f'(x) > 0$，此时，$f(x)$ 在 $[1, +\infty)$ 上单调增加，即有 $\forall x \in [1, +\infty)$，$f(x) \geqslant f(1) = 0$.

综上有 $x > 0$ 时，$f(x) \geqslant f(1) = 0$，即当 $x > 0$ 时，$x - \ln x \geqslant 1$.

(3) 取 $f(x) = \sin x + \tan x - 2x$，$x \in \left(0, \dfrac{\pi}{2}\right)$.

$$f'(x) = \cos x + \sec^2 x - 2,$$

$$f''(x) = -\sin x + 2\sec^2 x \tan x = \sin x (2\sec^3 x - 1) > 0, \, x \in \left(0, \dfrac{\pi}{2}\right),$$

因此，$f'(x)$ 在 $\left[0, \dfrac{\pi}{2}\right]$ 上单调增加，故当 $x \in \left(0, \dfrac{\pi}{2}\right)$ 时，$f'(x) > f'(0) = 0$，从而 $f(x)$ 在 $\left[0, \dfrac{\pi}{2}\right]$ 上单调增加，即 $f(x) > f(0)$，亦即 $\sin x + \tan x - 2x > 0$，$x \in \left(0, \dfrac{\pi}{2}\right)$，所以 $\sin x + \tan x > 2x$，$x \in \left(0, \dfrac{\pi}{2}\right)$.

(4) 取 $f(x) = \sin x - x + \dfrac{x^3}{6}$，$x \in (0, +\infty)$，则 $f'(x) = \cos x - 1 + \dfrac{x^2}{2}$，$f''(x) = x - \sin x$，$f'''(x) = 1 - \cos x > 0$，$x \in (0, +\infty)$，因此 $f'''(x)$ 在 $(0, +\infty)$ 上单调增加，故当 $x \in (0, +\infty)$ 时，$f'''(x) > f'''(0) = 0$，从而 $f''(x)$ 在 $(0, +\infty)$ 上单调增加，即 $f''(x) > f''(0) = 0$，知 $f'(x)$ 在 $(0, +\infty)$ 上单调增加，从而 $f'(x) > f'(0) = 0$，知 $f(x)$ 在 $(0, +\infty)$ 上单调增加，即 $f(x) > f(0) = 0$，亦即 $\sin x - x + \dfrac{x^3}{6} > 0$，$x \in (0, +\infty)$，所以 $\sin x > x - \dfrac{x^3}{6}$，$x \in (0, +\infty)$.

3. 令 $f(x) = \sin x - x$，$x \in (-\infty, +\infty)$，则 $f'(x) = \cos x - 1 \leqslant 0$，$x \in (-\infty, +\infty)$，所以 $f(x)$ 在 $(-\infty, +\infty)$ 上单调减少，取小区间 $[-\pi, \pi]$，知 $f(x)$ 在 $[-\pi, \pi]$ 上连续

又 $f(-\pi)=\sin(-\pi)-\pi=-\pi$, $f(\pi)=\sin\pi-\pi=\pi$, 知 $f(-\pi)\cdot f(\pi)<0$, 则由零点定理可知, 在 $(-\pi,\pi)$ 内至少存在一点 ξ, 使得 $f(\xi)=0$, 即 $\sin\xi=\xi$, 知 $\sin x=x$ 在 $(-\pi,\pi)$ 内有一个实根. 又 $f(x)$ 在 $(-\infty,+\infty)$ 上单调递减, 所以方程 $\sin x=x$ 只有一个实根.

4. (1) $y'=4x-4x^3=4x(1-x^2)$, $y''=-12x^2+4$. 令 $y'=0$, 得驻点 $x_1=-1$, $x_2=1$, $x_3=0$, 由 $y''|_{x=-1}=-8<0$ 知, $y|_{x=-1}=1$ 为极大值; 由 $y''|_{x=1}=-8<0$ 知, $y|_{x=1}=1$ 为极大值; 由 $y''|_{x=0}=4$ 知, $y|_{x=0}=0$ 为极小值.

(2) 函数的定义域为 $(-1,+\infty)$, y 在 $(-1,+\infty)$ 内可导, 且 $y'=1-\dfrac{1}{1+x}$, $y''=\dfrac{1}{(1+x)^2}(x>-1)$.

令 $y'=0$, 得驻点 $x=0$. 由 $y''|_{x=0}=1>0$ 知, $y|_{x=0}=0$ 为极小值.

(3) 函数的定义域为 $(-\infty,+\infty)$, $y'=-\dfrac{2}{3}(x-1)^{-\frac{1}{3}}=-\dfrac{2}{3\sqrt[3]{x-1}}$, 知 $x=1$ 时 y' 不存在. 当 $x\in(-\infty,1)$ 时, 有 $y'>0$; 当 $x\in(1,+\infty)$ 时, 有 $y'<0$. 由极值存在的第一充分条件知, $y=f(x)$ 在 $x=1$ 处取得极大值 $f(1)=2$.

(4) $y'=2e^x-e^{-x}=\dfrac{2e^{2x}-1}{e^x}$, $y''=2e^x+e^{-x}=\dfrac{2e^{2x}+1}{e^x}>0$. 令 $y'=0$, 得驻点 $x=-\dfrac{\ln 2}{2}$, 由 $y''|_{x=-\frac{\ln 2}{2}}>0$ 知, $y|_{x=-\frac{\ln 2}{2}}=2\sqrt{2}$ 为极小值.

5. $y'=3ax^2+2bx+c$, 由 $b^2-3ac<0$ 知, $a\neq 0$, $c\neq 0$. y' 是二次三项式, 当 $a>0$ 时, y' 的图像开口向上, 且在 x 轴上方, 故 $y'>0$, 从而所给函数在 $(-\infty,+\infty)$ 内单调增加; 当 $a<0$ 时, y' 的图像开口向下, 且在 x 轴下方, 故 $y'<0$, 从而所给函数在 $(-\infty,+\infty)$ 内单调减少, 因此, 只要条件 $b^2-3ac<0$ 成立, 即有所给函数在 $(-\infty,+\infty)$ 内单调, 故函数在 $(-\infty,+\infty)$ 内无极值.

6. (1) 函数在 $[-2,2]$ 上可导, 且 $y'=x^2-4x=x(x-4)$. 令 $y'=0$, 得驻点 $x_1=0$. 比较 $y|_{x=-2}=-\dfrac{17}{3}$, $y|_{x=0}=5$, $y|_{x=2}=-\dfrac{1}{3}$, 得函数的最大值为 $y|_{x=0}=5$, 最小值为 $y|_{x=-2}=-\dfrac{17}{3}$.

(2) 函数在 $[0,4]$ 上可导, 且 $y'=1+2\cdot\dfrac{1}{2\sqrt{x}}=1+\dfrac{1}{\sqrt{x}}$, 当 $x=0$ 时, y' 不存在, 比较 $y|_{x=0}=0$, $y|_{x=4}=8$, 得函数的最大值为 $y|_{x=4}=8$, 最小值为 $y|_{x=0}=0$.

(3) 函数在 $(-\infty,+\infty)$ 上可导, 且 $y'=2xe^{-x^2}+x^2\cdot(-2x)e^{-x^2}=2xe^{-x^2}(1-x^2)$. 令 $y'=0$, 得驻点 $x_1=-1$, $x_2=0$, $x_3=1$. 比较 $y|_{x=-1}=e^{-1}$, $y|_{x=0}=0$, $y|_{x=1}=e^{-1}$, 得函数的最大值为 $y|_{x=\pm 1}=e^{-1}$, 最小值为 $y|_{x=0}=0$.

7. $r=\sqrt[3]{\dfrac{V}{\pi}}$, $h=r$.

8. $x=6$, $h=3$.

9. $\varphi=\dfrac{2\sqrt{6}}{3}\pi$.

10. 3000 件.

11. 每天生产 200 个单位的产品时,才能使总利润最大,且最大利润为 2000 元.

12. (1) 凸区间 $(-\infty, 1]$,凹区间 $[1, +\infty)$,拐点 $(1, -1)$;

(2) 凸区间 $(-\infty, -1] \cup [1, +\infty)$,凹区间 $[-1, 1]$,拐点 $(-1, \ln2)$,$(1, \ln2)$;

(3) 凸区间 $(0, +\infty)$,凹区间 $(-\infty, 0)$,拐点 $(0, 0)$.

13. $a = -\dfrac{3}{2}$,$b = \dfrac{9}{2}$.

习题 2-8

(1) 水平渐近线为 $y = \dfrac{1}{2}$,垂直渐近线为 $x = \pm \dfrac{\sqrt{2}}{2}$;

(2) 水平渐近线为 $y = 4$,垂直渐近线为 $x = 2$;

(3) 水平渐近线为 $y = 0$,垂直渐近线为 $x = -1$;

(4) 水平渐近线为 $y = -2$,垂直渐近线为 $x = 0$.

复习题二

1. (1) 40,0; (2) $\cos x$; (3) $4x_0$; (4) 0; (5) $y = 2x + 1$; (6) $\dfrac{\pi}{2}$.

2. (1) B; (2) B; (3) A; (4) A; (5) C; (6) D; (7) B; (8) D.

3. (1) ×; (2) √; (3) ×; (4) √; (5) ×; (6) √; (7) ×; (8) ×; (9) ×; (10) ×.

4. (1) ① $\dfrac{-2}{\sqrt{1-(1-2x)^2}}$,② $e^{-\frac{x}{2}}\left(-\dfrac{1}{2}\cos 3x - 3\sin 3x\right)$,③ $x(1-x^2)^{-\frac{3}{2}}$,④ $\dfrac{3x^2}{1+x^3}$;

(2) $-\dfrac{1}{2}$; (3) $\dfrac{ay - x^2}{y^2 - ax}$;

(4) ① $-e^{1-3x}(3\cos x + \sin x)dx$,② $(3x^2 \cos x - x^3 \sin x - e^{\cos x}\sin x)dx$;

(5) $\dfrac{1}{2t}$; (6) ① 1,② 1,③ $-\dfrac{1}{16}$,④ 1;

(7) 增区间 $(-\infty, 0)$,$\left(\dfrac{2}{5}, +\infty\right)$,减区间 $\left(0, \dfrac{2}{5}\right)$;

(8) 凸区间 $\left(-\infty, -\dfrac{1}{2}\right]$,凹区间 $\left(-\dfrac{1}{2}, 1\right)$,$(1, +\infty)$,拐点 $\left(-\dfrac{1}{2}, \dfrac{9}{2}\right)$;

(9) $\dfrac{30}{\pi + 4}$ m.

5. 略.

习题 3-1

1. (1) $-\dfrac{x^{-4}}{4} + C$; (2) $\dfrac{2}{7}x^{\frac{7}{2}} + C$; (3) $\dfrac{3}{2}x^{\frac{2}{3}} + C$; (4) $\dfrac{5}{21}x^{\frac{21}{5}} + C$; (5) $\dfrac{x^5}{5} + \dfrac{x^7}{7} + C$;

(6) $\dfrac{x^3}{3} - \dfrac{5}{2}x^2 - 6x + C$; (7) $\dfrac{x^5}{5} + \dfrac{2}{3}x^3 + x + C$; (8) $\dfrac{x^3}{3} + \dfrac{2}{3}x^{\frac{3}{2}} + \dfrac{2}{5}x^{\frac{5}{2}} + x + C$;

(9) $\dfrac{3}{4}x^{\frac{4}{3}} - x^{\frac{1}{2}} + C$; (10) $\dfrac{2^x}{\ln 2} + \dfrac{x^4}{4} + C$; (11) $-2\cos x + \dfrac{2}{3}\sqrt{x} + C$;

(12) $3e^x - 5\ln|x| + C$; (13) $\dfrac{1}{2}x - \dfrac{1}{2}\sin x + C$; (14) $\tan x - x + C$;

(15) $x-2\ln|x|+\dfrac{3}{x}+C$; (16) $x-2\arctan x+C$; (17) $\dfrac{x^3}{3}-x+\arctan x+C$;

(18) $2\arctan x-3\arcsin x+C$; (19) $-\dfrac{1}{x}-\arctan x+C$; (20) $\tan x+\sec x+C$;

(21) $-4\cot x+C$; (22) $\sin x-\cos x+C$; (23) $\dfrac{4}{7}x^{\frac{7}{4}}+C$; (24) e^x+x+C.

2. $y=1+\ln x$.

3. $R(Q)=100Q-0.005Q^2$.

4. (1) 27m；(2) 7.11s.

习题 3-2

(1) $-\dfrac{1}{6}(3-2x)^3+C$; (2) $\dfrac{1}{6}(x+2)^6+C$; (3) $-\dfrac{1}{2}\sin^{-2}x+C$;

(4) $\dfrac{1}{2}(1+x^3)^{\frac{2}{3}}+C$; (5) $-e^{-x^2}+C$; (6) $2\sin\sqrt{x}+C$; (7) $\dfrac{3}{2}(\cos x-\sin x)^{\frac{2}{3}}+C$;

(8) $\dfrac{1}{2}\ln|3+2\ln x|+C$; (9) $\dfrac{1}{7}\sec^7 x-\dfrac{1}{5}\sec^5 x+C$; (10) $2\arctan\sqrt{x}+C$;

(11) $(\arctan\sqrt{x})^2+C$; (12) $\arctan e^x+C$; (13) $\dfrac{1}{3}\ln\left|\dfrac{x-2}{x+1}\right|+C$; (14) $-\dfrac{1}{2}\cos(x^2)+C$;

(15) $\dfrac{1}{3}\sin^3 x-\dfrac{1}{5}\sin^5 x+C$; (16) $-\dfrac{1}{2(x\ln x)^2}+C$; (17) $\ln|\ln\ln x|+C$;

(18) $e^{\arctan x}+\dfrac{1}{4}\ln^2(1+x^2)+C$; (19) $x-\dfrac{1}{3}x^3+\arctan x+C$;

(20) $-\dfrac{1}{\sqrt{2}}\arctan\dfrac{\cot x}{\sqrt{2}}+C$; (21) $\arcsin\dfrac{x-2}{2}+C$;

(22) $\dfrac{1}{2}\ln(x^2+2x+5)-\dfrac{1}{2}\arctan\dfrac{x+1}{2}+C$; (23) $2\sqrt{x}-3\sqrt[3]{x}+6\sqrt[6]{x}-\ln(1+\sqrt[6]{x})+C$;

(24) $2(\sqrt{x-1}-\arctan\sqrt{x-1})+C$; (25) $\dfrac{3}{2}(\sqrt[3]{x-1})^2-3\sqrt[3]{x-1}+3\ln|1+\sqrt[3]{x-1}|+C$;

(26) $\ln|x+\sqrt{x^2-4}|+C$; (27) $\ln(1-\sqrt{1-x^2})-\ln|x|+C$; (28) $\dfrac{x}{\sqrt{1+x^2}}+C$;

(29) $-\dfrac{\sqrt{x^2+1}}{x}+C$; (30) $\dfrac{1}{5}(\sqrt{1+x^2})^5-\dfrac{1}{3}(\sqrt{1+x^2})^3+C$;

(31) $6\sqrt[6]{x}-6\arctan\sqrt[6]{x}+C$; (32) $\ln|x+\sqrt{x^2+9}|+C$.

习题 3-3

(1) $-x\cos x+\sin x+C$; (2) $-xe^{-x}-e^{-x}+C$; (3) $\tan x\ln\cos x+\tan x-x+C$;

(4) $x\dfrac{2^x}{\ln 2}-\dfrac{2^x}{(\ln 2)^2}+C$; (5) $2x\sin\dfrac{x}{2}+4\cos\dfrac{x}{2}+C$; (6) $x^2\sin x+2x\cos x-2\sin x+C$;

(7) $-\dfrac{1}{2}x^2+x\tan x+\ln|\cos x|+C$; (8) $x\arccos x-\sqrt{1-x^2}+C$;

(9) $-\dfrac{1}{2}x\cos 2x+\dfrac{1}{4}\sin 2x+C$; (10) $x\ln(1+x^2)-2x+2\arctan x+C$;

(11) $2\sqrt{x}\ln x-4\sqrt{x}+C$; (12) $\dfrac{x^2}{2}\ln|x-1|-\dfrac{x^2}{4}-\dfrac{1}{2}x-\dfrac{1}{2}\ln|x-1|+C$;

(13) $-x^2 e^{-x} - 2x e^{-x} - 2e^{-x} + C$; (14) $2e^{\sqrt{x}}(\sqrt{x}-1) + C$;

(15) $\frac{1}{2}x(\sin\ln x - \cos\ln x) + C$; (16) $e^{2x}\tan x + C$; (17) $\frac{1}{2}(e^x \sin x + e^x \cos x) + C$;

(18) $x^2 \sin x + 2x\cos x - 2\sin x + C$; (19) $x(\arcsin x)^2 + 2\sqrt{1-x^2}\arcsin x - 2x + C$;

(20) $\frac{1}{2}x^2 \ln^2 x - \frac{1}{2}x^2 \ln x + \frac{1}{4}x^2 + C$.

习题 3-4

1. (1) $\ln|x| - \ln|x-1| - \frac{1}{x-1} + C$; (2) $-\frac{1}{x-1} - \frac{1}{(x-1)^2} + C$;

(3) $\ln|x-2| + \ln|x+5| + C$; (4) $\frac{1}{2}\ln|x-1| - \ln|x-2| + \frac{1}{2}\ln|x-3| + C$;

(5) $\frac{1}{6\sqrt{2}}\ln\left|\frac{x-\sqrt{2}}{x+\sqrt{2}}\right| - \frac{1}{3}\arctan x + C$;

(6) $\ln|x+1| - \frac{1}{2}\ln(x^2-x+1) + \sqrt{3}\arctan\frac{2x-1}{\sqrt{3}} + C$; (7) $\frac{1}{2}\ln|x^2-1| + \frac{1}{x+1} + C$;

(8) $\ln|x-1| - \frac{1}{2}\ln(x^2+x+3) - \frac{1}{\sqrt{11}}\arctan\frac{2x+1}{\sqrt{11}} + C$; (9) $\frac{1}{2\sqrt{2}}\ln\left|\frac{\sqrt{2}x-1}{\sqrt{2}x+1}\right| + C$;

(10) $\ln\left(\frac{x}{x+1}\right)^2 + \frac{4x+3}{2(x+1)^2} + C$; (11) $\frac{1}{6}\ln\left(\frac{x^2+1}{x^2+4}\right) + C$;

(12) $x - 4\sqrt{x+1} + 4\ln|1+\sqrt{x+1}| + C$; (13) $\frac{1}{2}\ln|x^2-1| + \frac{1}{x+1} + C$;

(14) $\ln\left(\frac{x+3}{x+2}\right)^2 - \frac{3}{x+3} + C$.

2. (1) $\frac{2}{\sqrt{3}}\arctan\frac{2\tan\frac{x}{2}+1}{\sqrt{3}} + C$; (2) $\frac{1}{\sqrt{2}}\arctan\frac{\tan\frac{x}{2}}{\sqrt{2}} + C$;

(3) $-\frac{1}{2}\ln\left|\frac{1+\cos x}{1-\cos x}\right| + \frac{1}{\cos x} + \frac{1}{3\cos^3 x} + C$;

(4) $\frac{1}{2}\left[\ln|1+\tan x| - \frac{1}{2}\ln(1+\tan^2 x) + x\right] + C$; (5) $\ln\left|1+\tan\frac{x}{2}\right| + C$;

(6) $\sin x - \frac{2}{3}\sin^3 x + \frac{1}{5}\sin^5 x + C$;

(7) $\frac{1}{2}(\sin x - \cos x) - \frac{\sqrt{2}}{4}\ln\left|\csc\left(x+\frac{\pi}{4}\right) - \cot\left(x+\frac{\pi}{4}\right)\right| + C$;

(8) $x + \frac{1}{\sqrt{2}}\arctan\left(\frac{\cot x}{\sqrt{2}}\right) + C$.

3. (1) $6\left(\frac{1}{3}\sqrt{x+1} + \frac{1}{2}\sqrt[3]{x+1} + \sqrt[6]{x+1} + \ln|\sqrt[6]{x+1}-1|\right) + C$; (2) $-\frac{6}{\sqrt[6]{1+x}} + C$;

(3) $2(\sqrt{x} - \ln|1+\sqrt{x}|) + C$; (4) $\frac{2}{3}\ln\left|2+\frac{1}{t^2}\right| + C$, 其中 $t = \frac{\sqrt{x^2+x+1}}{x}$.

复习题三

1. (1) D; (2) A; (3) B; (4) A; (5) B; (6) C; (7) D; (8) A; (9) C; (10) C; (11) B;

(12)D；(13)B；(14)C；(15)B.

2. (1)3；(2)$x^3 \cdot e^{x^2}$；(3)$\arctan x + x^3 + C$；(4)$\sin^3 x + C$；(5)$\tan \frac{x}{2} + C$；(6)$x^2 + C$；

(7)$x - \frac{1}{2}x^2 + C$；(8)$-\frac{1}{3}(1-x^2)^{\frac{3}{2}} + C$.

3. (1)×；(2)√；(3)×；(4)×；(5)×.

4. (1)$s = \frac{3}{2}t^2 - 2t + 5$.

(2)①$\frac{1}{2}(\arcsin x)^2 + C$；②$\frac{1}{2}\ln(1+e^{2x}) + C$；③$\frac{1}{3}\ln(x^3+1) + C$；

④$\ln|\sec 3x + \tan 3x| + C$；⑤$\arctan e^x + C$；⑥$-\sqrt{4-x^2} + C$；

⑦$\frac{1}{2}\arcsin x - \frac{1}{2}x\sqrt{1-x^2} + C$；⑧$2(\sqrt{x-1} - \arctan\sqrt{x-1}) + C$；

⑨$\frac{3}{2}(\sqrt[3]{x+2})^2 - 3\sqrt[3]{x+2} + 3\ln|1+\sqrt[3]{x+2}| + C$；⑩$2(\sqrt{x}\sin\sqrt{x} + \cos\sqrt{x}) + C$；

⑪$\frac{2}{3}e^{\sqrt{3x-9}}(\sqrt{3x-9} - 1) + C$；⑫$\frac{1}{2}x(\sin\ln x + \cos\ln x) + C$；

⑬$x\ln^2 x - 2x\ln x + 2x + C$；⑭$x^2 e^x - 2(xe^x - e^x) + C$.

(3)$\cos x - \frac{2\sin x}{x} + C$.

(4)$f(x) = x + \frac{x^3}{3} + 1$.

习题 4-1

1. (1)$\frac{\pi}{4}$；(2)$\frac{9\pi}{2}$；(3)21；(4)$4\pi + 4$.

2. (1)三角形的面积；(2)对称区间上的奇函数；(3)圆面积的$\frac{1}{4}$；(4)对称区间上的偶函数.

习题 4-2

1. (1)>；(2)<；(3)<；(4)>；(5)<；(6)>.

2. (1)$1 \leqslant \int_{-1}^{2} x^3 dx \leqslant 8$；(2)$\pi \leqslant \int_{\frac{\pi}{4}}^{\frac{5\pi}{4}}(1+\sin^2 x)dx \leqslant 2\pi$；(3)$2e^{-\frac{1}{4}} \leqslant \int_{0}^{2} e^{x^2-x} dx \leqslant 2e^2$；

(4)$\frac{2}{5} \leqslant \int_{1}^{2} \frac{x}{1+x^2} dx \leqslant \frac{1}{2}$；(5)$e^{-\frac{1}{2}} \leqslant \int_{0}^{1} e^{-\frac{x^2}{2}} dx \leqslant 1$；(6)$0 \leqslant \int_{0}^{-2} xe^x dx \leqslant \frac{2}{e}$.

3. (1)√；(2)√；(3)×；(4)×；(5)×.

习题 4-3

1. $F'(0) = 1$.

2. (1)$x\cos x^3$；(2)0；(3)$2x\sin x$；(4)$-\sin x\sqrt{1+\cos^2 x} - \sqrt{1+x^2}$；

(5)$e^{-\sin^2 x}\cos x$；(6)$\frac{3x^2}{\sqrt{1+x^{12}}} - \frac{2x}{\sqrt{1+x^8}}$.

3. (1)$\frac{1}{2}$；(2)$\cos 1$；(3)1；(4)2；(5)1；(6)不存在.

4. $a=1$, $b=0$, $c=\frac{1}{2}$.

5. (1) $\frac{3}{2}$; (2) 1; (3) $\frac{2\pi}{3}$; (4) $-\sqrt{3}$; (5) $\frac{\pi}{6}$; (6) $\frac{\pi}{2}$; (7) $\frac{21}{8}$; (8) $1+\frac{\pi}{4}$; (9) 5;
(10) $2\sqrt{2}-1$; (11) $\frac{3}{2}$.

6. $\frac{1}{4}$. 7. 0. 8. $\frac{8}{3}$.

9. 证明: $F'(x)=-\frac{1}{(x-a)^2}\int_a^x f(t)\mathrm{d}t+\frac{1}{x-a}f(x)=\frac{f(x)(x-a)-\int_a^x f(t)\mathrm{d}t}{(x-a)^2}$

$=\frac{\int_a^x f(x)\mathrm{d}t-\int_a^x f(t)\mathrm{d}t}{(x-a)^2}=\frac{\int_a^x [f(x)-f(t)]\mathrm{d}t}{(x-a)^2}.$

由 $a\leqslant t\leqslant x$, $f'(x)\leqslant 0$ 知, $f(x)$ 在 (a, b) 上单调递减, 进而 $f(x)-f(t)\leqslant 0$, 所以
$\int_a^x [f(x)-f(t)]\mathrm{d}t\leqslant 0.$ 又 $(x-a)^2>0$, 所以有 $\frac{\int_a^x [f(x)-f(t)]\mathrm{d}t}{(x-a)^2}\leqslant 0$, 即 $F'(x)\leqslant 0$,
故结论成立.

习题 4-4

1. (1) $\frac{51}{512}$; (2) $\frac{1}{6}$; (3) $\frac{5}{2}$; (4) $\arctan e-\frac{\pi}{4}$; (5) $\frac{\pi^3}{324}$; (6) $\frac{3}{2}$; (7) $\frac{\pi}{6}$; (8) $\frac{\pi}{4}$; (9) $\frac{\pi}{2}$;
(10) $\frac{\pi}{8}$; (11) $\frac{4}{3}$; (12) $\frac{1}{6}$; (13) $1-2\ln 2$; (14) $8\ln 2-5$; (15) $\frac{\pi}{6}$; (16) $2(\sqrt{3}-1)$;
(17) $\frac{\pi}{16}$; (18) $1-\frac{\pi}{4}$.

2. (1) 0; (2) 0; (3) $\frac{\pi^2}{36}$; (4) $\frac{1}{3}$; (5) 0.

3. (1) $\frac{\pi}{12}+\frac{\sqrt{3}}{2}-1$; (2) $1-\frac{2}{e}$; (3) $\frac{8}{9}e^3+\frac{4}{9}$; (4) $\frac{\pi}{2}-1$; (5) 1; (6) $4-2\sqrt{e}$;
(7) $\frac{\pi}{4}-\frac{1}{2}\ln 2$; (8) 4π; (9) $\frac{1}{5}(e^\pi-2)$; (10) $\frac{1}{2}(e\sin 1-e\cos 1+1)$;
(11) $(1+e^{-1})\ln(1+e^{-1})-e^{-1}$; (12) $2\left(1-\frac{1}{e}\right)$.

4. (1) $\frac{2}{3}$; (2) $\frac{5\pi}{32}$; (3) $\frac{3\pi}{2}$; (4) $\frac{5\pi}{32}$; (5) $\frac{16}{35}$.

5. 证明: 令 $x=a+b-t$, $\mathrm{d}x=-\mathrm{d}t$, 则
$\int_a^b f(x)\mathrm{d}x=\int_b^a f(a+b-t)\cdot(-\mathrm{d}t)=-\int_b^a f(a+b-t)\mathrm{d}t=\int_a^b f(a+b-x)\mathrm{d}x.$

6. 证明: $\int_a^{a+T} f(x)\mathrm{d}x=\int_a^0 f(x)\mathrm{d}x+\int_0^T f(x)\mathrm{d}x+\int_T^{a+T} f(x)\mathrm{d}x,$
令 $x=u+T$, $\mathrm{d}x=\mathrm{d}u$, 则 $f(u+T)=f(u)$,
$\int_T^{a+T} f(x)\mathrm{d}x=\int_0^a f(u+T)\mathrm{d}u=\int_0^a f(u)\mathrm{d}u=\int_0^a f(x)\mathrm{d}x,$

从而 $\int_a^{a+T} f(x)dx = \int_a^0 f(x)dx + \int_0^T f(x)dx + \int_0^a f(x)dx = \int_0^T f(x)dx$,

所以积分 $\int_a^{a+T} f(x)dx$ 与 a 无关.

习题 4-5

1. (1) $\dfrac{1}{3}$; (2) $\dfrac{1}{\ln 2}$; (3) 4; (4) $\dfrac{1}{a}$; (5) $+\infty$; (6) 1; (7) $\dfrac{\pi}{4}$; (8) 2.

2. (1) 2; (2) 1; (3) $\dfrac{\pi^2}{8}$; (4) $\dfrac{\pi}{2}$; (5) $2\sqrt{3}$; (6) 发散; (7) 发散; (8) 发散.

3. (1) √; (2) ×; (3) ×; (4) √; (5) ×; (6) ×.

4. $\dfrac{1}{3}$.

复习题四

1. (1) C; (2) D; (3) D; (4) B; (5) C; (6) A; (7) B; (8) B; (9) C; (10) D; (11) D; (12) A; (13) A; (14) D.

2. (1) 0; (2) 0; (3) 0; (4) $\dfrac{1}{2}$; (5) $\dfrac{1}{2}$; (6) 2; (7) π.

3. (1) $1 - \dfrac{1}{\sqrt{e}}$; (2) $\dfrac{1}{6}$; (3) $\dfrac{\pi}{2}$; (4) $\dfrac{1}{3}\ln 2$; (5) 0; (6) $\ln 3$.

4. $\int_1^5 f(x-3)dx = \int_{-2}^2 f(x)dx = \int_{-2}^0 \dfrac{1}{1-x}dx + \int_0^2 \sqrt{x}\,dx = \ln 3 + \dfrac{4}{3}\sqrt{2}$.

5. 证明: (1) 令 $x = -t$, $dx = -dt$, 所以

$$\int_{-a}^a f(-x)dx = \int_a^{-a} f(t) \cdot (-dt) = -\int_a^{-a} f(t)dt = \int_{-a}^a f(t)dt = \int_{-a}^a f(x)dx.$$

(2) 令 $u = \dfrac{1}{t}$, 则 $dt = -\dfrac{1}{u^2}du$, 所以

$$\int_x^1 \dfrac{1}{1+t^2}dt = \int_{\frac{1}{x}}^1 \dfrac{-\dfrac{1}{u^2}}{1+\dfrac{1}{u^2}}dt = \int_1^{\frac{1}{x}} \dfrac{1}{1+u^2}du = \int_1^{\frac{1}{x}} \dfrac{1}{1+t^2}dt.$$

(3) 令 $t = 1-x$, 则 $-dt = dx$, 所以

$$\int_0^1 x^m(1-x)^n dx = \int_1^0 t^n(1-t)^m \cdot (-dt) = \int_0^1 t^n(1-t)^m dt = \int_0^1 x^n(1-x)^m dx.$$

6. $1 + \ln(1+e^{-1})$.

7. 3. 提示: 对积分 $\int_0^\pi [f(x) + f''(x)]\sin x\,dx$ 用两次分部积分.

8. $y' = \int_0^x f(t)dt$, $y'' = f(x)$.

9. $f(x) = x - \dfrac{1}{3}$.

习题 5-1

1. $\int_0^{10}(t^2 - 4t + 6)dt$. 2. $M = \int_0^l \rho(x)dx$.

习题 5-2

1. $\dfrac{7}{3}$; 2. $\dfrac{1}{2}e$; 3. $\dfrac{9}{2}$; 4. $\dfrac{15}{2}-2\ln 2$; 5. $\dfrac{\pi}{2}+\dfrac{1}{3}$; 6. 1; 7. $\dfrac{44}{3}$; 8. $\dfrac{15}{4}$; 9. $\ln 2$; 10. $\dfrac{\pi}{2}-1$; 11. $\dfrac{16}{3}$; 12. $\ln\sqrt{2}$; 13. 4π; 14. 6π; 15. $18\pi a^2$; 16. $\dfrac{a^2}{4}(e^{2\pi}-e^{-2\pi})$; 17. $3\pi a^2$.

习题 5-3

1. π^2; 2. $\dfrac{\pi}{2}(e^2-1)$; 3. $2\pi ax_0^2$; 4. $\dfrac{8\pi}{5}$; 5. $\pi(e-2)$; 6. 2π; 7. $\dfrac{128}{7}\pi,\ \dfrac{64}{5}\pi$; 8. $\dfrac{1}{5}\pi,\ \dfrac{1}{2}\pi$; 9. $\dfrac{2}{15}\pi,\ \dfrac{1}{6}\pi$.

习题 5-4

1. $\dfrac{2}{3}(2^{\frac{3}{2}}-1)$; 2. $\dfrac{1}{2}\pi^2 a$; 3. $2\pi a$; 4. $\dfrac{\sqrt{5}}{2}(e^{2\varphi}-1)$; 5. $\dfrac{14}{3}$; 6. 8.

习题 5-5

1. $\dfrac{16}{3}\rho g$; 2. $21\rho g$; 3. $1467\rho g$; 4. $18k$; 5. $\dfrac{81}{4}\pi\rho g$; 6. $\dfrac{3}{4}\rho g$; 7. $\dfrac{225}{2}\pi\rho g$.

复习题五

1. (1) C; (2) A; (3) D; (4) A; (5) C; (6) C; (7) B; (8) D.

2. (1) √; (2) √; (3) ×; (4) √; (5) ×; (6) ×.

3. (1) πa^2; (2) $\dfrac{1}{2}$; (3) $\dfrac{256\pi}{3}$; (4) $\dfrac{\pi}{2}a$.

4. (1) $\dfrac{32}{3}$; (2) $\dfrac{5\pi}{4}$; (3) $\dfrac{\pi}{6}+\dfrac{1-\sqrt{3}}{2}$; (4) $160\pi^2$; (5) $\dfrac{16}{3}\pi$; (6) $117.6\pi(\mathrm{kN})$; (7) $1875\pi\rho g$; (8) $\dfrac{27}{7}kc^{\frac{2}{3}}a^{\frac{7}{3}}$.

习题 6-1

1. (1) 7, $\sqrt{13}$; (2) Ⅷ, Ⅲ; (3) (0, 2, 0); (4) $\left(0,\ 0,\ \dfrac{14}{9}\right)$.

2. (0, 1, 0), (0, −1, 0).

3. 略.

习题 6-2

1. (1) $\dfrac{1}{\sqrt{14}}(3,\ 1,\ -2)$; (2) $(8,\ -5,\ 12)$; (3) -12, $(-14,\ 2,\ 20)$; (4) 36; (5) -12; (6) $\dfrac{\pi}{6}$; (7) $\pm\dfrac{1}{\sqrt{3}}(1,\ 1,\ -1)$; (8) $-\dfrac{3}{2}$.

2. $\pm\left(\dfrac{15}{\sqrt{35}},\ \dfrac{-3}{\sqrt{35}},\ \dfrac{-9}{\sqrt{35}}\right)$.

3. $S=\dfrac{2}{3}\sqrt{6}$.

4. $\arccos\dfrac{2}{\sqrt{7}}$.

5. $c = \pm(\sqrt{7}, -7\sqrt{7}, -2\sqrt{7})$.

6. $\sqrt{14}$.

7. $(-2, 3, 0)$.

8. $(3, 3\sqrt{2}, 3)$.

习题 6-3

1. (1) 2；(2) $2x+y-6z-41=0$；(3) 1；(4) $x+y=0$；(5) $3x-7y+5z-14=0$；

(6) $(1, -1, 3)$；(7) $\dfrac{\pi}{3}$；(8) $z=3$.

2. $x-y-z=0$.

3. $-x+3y+2z=0$.

4. $-2x+y+3z=0$.

5. $x+y+z-16=0$.

6. $15x-y-14z-25=0$.

7. $5x-4z-12=0$.

8. $\dfrac{x}{3}+\dfrac{y}{-3}+\dfrac{z}{1}=1$.

习题 6-4

1. (1) $\dfrac{x-4}{2}=\dfrac{y+1}{1}=\dfrac{z-3}{5}$；(2) $\dfrac{x-3}{-3}=\dfrac{y+2}{2}=\dfrac{z-1}{1}$；(3) $\dfrac{x-2}{3}=\dfrac{y-2}{-1}=\dfrac{z-5}{2}$；

(4) $(1, 0, -1)$；(5) 0.

2. $\dfrac{x+1}{1}=\dfrac{y-2}{0}=\dfrac{z}{-1}$，$\begin{cases} y=t-1, \\ y=2, \\ z=-t. \end{cases}$

3. $\dfrac{x}{-2}=\dfrac{y-2}{3}=\dfrac{z-4}{1}$.

4. $\dfrac{x+1}{2}=\dfrac{y}{-1}=\dfrac{z+2}{2}$.

5. $16x-14y-11z-65=0$.

6. $8x-9y-22z-59=0$.

习题 6-5

1. (1) $\left(0, 0, \dfrac{1}{4}\right)$，$\dfrac{1}{4}$；(2) $x^2+y^2+z^2=9$；

(3) $(x-1)^2+(y-3)^2+(z+2)^2=14$；(4) $y^2+z^2=5x$.

2. 以点 $(1, -2, -1)$ 为球心，以 $\sqrt{6}$ 为半径的球面.

3. $\begin{cases} x^2+y^2 \leqslant 4, \\ z=0, \end{cases}$ $\begin{cases} y^2 \leqslant z \leqslant 4, \\ x=0, \end{cases}$ $\begin{cases} x^2 \leqslant z \leqslant 4, \\ y=0. \end{cases}$

4. xOy 坐标面上的椭圆 $\dfrac{x^2}{4}+\dfrac{y^2}{9}=1$ 或 xOz 坐标面上的椭圆 $\dfrac{x^2}{4}+\dfrac{z^2}{9}=1$ 绕 x 轴旋转一周而形成的.

5. $3y^2-z^2=16$.

6. $2x^2-2x+y^2=8$.

复习题六

1. (1) $-\dfrac{26}{3}$, $\dfrac{2}{3}$; (2) $\dfrac{3}{2}$; (3) $\sqrt{13}$; (4) $x+y=0$; (5) $z=6-x^2-y^2$.

2. 1. 3. $\boldsymbol{d}=(1,-1,-1)$. 4. $x+z-2=0$.

5. $a=1$. 6. $\left(-\dfrac{5}{3}, \dfrac{2}{3}, \dfrac{2}{3}\right)$. 7. $\dfrac{3}{\sqrt{2}}$.

8. (1) $m=-3$; (2) $5x+y-z-5=0$.

9. $\dfrac{x+1}{24}=\dfrac{y}{29}=\dfrac{z-4}{44}$. 10. $5x^2-3y^2=1$.

习题 7-1

1. (1) 边界为 $x=0$, $y=0$, $x+y=1$, 闭区域, 无界;

(2) 边界为 $|x|+|y|=1$, 开区域, 有界.

2. (1) $\{(x,y)|x^2 \geqslant y, x \geqslant 0, y \geqslant 0\}$; (2) $\{(x,y)|y^2-2x+1>0\}$;

(3) $\{(x,y)|-3 \leqslant x \leqslant -1, 0 \leqslant y \leqslant 2\}$; (4) $\{(x,y)|x+y \geqslant 0, x-y>0\}$.

3. (1) $\dfrac{4}{3}$, $\dfrac{2xy}{x^2-y^2}$; (2) 2, 2; (3) $-\dfrac{\pi}{4}$, $\dfrac{\pi}{4}$.

4. $(xy)^{x-y}+(x-y)^{xy-2x-2y}$.

5. (1) -1; (2) 512; (3) 2; (4) $-\dfrac{1}{4}$; (5) 61; (6) $\dfrac{\pi}{4}$.

6. (1) $V=\dfrac{1}{3}\pi r^2 h$; (2) $V=x(y-2x)^2$.

7. 沿两条特殊的路径 x 轴和 y 轴, 使得点 (x,y) 趋向于原点时, 两个极限值不同.

8. (1) 原点;   (2) 在抛物线 $x=y^2$ 上的点处都间断.

习题 7-2

1. 略.

2. (1) $\dfrac{\partial z}{\partial x}=3x^2y-y^3$, $\dfrac{\partial z}{\partial y}=x^3-3xy^2$; (2) $\dfrac{\partial z}{\partial x}=\dfrac{1}{3\sqrt[3]{x^4}}$, $\dfrac{\partial z}{\partial y}=-\dfrac{6}{y^3}$;

(3) $\dfrac{\partial z}{\partial x}=e^{-xy}(1-xy)$, $\dfrac{\partial z}{\partial y}=-x^2 e^{-xy}$; (4) $\dfrac{\partial z}{\partial x}=\dfrac{-2y}{(x-y)^2}$, $\dfrac{\partial z}{\partial y}=\dfrac{2x}{(x-y)^2}$;

(5) $\dfrac{\partial z}{\partial x}=-\dfrac{y}{x^2+y^2}$, $\dfrac{\partial z}{\partial y}=\dfrac{x}{x^2+y^2}$;

(6) $\dfrac{\partial z}{\partial x}=y\cos(xy)[1-2\sin(xy)]$, $\dfrac{\partial z}{\partial y}=x\cos(xy)[1-2\sin(xy)]$;

(7) $\dfrac{\partial u}{\partial x}=2x\cos(x^2+y^2+z^2)$, $\dfrac{\partial u}{\partial y}=2y\cos(x^2+y^2+z^2)$, $\dfrac{\partial u}{\partial z}=2z\cos(x^2+y^2+z^2)$;

(8) $\dfrac{\partial u}{\partial x}=\dfrac{y}{z}x^{\frac{y}{z}-1}$, $\dfrac{\partial u}{\partial y}=\dfrac{1}{z}x^{\frac{y}{z}}\ln x$, $\dfrac{\partial u}{\partial z}=-\dfrac{y}{z^2}x^{\frac{y}{z}}\ln x$.

3. (1) $\dfrac{2}{5}$, $\dfrac{1}{13}$; (2) $\dfrac{1}{10}$, $\dfrac{3\ln 3}{10}$.

4. (1) $\dfrac{\partial^2 z}{\partial x^2}=6x-4y^2$, $\dfrac{\partial^2 z}{\partial x \partial y}=-8xy$, $\dfrac{\partial^2 z}{\partial y^2}=6y-4x^2$;

(2) $\dfrac{\partial^2 z}{\partial x^2}=\dfrac{-2xy}{(x^2+y^2)^2}$, $\dfrac{\partial^2 z}{\partial x \partial y}=\dfrac{x^2-y^2}{(x^2+y^2)^2}$, $\dfrac{\partial^2 z}{\partial y^2}=\dfrac{2xy}{(x^2+y^2)^2}$;

(3) $\dfrac{\partial^2 z}{\partial x^2}=2y(2y-1)x^{2y-2}$, $\dfrac{\partial^2 z}{\partial x \partial y}=x^{2y-1}(2+4y\ln x)$, $\dfrac{\partial^2 z}{\partial y^2}=4x^{2y}\ln^2 x$;

(4) $\dfrac{\partial^2 z}{\partial x^2}=-e^y\cos(x-y)$, $\dfrac{\partial^2 z}{\partial x \partial y}=e^y[\cos(x-y)-\sin(x-y)]$, $\dfrac{\partial^2 z}{\partial y^2}=2e^y\sin(x-y)$.

5. $f''_{xx}(0,0,1)=2$, $f''_{xz}(1,0,2)=2$, $f''_{yz}(0,-1,0)=0$, $f'''_{zzx}(2,0,1)=0$.

6. 略． 7. 略．

习题 7-3

1. (1) $dz=12xy^3dx+18x^2y^2dy$； (2) $dz=e^x\sin y\,dx+e^x\cos y\,dy$；

(3) $dz=\left(y+\dfrac{1}{y}\right)dx+\left(x-\dfrac{x}{y^2}\right)dy$； (4) $dz=\dfrac{2(xdx+ydy)}{1+x^2+y^2}$；

(5) $dz=-\dfrac{xy}{(x^2+y^2)^{\frac{3}{2}}}dx+\dfrac{x^2}{(x^2+y^2)^{\frac{3}{2}}}dy$； (6) $dz=y^x\left(\ln y\,dx+\dfrac{x}{y}dy\right)$.

2. $\Delta z=3.504$, $dz=3.3$.

3. $\Delta z=-0.119$, $dz=-0.125$.

4. (1) 1.08； (2) 0.49185.

5. 约为 $4021.25\,cm^3$.

6. 已知 $V=\pi r^2 h$, 则 $\Delta V\approx 2\pi rh\cdot\Delta r+\pi r^2\cdot\Delta h=-200\pi\,(cm^3)$.

习题 7-4

1. $\dfrac{\partial z}{\partial x}=2(x+y)+\dfrac{1}{x-y}$, $\dfrac{\partial z}{\partial y}=2(x+y)-\dfrac{1}{x-y}$.

2. $\dfrac{\partial z}{\partial r}=3r^2\sin\theta\cos\theta(\cos\theta-\sin\theta)$, $\dfrac{\partial z}{\partial \theta}=-2r^3\sin\theta\cos\theta(\sin\theta+\cos\theta)+r^3(\sin^3\theta+\cos^3\theta)$.

3. $\dfrac{dz}{dt}=\dfrac{e^t(t\ln t-1)}{t\ln^2 t}$.

4. $\dfrac{dz}{dx}=\dfrac{xe^x(2+x)}{1+x^4e^{2x}}$.

5. $\dfrac{\partial z}{\partial x}=ye^{xy}\cos\dfrac{x}{y}-\dfrac{1}{y}e^{xy}\sin\dfrac{x}{y}$, $\dfrac{\partial z}{\partial y}=xe^{xy}\cos\dfrac{x}{y}+\dfrac{x}{y^2}e^{xy}\sin\dfrac{x}{y}$.

6. (1) $\dfrac{\partial z}{\partial x}=2xf'_1+ye^{xy}f'_2$, $\dfrac{\partial z}{\partial y}=-2yf'_1+xe^{xy}f'_2$；

(2) $\dfrac{\partial z}{\partial x}=2xyf'_1+y\cos(xy)f'_2$, $\dfrac{\partial z}{\partial y}=x^2f'_1+x\cos(xy)f'_2$；

(3) $\dfrac{\partial z}{\partial x}=f'_1-\dfrac{1}{x^2}f'_2$, $\dfrac{\partial z}{\partial y}=-\dfrac{1}{y^2}f'_1+f'_2$；

(4) $\dfrac{\partial u}{\partial x}=f'_1-\dfrac{1}{y}f'_2+\dfrac{y}{z}f'_3$, $\dfrac{\partial u}{\partial y}=-\dfrac{x}{y^2}f'_2+\dfrac{x}{z}f'_3$, $\dfrac{\partial u}{\partial z}=-\dfrac{xy}{z^2}f'_3$.

7. (1) $\dfrac{\partial^2 z}{\partial x^2}=-\dfrac{1}{4}yx^{-\frac{3}{2}}$, $\dfrac{\partial^2 z}{\partial x \partial y}=\dfrac{1}{2\sqrt{x}}+4y^3$, $\dfrac{\partial^2 z}{\partial y^2}=12xy^2$；

(2) $\dfrac{\partial^2 z}{\partial x^2}=y^2 e^{xy}$, $\dfrac{\partial^2 z}{\partial x \partial y}=e^{xy}(1+xy)$, $\dfrac{\partial^2 z}{\partial y^2}=x^2 e^{xy}$;

(3) $\dfrac{\partial^2 z}{\partial x^2}=2y(2y-1)x^{2y-2}$, $\dfrac{\partial^2 z}{\partial x \partial y}=2x^{2y-1}(2y\ln x+1)$, $\dfrac{\partial^2 z}{\partial y^2}=4(\ln x)^2 x^{2y}$;

(4) $\dfrac{\partial^2 z}{\partial x^2}=f''_{11}+2yf''_{12}+y^2 f''_{22}$, $\dfrac{\partial^2 z}{\partial x \partial y}=f''_{11}+(x+y)f''_{12}+xyf''_{22}+f'_2$,

$\dfrac{\partial^2 z}{\partial y^2}=f''_{11}+2xf''_{12}+x^2 f''_{22}$.

8. (1) $\dfrac{\mathrm{d}y}{\mathrm{d}x}=\dfrac{y^2}{1-xy}$; (2) $\dfrac{\mathrm{d}y}{\mathrm{d}x}=\dfrac{x+y}{x-y}$;

(3) $\dfrac{\partial z}{\partial x}=-\dfrac{z^2+y}{2xz-3yz^2}$, $\dfrac{\partial z}{\partial y}=\dfrac{z^3-x}{2xz-3yz^2}$;

(4) $\dfrac{\partial z}{\partial x}=\dfrac{\partial z}{\partial y}=-1$; (5) $\dfrac{\partial z}{\partial x}=\dfrac{3x-2y}{10y-3z}$, $\dfrac{\partial y}{\partial x}=\dfrac{z-5x}{10y-3z}$.

9. $\mathrm{d}z=\dfrac{x\mathrm{d}x+y\mathrm{d}y}{1-z}$.

10. $\dfrac{\partial^2 z}{\partial x^2}=\dfrac{2y^2 ze^z-2xy^3 z-y^2 z^2 e^z}{(e^z-xy)^3}=\dfrac{z^3-2z^2+2z}{x^2(1-z)^3}$,

$\dfrac{\partial^2 z}{\partial x \partial y}=\dfrac{ze^z-xyz^2 e^z-x^2 y^2 z}{(e^z-xy)^3}=\dfrac{z}{xy(1-z)^3}$,

$\dfrac{\partial^2 z}{\partial y^2}=\dfrac{2x^2 ze^z-2x^3 yz-x^2 z^2 e^z}{(e^z-xy)^3}=\dfrac{z^3-2z^2+2z}{y^2(1-z)^3}$.

11. 略.

12. 略.

习题 7-5

1. 极大值 $z(2,-2)=8$.

2. 极小值 $z(5,2)=30$.

3. 三个正数都为 $\dfrac{a}{3}$.

4. 长、宽、高均为 3m.

5. 当 $x=y=z=3a$ 时，函数 $u=xyz$ 取得极小值 $27a^3$.

习题 7-6

1. (1) $I>0$； (2) $I<0$.

2. 底面半径为 2，高为 6 的圆柱体体积；积分值为 24π.

3. 半径为 3 的半球体体积；体积为 18π.

4. $I_1>I_2$.

习题 7-7

1. (1) 4；(2) $\dfrac{1}{e}$；(3) $\ln\dfrac{4}{3}$；(4) $\sqrt{2}$；(5) $\dfrac{20}{3}$；(6) $\dfrac{1}{21}$；(7) $\dfrac{6}{55}$.

2. $\dfrac{1}{2}$. 3. $\dfrac{\pi^3}{81}$.

4. (1) $I = \int_0^4 dx \int_x^{2\sqrt{x}} f(x, y)dy = \int_0^4 dy \int_{\frac{y^2}{4}}^y f(x, y)dx$;

(2) $I = \int_{-2}^2 dx \int_0^{\sqrt{4-x^2}} f(x, y)dy = \int_0^2 dy \int_{-\sqrt{4-y^2}}^{\sqrt{4-y^2}} f(x, y)dx$.

5. (1) $I = \int_0^1 dx \int_{x^2}^x f(x, y)dy$; (2) $I = \int_{-1}^1 dx \int_0^{\sqrt{1-x^2}} f(x, y)dy$;

(3) $I = \int_0^1 dy \int_{e^y}^e f(x, y)dx$; (4) $I = \int_{-1}^0 dy \int_{-\sqrt{1-y^2}}^{\sqrt{1-y^2}} f(x, y)dx + \int_0^1 dy \int_{-\sqrt{1-y^2}}^{\sqrt{1-y^2}} f(x, y)dx$.

6. (1) $6\pi R^2$; (2) $\frac{R^3}{9}(3\pi-4)$; (3) $-6\pi^2$; (4) $\frac{\pi}{4}(2\ln 2-1)$.

7. $\frac{1}{6}a^3[\sqrt{2}+\ln(1+\sqrt{2})]$.

8. (1) $\frac{2}{9}+\frac{5}{36}\sqrt{2}$; (2) $\pi(e^4-1)$.

9. 18. 10. 2π.

习题 7-8

1. 该立体为二元函数 $z=6-2x-3y$, $0 \leqslant x \leqslant 2$, $0 \leqslant y \leqslant 2$ 所对应的曲顶柱体,体积为 4.

2. 所求立体体积是以 $x^2+y^2=h$(即 D)为底、高为 h 的正圆柱体体积,与以旋转抛物面 $z=x^2+y^2$,以 D 为底的曲顶柱体的体积之差. 正圆柱体体积 $V_1=\pi h \cdot h=\pi h^2$,曲顶柱体的体积

$$V_2 = \iint_D (x^2+y^2)dxdy = \int_0^{2\pi} d\theta \int_0^{\sqrt{h}} r^2 \cdot rdr = \frac{\pi}{2}h^2,$$

所求立体的体积为

$$V = V_1 - V_2 = \pi h^2 - \frac{\pi}{2}h^2 = \frac{\pi}{2}h^2.$$

3. $m = \int_0^{2\pi} d\theta \int_0^a r^2 \cdot rdr = \int_0^{2\pi} \left[\frac{1}{4}r^4\right]_0^a d\theta = \frac{1}{2}\pi a^4$.

4. 设半圆的圆心在原点,半径为 R,则

$$-R \leqslant x \leqslant R, \ 0 \leqslant y \leqslant \sqrt{R^2-x^2},$$

由于区域 D 关于 y 轴对称,所以 $\bar{x}=0$,而

$$\bar{y} = \frac{1}{\sigma}\iint_D y dx dy = \frac{1}{\sigma}\int_{-R}^R dx \int_0^{\sqrt{R^2-x^2}} y dy = \frac{1}{\pi R^2}\int_{-R}^R (R^2-x^2)dx = \frac{4R}{3\pi},$$

所以形心为 $\left(0, \frac{4R}{3\pi}\right)$.

复习题七

1. (1) $\{(x, y) | x+y > 0, \text{且 } x+y \neq 1\}$; (2) $\frac{xy}{x^2+y^2}$; (3) $\ln(x+y+\sqrt{2x^2+2y^2})$;

(4) 充分,必要; (5) $dx-\sqrt{2}dy$; (6) $e^y \cos e^y \cdot f_v + \frac{1}{y} \cdot f_w$; (7) $\frac{1}{6}$;

(8) $\iint\limits_{x^2+y^2\leqslant 1}[f(x,y)]^2\mathrm{d}\sigma$；(9)2；(10)(0, 0).

2.(1)B；(2)D；(3)C；(4)B；(5)A.

3.(1)$\dfrac{x^2(1+y^2)}{(1+y)^2}$；(2)略；

(3)$\dfrac{\partial z}{\partial x}=\dfrac{1}{x^2y}\mathrm{e}^{\frac{x^2+y^2}{xy}}(x^4-y^4+2x^3y)$，$\dfrac{\partial z}{\partial y}=\dfrac{1}{y^2x}\mathrm{e}^{\frac{x^2+y^2}{xy}}(y^4-x^4+2xy^3)$；

(4)减少约 5cm；(5)$\dfrac{\partial^2 z}{\partial x\partial y}=\dfrac{z(z^4-2xyz^2-x^2y^2)}{(z^2-xy)^3}$；(6)$z_x(0,1)=2$；

(7)$\mathrm{e}-\dfrac{1}{\mathrm{e}}$；(8)$\dfrac{a^3}{18}(3\pi-4)$；(9)$1-\sin 1$；

(10)购进 A 原料 100t，B 原料 25t 时，达到最大产量 1250t.

习题 8-1

1. D. 2. A. 3. A. 4. C. 5. 1.

6. $y=\int\dfrac{2x}{1+x^4}\mathrm{d}x=\int\dfrac{1}{1+(x^2)^2}\mathrm{d}(x^2)=\arctan(x^2)+C.$

7. $y=\int\dfrac{-\sin x}{1+\cos x}\mathrm{d}x=\int\dfrac{1}{1+\cos x}\mathrm{d}(1+\cos x)=\ln(1+\cos x)+C.$

8. $y=\int x\cdot 2^x\cdot\ln 2\mathrm{d}x=\int x\mathrm{d}2^x=x\cdot 2^x-\int 2^x\mathrm{d}x=x\cdot 2^x-\dfrac{2^x}{\ln 2}+C.$

9. $y=\dfrac{1}{2}x^3+\dfrac{1}{2x}+4x+2.$

10. $y=\dfrac{1}{3}(\ln|4+x^3|+\ln 2).$

习题 8-2

1. B. 2. A. 3. $y=\mathrm{e}^{Cx}$. 4. $\mathrm{e}^x+\mathrm{e}^{-y}=C.$

5. $x^2+y^2=C.$ 6. $(1+y^2)(1+x^2)=2x^2.$ 7. $\sin y=1-\cos x.$

8. $y=C(1+x^2)^3.$ 9. $y=-\ln|\cos x|.$ 10. $y^2=4-5x^2.$

11. $\arcsin y=\arcsin x+\dfrac{\pi}{6}.$ 12. $\dfrac{1}{2}y^2+\ln|y|+\ln|\cos x|=C.$

13. $y=C\left(\dfrac{x}{4-x}\right)^{\frac{1}{4}}.$

14. (1)$y=25+C\mathrm{e}^{-kt}$；(2)$y=25+70\mathrm{e}^{-kt}$，$y=25-21\mathrm{e}^{-kt}$.

习题 8-3

1. $y+\sqrt{y^2-x^2}=Cx^2(x>0)$，$y-\sqrt{y^2-x^2}=Cx^2(x<0)$.

2. $\ln\dfrac{y}{x}=Cx+1.$

3. $y^2=x^2(2\ln|x|+C).$

4. $x^3-2y^3=Cx.$

5. $x^2=C\sin^3\dfrac{y}{x}.$

6. $x+2ye^{\frac{x}{y}}=C$.

7. $(4y-x-3)(y+2x-3)^2=C$.

8. $\ln[4y^2+(x-1)^2]+\arctan\dfrac{2y}{x-1}=C$.

习题 8-4

1. A.   2. A.   3. D.

4. $y=Ce^{-x^2}+2$.   5. $y=\dfrac{1}{3}x^2+\dfrac{3}{2}x+2+\dfrac{C}{x}$.   6. $y=x^3+Cx$.

7. $y=e^{-x}(x+C)$.   8. $y=(x+C)e^{-\sin x}$.   9. $y=\sqrt{x}+\dfrac{1}{5}x^3$.

10. $y=(x-2)^3+C(x-2)$.   11. $y=\dfrac{x}{\cos x}$.   12. $y=\dfrac{1}{1+x^2}\left(\dfrac{4}{3}x^3+C\right)$.

13. $y=e^{\sin x}(\cos x-2)$.   14. $2x\ln y=\ln^2 y+C$.   15. $x=y^2(Ce^{\frac{1}{y}}-1)$.

习题 8-5

1. $y=\dfrac{1}{6}x^3+C_1x+C_2$.   2. $y=-\sin x+C_1x+C_2$.   3. $y=\dfrac{1}{4}e^{2x}+\cos x+C_1x+C_2$.

4. $y=x\arctan x-\dfrac{1}{2}\ln(1+x^2)+C_1x+C_2$.   5. $y=(x-2)e^x+C_1x+C_2$.

6. $y=-\ln|\cos(x+C_1)|+C_2$.   7. $y=C_1e^x-\dfrac{1}{2}x^2-x+C_2$.

8. $y=\arcsin e^{x+C_2}+C_1$.   9. $y=C_1\left(x+\dfrac{x^3}{3}\right)+C_2$.

习题 8-6

1. (1)线性无关；(2)线性相关；(3)线性相关；(4)线性无关；(5)线性无关；
(6)线性无关；(7)线性相关；(8)线性无关.

2. C.   3. B.   4. C.

5. $y=C_1\cos\omega x+C_2\sin\omega x$.   6. $y=C_1e^{x^2}+C_2xe^{x^2}$.

7~10. 略.

习题 8-7

1. C.   2. A.   3. C.   4. D.   5. D.   6. A.

7. $y=C_1\sin x+C_2\cos x$.   8. $y=C_1e^{3x}+C_2e^{4x}$.   9. $y=C_1e^{3x}+C_2xe^{3x}$.

10. $y=\dfrac{1}{2}(e^x-e^{-x})$.   11. $y=e^{3x}(C_1\sin x+C_2\cos x)$.   12. $y=e^{\sqrt{3}x}(C_1+C_2x)$.

13. $y=e^{2x}\left(1+\dfrac{x}{2}\right)$.   14. $y=C_1e^{(-1+\sqrt{7})x}+C_2e^{(-1-\sqrt{7})x}$.

习题 8-8

1. B.   2. D.

3. $y=C_1e^{-2x}+C_2e^{-3x}+e^{-x}$.

4. $y=C_1e^{-x}+C_2e^{-2x}+\left(\dfrac{3}{2}x^2-3x\right)e^{-x}$.

5. $y=C_1e^{\frac{x}{2}}+C_2e^{-x}+e^x$.

6. $y = C_1 \cos ax + C_2 \sin ax + \dfrac{1}{1+a^2} e^x$.

7. $y = C_1 + C_2 e^{-\frac{5}{2}x} + \dfrac{1}{3} x^3 - \dfrac{3}{5} x^2 + \dfrac{7}{25} x$.

8. $y = 3e^{2x} - 2e^{3x} - 3xe^{2x} = (3-3x)e^{2x} - 2e^{3x}$.

9. $y = -\cos x - \dfrac{1}{3} \sin x + \dfrac{1}{3} \sin 2x$.

习题 8-9

1. $w(t) = \dfrac{3}{2} (\sqrt{16t+9} - 3)$, $w(100) = \dfrac{3}{2} \times (\sqrt{16 \times 100 + 9} - 3) \approx 55.67 \text{(kg)}$.

2. 7715.   3. $I = I_0 e^{-kpr}$.   4. $T = 20 + 80 e^{-kt}$.

5. $c = c_0 e^{-\frac{R}{V} t}$, $\lim\limits_{t \to +\infty} c(t) = \lim\limits_{t \to +\infty} c_0 e^{-\frac{R}{V} t} = 0$.

6. $y = \dfrac{1000 \times 3^{\frac{t}{3}}}{9 + 3^{\frac{t}{3}}}$.

复习题八

1. (1) $y = Cx^2 - 2x$; (2) $y = \dfrac{1}{x}(e^x + C)$; (3) $y = C_2 e^{C_1 x}$; (4) $y^2 = (x + C_1)^2 + C_2$;

(5) $y = xe^x - C_1 + C_2 e^x$; (6) $y = C_1 e^{2x} + C_2 e^{-x}$; (7) $y = e^{3x}(C_1 \sin x + C_2 \cos x)$;

(8) $y = e^{2x}(C_1 + C_2 x)$; (9) $y = C_1 e^{-2x} + C_2 e^{-3x} + e^{-x}$;

(10) $y = C_1 \sin 3x + C_2 \cos 3x + \dfrac{5}{9} x^2 - \dfrac{10}{81}$.

2. $y = 4e^x + 2e^{3x}$.

3. (1) D; (2) C; (3) B; (4) D; (5) A.

4. (1) 0, 1; (2) $f'(x) + 2f(x) = 2x$; (3) 3; (4) $y = C_1 \sin x + C_2 \cos x$;

(5) $y = C_1 e^{3x} + C_2 e^{4x}$.

习题 9-1

1. (1) $\dfrac{1}{3n-2}$; (2) $n \tan \dfrac{1}{3^n}$; (3) $(-1)^{n-1} \dfrac{n!}{n^n}$; (4) $(-1)^{n-1} \dfrac{a^{n+2}}{2n+1}$.

2. (1) 收敛; (2) 发散; (3) 收敛; (4) 发散.

习题 9-2

1. (1) 发散; (2) 收敛; (3) 收敛; (4) 收敛.

2. (1) 发散; (2) 收敛; (3) 收敛; (4) 收敛.

3. (1) 收敛; (2) 发散.

习题 9-3

(1) 条件收敛; (2) 绝对收敛; (3) 绝对收敛; (4) 绝对收敛.

习题 9-4

1. (1) $[-1, 1]$; (2) $[-3, 3]$; (3) $\left[-\dfrac{1}{2}, \dfrac{1}{2}\right]$; (4) $[-1, 1]$.

2. (1) $\arctan x$, $-1 \leqslant x \leqslant 1$; (2) $\dfrac{2x}{(1-x^2)^2}$, $-1 < x < 1$;

(3) $\dfrac{1}{4}\ln\dfrac{1+x}{1-x}+\dfrac{1}{2}\arctan x-x$, $-1<x<1$; (4) $\dfrac{1}{(1+x)^2}$, $-1<x<1$.

习题 9-5

1. $\sum\limits_{n=1}^{\infty}(-1)^n x^{2n}$, $x\in(-1,1)$.

2. (1) $\sum\limits_{n=0}^{\infty}(-1)^n\dfrac{x^{2n}}{n!}$, $-\infty<x<+\infty$;

(2) $\sum\limits_{n=1}^{\infty}(-1)^{n-1}\dfrac{x^{2n}}{(2n-1)!}$, $-\infty<x<+\infty$;

(3) $\sum\limits_{n=0}^{\infty}\dfrac{x^{n+2}}{n!}$, $-\infty<x<+\infty$;

(4) $\sum\limits_{n=0}^{\infty}(-1)^n\dfrac{x^{2n+1}}{2n+1}$, $-1<x<1$;

习题 9-6

1. $f(x)=\dfrac{2}{\pi}+\dfrac{4}{\pi}\sum\limits_{n=1}^{\infty}\dfrac{(-1)^{n-1}}{4n^2-1}\cos nx$.

2. $f(x)=2\sum\limits_{n=1}^{\infty}\dfrac{\sin nx}{n}$.

习题 9-7

1. $f(x)=\dfrac{2}{\pi}\sum\limits_{n=1}^{\infty}\dfrac{\sin n\pi x}{n}$.

2. $f(x)=\dfrac{h}{2}+\dfrac{2h}{\pi}\sum\limits_{n=1}^{\infty}\dfrac{\sin(2n-1)\pi x}{2n-1}$ $(-\infty<x<+\infty;\ x\neq 0,\ \pm 2,\ \pm 4,\ \cdots)$.

复习题九

1. (1) $(-\sqrt{2},\sqrt{2})$; (2) $\left(-\dfrac{1}{5},\dfrac{1}{5}\right)$; (3) $\left(-\dfrac{1}{e},\dfrac{1}{e}\right)$; (4) $(-2,0)$.

2. (1) $s(x)=\dfrac{6x}{1-x}+\dfrac{2}{(1-x)^2}+\dfrac{2x^2(3-2x)}{(1-x)^3}+2$ $(-1<x<1)$;

(2) $s(x)=\dfrac{x^2}{(1-x)^2}$ $(-1<x<1)$.

3. (1) 6;   (2) $\ln 2$;   (3) $\dfrac{1}{3}+\dfrac{2}{3}\ln\dfrac{2}{3}$;   (4) $2e$.

4. (1) $\sum\limits_{n=0}^{\infty}\dfrac{(\ln a)^n x^n}{n!}$ $(-\infty<x<+\infty)$; (2) $\sum\limits_{n=1}^{\infty}(-1)^n\dfrac{x^{2n}}{n!}$ $(-\infty<x<+\infty)$;

(3) $\sum\limits_{n=1}^{\infty}(-1)^{n-1}\dfrac{(2x)^{2n}}{2(2n)!}$ $(-\infty<x<+\infty)$; (4) $\sum\limits_{n=0}^{\infty}(-1)^n\dfrac{x^{n+3}}{n!}$ $(-\infty<x<+\infty)$.

附录 积分表

(一) 含有 $ax+b$ 的积分

1. $\int (a+bx)^p \, dx = \dfrac{(a+bx)^{p+1}}{b(p+1)} + C \; (p \neq -1).$

2. $\int \dfrac{dx}{ax+b} = \dfrac{1}{b} \ln(a+bx) + C.$

3. $\int \dfrac{x\,dx}{a+bx} = \dfrac{x}{b} - \dfrac{a}{b^2} \ln(a+bx) + C.$

4. $\int \dfrac{x^2}{a+bx} dx = \dfrac{1}{b^3} \left[\dfrac{1}{2}(a+bx^3) - 2a(a+bx) + a^2 \ln(a+bx) \right] + C.$

5. $\int \dfrac{dx}{x(a+bx)} = -\dfrac{1}{a} \ln\left(\dfrac{x}{a+bx}\right) + C.$

6. $\int \dfrac{dx}{x^2(a+bx)} = -\dfrac{1}{ax} + \dfrac{b}{a^2} \ln\left(\dfrac{a+bx}{x}\right) + C.$

7. $\int \dfrac{x\,dx}{(a+bx)^2} = \dfrac{1}{b^2} \left[\dfrac{a}{a+bx} + \ln(a+bx) \right] + C.$

8. $\int \dfrac{x^2\,dx}{(a+bx)^2} = \dfrac{x}{b^2} - \dfrac{a^2}{b^3(a+bx)} - \dfrac{2a}{b^3} \ln(a+bx) + C.$

9. $\int \dfrac{dx}{x(a+bx)^2} = \dfrac{1}{a(a+bx)} + \dfrac{1}{a^2} \ln\left(\dfrac{x}{a+bx}\right) + C.$

(二) 含 $a^2 \pm x^2$ 的积分

10. $\int \dfrac{dx}{a^2+x^2} = \dfrac{1}{a} \arctan \dfrac{x}{a} + C.$

11. $\int \dfrac{dx}{a^2-x^2} = \dfrac{1}{2a} \ln\left(\dfrac{a+x}{a-x}\right) + C.$

12. $\int \dfrac{dx}{(x^2+a^2)^n} = \dfrac{x}{2(n-1)a^2(x^2+a^2)^{n-1}} + \dfrac{2n-3}{2(n-1)a^2} \int \dfrac{dx}{(x^2+a^2)^{n-1}} \; (n>1).$

(三) 含 $a \pm bx^2$ 的积分

13. $\int \dfrac{dx}{a+bx^2} = \dfrac{1}{\sqrt{ab}} \arctan \sqrt{\dfrac{b}{a}}\, x + C \; (a>0,\ b>0).$

14. $\int \dfrac{dx}{a-bx^2} = \dfrac{1}{2\sqrt{ab}} \ln \dfrac{\sqrt{a}+x\sqrt{b}}{\sqrt{a}-x\sqrt{b}} + C \; (a>0,\ b>0).$

15. $\int \dfrac{x^2\,dx}{a+bx^2} = \dfrac{x}{b} - \dfrac{a}{b} \int \dfrac{dx}{a+bx^2}$ (后一积分见 13).

16. $\int \dfrac{dx}{x(a+bx^2)} = \dfrac{1}{2a} \ln\left(\dfrac{x^2}{a+bx^2}\right) + C.$

17. $\int \dfrac{dx}{x^2(a+bx^2)} = -\dfrac{1}{ax} - \dfrac{b}{a} \int \dfrac{dx}{a+bx^2}.$

(四) 含 ax^2+bx+c 的积分

18. $\int \dfrac{dx}{ax^2+bx+c} = \begin{cases} \dfrac{2}{\sqrt{4ac-b^2}} \arctan \dfrac{2ax+b}{\sqrt{4ac-b^2}} + C & (4ac-b^2 > 0); \\ \dfrac{1}{\sqrt{b^2-4ac}} \ln\left(\dfrac{2ax+b-\sqrt{b^2-4ac}}{2ax+b+\sqrt{b^2-4ac}}\right) + C & (4ac-b^2 < 0). \end{cases}$

19. $\int \dfrac{x\mathrm{d}x}{ax^2+bx+c} = \dfrac{1}{2a}\ln(ax^2+bx+c) - \dfrac{b}{2a}\int \dfrac{\mathrm{d}x}{ax^2+bx+c}.$

20. $\int \dfrac{\mathrm{d}x}{(ax^2+bx+c)^n} = \dfrac{2ax+b}{(n-1)(4ac-b^2)(ax^2+bx+c)^{n-1}} + \dfrac{2(2n-3)a}{(n-1)(4ac-b^2)}\int \dfrac{\mathrm{d}x}{(ax^2+bx+c)^{n-1}} \ (n>1).$

(五) 含 $\sqrt{a+bx}$ 的积分

21. $\int \sqrt{a+bx}\,\mathrm{d}x = \dfrac{2}{3b}\sqrt{(a+bx)^3} + C.$

22. $\int x\sqrt{a+bx}\,\mathrm{d}x = \dfrac{2(3bx-2a)\sqrt{(a+bx)^3}}{15b^2} + C.$

23. $\int x^n\sqrt{a+bx}\,\mathrm{d}x = \dfrac{2x^n\sqrt{(a+bx)^3}}{b(2n+3)} - \dfrac{2na}{b(2n+3)}\int x^{n-1}\sqrt{a+bx}\,\mathrm{d}x.$

24. $\int \dfrac{\mathrm{d}x}{\sqrt{a+bx}} = \dfrac{2\sqrt{a+bx}}{b} + C.$

25. $\int \dfrac{\mathrm{d}x}{x\sqrt{a+bx}} = \begin{cases} \dfrac{1}{\sqrt{a}}\ln\left(\dfrac{\sqrt{a+bx}-\sqrt{a}}{\sqrt{a+bx}+\sqrt{a}}\right) + C\ (a>0); \\ \dfrac{2}{\sqrt{-a}}\arctan\dfrac{\sqrt{a+bx}}{\sqrt{-a}} + C\ (a<0). \end{cases}$

26. $\int \dfrac{x\mathrm{d}x}{\sqrt{a+bx}} = \dfrac{2(bx-2a)}{3b^2}\sqrt{a+bx} + C.$

27. $\int \dfrac{x^n\mathrm{d}x}{\sqrt{a+bx}} = \dfrac{2x^n\sqrt{a+bx}}{(2n+1)b} - \dfrac{2na}{(2n+1)b}\int \dfrac{x^{n-1}\mathrm{d}x}{\sqrt{a+bx}}.$

28. $\int \dfrac{\sqrt{a+bx}}{x}\,\mathrm{d}x = 2\sqrt{a+bx} + a\int \dfrac{\mathrm{d}x}{x\sqrt{a+bx}}$ (后一积分见 25).

29. $\int \dfrac{\sqrt{a+bx}}{x^n}\,\mathrm{d}x = -\dfrac{\sqrt{(a+bx)^3}}{(n-1)ax^{n-1}} - \dfrac{b(2n-5)}{2a(n-1)}\int \dfrac{\sqrt{a+bx}}{x^{n-1}}\,\mathrm{d}x\ (n>1).$

(六) 含 $\sqrt{a^2-x^2}$ 的积分

30. $\int \dfrac{\mathrm{d}x}{\sqrt{a^2-x^2}} = \arcsin\dfrac{x}{a} + C.$

31. $\int \dfrac{\mathrm{d}x}{\sqrt{(a^2-x^2)^3}} = \dfrac{x}{a^2\sqrt{a^2-x^2}} + C.$

32. $\int \dfrac{x\mathrm{d}x}{\sqrt{(a^2-x^2)^n}} = \dfrac{(a^2-x^2)^{1-\frac{n}{2}}}{n-2} + C\ (n\neq 2).$

33. $\int \dfrac{x^2\mathrm{d}x}{\sqrt{a^2-x^2}} = -\dfrac{x}{2}\sqrt{a^2-x^2} + \dfrac{a^2}{2}\arcsin\dfrac{x}{a} + C.$

34. $\int \dfrac{\mathrm{d}x}{x\sqrt{a^2-x^2}} = \dfrac{1}{a}\ln\left(\dfrac{a-\sqrt{a^2-x^2}}{x}\right) + C.$

35. $\int \dfrac{\mathrm{d}x}{x^2\sqrt{a^2-x^2}} = -\dfrac{\sqrt{a^2-x^2}}{a^2 x} + C.$

36. $\int \sqrt{a^2-x^2}\,\mathrm{d}x = \dfrac{x}{2}\sqrt{a^2-x^2} + \dfrac{a^2}{2}\arcsin\dfrac{x}{a} + C.$

37. $\int \sqrt{(a^2-x^2)^3}\,\mathrm{d}x = \dfrac{x}{8}(5a^2-2x^2)\sqrt{a^2-x^2} + \dfrac{3a^4}{8}\arcsin\dfrac{x}{a} + C.$

38. $\int x\sqrt{(a^2-x^2)^n}\,dx = -\dfrac{(a^2-x^2)^{1-\frac{n}{2}}}{n+2}+C\;(n\neq -2).$

39. $\int \dfrac{\sqrt{a^2-x^2}}{x}\,dx = \sqrt{a^2-x^2}-a\ln\left(\dfrac{a+\sqrt{a^2-x^2}}{x}\right)+C.$

40. $\int \dfrac{\sqrt{a^2-x^2}}{x^2}\,dx = -\dfrac{\sqrt{a^2-x^2}}{x}-\arcsin\dfrac{x}{a}+C.$

(七) 含 $\sqrt{x^2\pm a^2}$ 的积分

41. $\int \dfrac{dx}{\sqrt{x^2\pm a^2}} = \ln(x+\sqrt{x^2\pm a^2})+C.$

42. $\int \dfrac{x\,dx}{\sqrt{x^2\pm a^2}} = \sqrt{x^2\pm a^2}+C.$

43. $\int \dfrac{x^2\,dx}{\sqrt{x^2\pm a^2}} = \dfrac{x}{2}\sqrt{x^2\pm a^2}\pm\dfrac{a^2}{2}\ln(x+\sqrt{x^2\pm a^2})+C.$

44. $\int \sqrt{x^2\pm a^2}\,dx = \dfrac{x}{2}\sqrt{x^2\pm a^2}\pm\dfrac{a^2}{2}\ln(x+\sqrt{x^2\pm a^2})+C.$

45. $\int x\sqrt{x^2\pm a^2}\,dx = \dfrac{1}{3}\sqrt{(x^2\pm a^2)^3}+C.$

46. $\int x^2\sqrt{x^2\pm a^2}\,dx = \dfrac{x}{8}(2x^2\pm a^2)\sqrt{x^2\pm a^2}-\dfrac{a^4}{8}\ln(x+\sqrt{x^2\pm a^2})+C.$

47. $\int \sqrt{(x^2\pm a^2)^3}\,dx = \dfrac{x}{8}(2x^2\pm 5a^2)\sqrt{x^2\pm a^2}+\dfrac{3a^4}{8}\ln(x+\sqrt{x^2\pm a^2})+C.$

48. $\int \dfrac{dx}{\sqrt{(x^2\pm a^2)^3}} = \pm\dfrac{x}{a^2\sqrt{x^2\pm a^2}}+C.$

49. $\int \dfrac{dx}{\sqrt{(x^2\pm a^2)^n}} = \dfrac{(x^2\pm a^2)^2}{n-2}+C.$

50. $\int \dfrac{dx}{x^2\sqrt{x^2\pm a^2}} = \mp\dfrac{\sqrt{x^2\pm a^2}}{a^2 x}+C.$

51. $\int \dfrac{dx}{x\sqrt{x^2+a^2}} = \dfrac{1}{a}\ln\left(\dfrac{x}{a+\sqrt{x^2+a^2}}\right)+C.$

52. $\int \dfrac{dx}{x\sqrt{x^2-a^2}} = \dfrac{1}{a}\ln\left(\dfrac{x}{a+\sqrt{x^2+a^2}}\right)+C.$

53. $\int \dfrac{\sqrt{x^2\pm a^2}}{x}\,dx = \sqrt{x^2+a^2}-a\ln\left(\dfrac{a+\sqrt{x^2+a^2}}{x}\right)+C.$

54. $\int \dfrac{\sqrt{x^2\pm a^2}}{x}\,dx = \sqrt{x^2-a^2}-a\arccos\dfrac{a}{x}+C.$

55. $\int \dfrac{\sqrt{x^2\pm a^2}}{x^2}\,dx = -\dfrac{\sqrt{x^2\pm a^2}}{x}+\ln(x+\sqrt{x^2\pm a^2})+C.$

(八) 含 $\sqrt{ax^2+bx+c}$ 的积分

56. $\int \dfrac{dx}{\sqrt{ax^2+bx+c}} = \begin{cases} \dfrac{1}{\sqrt{a}}\ln(2ax+b+2a\sqrt{ax^2+bx+c})+C\;(a>0); \\ -\dfrac{1}{\sqrt{-a}}\arcsin\dfrac{2ax+b}{\sqrt{b^2-4ac}}+C\;(a<0,\;b^2-4ac>0). \end{cases}$

57. $\int \sqrt{ax^2+bx+c}\,dx = \dfrac{2ax+b}{4a}\sqrt{ax^2+bx+c}-\dfrac{b^2-4ac}{8a}\int\dfrac{dx}{\sqrt{ax^2+bx+c}}$ (见 56).

58. $\int \dfrac{x\,dx}{\sqrt{ax^2+bx+c}} = \dfrac{1}{a}\sqrt{ax^2+bx+c}-2a\mp\int\dfrac{dx}{\sqrt{ax^2+bx+c}}$ (见 56).

（九）含 $\sqrt{\dfrac{a\pm x}{b\pm x}}$ 的积分

59. $\displaystyle\int \sqrt{\dfrac{a+x}{b+x}}\,\mathrm{d}x = \sqrt{(a+x)(b+x)} + (a-b)\ln(\sqrt{a+x}+\sqrt{b+x}) + C.$

60. $\displaystyle\int \sqrt{\dfrac{a-x}{b+x}}\,\mathrm{d}x = \sqrt{(a-x)(b+x)} + (a+b)\arcsin\sqrt{\dfrac{x+b}{a+b}} + C.$

（十）含三角函数的积分（$a\neq 0$）

61. $\displaystyle\int \sin(ax)\,\mathrm{d}x = -\dfrac{1}{a}\cos(ax) + C.$

62. $\displaystyle\int \cos(ax)\,\mathrm{d}x = \dfrac{1}{a}\sin(ax) + C.$

63. $\displaystyle\int \tan(ax)\,\mathrm{d}x = -\dfrac{1}{a}\ln(\cos(ax)) + C.$

64. $\displaystyle\int \cot(ax)\,\mathrm{d}x = -\dfrac{1}{a}\ln(\sin(ax)) + C.$

65. $\displaystyle\int \sec(ax)\,\mathrm{d}x = \int \dfrac{\mathrm{d}x}{\cos(ax)} = \dfrac{1}{a}\ln(\sec(ax)+\tan(ax)) + C = \dfrac{1}{a}\ln\tan\left(\dfrac{ax}{2}+\dfrac{\pi}{4}\right) + C.$

66. $\displaystyle\int \csc(ax)\,\mathrm{d}x = \int \dfrac{\mathrm{d}x}{\sin(ax)} = \dfrac{1}{a}\ln(\csc(ax)+\cot(ax)) + C = \dfrac{1}{a}\ln\tan\left(\dfrac{ax}{2}+\dfrac{\pi}{4}\right) + C.$

67. $\displaystyle\int \sin^2(ax)\,\mathrm{d}x = \dfrac{x}{2} - \dfrac{1}{4a}\sin(2ax) + C.$

68. $\displaystyle\int \cos^2(ax)\,\mathrm{d}x = \dfrac{x}{2} + \dfrac{1}{4a}\sin(2ax) + C.$

69. $\displaystyle\int \tan^2(ax)\,\mathrm{d}x = \dfrac{1}{a}\tan(ax) - x + C.$

70. $\displaystyle\int \cot^2(ax)\,\mathrm{d}x = -\dfrac{1}{a}\cot(ax) - x + C.$

71. $\displaystyle\int \sec^2(ax)\,\mathrm{d}x = \int \dfrac{1}{\cos^2(ax)}\,\mathrm{d}x = \dfrac{1}{a}\tan(ax) + C.$

72. $\displaystyle\int \csc^2(ax)\,\mathrm{d}x = \int \dfrac{\mathrm{d}x}{\sin^2(ax)} = -\dfrac{1}{a}\cot(ax) + C.$

73. $\displaystyle\int \sec(ax)\cdot\tan(ax)\,\mathrm{d}x = \dfrac{1}{a}\sec(ax) + C.$

74. $\displaystyle\int \csc(ax)\cdot\cot(ax)\,\mathrm{d}x = -\dfrac{1}{a}\csc(ax) + C.$

75. $\displaystyle\int \sin(ax)\cos(bx)\,\mathrm{d}x = -\dfrac{\cos(a+b)x}{2(a+b)} - \dfrac{\cos(a-b)x}{2(a-b)} + C\,(a^2\neq b^2).$

76. $\displaystyle\int \sin(ax)\sin(bx)\,\mathrm{d}x = -\dfrac{\sin(a+b)x}{2(a+b)} + \dfrac{\sin(a-b)x}{2(a-b)} + C\,(a^2\neq b^2).$

77. $\displaystyle\int \cos(ax)\cos(bx)\,\mathrm{d}x = \dfrac{\sin(a+b)x}{2(a+b)} + \dfrac{\sin(a-b)x}{2(a-b)} + C\,(a^2\neq b^2).$

78. $\displaystyle\int \sin^n(ax)\,\mathrm{d}x = -\dfrac{1}{na}\sin^{n-1}(ax)\cos(ax) + \dfrac{n-1}{n}\int \sin^{n-2}(ax)\,\mathrm{d}x.$

79. $\displaystyle\int \cos^n(ax)\,\mathrm{d}x = \dfrac{1}{na}\cos^{n-1}(ax)\sin(ax) + \dfrac{n-1}{n}\int \cos^{n-2}(ax)\,\mathrm{d}x.$

80. $\displaystyle\int \tan^n(ax)\,\mathrm{d}x = \dfrac{1}{(n-1)a}\tan^{n-1}(ax) - \int \tan^{n-2}(ax)\,\mathrm{d}x\,(n>1).$

81. $\int \cot^n(ax)\mathrm{d}x = -\dfrac{1}{(n-1)a}\cot^{n-1}(ax) - \int \cot^{n-2}(ax)\mathrm{d}x\,(n>1).$

82. $\int \sec^n(ax)\mathrm{d}x = \dfrac{1}{(n-1)a}\tan(ax)\sec^{n-2}(ax) + \dfrac{n-2}{n-1}\int \sec^{n-2}(ax)\mathrm{d}x\,(n>1).$

83. $\int \csc^n(ax)\mathrm{d}x = -\dfrac{1}{(n-1)a}\cot(ax)\csc^{n-2}(ax) + \dfrac{n-2}{n-1}\int \csc^{n-2}(ax)\mathrm{d}x\,(n>1),$

$\int \sin^n(ax)\cos^m(ax)\mathrm{d}x = \dfrac{\sin^{n-1}(ax)\cos^{m-1}(ax)}{a(n+m)} + \dfrac{m-1}{n+m}.$

84. $\int \sin^n(ax)\cos^{m-2}(ax)\mathrm{d}x = -\dfrac{\sin^{n-1}(ax)\cos^{m+1}(ax)}{a(n+m)} + \dfrac{n-1}{n+m}\int \sin^{n-2}(ax)\cos^m(ax)\mathrm{d}x\ (n+m\neq 0).$

85. $\int \dfrac{\mathrm{d}x}{b+c\sin(ax)} = \begin{cases} \dfrac{2}{a\sqrt{b^2-c^2}}\arctan\dfrac{b\tan\frac{ax}{2}+c}{\sqrt{b^2-c^2}} + C\ (b^2>c^2); \\ \dfrac{1}{a\sqrt{c^2-b^2}}\ln\left|\dfrac{b\tan\frac{ax}{2}+c-\sqrt{c^2-b^2}}{b\tan\frac{ax}{2}+c+\sqrt{c^2-b^2}}\right| C\ (b^2<c^2). \end{cases}$

86. $\int \dfrac{\mathrm{d}x}{b+C\cos(ax)} = \begin{cases} \dfrac{2}{a\sqrt{b^2-c^2}}\arctan\left(\sqrt{\dfrac{b-c}{b+c}}\tan\dfrac{ax}{2}\right)+C\ (b^2>c^2); \\ \dfrac{1}{a\sqrt{c^2-b^2}}\ln\left|\dfrac{\tan\frac{ax}{2}+\sqrt{\frac{c+b}{c-b}}}{\tan\frac{ax}{2}-\sqrt{\frac{c+b}{c-b}}}\right|+C\ (b^2<c^2). \end{cases}$

87. $\int x^n\sin(ax)\mathrm{d}x = -\dfrac{x^n}{a}\cos(ax) + \dfrac{n}{a}\int x^{n-1}\cos(ax)\mathrm{d}x.$

88. $\int x^n\cos(ax)\mathrm{d}x = \dfrac{x^n}{a}\sin(ax) - \dfrac{n}{a}\int x^{n-1}\sin(ax)\mathrm{d}x.$

（十一）含指数函数、对数函数、反三角函数的积分

89. $\int a^{bx}\mathrm{d}x = \dfrac{a^{bx}}{b\ln a} + C.$

90. $\int x^n \mathrm{e}^{ax}\mathrm{d}x = \dfrac{1}{a}x^n\mathrm{e}^{ax} - \dfrac{n}{a}\int x^{n-1}\mathrm{e}^{ax}\mathrm{d}x.$

91. $\int \mathrm{e}^{ax}\sin(bx)\mathrm{d}x = \dfrac{\mathrm{e}^{ax}}{a^2+b^2}(a\sin(bx) - b\cos(bx)) + C.$

92. $\int \mathrm{e}^{ax}\cos(bx)\mathrm{d}x = \dfrac{\mathrm{e}^{ax}}{a^2+b^2}(a\cos(bx) + b\sin(bx)) + C.$

93. $\int \ln x\,\mathrm{d}x = x\ln x - x + C.$

94. $\int (\ln x)^n\mathrm{d}x = x(\ln x)^n - n\int (\ln x)^{n-1}\mathrm{d}x + C.$

95. $\int x^p\ln x\,\mathrm{d}x = x^{p+1}\left[\dfrac{\ln x}{p+1} - \dfrac{1}{(p+1)^2}\right] + C\,(p\neq -1).$

96. $\int \arcsin\dfrac{x}{a}\mathrm{d}x = x\arcsin\dfrac{x}{a} + \sqrt{a^2-x^2} + C.$

97. $\int \arctan\dfrac{x}{a}\mathrm{d}x = x\arctan\dfrac{x}{a} - \dfrac{a}{2}\ln(a^2+x^2) + C.$

98. $\int x^n\arcsin\dfrac{x}{a}\mathrm{d}x = \dfrac{x^{n+1}}{n+1}\arcsin\dfrac{x}{a} - \dfrac{1}{n+1}\int \dfrac{x^{n+1}}{\sqrt{a^2-x^2}}\mathrm{d}x\ (n\neq -1).$

99. $\int x^n \arccos \dfrac{x}{a} \mathrm{d}x = \dfrac{x^{n+1}}{n+1} \arccos \dfrac{x}{a} + \dfrac{1}{n+1} \int \dfrac{x^{n+1}}{\sqrt{a^2-x^2}} \mathrm{d}x \quad (n \neq -1).$

100. $\int x^n \arctan \dfrac{x}{a} \mathrm{d}x = \dfrac{x^{n-1}}{n+1} \arctan \dfrac{x}{a} - \dfrac{a}{n+1} \int \dfrac{x^{n-1}}{a^2+x^2} \mathrm{d}x \quad (n \neq -1).$

参 考 文 献

安希忠，1995. 实用微积分[M]. 长春：吉林科学技术出版社.
同济大学数学系，2014. 高等数学[M]. 7版. 北京：高等教育出版社.
吴建成，2010. 高等数学[M]. 北京：机械工业出版社.
赵昕，王增辉，2018. 微积分[M]. 4版. 北京：中国农业出版社.

图书在版编目(CIP)数据

高等数学 / 李健，常晶，周晶主编 .—北京：中国农业出版社，2021.7(2022.6重印)
普通高等教育农业农村部"十三五"规划教材　全国高等农林院校"十三五"规划教材
ISBN 978-7-109-21565-8

Ⅰ.①高… Ⅱ.①李…②常…③周… Ⅲ.①高等数学－高等学校－教材 Ⅳ.①O13

中国版本图书馆 CIP 数据核字(2021)第 133135 号

高等数学
GAODENG SHUXUE

中国农业出版社出版
地址：北京市朝阳区麦子店街 18 号楼
邮编：100125
责任编辑：魏明龙　文字编辑：魏明龙
版式设计：王　晨　责任校对：赵　硕
印刷：北京通州皇家印刷厂
版次：2021 年 7 月第 1 版
印次：2022 年 6 月北京第 2 次印刷
发行：新华书店北京发行所
开本：787mm×1092mm　1/16
印张：19.75
字数：470 千字
定价：47.00 元

版权所有·侵权必究
凡购买本社图书，如有印装质量问题，我社负责调换。
服务电话：010-59195115　010-59194918